U0130205

信息科学与技术丛书·移动与嵌入式开发系列

Android平台开发之旅

汪永松　编著

机械工业出版社

本书涵盖了 Android 平台 1.5 到 2.2 版本的主要功能特性，立足实际的开发案例，介绍了 Android 手机平台开发的基础概念、实用技术和应用模式。主要内容包括：平台基础、开发环境搭建、程序框架、高级界面和底层界面设计、文件系统管理、网络通信、无线通信、多媒体编程、个人信息管理、电话系统、数据库应用、XML 应用和地图应用。开发实例多达 120 例。

本书主要面向具有一定移动平台开发经验的开发人员，以及有兴趣进行 Android 平台开发的程序员。

书中代码可从 http://www.cmpbook.com/下载。

图书在版编目（CIP）数据

Android 平台开发之旅 / 汪永松编著. —北京：机械工业出版社，2010.7（2011.1 重印）
（信息科学与技术丛书 • 移动与嵌入式开发系列）
ISBN 978-7-111-31294-9

Ⅰ. ①A… Ⅱ. ①汪… Ⅲ. ①移动通信-携带电话机-应用程序-程序设计
Ⅳ. ①TN929.53

中国版本图书馆 CIP 数据核字（2010）第 134034 号

机械工业出版社（北京市百万庄大街 22 号　邮政编码 100037）
策划编辑：车　忱
责任编辑：车　忱
责任印制：乔　宇

三河市国英印务有限公司印刷

2011 年 1 月 • 第 1 版第 2 次印刷
184mm×260mm • 33.25 印张 • 822 千字
3001—4800 册
标准书号：ISBN 978-7-111-31294-9
定价：60.00 元

凡购本书，如有缺页、倒页、脱页，由本社发行部调换

电话服务
社服务中心：（010）88361066
销 售 一 部：（010）68326294
销 售 二 部：（010）88379649
读者服务部：（010）68993821

网络服务
门户网：http://www.cmpbook.com
教材网：http://www.cmpedu.com

封面无防伪标均为盗版

出 版 说 明

随着信息科学与技术的迅速发展，人类每时每刻都会面对层出不穷的新技术和新概念。毫无疑问，在节奏越来越快的工作和生活中，人们需要通过阅读和学习大量信息丰富、具备实践指导意义的图书来获取新知识和新技能，从而不断提高自身素质，紧跟信息化时代发展的步伐。

众所周知，在计算机硬件方面，高性价比的解决方案和新型技术的应用一直备受青睐；在软件技术方面，随着计算机软件的规模和复杂性与日俱增，软件技术不断地受到挑战，人们一直在为寻求更先进的软件技术而奋斗不止。目前，计算机在社会生活中日益普及，随着Internet延伸到人类世界的方方面面，掌握计算机网络技术和理论已成为大众的文化需求。由于信息科学与技术在电工、电子、通信、工业控制、智能建筑、工业产品设计与制造等专业领域中已经得到充分、广泛的应用。所以这些专业领域中的研究人员和工程技术人员越来越迫切需要汲取自身领域信息化所带来的新理念和新方法。

针对人们了解和掌握新知识、新技能的热切期待，以及由此促成的人们对语言简洁、内容充实、融合实践经验的图书迫切需要的现状，机械工业出版社适时推出了“信息科学与技术丛书”。这套丛书涉及计算机软件、硬件、网络和工程应用等内容，注重理论与实践的结合，内容实用、层次分明、语言流畅。是信息科学与技术领域专业人员不可或缺的参考书。

目前，信息科学与技术的发展可谓一日千里，机械工业出版社欢迎从事信息技术方面工作的科研人员、工程技术人员积极参与我们的工作，为推进我国的信息化建设作出贡献。

机械工业出版社

前　言

作者在刚接触 Android 的时候，感觉就像推开了一扇窗，与 Android 有关的信息、技术、概念纷至沓来，让人目不暇接。不可否认，无论是 Android 手机产品的定位还是其开源项目的技术背景，都使它成为业界瞩目的焦点。Android 手机的横空出世，打乱了移动平台的格局；而 Android 项目的开源举措，更是人心所向。这些因素毫无疑问地让 Android 成为移动平台开发者最看好的黑马。

但随着作者对 Android 平台认识的逐步深入，令作者震撼的不再是其表面的新奇，而是那些支撑平台蓬勃发展、来自各个领域的专业应用。在图形方面，有工业级的 OpenGL ES 库；在输入法方面，有应用广泛的 FreeType 引擎；在网络方面，除了纳入 Bouncy Castle 提供的 SSL 算法和 Apache 提供的 HTTP 开发库，还把 WebKit 项目内核作为系统浏览器引擎；在数据管理方面融入了 SQLite 数据库；在 XML 应用方面引入了 XML Pull API；在集成应用方面植入了地图应用。以上这些项目或标准，都在各个领域中得到广泛应用，而 Android 平台能把这些“习性各异”的先进技术融汇到一起，并进行协同作业，这才真正是该平台博大精深的地方。

本书的特色

作者认为本书有三个鲜明的特色。

第一点：内容全面，讲解细透。本书中的内容涵盖了 Android 1.5 到 2.2 版本主要的功能特性，除了结合其他技术透彻地讲解平台中功能的渊源和关联，还对部分变迁之后的功能进行了对比介绍，切实让读者能够结合自己的知识来理解平台中的功能，无论平台如何升级都能感受到“万变不离其宗”的技术本质。

第二点：案例丰富，易于动手。本书分为 17 章，开发实例多达 120 例。这些开发实例都是经过作者亲自进行审定和调试的，其内容不仅与章节的内容紧密相扣，而且还能方便地用于实际演练，从而激发读者的学习热情和巩固对相关知识的理解。

第三点：结构合理，深浅适度。本书内容的编排遵循“由表及里，由内而外”的形式，从功能使用到应用机制，从高级界面到底层界面，从内部存储到外部通信。在对专题的介绍中，作者结合自己的理解，采用“步步为营”的方式引导读者从了解功能到应用联想，让读者逐步形成自己的认识，再借助详细的开发实例来加深理解。

本书章节内容

本书前三章简要介绍了 Android 平台、开发环境以及 Andriod 应用程序组件。

第 4 章重点介绍了架构中比较常见、重要的界面元素，并通过众多实例让读者能够迅速地在 Android 平台搭建如心所愿的界面效果。

第 5 章介绍了一些用于底层用户界面控制的组件及其使用方式。

第 6 章对 Android 平台中的文件访问类型进行了详细的说明，从系统和应用程序的角度介绍了对文件系统进行访问的过程。

第 7 章对 Android 平台支持的多种网络通信机制进行了详细的介绍。还介绍了网页浏览器的开发技术和实际的开发案例。

第 8 章对 Android 平台支持的短消息通信、蓝牙通信以及 Wi-Fi 网络连接管理等无线通信方式进行了详细的介绍。

第 9 章对 Android 平台提供的多媒体应用方式进行了实例说明。

第 10 章介绍了 Android 支持的个人信息管理内容，通过实际的开发案例，讲解了如何获取联系人信息、电话号码、公司信息等与个人有关的内容。并结合调整前后的 Android 平台的不同版本（1.5 和 2.1），以对比的方式介绍不同版本对个人信息管理的支持方式的改变。

第 11 章介绍了 Android 平台提供的电话信息系统管理功能。还介绍了如何获取呼叫日志信息。

第 12 章对 Android 平台支持的数据库类型进行了详细介绍，主要内容包括：SQLite 数据库、JDBC API 和 Db4o 数据库。

第 13 章对 Android 平台支持的 XML 应用方式进行了全面说明，主要内容包括：SAX 解析方式、DOM 解析方式、XML Pull API 以及资源解析过程分析。

第 14 章对 Android 平台提供的地图 API 的功能进行了详细的阐述，并通过开发实例详细介绍了如何控制地图以及添加地图叠加图等常用功能，同时还对地图视图的使用模式和缩放控制进行了小结。

第 15 章对 Android 平台提供的系统信息管理接口进行了全面介绍。

第 16 章对 Android 平台支持的资源类型及其定义、资源的使用模式、系统资源定义进行了全面介绍。还对 Android SDK 附带工具的常用方式进行了详细说明。

第 17 章对 Android 平台中常用视图组件的属性以及应用程序的使用许可进行了全面介绍。

附录对随书源代码的使用进行了说明。

本书中的一些约定

注意：提醒读者应该重视的内容。

提示：是对读者有所帮助的一些技巧。

书中提到的源代码可在 http://www.cmpbook.com/下载。全部代码按章划分父目录，各子目录以工程为单位存放。源代码的使用可以参考附录（随书源代码说明）。

代码类型

本书中的代码分为 Java 代码和 XML 代码。

编码风格

代码 Q-1 是本书中的示例代码，本书中所有代码风格与之相同。

代码 Q-1　示例代码

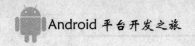

```
1  public class WidgetsDemoAct extends Activity {
2      @Override
3      public void onCreate(Bundle savedInstanceState) {
4          super.onCreate(savedInstanceState);
5          setContentView(R.layout.main);
6      }
7  };
```

囿于篇幅，代码中部分非核心语句用省略号代替。读者可在 http://www.cmpbook.com 下载完整代码。

养成良好的编码风格对于任何程序员来说都是十分重要的，可以说编码风格是判断一个程序员是不是“老手”的标杆。对于刚起步的程序员，在编码过程中首先要树立编码风格的意识，再通过不断地实践和摸索，才能逐步形成自己的编码风格。

最后，希望朋友们开发成功！

目　录

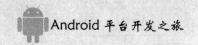

第1章　初识Android平台

本章首先从多个视角对 Android 平台进行了简要介绍，继而详细地介绍了 Android 平台的内容，包括其发展历史和内涵，特别是 Android 平台用到的一些开源项目。以此为基础，全面介绍了 Android 平台的架构和应用程序内容以及 Android 平台定义的一些核心概念。最后对用户界面、程序资源和资产、数据存储以及平台安全和许可进行了举例说明。

1.1　Android 平台简介

"Android"一词的本义是"机器人"，如果牵强一点，其含义是雄性的机器人。作为一个手机平台项目的名字，该项目的丰富内涵和有效的市场运作，让"Android"的含义也变得多样化。

对于开源爱好者而言，"Android"指的是 Android 开源项目，图 1-1 是 Android 项目的 Logo。对于手机爱好者而言，"Android"可能指的是时下流行的 Android 手机，图 1-2 是 Android 手机产品实例图。而对于开发者来说，"Android"指的可能更多的是 Android 平台提供的框架和 SDK。

图 1-1　Android 项目 Log

图 1-2　Android 手机产品实例图

1.1.1　Android 发展历史

2007 年 11 月，Google 公司宣布其基于 Linux 平台的开源手机操作系统的项目名字为"Android"。

2008 年 3 月，Android SDK 发布，代号为 m5-rc15。

2008 年 8 月，Android 0.9 SDK beta 版本发布，代号 m5-0.9。提供了 Windows、Linux 32 位版、Mac OS X Intel 版。

2008 年 9 月，美国运营商 T-Mobile USA 在纽约正式发布第一款 Android 手机——T-Mobile G1。该款手机由宏达电（HTC）代工制造，是世界上第一部使用 Android 操作系统的手机，支持 WCDMA 网络，并支持 Wi-Fi。

2008 年 9 月，Android 1.0 SDK 第 1 次发布。

2008 年 10 月，T-Mobile G1 手机开始销售。

2008 年 11 月，Android 1.0 SDK 第 2 次发布。

2009 年 2 月，Android 1.1 SDK 第 1 次发布。

2009 年 2 月，T-Mobile G2（HTC Magic）手机发布。

2009 年 4 月，Android SDK 1.5 预览版发布，代号为 Cupcake。

2009 年 4 月，在预览版本发布 2 周后，Android SDK 1.5 正式版发布。

2009 年 6 月，Android 平台的原生 C 语言的开发包（NDK）发布。

2009 年 7 月，Android 1.5 SDK 第 2 次发布。

2009 年 7 月，在 Android 1.5 SDK 第 2 次发布之后，进行第 3 次发布。

2009 年 9 月，Android 1.6 SDK 正式发布。

2010 年 1 月，Android 2.1 SDK 发布。

2010 年 5 月，在 Google 公司的 I/O 大会上，代号为 Froyo（冻酸奶）的最新版 Android 2.2 操作系统发布。新版 Android 2.2 系统使用了 JIT（即时编译技术）编译器，可以使程序运行速度提高 2～5 倍。就框架内容而言，2.2 版本的变化趋于稳定；就功能结构而言，2.2 版本较 2.1 更多的是优化和改进。

Android 平台的版本不断“推陈出新”，给手机厂商、运营商、开发者带来了不同程度的压力。据报道，Google 公司表示从 Froyo 开始，将逐步采取系统平台与应用程序进行分离的方式来加强用户体验和降低应用开发难度。

1.1.2 平台内涵

1. Android 平台的功能

（1）提供应用程序框架，开发者可以遵照这些框架搭建应用程序。

读者可以结合 J2SE 平台的 Applet 框架或 J2ME 平台的 MIDlet（Mobile Information Device-let，移动信息设备套件）框架来理解 Android 平台的应用程序框架。

（2）定制的 Dalvik 虚拟机。

读者可以结合 J2SE 平台的 JVM（Java Virtual Machine，Java 虚拟机）和 J2ME 平台的 KVM（Kilo-bytes Virtual Machine，千字节虚拟机）来理解 Dalvik 虚拟机。

无论是 JVM 还是 KVM 都是参照 Java 虚拟机的技术规范来进行设计的，而 Dalvik 虚拟机是 DalvikVM.com 公司（http://www.dalvikvm.com/）开发的，其遵照的技术规范可能与一般的 Java 虚拟机不同。

Dalvik 虚拟机所支持的字节码（ByteCode）是“dex”文件（Dalvik Executable，Dalvik 可执行文件），也就是说 Dalvik 是不支持通常的 Java 类文件（class 文件）字节码的。

（3）集成了基于 WebKit 开源项目的浏览器。

WebKit 是一个开源项目（http://webkit.org/），主要由 KDE（K Desktop Environment，K 桌面环境）的 KHTML 修改而来，并且包含了一些来自苹果公司的组件。

传统上，WebKit 包含一个网页引擎 WebCore 和一个脚本引擎 JavaScriptCore，它们分别对应的是 KDE 的 KHTML 和 KJS。不过，随着 JavaScript 引擎的独立性越来越强，现在

WebKit 和 WebCore 已经基本上混用不分。

Google 公司开发的网页浏览器产品 Google Chrome 就是基于 WebKit 开源代码，并自行开发出称为“V8”的高性能 JavaScript 引擎。读者可以将 Android 平台的浏览器视为 Google 公司的浏览器产品的移动设备版本。

（4）2D 和 3D 图形引擎，2D 图形引擎基于 SGL，3D 图形引擎基于 OpenGL ES 1.0 规范。

SGL（Skia Graphics Library，Skia 图形库）是一套用于绘制文本、几何图形和图片的完整的 2D 图形库，被 Google 公司用于 Android 项目。

OpenGL ES 1.0 是基于 OpenGL 1.3 规范来定义的，同时增强了软件渲染和基本的硬件加速功能。读者可以从 http://www.khronos.org/opengles/spec/获取 OpenGL ES 1.0 的规范。

（5）提供 SQLite 数据库用于结构化数据存储。

SQLite 是一个能够嵌入到进程内部的库，同时它也是一个实现了独立性、无需服务器、零配置和事务处理的 SQL 数据库引擎。其官方网站为 http://www.sqlite.org/。

读者也可以把 SQLite 理解为一个嵌入式 SQL 数据库引擎，其无需单独的服务器进程，开发库小巧、可靠，支持大多数的系统平台，如 Linux、Mac OS X、Windows。

（6）提供对音频、视频和图片等媒体的支持。

Android 平台使用 PacketVideo 公司制定的 OpenCore 框架来支持各种媒体服务。该框架为移动多媒体应用程序提供了一套通用的结构。

在 PacketVideo 公司（http://www.packetvideo.com/index.html）的网站上有对 OpenCore 框架在 Android 平台的应用说明：http://www.packetvideo.com/products/android/index.html。

Android 平台支持的媒体类型有：MPEG4（mp4）、H.264、MP3、JPG、PNG、GIF 等。

（7）提供 GSM 电话控制。

（8）支持蓝牙、EDGE、3G 和 Wi-Fi。

EDGE（Enhanced Data rate for GSM Evolution，增强型数据速率 GSM 演进）是一种 GSM 到 3G 的过渡技术。

（9）支持摄像头、GPS、罗盘和加速计等设备。

2．与 Linux 平台的渊源

（1）Android 平台是在 Linux 2.6.25 版本的基础上改造的。Linux 内核体系结构如图 1-3 所示。

Linux 内核包括：系统调用接口、进程管理、内存管理、虚拟文件系统、网络堆栈、设备驱动和体系结构代码，也就是说 Android 平台内核也会包含这些内容。

明显不同的是，Android 的目标环境是 ARM 平台，而不是通常的 i386 平台。

（2）Android 模拟器是基于 Qemu 0.8.2 和 SDL（Simple Display Layer）进行开发的模拟环境。

Qemu（http://www.qemu.org/）是由 Fabrice Bellard 开发的一款开源的、支持多种 CPU 平台（如 x86、ARM、SPARC、MIPS 等主流类型）的模拟器。

SDL（Simple DirectMedia Layer，简单直访媒体层）是一款跨平台的多媒体开发库，用于提供对音频、键盘、鼠标、游戏杆、3D 硬件（通过 OpenGL）和 2D 视频的帧缓冲区的底层访问。SDL 支持 Linux、Windows、Windows CE、Mac OS、Mac OS X、FreeBSD 和 Solaris 等多个系统平台，其官方主页为 http://www.libsdl.org/。

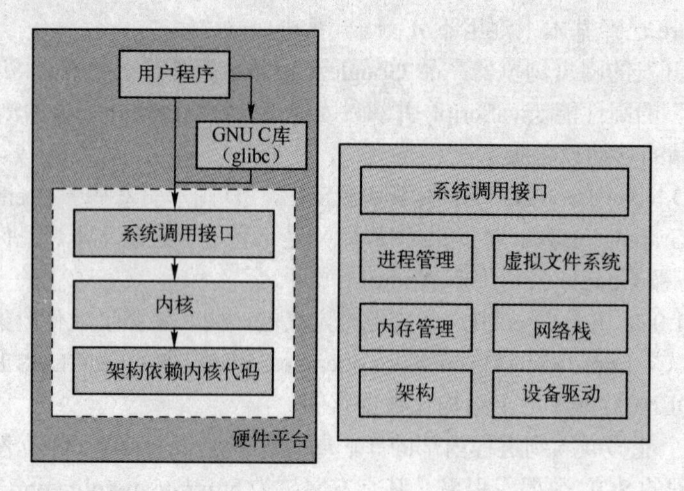

图 1-3　Linux 内核体系结构图

1.2　Android 平台架构

1.2.1　架构图

图 1-4 是 Android 平台的架构图。

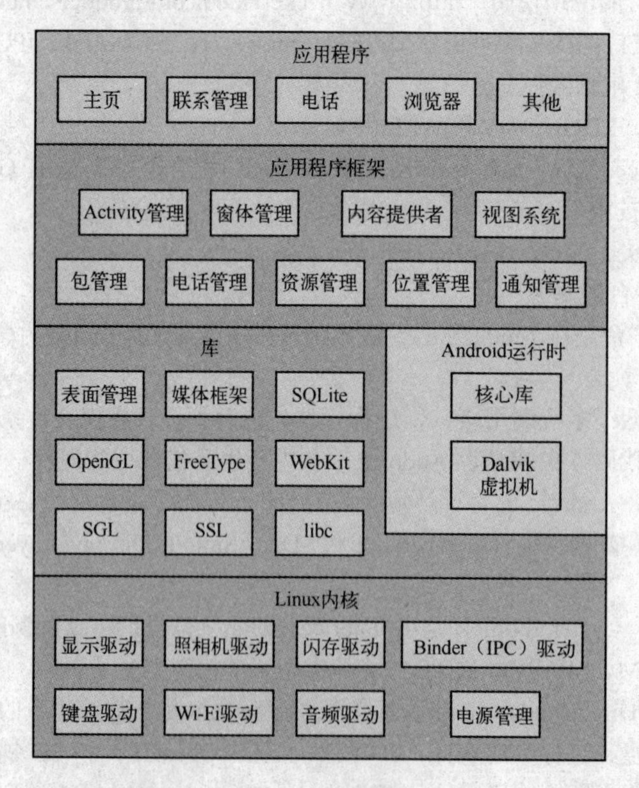

图 1-4　Android 平台架构图

1.2.2 架构内容

1．应用程序

应用程序是包括 Android 平台配置的一套应用程序集，如短信程序、日历工具、地图浏览器、网页浏览器等工具，以及用户基于 Android 平台的应用程序框架，使用 Java 语言自行开发的程序。

2．应用程序框架

开发者可以完全使用与那些内核应用程序相同的框架，这些框架用于简化和重用应用程序的组件。若某程序能够“暴露”其内容（如数据、功能模块），则其他程序就可以使用这些内容。

通过应用程序框架，用户自定义的程序可以执行用户程序之外的预设功能，这样可以极大减少用户程序的额外工作。如图 1-5 中，用户类（“HelloAndroidAct”）在其重载的方法（“onCreate”）中调用了 Android 应用程序框架预定义的父类（“Activity”）的方法。

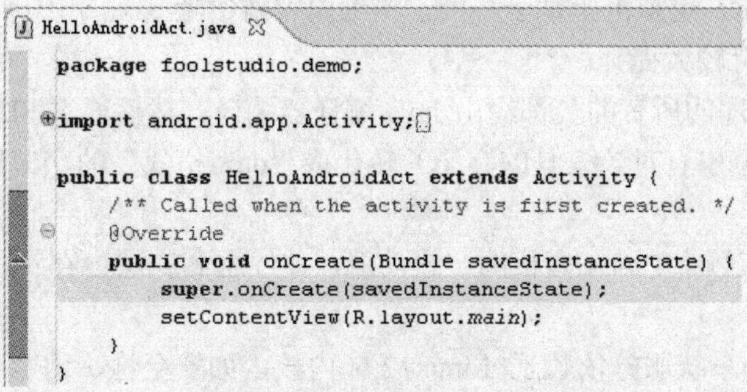

```
HelloAndroidAct.java
package foolstudio.demo;

import android.app.Activity;

public class HelloAndroidAct extends Activity {
    /** Called when the activity is first created. */
    @Override
    public void onCreate(Bundle savedInstanceState) {
        super.onCreate(savedInstanceState);
        setContentView(R.layout.main);
    }
}
```

图 1-5 子类通过框架执行平台预设功能

3．系统开发库

Android 定义了一套 C/C++开发库供 Android 平台的其他组件使用。这些功能通过 Android 应用程序框架提供给开发者，开发者是不能直接使用这些库的。这些库包括：

（1）系统 C 开发库

源于 BSD 的标准 C 系统库（libc）。

（2）媒体开发库

基于 PacketVideo 的 OpenCore。

（3）屏幕管理库

管理对显示子系统的访问或无缝衔接多个应用程序的 2D 和 3D 图形层。

（4）网页浏览器引擎核心库

（5）SGL 库——2D 图形引擎库

（6）基于 OpenGL ES 1.0 API 的 3D 开发库

（7）基于开源项目 FreeType 的字体引擎开发库

FreeType（http://www.freetype.org）是一款免费的、高质量的、可移植的字体引擎，其设计小巧、高效、高度可定制，并且可以产生可移植的高品质输出内容（符号图像）。该引擎已广泛用于图形库、展示服务、字体转换工具、文本图片生成工具和很多其他产品。

（8）SQLite 开发库

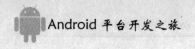

提示：2009 年 6 月，Android 开发者网站（http://developer.android.com/）发布了 Android 本机开发包（Android Native Development Kit，NDK），其核心内容包括一套本地系统的头文件（.h 文件）和库（.lib 文件）。尽管如此，Android 系统也不允许一个纯使用 C/C++的程序运行，而必须使用 JNI（Java Native Interface，Java 本机接口）方式来执行本地代码。

4．运行时环境

Android 平台包括了一套核心库和 Dalvik 虚拟机。该核心库提供了 Java 语言核心库的大多数功能，读者如果了解 JNI 技术，就很容易理解这个 Java 语言核心库实际上是对 Android 平台提供的 C/C++开发库进行了本机调用。

而 Dalvik 虚拟机是用来执行 Android 应用程序的。每一个 Android 应用程序都在它自己的进程中运行，每一个进程都拥有一个独立的 Dalvik 虚拟机实例。

Dalvik 被设计成可以在一个设备上同时高效地运行多个实例的虚拟系统，Dalvik 虚拟机是基于寄存器的（Java 虚拟机是基于栈的，详细内容请参考 Java 虚拟机的规范），所以在性能上较 Java 虚拟机有较大提升。

Android 应用程序的所有的类都经由 Java 编译器编译，然后通过 SDK 中的“dex 文件转换”工具（在第 2 章中有对该工具的介绍）转化成“dex 格式”的字节码文件，再由 Dalvik 虚拟机载入执行。

Dalvik 虚拟机依赖于 Linux 内核的一些功能，如线程和底层内存管理机制。

5．Linux 内核

Android 的核心系统服务依赖于 Linux 2.6 内核，如安全性、内存管理、进程管理、网络协议栈和驱动模型。Linux 内核也同时作为硬件和软件栈之间的抽象层。

1.2.3 Android 应用程序内容

1．Android 应用程序

Android 应用程序由 Java 语言写成，通过打包工具（第 2 章中将会介绍）将应用程序所需的所有数据和资源文件打包到一个以“apk”为后缀的包文件中。该文件作为分发应用程序的载体，被应用程序安装到移动设备上。每个“apk”文件中的代码可以视为一个应用程序。

以下是 Android 应用程序进程的设计规则：

（1）默认的，每个应用程序运行在它自己的 Linux 进程空间。在需要执行该应用程序的时候 Android 将启动该进程，当不再需要该应用程序，并且系统资源不够分配时，则系统将终止该进程。

（2）每个进程都有自己的 Java 虚拟机（Dalvik 虚拟机），所以，任一应用程序的代码与其他的应用程序的代码是相互隔离的。

（3）默认的，每个应用程序被分配给一个唯一的 Linux 用户 ID。所以，任一应用程序的文件只能对该应用程序可见。

2．应用程序组件

Android 平台的一个核心要点是一个应用程序能够利用其他应用程序的组件。如一个程序 A 需要查看一个列表中的所有数据库的信息，而另外一个程序 B 用于查看某一指定数据库的信息，包括：该数据库所包含的数据表名、数据表模式（Schema）、数据表内容等。那么在程序 A 中，在浏览每一个数据库的详细信息的时候就可以调用程序 B 中的模块去显示指定数据库的信息，而无需重复开发。

为了做到这一点，系统必须能够在需要任何功能模块的时候启动包含该模块的应用程序进程，并且列举该模块的所有 Java 对象。因此，不像大多数系统的应用程序，Android 应用程序没有 main 函数，代码框架也必须遵照 Android 平台所定义的形式。当然，Android 应用程序需要包含系统能够列举并运行的一些重要组件。

（1）Activity（活动）

每个 Activity 表现了一个提供给用户执行操作的可视化用户界面。例如：一个 Activity 表现一个登录界面，另外一个 Activity 表现一个显示登录用户信息的列表界面。

用户定义的每一个 Activity 都继承于父类 Activity。一个应用程序可能由一个或多个 Activity 组成，Android 平台通过 Activity 栈来对所有的 Activity 进行管理。

每一个 Activity 都被分配一个用于绘制的窗体，一般来说，该窗体是全屏幕的，但也可能比全屏幕要小且浮于其他窗体之上，如弹出式对话框。

窗体的可视内容由一组视图层次结构来提供，这些视图元素都继承于视图类（View），每个视图元素控制窗体内一个常规的矩形框区域，父视图包含和组织其子视图的布局。

（2）Service（服务）

Service 是一类无需可视用户界面，更适合在后台长期运行的应用程序，如背景音乐播放器或后台数据处理服务等。

同 Activity 一样，用户定义的每一个 Service 都继承于父类 Service，该父类由 Android 平台框架预先定义。

（3）Broadcast Receiver（广播接收者）

Broadcast Receiver 是一类只接受和处理广播消息的组件。Broadcast Receiver 也没有显示用户界面，但是可以在响应其接受信息时启动一个 Activity，或者通过通知管理器显示提示界面来警示用户。

一个应用程序可能有任意数量的 Broadcast Receiver 来响应任何它认为重要的通告。所有用户定义的 Broadcast Receiver 都继承于父类 BroadcastReceiver，该父类也是由 Android 平台框架预先定义。

（4）Content Provider（内容提供者）

Content Provider 可以将指定的一组应用程序数据让其他应用程序使用。这些数据可以存储于文件系统或者 SQLite 数据库。

用户定义的 Content Provider 都继承于父类 ContentProvider，并实现一套标准的方法，允许其他应用程序获取并存储其控制的数据类型。该父类也是由 Android 平台框架预先定义。

一个 Content Provider 可以和其他 Content Provider 进行交互，甚至和其他 Content Provider 协作来管理任何进程内的通信。

3．激活应用程序组件

组件的激活或者组件与组件之间的切换是如何实现的呢？例如：应用程序启动时如何启动一个 Activity 或者 Service？Activity A 与 Activity B 如何进行切换调用？

Android 平台定义了一种称为 Intent（意向）的异步消息，该消息用于激活 Activity、Service 和 Broadcast Receiver 组件。一个 Intent 是一个包含消息内容的对象，对于 Activity 和 Service 而言，Intent 就是以 Activity 或 Service 的名字作为执行请求并且指明其所要执行的数据的 URI 的组合消息。例如：请求一个名为“图片浏览器”的 Activity 和一个指定的文件夹（URI），其意向是启动该图片浏览器程序，显示指定文件夹中的图片。

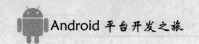

1.3 用户界面

1.2 节中已经初步介绍，应用程序的关键组件 Activity，表现了一个用户关注的、并用于执行用户行为的可视化界面。系统分配给该 Activity 一个默认的窗体用来绘制界面，而该窗体中的内容是一套视图（View）层次结构。下面将对用户界面的视图层次结构及其组成进行介绍。

1.3.1 视图层次结构

如图 1-6 所示是 Android 平台视图层次结构树图。结构树的根节点通常是一个视图组对象（ViewGroup），而根节点的子节点既可以是视图对象（View），也可以是视图组对象。

实际上，视图组对象也是继承于视图类，之所以要分开来定义，主要是为了开发者能够清晰地区分作为容器的视图（视图组）和作为显式的视图（普通可视视图）。

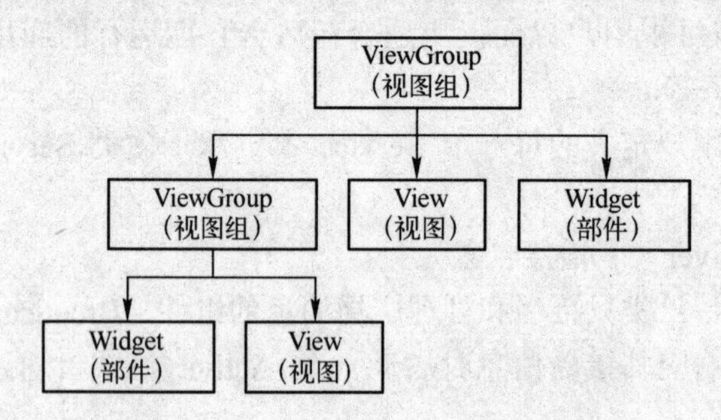

图 1-6 Android 平台视图层次结构树图

通过图 1-6 中的视图层次结构树，开发者可以设计任意或简单或复杂的用户界面。既可以使用 Android 平台预定义的显示部件，也可以使用用户自定义的视图组件。

Activity 组件通过设置其内容视图的方法来装载并显示视图层次结构，并最终在设备屏幕上显示其界面内容。

1.3.2 布局——设计图

顾名思义，布局对象是用于指明可视组件的布置方式，例如图 1-7 所示的界面元素的布局。

布局对象本身是不可见的，“隐含”于布局的结果之中。

Android 平台中布局的定义与 J2SE 平台是一致的，都是用来决定界面容器中所包含的可视组件的摆放，都是不可见的。但不同的是，在 Android 平台中，布局是作为视图组对象（ViewGroup）来定义的，而不像 J2SE 平台是作为显示容器的属性来设置；在用户界面设计中，Android 平台的布局往往需要进行显式定义，而不像 J2SE 平台，不定义布局时显示容器将选用系统默认的布局。

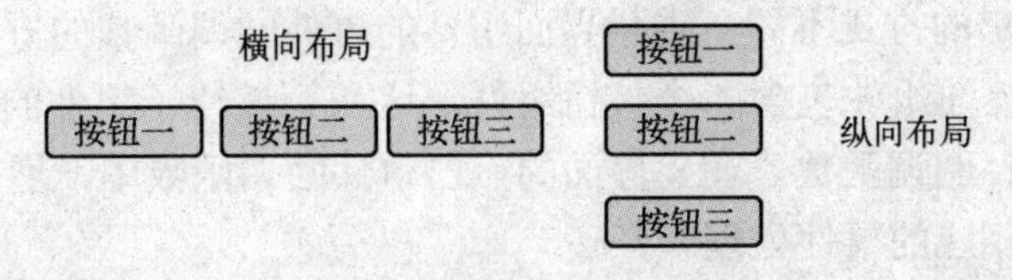

图 1-7　界面元素的布局

经历过家居装修的读者可以联想到，布局就如同设计师最终绘制出的设计图。

1.3.3　视图——整体家居

为了区别布局以及显示部件，作者特地单独介绍视图对象。如果说布局是从整体来设计用户界面，那么视图可以理解为集成度比较高的、内容范围介于全局和局部之间的组件。通过这些组件，开发者可以很快搭建某些类型的应用程序。例如：网页浏览器程序、视频播放器程序，这些应用程序都用到了 Android 平台预定义的视图组件。

就像整体家居一样，出厂之前就已经由厂家进行了总体的设计和整合，除了提供产品的特定功能之外，在整体风格上的统一，更是能够达到良好的视觉效果。这种整体家居一般要比单独购置各个部件省时省力，而且能够保证风格的统一。就好比直接使用 Android 平台的网页浏览器视图要比开发者使用多个显示部件来自行设计浏览器界面要方便、美观得多。

1.3.4　显示部件——装饰品

显示部件（Widget）也是一个视图对象，主要提供与用户的交互界面。Android 平台预定义的显示部件，简单的有按钮、文本框、复选框等；复杂的有日期选择面板、缩放控制面板等。

显示部件在用户界面中的视野应该是局部，是视图组件的最基本单元。开发者也可以自行设计显示部件。

显示部件与视图的关系，就像一只漂亮的花瓶加入到展示柜中，起到装饰的作用。

1.3.5　用户界面事件

通过前面几节对组成用户界面的视图层次结构的介绍，相信读者对 Android 程序的 UI 设计有了一个大致的框架性认识。和其他的开发平台一样，用户界面是用户和程序沟通的桥梁，应用程序将通过界面组件来收集用户的请求事件，如点击按钮、触摸图片、改变列表内选择项等。

Android 平台通过两种方式来获取用户界面的请求事件。

1．事件侦听器

事件侦听器即定义某一类事件的侦听器，将其绑定到指定的组件。例如：定义了一个点击事件的侦听器对象，然后将该侦听器作为某一按钮的侦听器。这样发生在该按钮上的点击事件都将被该侦听器对象获取并处理。

该处理方式“即定义即用”，快捷直观，比较适用于简单的场合，如果要侦听的界面元素较多，将影响对事件处理的统一管理。

2．事件回调函数

与使用侦听器绑定的方式不同，重载界面组件的事件回调函数的方式适用于父界面中的子组件。例如：一个界面组件包含 4 个按钮组件，这 4 个按钮子组件的点击事件的处理都设置为父界面的点击事件回调函数。在父界面的点击事件回调函数中，通过目标组件的 ID 来识别子按钮，并进行相应的事件处理。

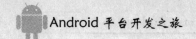

这种方式将组件的事件处理进行统一的管理，结构清晰。但是在消息的分发方面需要注意。

1.3.6 界面风格和主题

虽然 Android 平台提供了标准的可视界面组件，但是某种情形下，界面风格还是无法满足用户需求。就像 HTML 规范中虽然定义了 H1 标记，但是用户为了突出页面的风格，使用样式表对 H1 标记的默认样式进行修改，使其变得更加有个性。

Android 平台所定义的样式，也是指一套或多套应用于单个组件的格式属性。样式面向的是单个的组件，而主题面向的是整个程序或某一个 Activity 的样式。就像我们常用的应用程序中的换肤功能一样，整体地控制整个系统的风格。

Android 平台提供了一些常用的默认风格和主题资源，用户也可以方便地定义自己喜欢的风格和主题。

1.3.7 数据绑定

从用户界面的交互到用户事件的响应，其背后的主导还是数据。例如：某一产品信息查询系统，通过访问网络或者本地数据库，获取所有产品的信息列表，使用列表组件来装载这些信息列表，用户通过浏览列表组件来查看产品的最新信息。

在一般的设计中，用户界面只负责数据的显示和事件的响应，而对于数据源的获取、编辑等处理都作为数据模型进行管理。这就是常说的 MVC（模型-视图-控制）模式。在 J2SE 平台中，就使用了模型、适配器等概念来对可视组件的数据模型进行管理。

Android 平台使用与 J2SE 平台同样的适配器的概念对数据模型进行定义。

1.4 程序资源和资产

俗话说“巧妇难为无米之炊”，没有原料任何工作都没法开展，对于应用程序开发更是如此。同样是手机平台，有过 J2ME 平台游戏开发经验的读者应该都知道，编写一个游戏，除了代码之外，还需要很多额外的素材，例如：众多的人物、场景图像以及一些参数文件、音乐文件等，它们都是开发程序必备的“原料”。

Android 平台对这些“原料”的划分更为细致，总体上定义为两类：资源（Resource）和资产（Asset）。

资源和资产都是 Android 应用程序不可分割的一部分，都将和代码一样被打包合成到一个应用程序文件（后缀为 apk）中。

1.4.1 程序资源和资产概述

Android 平台所定义的资源和资产是指需要包含并且在应用程序中参考的外部元素，如图片、音频、视频、XML 文件、数据文件等。每一个 Android 应用程序都包含一个资源文件夹（res/）和资产文件夹（assets/）。资源文件夹中一般存放的是 Android 平台可以识别的文件，如图片、XML 文件、音频、视频等。资产文件夹存放的是用户自定义的数据文件或者 Android 平台无法识别的文件，例如：用户自定义的配置文件，或 Android 平台不支持的音频或视频文件等。

从本质上来讲，Android 平台定义的资产和资源没有区别。例如：图片既可以放在资源文件夹中也可以放在资产文件夹中，虽然都可以存取到该图片，但是存放于不同的文件夹其访问方式是不一致的。资源文件夹中的内容会经过 Android 平台的编译，通过其资源 ID 就可以引用；而对于资产文件夹中的内容是无法方便地通过资源 ID 来引用的。

1.4.2 资源类型及内容

表 1-1 列举了 Android 平台常见的资源类型。

表 1-1 Android 平台资源类型列表

序号	资源类型	内容
1	常量值	·颜色值 ·字符串和样式文本 ·大小值 ·数组
2	绘制用	·图片文件（JPG、PNG、GIF）
3	动画	XML 文件
4	菜单	·上下文菜单 ·可选菜单
5	布局	XML 文件
6	样式和主题	XML 文件

由表 1-1 不难看出，Android 平台对于资源的定义范围是相当广泛的。这样一来，不仅可以方便地在代码中引用资源，甚至可以在资源的定义中引用有关的资源。Android 平台对资源的这种灵活的管理机制，不仅简化了资源的定义过程，而且有助于将创建资源的代码转移到资源的设计过程中，这对理解代码结构和提高生产效率有很好的促进作用。

1.5 数据存储

无论是在桌面平台还是移动平台，应用程序都需要持久存储其数据，所以平台都提供了相应的数据存储机制。例如：Windows 平台提供了文件系统和基于文件系统的数据库管理系统用于持久存储用户数据；J2ME 平台提供了 RMS 机制（Record Management System，记录管理系统）来存储用户的记录数据。

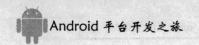

Android 平台主要提供了三种数据存储方式：应用程序首选项、文件和嵌入式数据库。

1.5.1 首选项

首选项是一种轻量级的、用于存储或获取简单数据类型的“键—值”项的机制。其典型的用法是存储应用程序的首选项，这些选项将在应用程序启动的时候被载入，大多数应用程序都提供了首选项设置的功能。

特别的，在 Android 平台中，不能跨应用程序来共享首选项设置，除非显式地使用 Android 平台的内容提供机制。

1.5.2 文件

和桌面平台一样，Android 平台允许应用程序在移动设备或者移动存储设备上直接存储文件。不同的是，某一应用程序所存储的文件是不能被其他应用程序访问的。

1.5.3 数据库

数据库机制实际上也可以视为文件方式，Android 平台提供了创建和使用 SQLite 数据库的 API。SQLite 是一款小巧、高效的嵌入式数据库，使用前景相当出色。

与文件存取机制一样，每个数据库是创建该数据库的应用程序私有的，并不像普通桌面平台一样，数据库系统本身一般都是共享的，数据的访问权限才是通过数据库管理系统来管理的。

1.6 平台安全和许可

通过之前对 Android 应用程序组件和数据存储的介绍，相信读者应该已经“觉察”到 Android 平台与一般的桌面平台存在一定的区别，特别是在数据或文件共享方面。以下将对 Android 平台的安全机制进行简要的说明。

1.6.1 Android 平台安全结构体系

在 Android 平台的安全结构体系设计中是不包括应用程序的。默认的，在与其他应用程序或操作系统以及用户不发生冲突的前提下，应用程序被允许执行任何操作。这些操作包括读/写用户的私有数据、读/写其他应用程序的文件等。

每个应用程序的进程可视为一个安全的沙盒（Sandbox），一般情况下，应用程序不会影响其他应用程序，但是当基本沙盒无法满足该应用程序的特定要求时，该应用程序会显式地要求使用某些系统功能，这种情形下可能会对系统应用程序产生一定的影响。

这些使用许可请求可以通过多种渠道进行处理，典型的是基于证书的自动许可，或通过用户界面提示来让用户选择允许或禁止该请求，例如：程序通过提示界面来供用户选择是否启动蓝牙功能。这些使用许可的请求必须在应用程序中静态地声明，这样 Android 平台才可以在安装应用程序之前预先知道，并且之后也不会改变这些许可声明。

提示：应用程序的使用许可内容（例如：访问互联网、读取联系信息、允许蓝牙功能等）都预先定义在清单文件（AndroidManifest.xml）中。

1.6.2 应用程序签名

所有的应用程序（apk 文件）必须使用私钥开发者持有的证书进行签名。这些证书标识了应用程序的作者。这些证书不需要额外的认证授权进行签名，因为 Android 应用程序使用自签名的证书。这些证书只是用于建立应用程序之间的可信任关系，并不控制一个应用程序是否能够被安装。

1.6.3 用户 ID 和文件存取

在设备上的每个 Android 包文件（apk 文件）都被分配给一个唯一的 Linux 用户 ID，为该应用程序创建一个沙盒并防止它接触其他应用程序，或者防止其他应用程序接触它。该用户 ID 在该应用程序被安装到设备上时进行分配，并且在该程序使用期间内，该 ID 持久保证不变。

因为安全策略被强制应用在进程内部，所以任何两个不同用户 ID 的包中的代码都不能正常地运行在同一个进程中，因为它们属于不同的 Linux 用户。开发者可以改变应用程序的共享用户 ID 的属性从而将同样的用户 ID 分配给不同的包，这样可以实现两个包在相同的进程空间中共存，并且具有同样的文件许可。这种方式是安全的，只不过两个应用程序使用了相同的用户 ID 进行签名。

被一个应用程序存储的任何数据将被该应用程序的用户 ID 进行签名，并且通常不能被其他的包访问。当创建应用程序参数或创建数据库时，可以使用读/写标识允许其他包读/写该文件。当设置这些标识后，该文件还是被创建文件的应用程序所拥有，但是其读取许可已经被设置为全局的，所以对于其他应用程序可见。

1.6.4 许可

Android 平台定义了两大类许可：使用许可和强制许可。

1．使用许可

一个基本的 Android 应用程序没有相关的任何许可，这也意味着它不能做任何对用户体验有反作用的事情或存取设备上的任何数据。为了使用设备上的受保护功能，开发者必须在 Android 应用程序的清单文件上包含一个或多个使用许可的标签（<uses-permission>）来声明该应用程序需要的许可。

当一个应用被安装时，其请求的许可将由包安装管理器来允许。

Android 平台所提供的所有许可都定义在一个名为“Manifest.permission”的包中。任何应用程序也可以定义和强制它自己的许可。

2．强制许可

为了强制自定义的许可，开发者必须使用一个或多个许可标签（<permission>）在应用程序清单文件上首先声明这些许可。

3．URI 许可

URI 许可通常与 Content Provider 一起使用。当一个 Content Provider 的直接客户端需要

将指定 URI 交给其他应用程序处理时，该 Content Provider 可能需要使用读/写许可来保护自己。一个典型的例子是调用其他程序打开邮件的附件：该附件必须受到许可保护，因为这是敏感的用户数据。所以，如果将一个作为附件的压缩文件的 URI 提交给一个解压工具，该工具必须具有打开该压缩文件的许可。

第 2 章　踏上 Android 平台开发之旅

本章将带领读者开始踏上 Android 平台开发之旅，从搭建系统环境、安装平台 SDK、安装 IDE 以及调试工具插件到示例工程的创建、运行和调试过程，通过详细的过程说明和恰当的提示，让读者能够快速对 Android 平台开发形成初步的理解，为后续的开发流程打下良好的基础，同时尽可能与第 1 章中介绍的 Android 平台的基础概念进行衔接。

2.1　搭建系统环境

因为 Android 平台的应用程序是用 Java 语言编写的，所以最基本的还是需要 J2SE 平台提供的 Java 编译工具以及运行时环境（Java Runtime Environment）。本书中 J2SE 平台用到的 JDK 版本是 1.6。

2.1.1　安装配置 J2SE 开发环境

1．JDK 下载选项

读者可以从 http://java.sun.com/javase/downloads/index.jsp 下载最新的 JDK。下载时需要根据目标平台选择合适的版本，J2SE 平台的 JDK 提供了 Linux、Solaris 和 Windows 多个平台的版本，如图 2-1 所示。

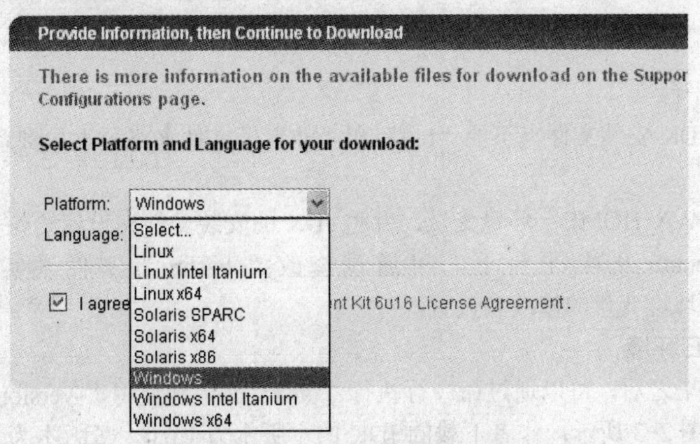

图 2-1　下载合适的目标平台的 JDK

注意：即使对于同样的操作系统，也可能因为 CPU 的类型、架构和字长不同而要选择不同的 JDK 版本。

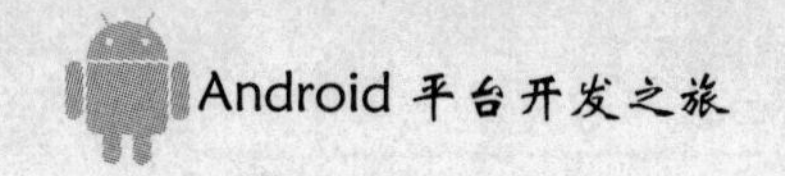

2．JDK 安装配置

安装 JDK 的过程相信读者都比较熟悉，在此不再赘述。JDK 安装完毕之后，需要手动设置相关的环境变量。下面以 Windows 平台和 Linux 平台为例进行介绍。

（1）Windows 平台

1）需要将 JDK 安装文件夹下的 bin 和 lib 子文件夹路径添加到系统的路径环境变量“PATH”中。

2）创建“JAVA_HOME”环境变量，并将 JDK 的安装文件夹设置给该变量。

如图 2-2 所示，JDK 安装文件夹为“D:\J2SDK”，所以设置“JAVA_HOME”变量为“D:\J2SDK”，添加“PATH”变量的设置“D:\J2SDK\bin 和 D:\J2SDK\lib”（中间用分号分隔）。

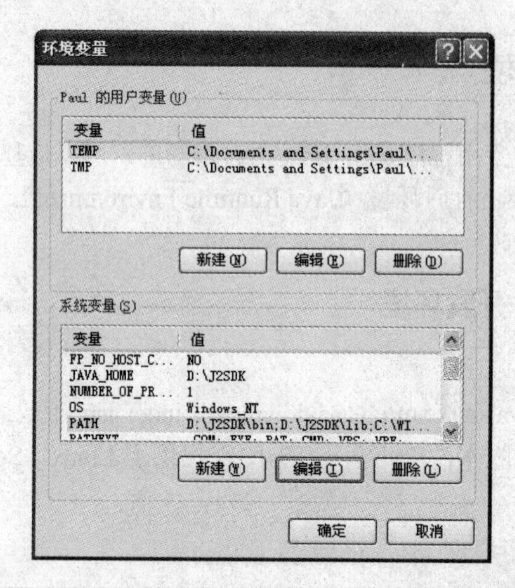

图 2-2　在 Windows 平台中设置 JDK 环境

（2）Linux 平台

1）需要将 JDK 安装文件夹下的“bin”和“lib”子文件夹路径添加到系统的路径环境变量“PATH”中。

2）创建“JAVA_HOME”环境变量，并将 JDK 的安装文件夹设置给该变量。

读者在 Ubuntu 9.04 平台下，可通过修改“.bashrc”文件来实现“PATH”和“JAVA_HOME”环境变量的修改和设置。

3．验证 JRE 环境

JDK 安装完毕之后，可以通过命令行执行“java”文件并使用“-version”参数查看 JDK 的版本信息。如图 2-3 所示，作者下载的 JDK 的主版本为 1.6.0，子版本为 16。

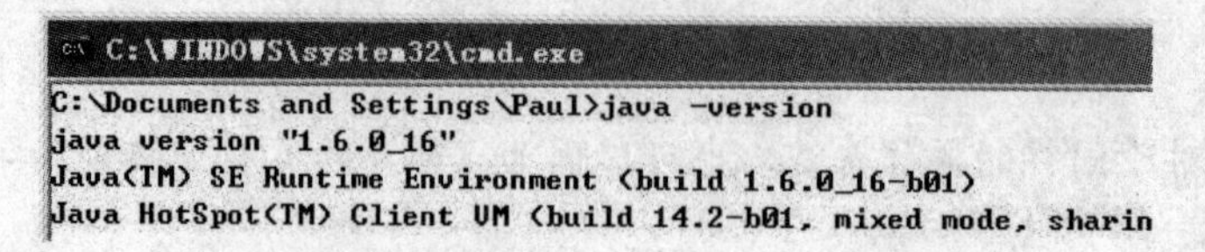

图 2-3　在 Windows 平台中查看 JDK 版本信息

2.2 Android 平台 SDK

仅有 J2SE 平台的 JDK 还不够，既然是开发 Android 平台的应用程序，还必须配置 Android 平台的 SDK。

作为 Android 开发者网站（http://developer.android.com/）应该是提供 Android 平台开发资源的官方网站。但作者很少有机会能够正常地登录该网站。作者大多数时候通过“Android 开发网”（http://www.android123.com.cn/）来获取 Android 平台的 SDK 的下载地址信息。

注意：作者提供的下载信息仅供参考，建议还是以 Android 开发者网内信息为准。

2.2.1 安装配置 Android 平台 SDK

通过页面 http://www.android123.com.cn/sdkxiazai/337.html，读者可以获取 Android 1.5 版本第 3 次发布版本的下载地址信息。

Android SDK 提供了 3 个平台的版本：Windows、Linux（i386）和 Mac OS X（Intel），读者可以根据目标平台选择相应的 SDK 进行下载。

下载后的文件是压缩文件，直接解压到目标文件夹下即可。需要注意的是，不要改变解压后的 SDK 目录的文件名（形为：“android-sdk-windows-*.*_r?”，其中“*”表示 SDK 的版本信息，“?”表示发布信息。例如：“android-sdk-windows-1.5_r3”，表示 SDK 的版本是 1.5 版本第 3 次发布）。

与 JDK 设置相同，Android SDK 安装目录下的“tools”子文件夹的路径需要添加到系统的“PATH”环境变量中。

注意：Android 2.1 SDK 与 Android 1.5 和 1.6 版本又有不同，Android 2.1 SDK 采用在线更新的方式来自动获取最新版本的 SDK，作者只需执行其更新程序即可。Android 2.1 SDK 的目录为“android-sdk-windows”，不再包含版本信息。

2.2.2 Android SDK 内容介绍

SDK 下载解压之后，其中包含非常丰富的开发资源，包括丰富的辅助工具和完备的开发参考，如图 2-4 所示。

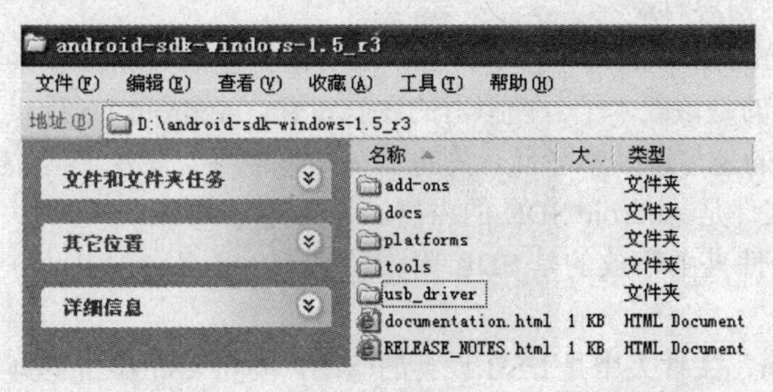

图 2-4 Android SDK 目录内容

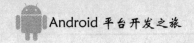

（1）“add-ons”中包含的是附加资源，主要是Google API第3版的开发包和文档资源。

（2）“docs”中包含的是完整的Android SDK参考文档，包括SDK发布信息、开发引导和API参考。图2-5是“docs”中的脱机内容页面（“offline.html”文件）。

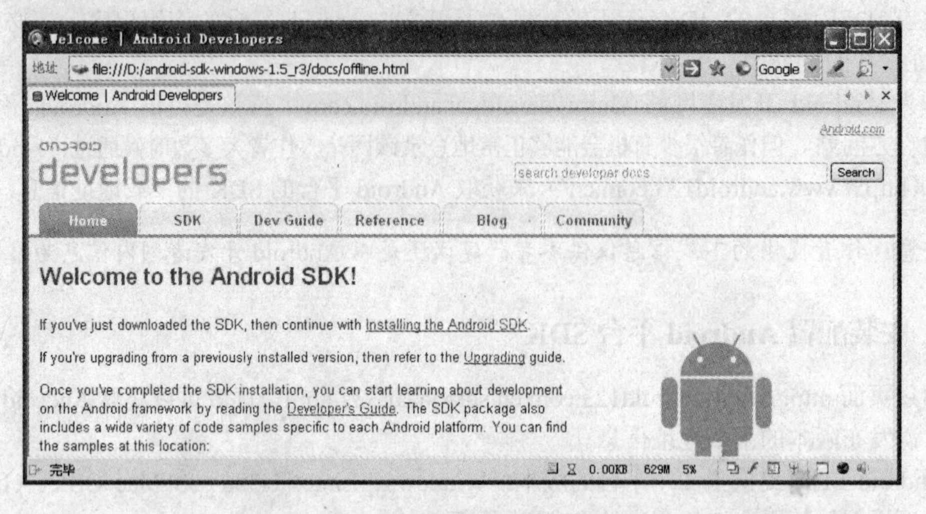

图2-5　Android SDK脱机文档主页

（3）“platforms”中可能包含多个版本的SDK的内容，每个版本的文件夹中，又包含该版本相关的内容，图2-6中，作者选择1.5版本的平台为例进行介绍。

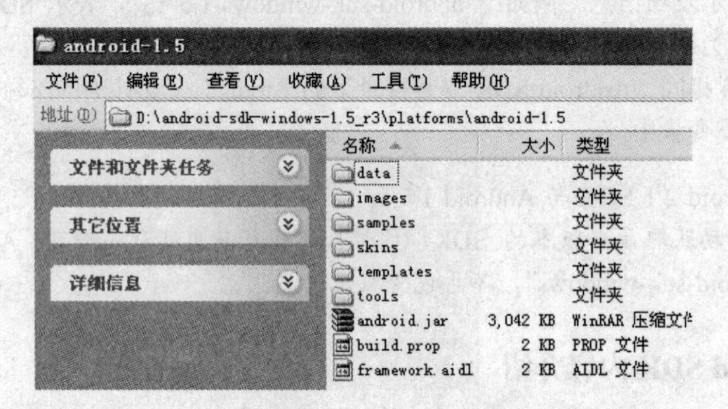

图2-6　Android 1.5平台文件夹内容

其中比较重要的内容有：

“images”中存放的是该版本平台的核心镜像文件，包括QEMU、系统的镜像文件。

“skins”中存放的是该版本平台模拟器的皮肤设置，Android 1.5提供了4种皮肤。

“tools”中存放的是与该版本平台有关的工具（非共用工具），在后续小节有介绍。

“android.jar”文件是Android SDK的内核，是支持Android平台的核心包。

（4）“tools”文件夹中存放的是SDK附带的Android平台的共用工具，在后续小节有介绍。

（5）“usb _driver”文件夹中是USB设备的驱动，支持x86和amd64架构。

（6）“documentation.html”实际上将重定向到“docs”文件夹中脱机内容页面。

提示：作者之所以对 SDK 文件夹目录进行详细的介绍，其目的只有一个：希望读者能够发现并用好已经拥有的资源，而不必舍近求远。当然，SDK 中提供的资源都是英文版本，而且有些概念也是非常“多元化”，对初学者来说可能存在一定困难。但是，这些资源是官方发布的唯一内容，网上大多数中文资料都是基于这些英文版的。

2.2.3　Android SDK 附带工具介绍

Android SDK 所带的共用工具放在 SDK 的安装文件夹下的“tools”子文件夹中，如图 2-7 所示。各版本 Android 平台特有的工具放在各自平台文件夹下的“tools”子文件夹中，如图 2-8 所示。

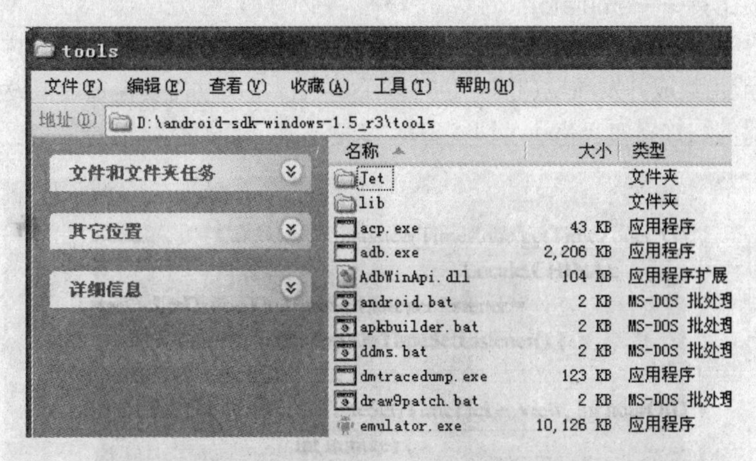

图 2-7　Android SDK 共用工具文件夹

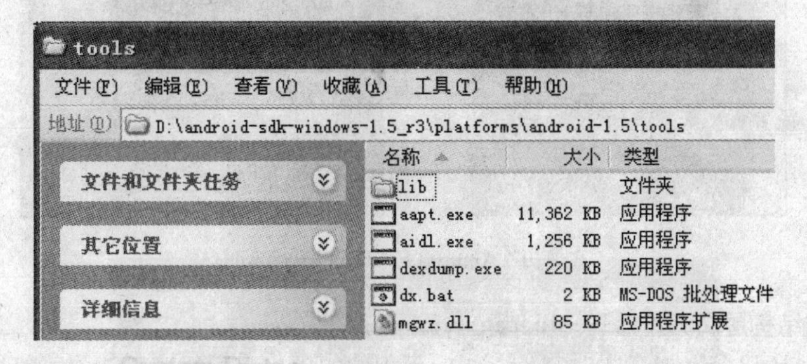

图 2-8　Android SDK 特定平台工具文件夹

下面对常用的工具进行简要说明。

1．Android 调试桥接工具——adb

Android 调试桥接（Android Debug Bridge，ADB）工具，顾名思义，该工具主要是起到调试的桥接作用，例如：读者可以执行 adb 工具通过命令行访问模拟器或者实机，往模拟器或实机上上传文件，或从模拟器或实机上下载文件等。

2．Android 虚拟设备管理和项目管理工具——android

android 工具主要用于两个方面：一方面是 Android 虚拟设备（Android Virtual Devices，

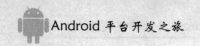

AVD）的管理，包括创建、删除、更新和查询 AVD。另一方面是创建和更新 Android 项目。

直接使用该工具的情形并不多见，因为后面将要介绍的集成开发环境中已经提供了用户界面来实现 android 工具所完成的功能。

3．Dalvik 调试监视服务工具——ddms

Dalvik 调试监视服务（Dalvik Debug Monitor Server，DDMS）工具整合了 Android 平台的虚拟机，所以可以获取更多的应用程序运行信息，包括：堆信息、线程信息、进程信息等。简而言之，该工具可以提供更加底层和完整的调试信息。

直接使用该工具的情形并不多见，利用后续将要介绍的 Android 调试工具插件可以通过用户界面的方式来获取 ddms 工具得到的调试信息。

4．模拟器工具——emulator

emulator 用于模拟 Android 实机的模拟环境，是调试 Android 应用程序必不可少的工具。该工具一般由集成开发环境调用，也可以手动执行，不过需要指定虚拟设备。图 2-9 是 Android 模拟器的运行界面（Android 1.5 SDK r3 版本和 2.2 版本）。

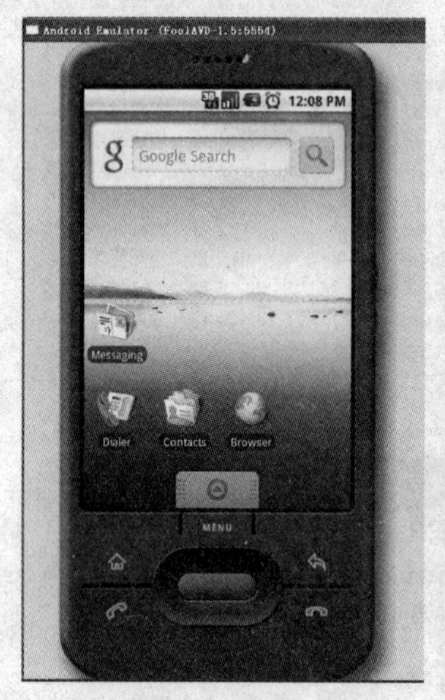

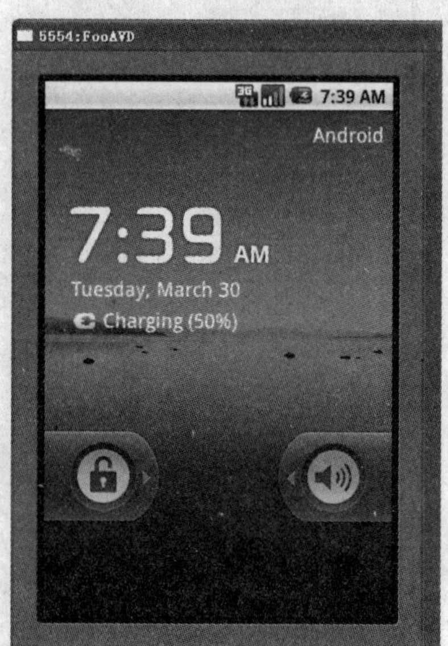

图 2-9　Android 模拟器的运行界面

5．视图结构层次浏览器——hierarchyviewer

读者应该还记得第 1 章中对 Android 应用程序的用户界面的视图结构层次的介绍。这里的视图结构层次浏览器就是对运行在模拟器或实机上的应用程序的用户界面的视图结构层次进行浏览的工具。通过这个工具，开发者可以更加清楚地知道当前应用程序的用户界面的布局状况。在后续章节会详细介绍该工具的使用细节。

6．SQLite 数据库工具——sqlite3

sqlite3 是第 3 版本的 SQLite 数据库的管理工具，在后续章节会详细介绍该工具的使用细节。

7．资产打包工具——aapt

Android 资产打包工具（Android Assets Packaging Tool，AAPT）用于将程序所需的资源

和资产等素材通过压缩和编码，合并到工程文件（apk 文件）中去。

8. dex 文件转换工具——dx

在第 1 章已经提到过，Dalvik 虚拟机所支持的字节码是一种“dex 文件”，而通过 Java 编译器对源文件编译出来的却是通常的 Java 字节码文件（class 文件），那么这里就存在从 Java 字节码文件转换为 Dalvik 字节码文件的环节。

dx 就是用于将一组“class 文件”转换为“dex 文件”的工具，输出的文件名后缀必须为“dex”、“jar”、“zip”或“apk”之一。

注意：各个版本 SDK 所提供的工具可能会存在一定变化，用法上也会存在一些变动。例如：在 1.1 版本中用于创建 Activity 的脚本工具“activitycreator”被替换成 1.5 版本中的“android”脚本工具。所以，对于这些工具的使用，请先参考该版本 SDK 的发布说明。

2.3 集成开发环境——Eclipse

通过前面对 SDK 附带工具的介绍，读者可能心里有点发怵，因为要使用这些工具创建、调试和编译 Android 应用程序似乎是一件很困难的事情。事实如此，只有对这些工具的使用和对 Android 工程结构非常熟悉的人才能使用这些工具以手动或者以脚本的形式来开发 Android 应用程序。

所以，对于大多数开发者而言，最好的途径还是选择集成的开发环境（IDE），除非开发者觉得使用命令行执行工具的方式更具有成就感。对于 Java IDE 工具而言，更是需要外部插件的支持（后续即将介绍的 Android 调试工具），那么 Eclipse 似乎成了唯一的选择。图 2-10 是 Eclipse（版本代号为 GANYMEDE，为 3.4 版本）的启动界面。

图 2-10 Eclipse 启动界面

最新的 Eclipse 可以从 Eclipse 的官方网站 http://www.eclipse.org/downloads/下载。Eclipse Java 开发 IDE 也提供了多个平台的版本：Windows、Mac 和 Linux，读者选择目标平台相应的版本即可。

Android 应用程序开发对 Eclipse 的版本要求是 3.4 及以上版本，当前 Eclipse 最新的版本号是 3.5，代号为 Galileo（伽利略）。

和 Android SDK 一样，Eclipse 工具的下载文件是压缩文件，直接解压就可以使用。为了方便以后工作，可创建 Eclipse 可执行文件的快捷方式并将其放置于桌面。

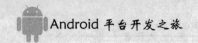

2.4 应用程序调试工具插件——ADT

Android 应用程序调试工具（Android Debug Tools，ADT）是为在 Eclipse IDE 下开发 Android 应用程序提供的调试工具插件。

2.4.1 获取 ADT

ADT 也是 Google 公司提供的开发资源，但是同样很难从官方的 Android 开发者网站上获取该插件。本人是从“Android 开发网”获取到 ADT 的下载地址信息，该地址表明链接还是指向 Google 公司的服务器。

ADT 最新的版本为 0.9.7，强烈建议读者下载最新的版本。实际上，ADT 插件的最新可用信息可以直接通过 Eclipse 工具的插件可用信息来获知。当然，前提是用户的计算机已经接入互联网。

2.4.2 安装配置 ADT

1. 安装 ADT 插件

安装 ADT 插件有两种方法，一种是通过网络安装，另外一种是通过本地文件安装。两种方法的区别在于指定插件的位置信息的形式，前者以 URL 的方式，后者以本地文件的方式指定。

（1）启动 Eclipse，选择菜单“帮助”(Help) → “软件更新”(Software Updates)，选择“可用的软件”(Available Software) 页，再单击“添加站点”(Add Site) 按钮，将会出现指定插件定位信息的界面。

（2）如果用户想通过互联网进行安装，则直接在“位置”(Location) 一栏中输入 ADT 插件的 URL：https://dl-ssl.google.com/android/eclipse/，由 Eclipse 工具去获取对应的 ADT 插件。如图 2-11 所示。

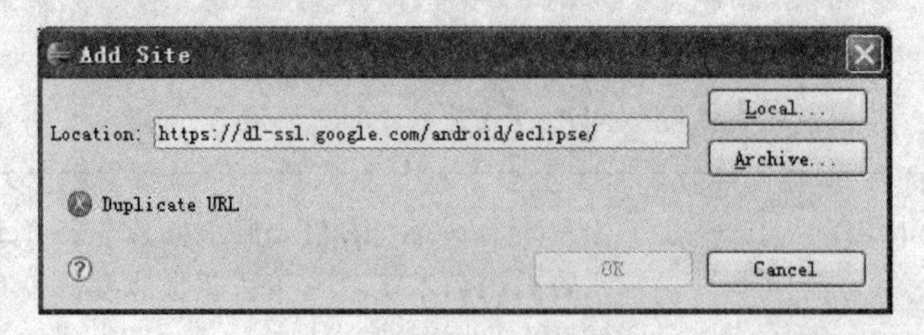

图 2-11　通过网络安装 ADT

提示：图 2-11 中提示的“Duplicate URL”信息表明该 URL 已经在 Eclipse 工具的软件更新 URL 列表中，无需额外进行输入。实际上，Eclipse 3.4 版本的软件更新信息中就已经包含了 ADT 的 URL 列表，用户可以直接使用该 URL 进行 ADT 软件的安装或更新。前提是已经接入到互联网。

（3）如果用户想通过下载 ADT 文件进行本地安装，则单击“文档”（Archive）按钮来选择 ADT 下载文件（无需解压），如图 2-12 所示。

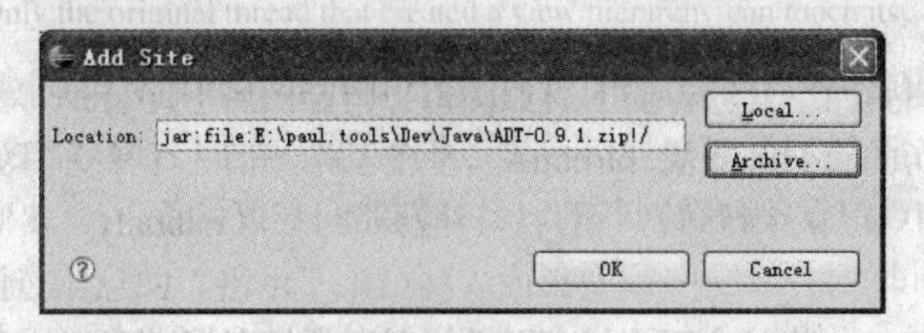

图 2-12　通过本地文件安装 ADT

（4）单击“OK”按钮完成 ADT 插件的安装。

2．设置 ADT 插件选项

（1）ADT 插件安装完毕后，重启 Eclipse。

（2）通过菜单“窗体”（Window）→“首选项”（Preferences），进入首选项设置界面。

（3）选择左侧的“Android”项目，按照要求选择 Android SDK 的位置，然后点击“OK”按钮即可，如图 2-13 所示。

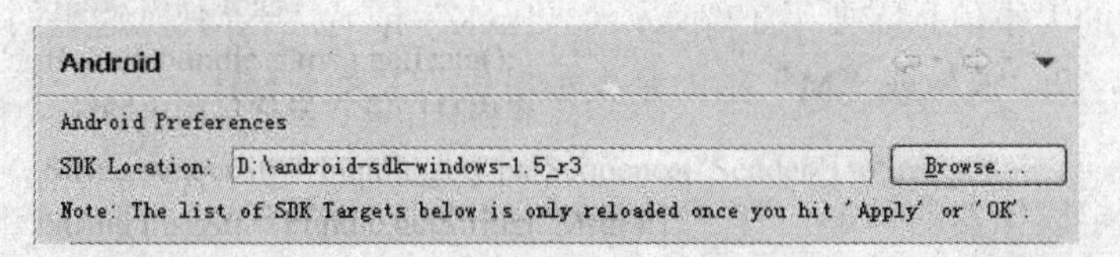

图 2-13　设置 Android 参数项

2.5　验证开发环境

通过前面的这些步骤，Android 平台的开发环境已经万事俱备，就等着读者一试身手了。但是先别着急，从 Android 1.5 SDK 开始，启动 Android 应用程序之前必须至少建立一个 Android 虚拟设备。

2.5.1　创建虚拟设备

通过 Eclipse 的“窗体”（Window）菜单→“Android 虚拟设备管理器”（Android AVD manager）进入 Android 虚拟设备管理界面，如图 2-14 所示。

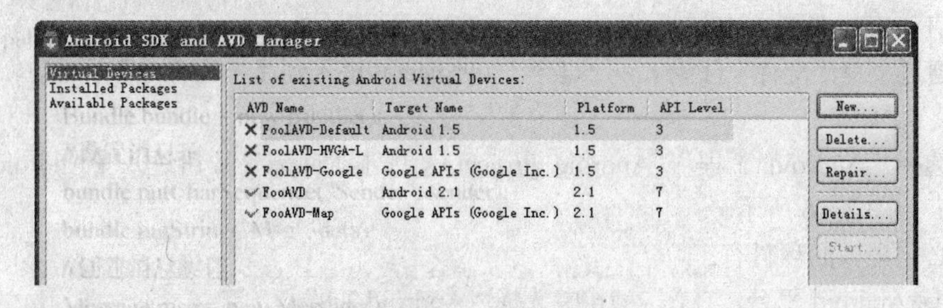

图 2-14　创建 Android 虚拟设备

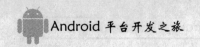

要创建一个虚拟设备，必须指定名称、目标 Android 平台、SD 卡的大小和皮肤等选项。所创建的虚拟设备信息将存放于当前用户文件夹下的.android\avd 子文件夹中。

（1）虚拟设备名称

Android 虚拟设备管理界面会显示已经创建的虚拟设备信息，新创建的虚拟设备名称不能与已经创建的设备重复，否则会被提示“该设备已经存在”。除非选择“强制”（Force）复选框来用新创建的虚拟设备替换同名的、已经创建的虚拟设备。

（2）目标 Android 平台

ADT 工具支持多个 SDK 的版本：1.5、1.6、2.0、2.1 和 2.2，每一个版本又包括 Android SDK 和 Google API 两种开发包，其中，1.5 版本的 API 等级为 3，1.6 版本为 4，2.0 版本为 5，2.1 版本为 7，而 2.2 版本为 8。

提示：Android SDK 在经历 1.6、2.0 和 2.1 版本的快速升级之后，据说在 2.1 版本开始稳定下来。但是对于开发者而言，开发框架和功能平台基本上没有结构上的改变，变化只限于内容的扩展和功能升级。但是作为产品发布，就必须重点关注 SDK 版本的兼容性了。

（3）SD 卡大小

这里 SD 卡的大小信息需要手工输入，如“xxK”或者“xxM”，这里的“xx”是指定的数值大小，大写字母“K”或“M”指的是大小单位为 KB 或 MB。

（4）皮肤

皮肤用于指定模拟器的外形，有“HVGA”（默认）、WVGA、“HVGA—L”（HVGA 横向，滑盖模式）、“HVGA—P”（HVGA 纵向）、“QVGA—L”（QVGA 横向）和“QVGA—P”（QVGA 纵向）供选择。

提示：HVGA 是 Half of VGA 的缩写，意思是 VGA（分辨率）的一半。VGA 支持的分辨率为 640×480 像素，HVGA 支持的分辨率为 320×480 像素；QVGA 是 Quarter of VGA 的缩写，意思是 VGA（分辨率）的 1/4，其支持的分辨率为 240×320 像素。WVGA 是 Wide VGA 的缩写，其分辨率为 800×480 像素。

虚拟设备创建之后，可以通过改变模拟器的运行参数来让模拟器按照不同的虚拟设备设置来启动模拟环境。

2.5.2 建立 FirstActivity 工程

1. 创建工程

（1）启动 Java Eclipse IDE。

（2）通过菜单“文件”（File）→“工程”（Project）进入到【工程引导】界面，如图 2-15 所示。

（3）选择“Android 工程”（Android Project），单击“Next”按钮进入【Android 工程设置】界面，如图 2-16 所示。

其中必须填写的项目有：

- 目标 Android 平台，在图 2-16 中选择“Android 2.1”。
- 应用程序名称，在图 2-16 中设置为“FirstActivityApp”。

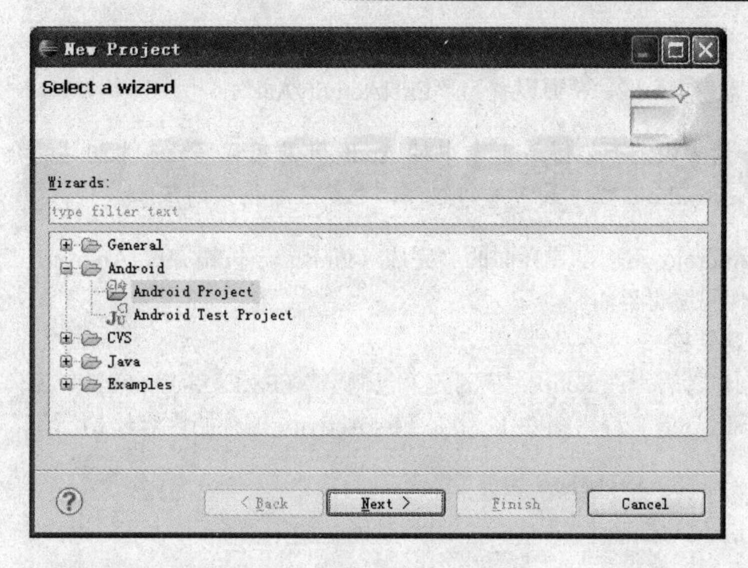

图 2-15　选择 Android 工程引导

New Android Project

New Android Project
Creates a new Android Project resource.

Project name: FirstActivity

Contents
Create new project in workspace
Create project from existing source
Use default location
Location: E:/eclipseWorkspace/FirstActivity　Browse...
Create project from existing sample
Samples: ApiDemos

Build Target

Target Name	Vendor	Platform	AP...
Google APIs	Google Inc.	1.5	3
Android 1.6	Android Open Source Project	1.6	4
Google APIs	Google Inc.	1.6	4
Android 2.0	Android Open Source Project	2.0	5
Google APIs	Google Inc.	2.0	5
Android 2.0.1	Android Open Source Project	2.0.1	6
Google APIs	Google Inc.	2.0.1	6
Android 2.1	Android Open Source Project	2.1	7
Google APIs	Google Inc.	2.1	7

Standard Android platform 2.1

Properties
Application name: FirstActivityApp
Package name: foolstudio.demo
Create Activity: FirstActivityAct
Min SDK Version: 7

< Back　Next >　Finish　Cancel

图 2-16　【Android 工程设置】界面

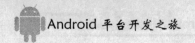

● 包名称，图 2-16 中设置为“foolstudio.demo”。

● Activity 名称，图 2-16 中设置为“FirstActivityAct”。

提示：不知读者还是否记得第 1 章中对 Android 应用程序的基本组件的介绍，大多数情况下，Activity 是 Android 程序最常用的组件，也是程序框架的基本入口。

（4）点击 Android 工程设置界面的“完成（Finish）”按钮完成 Android 工程的创建，再次回到 Eclipse 代码编辑界面。

2. 工程内容结构

完成工程创建之后，在 Eclipse 左侧的“包浏览”（Package Explorer）窗体中将出现一个名为“FirstActivity”的工程。图 2-17 中是 FirstActivity 工程的内容结构。

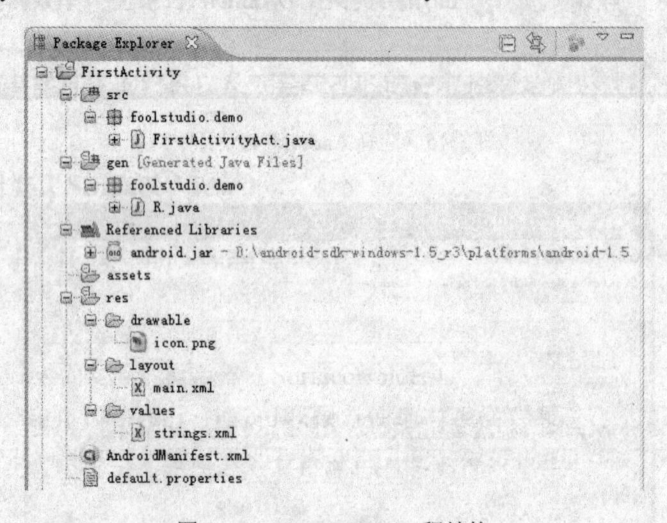

图 2-17 FirstActivity 工程结构

实际上，图 2-17 所示工程结构显示的内容是最基本的，程序员还可以在此基础上添加其他用户需要用到的或自定义的内容。下面将对 Android 工程结构的基本内容进行介绍。

（1）src——源代码（Source）管理节点

由 ADT 自动生成的 Activity 框架代码以及用户自己创建的代码都将纳入该节点进行管理。图 2-18 中显示的是“FirstActivityAct.java”的代码内容。

FirstActivityAct.java

```
package foolstudio.demo;

import android.app.Activity;
import android.os.Bundle;

public class FirstActivityAct extends Activity {
    /** Called when the activity is first created. */
    @Override
    public void onCreate(Bundle savedInstanceState) {
        super.onCreate(savedInstanceState);
        setContentView(R.layout.main);
    }
}
```

图 2-18 Android 程序源代码

图 2-18 中的代码是由 ADT 自动生成的 Activity 框架代码，虽然只是寥寥几行，但已经是完整的代码。

提示：代码中的“onCreate”方法是重载于父类 Activity 的方法，这应该让读者联想到在 J2SE 平台，每个 Java Applet 都要重载父类 Applet 的“start”方法；或者在 J2ME 平台中，每个 MIDlet 都要重载父类 MIDlet 的“startApp”方法。

（2）gen——自动生成（Generated）的文件节点

图 2-19 所示的是图 2-17 中“R.java”文件的内容。

```
/* AUTO-GENERATED FILE.  DO NOT MODIFY.
 *
 * This class was automatically generated by the
 * aapt tool from the resource data it found.  It
 * should not be modified by hand.
 */

package foolstudio.demo;

public final class R {
    public static final class attr {
    }
    public static final class drawable {
        public static final int icon=0x7f020000;
    }
    public static final class layout {
        public static final int main=0x7f030000;
    }
    public static final class string {
        public static final int app_name=0x7f040001;
        public static final int hello=0x7f040000;
    }
}
```

图 2-19　自动生成文件内容

如同该文件头部注释的说明，该文件是 aapt 工具通过其发现的资源数据来自动生成的。所以，其文件名“R”可以理解为资源（Resource），该文件中的内容是将 res 节点中的一些内容（例如 icon.png、main.xml）映射为 ID。至此，读者可以大致猜想到，该文件的目的就是提供程序资源与资源 ID 的映射，从而方便地对资源进行引用。

（3）Referenced Libraries——工程的参考库管理节点

该节点主要管理 Android 工程需要引入的其他的一些外部库。

（4）assets——工程资产（Assets）管理节点

该节点主要管理 Android 工程所引入的资产素材，对于资产和资源的区别，请参考第 1 章的有关介绍。

（5）res——工程资源（Resource）管理节点

顾名思义，该节点用于管理工程所引入的资源素材。在图 2-17 中，该节点又包含了 3 个子节点。

1）drawable 子节点，用于管理可绘制的资源，其中的“icon.png”就是一张 PNG 图片。

2）layout 子节点，用于布局的管理，图 2-20 是以内容查看方式查看 main.xml 文件的内容。

```
main.xml
<?xml version="1.0" encoding="utf-8"?>
<LinearLayout xmlns:android="http://schemas.android.com/apk/res/android"
    android:orientation="vertical"
    android:layout_width="fill_parent"
    android:layout_height="fill_parent"
    >
<TextView
    android:layout_width="fill_parent"
    android:layout_height="wrap_content"
    android:text="@string/hello"
    />
</LinearLayout>
```

图 2-20　main.xml 文件内容

如果读者对 XML 文件格式略知一二，可以从图 2-20 中大致了解 main.xml 文件中的内容：根节点为一个垂直方向的、宽度和高度填充其父容器的线性布局（LinearLayout），该布局节点包含一个宽度填充其父容器布局、高度为其内容本身的文本视图（TextView）子节点。图 2-21 就是以可视化方式查看 main.xml 文件内容的可视化效果。

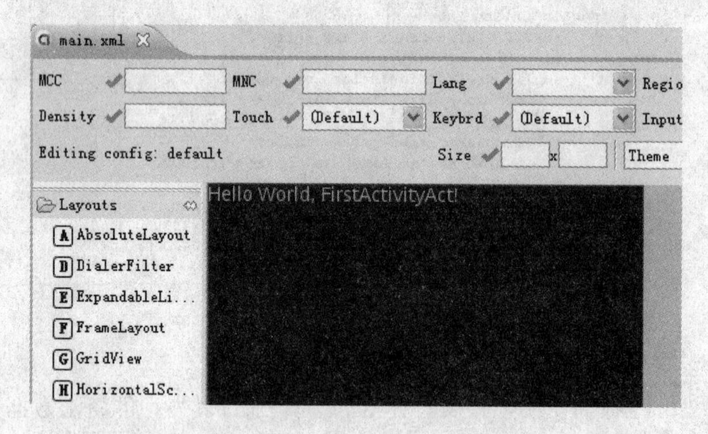

图 2-21　main.xml 文件的可视化效果

3）values 子节点，用于常量值的管理，图 2-22 是以内容查看方式查看“strings.xml”的内容。

```
strings.xml
<?xml version="1.0" encoding="utf-8"?>
<resources>
    <string name="hello">Hello World, FirstActivityAct!</string>
    <string name="app_name">FirstActivityApp</string>
</resources>
```

图 2-22　strings.xml 文件内容

从图 2-22 中的内容读者可以大致了解“strings.xml”文件中的内容：定义了名称分别为“hello”和“app_name”的两个字符串资源。而且这里的“hello”字符串被图 2-20 中所示的“main.xml”文件中的文本视图组件所引用。

图 2-23 是以可视化方式编辑“strings.xml”文件内容的用户界面，读者可以更加清楚地看到该文件中的内容项。

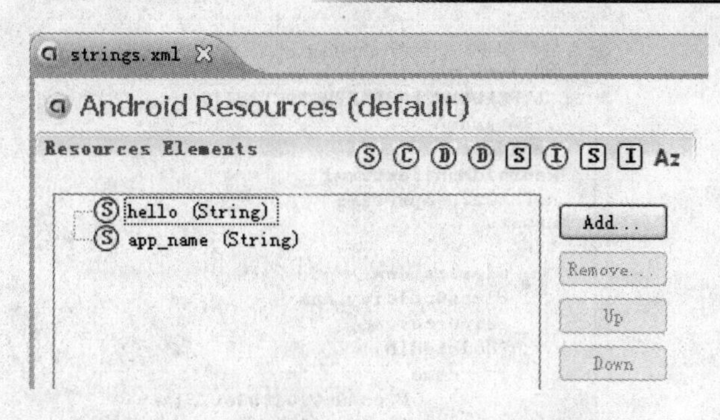

图 2-23　strings.xml 文件的编辑界面

介绍到这里，通过 XML 文件的内容定义和可视化效果的对比，相信读者应该开始惊叹 Android SDK 所提供的强大的设计功能了吧！而正是这种通过弹性的 XML 文件定义用户界面、常量值的手段，让应用程序的设计变得更加富有可扩展性，让 Android 平台成为众多开发者的追捧对象。

（6）“AndroidManifest.xml”——工程清单文件节点

“AndroidManifest.xml”文件可以视同为工程文件，其中包含了该工程的信息和组成部件。图 2-24 所示为“FirstActivity”工程的清单文件内容。

```
FirstActivity Manifest
<?xml version="1.0" encoding="utf-8"?>
<manifest xmlns:android="http://schemas.android.com/apk/res/android"
      package="foolstudio.demo"
      android:versionCode="1"
      android:versionName="1.0">
    <application android:icon="@drawable/icon" android:label="@string/app_name">
        <activity android:name=".FirstActivityAct"
                  android:label="@string/app_name">
            <intent-filter>
                <action android:name="android.intent.action.MAIN" />
                <category android:name="android.intent.category.LAUNCHER" />
            </intent-filter>
        </activity>
    </application>
    <uses-sdk android:minSdkVersion="3" />
</manifest>
```

图 2-24　AndroidManifest.xml 文件内容

通过该清单文件，读者可以获取包名、Android 主版本信息、组成部件以及次 SDK 版本信息等内容。其中的应用程序（application）节点表示的就是当前的应用程序，该应用程序包括唯一的一个 Activity 组件，该 Activity 通过意向对象（intent）的指定行为（MAIN，主要的）和分类（LAUNCHER，启动）来启用。

（7）“default.properties”——工程属性文件节点

该文件由 Android 工具自动生成，主要记录了目标 Android 平台的版本信息，无需手动编辑。

3．工程文件结构

在 Windows 平台使用“tree”命令查看“FirstActivity”工程所在文件夹的内容输出如图 2-25 所示。

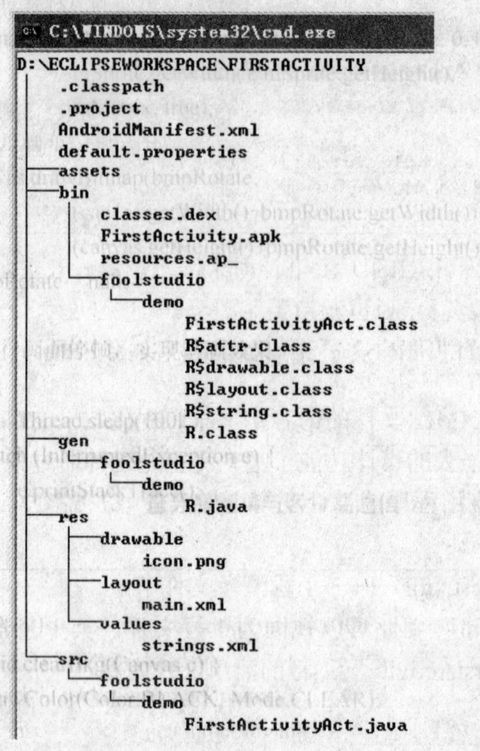

图 2-25　Android 工程文件组成结构

其中“bin”文件夹中存放的是编译该工程所输出的内容，其中一部分是由定义资源和 Activity 的 Java 源代码所编译生成的类文件（class 文件）。另外一部分是与 Android 平台紧密相关的 Dalvik 虚拟机所支持的字节码文件（dex 文件）和 Android 应用程序安装包（apk 文件）。

对这些文件进行二进制分析，可以发现“apk”和“ap_”文件实际上就是 Jar 文件的包文件，使用解压工具可以得到该文件包含的内容。

图 2-26 是对文件“resources.ap_”解压后的文件夹结构进行浏览的内容。

图 2-27 是对文件“FirstActivity.apk”解压后的文件夹结构进行浏览的内容。

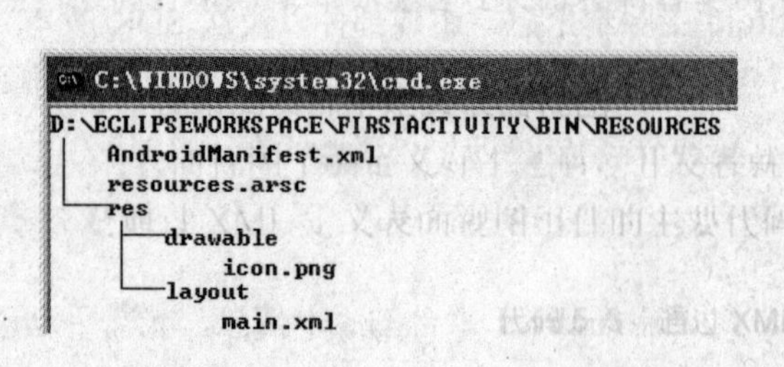

图 2-26　文件 resources.ap_ 中的内容

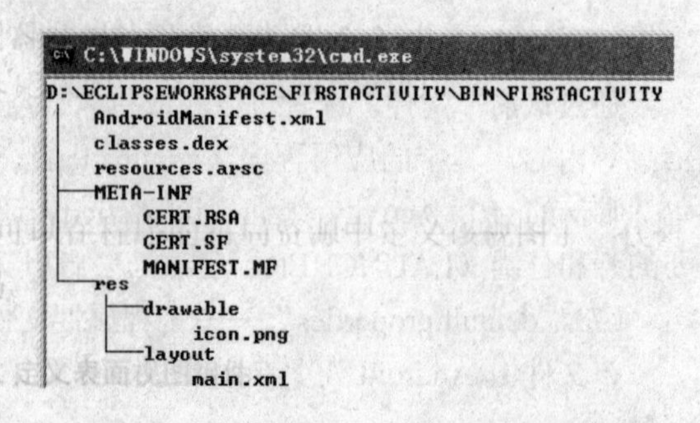

图 2-27　文件 FirstActivity.apk 中的内容

通过以上内容分析，读者不难看出，“ap_”文件只是一个对资源打包的临时文件。“apk”文件才是最完整的，不仅包括了“ap_”文件中的所有资源内容，而且还有“dex”文件。

另外需要注意的是，“apk”文件还使用 RSA 加密算法进行了证书签名（“META-INFO”子文件夹中的“CERT.RSA”）。

2.5.3 运行和调试

1. 运行 Android 工程

（1）选择当前工程，通过菜单“运行”（Run）→“运行设置”（Run Configurations）进入【工程运行配置】界面。

（2）选择界面左侧的“Android 应用程序”节点下的指定工程子节点，然后直接点击界面右下方的“运行”按钮（Run）就可以启动模拟器来运行该工程。

在【工程运行配置】界面中，通常需要调整的是“目标”页面（Target），该页面用于指定目标虚拟设备，如图 2-28 所示。

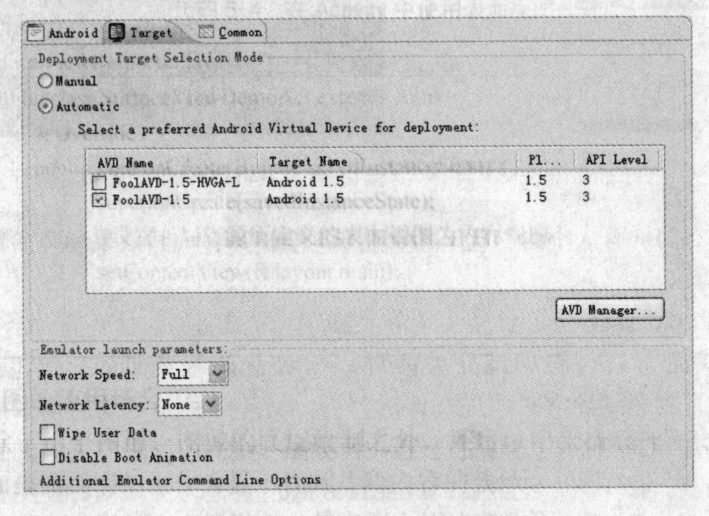

图 2-28　设置目标虚拟设备

选择不同的虚拟设备，模拟器的界面样式也是不同的。图 2-29 是选择皮肤为默认的（HVGA）虚拟设备条件下的模拟器执行效果。

图 2-29　应用程序在模拟器上的运行界面

通过图 2-29 读者可以看到，程序运行界面和图 2-21 中的设计界面是完全一样的。按照默认的虚拟设备所启动的模拟器屏幕是纵向的，大小为 320×480 像素（宽×高），其效果为通常的手持模式，如图 2-30 所示。

图 2-31 是选择皮肤为“HVGA—L”（横向模式）虚拟设备条件下的模拟器执行效果。

图 2-30　G1 手机产品图片

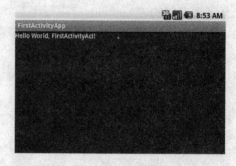

图 2-31 “HVGA—L”虚拟设备执行界面

横向 HVGA 的屏幕大小为 480×320 像素（宽×高），其效果和体验滑盖键盘是一致的。如图 2-32 所示。

2．调试 Android 工程

就行为方式而言，代码调试分为两种：一种是消极的调试，即以调试模式运行 Android 工程，直到遇到异常时才进行调试分析；另外一种是主动的调试，即在可能出现异常的代码段添加调试断点，这样可能在异常发生之前就可以跟踪代码的执行状况，更利于异常原因的捕获。接下来，继续以“FirstActivity”工程为例，同时使用这两种方式来进行代码调试。

作者将通过编程改变屏幕中所显示的文字来作为一个简单的尝试。

（1）添加代码

1）修改布局定义文件，给文本视图添加 ID，如图 2-33 所示。

图 2-32　G1 手机产品图片

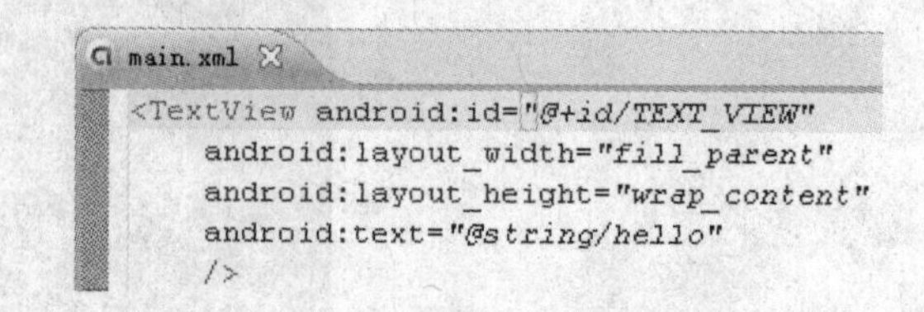

图 2-33　给组件添加 ID 属性

和普通的 XML 语法大致相同，在 Android XML 文件中，定义组件属性的形式为：

```
属性名称=属性值
```

其中“属性值”必须用半角的双引号括起来，这一点可能与 HTML、XML 的要求不一致，因为在 HTML 和 XML 标准语法中，对属性值是否需要用双引号没有强制的规定。

图 2-33 中的属性名称“android:id”是 Android 平台的专有属性（当然，这里也可以使用 id），使用该属性可以将该组件的 ID 添加到“R.java”文件中，这样可以在代码中方便地引用。

而属性值为“@+id/TEXT_VIEW”，其中“@”、“+”和“/”符号是 Android 特有的资源定义符号。“/”为分隔符，“@”字符表示“/”字符之后的内容是 ID 字符串，“+”字符表示该资源必须创建并添加到资源中。

添加组件的 ID 不会影响该组件的显示效果，其设计期间显示效果不变。

2）编辑“FirstActivityAct.java”文件，添加代码，如图 2-34 所示。

```
FirstActivityAct.java
package foolstudio.demo;

import android.app.Activity;

public class FirstActivityAct extends Activity {
    /** Called when the activity is first created. */
    @Override
    public void onCreate(Bundle savedInstanceState) {
        super.onCreate(savedInstanceState);
        //setContentView(R.layout.main);

        //通过资源ID获取文本条对象
        TextView textView = (TextView)findViewById(R.id.TEXT_VIEW);
        /*
        if(textView == null) { //异常检查
            Log.d(getClass().getName(), "Get text view failed!");
            return;
        }
        */
        textView.setText("This is my first Android application!");

        //设置内容视图
        setContentView(R.layout.main);
    }
};
```

图 2-34　添加 FirstActivityAct.java 代码

其中代码的功能很简单：通过文本视图 ID 获取该对象，然后设置该文本视图对象的文本内容，最后显示该 Activity 的内容视图。

（2）消极的调试方式

1）通过菜单“运行”（Run）→“调试配置”（Debug Configurations）进入【工程调试配置】界面，该界面与【工程运行配置】界面大致相同，唯一区别在于其右下方为“调试”按钮（Debug）而后者为“运行”按钮（Run）。

2）点击“调试”按钮，启动模拟器对工程进行调试运行。在程序启动后遇到如图 2-35 所示的错误提示。

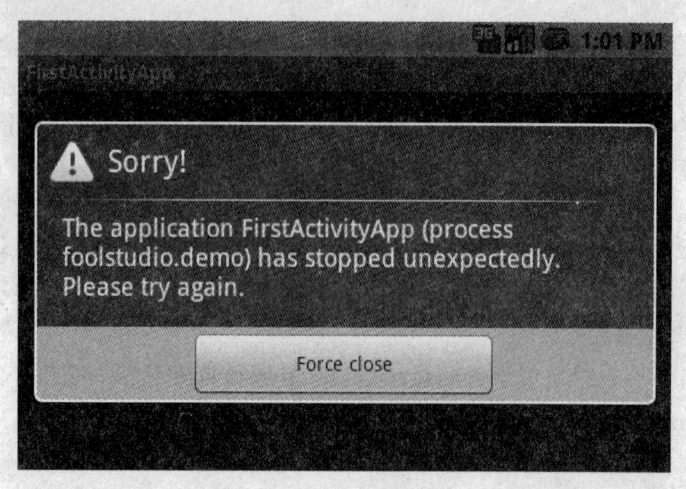

图 2-35 程序异常的提示

5）通过菜单“窗体”（Windows）→“显示视窗”（Show View）→“日志分类”（LogCat）来显示【日志分类】界面。如图 2-36 所示。

LogCat

Log

Time		pid	tag	Message
10-09 13:07:03.282	W	738	dalvikvm	threadid=3: thread exiting with uncaught exception (group=0x4000fe70)
10-09 13:07:03.291	E	738	AndroidRuntime	Uncaught handler: thread main exiting due to uncaught exception
10-09 13:07:03.751	E	738	AndroidRuntime	java.lang.RuntimeException: Unable to start activity ComponentInfo{foolstudio.dem
10-09 13:07:03.751	E	738	AndroidRuntime	at android.app.ActivityThread.performLaunchActivity(ActivityThread.java:2268)
10-09 13:07:03.751	E	738	AndroidRuntime	at android.app.ActivityThread.handleLaunchActivity(ActivityThread.java:2284)
10-09 13:07:03.751	E	738	AndroidRuntime	at android.app.ActivityThread.access$1800(ActivityThread.java:112)
10-09 13:07:03.751	E	738	AndroidRuntime	at android.app.ActivityThread$H.handleMessage(ActivityThread.java:1692)
10-09 13:07:03.751	E	738	AndroidRuntime	at android.os.Handler.dispatchMessage(Handler.java:99)
10-09 13:07:03.751	E	738	AndroidRuntime	at android.os.Looper.loop(Looper.java:123)
10-09 13:07:03.751	E	738	AndroidRuntime	at android.app.ActivityThread.main(ActivityThread.java:3948)
10-09 13:07:03.751	E	738	AndroidRuntime	at java.lang.reflect.Method.invokeNative(Native Method)
10-09 13:07:03.751	E	738	AndroidRuntime	at java.lang.reflect.Method.invoke(Method.java:521)
10-09 13:07:03.751	E	738	AndroidRuntime	at com.android.internal.os.ZygoteInit$MethodAndArgsCaller.run(ZygoteInit.java:7
10-09 13:07:03.751	E	738	AndroidRuntime	at com.android.internal.os.ZygoteInit.main(ZygoteInit.java:540)
10-09 13:07:03.751	E	738	AndroidRuntime	at dalvik.system.NativeStart.main(Native Method)
10-09 13:07:03.751	E	738	AndroidRuntime	Caused by: java.lang.NullPointerException
10-09 13:07:03.751	E	738	AndroidRuntime	at foolstudio.demo.FirstActivityAct.onCreate(FirstActivityAct.java:23)
10-09 13:07:03.751	E	738	AndroidRuntime	at android.app.Instrumentation.callActivityOnCreate(Instrumentation.java:1123)
10-09 13:07:03.751	E	738	AndroidRuntime	at android.app.ActivityThread.performLaunchActivity(ActivityThread.java:2231)
10-09 13:07:03.751	E	738	AndroidRuntime	... 11 more

图 2-36 在日志分类视窗中查看错误日志

通过查看程序运行日志，读者可以迅速找到异常的初步原因：

```
ERROR/AndroidRuntime(738):Caused by: java.lang.NullPointerException
```

该异常起源于空指针异常，接下来另外一条错误信息应该引起读者的注意：

```
ERROR/AndroidRuntime(738):at foolstudio.demo.FirstActivityAct.onCreate(FirstActivityAct.java:23)
```

定位到源文件 FirstActivityAct.java 的第 23 行：

```
textView.setText("This is my first Android application!");
```

所以，引起该异常比较确切的原因应该是：由于 textView 对象值为空（null）导致的空指针异常。接下来，作者在可能出现异常的代码段前设置断点，跟踪问题变量的赋值情况。

6）或者通过 Eclipse IDE 左下方的“显示视窗”按钮来弹出“显示视窗”上下文菜单，如图 2-37 所示。从中选取“日志分类”菜单项也可以显示【日志分类】界面。

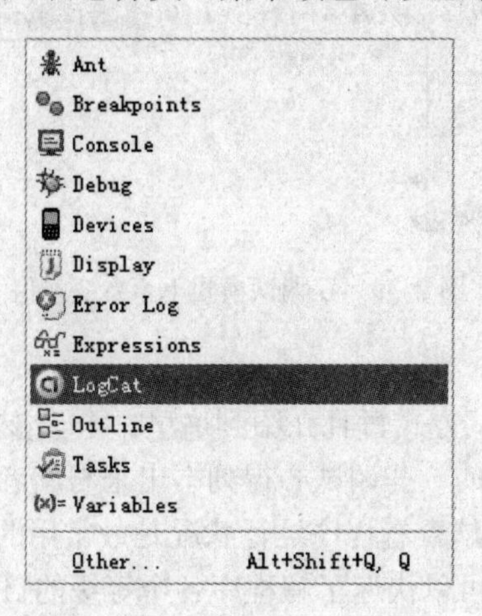

图 2-37　显示视窗上下文菜单

（3）主动的调试方式

1）在代码中设置 2 个断点（在代码窗口左侧的垂直条上，双击指定位置即可添加/取消该行代码的断点设置），添加断点后的代码如图 2-38 所示，断点行前端有点标记。

```
FirstActivityAct.java
package foolstudio.demo;

import android.app.Activity;

public class FirstActivityAct extends Activity {
    /** Called when the activity is first created. */
    @Override
    public void onCreate(Bundle savedInstanceState) {
        super.onCreate(savedInstanceState);
        //setContentView(R.layout.main);

        //通过资源ID获取文本条对象
        TextView textView = (TextView)findViewById(R.id.TEXT_VIEW);
        /*
        if(textView == null) { //异常检查
            Log.d(getClass().getName(), "Get text view failed!");
            return;
        }
        */
        textView.setText("This is my first Android application!");

        //设置内容视图
        setContentView(R.layout.main);
    }
};
```

图 2-38　在代码中添加断点

2）显示【工程调试配置】界面，点击“调试”按钮进行调试运行。在程序启动后停留在第一个添加了断点的代码行处，按“F6”键使代码执行到下一行，将鼠标移动到变量

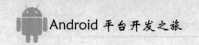

“textView”定义的位置，将会弹出变量值查看窗体，其值为 null。如图 2-39 所示。

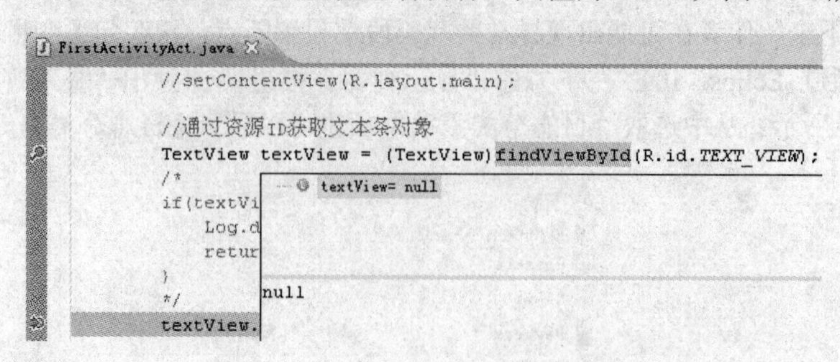

图 2-39　在调试模式下查看变量值

3. 代码调试技巧小结

“FirstActivity”工程的调试方式暂且介绍到这里，至于该异常出现的原因，会在 2.6 节中进行说明。这里作者将自己的一些调试心得列举出来与读者分享。

（1）通过【日志分类】窗体查看程序运行状况是最常用的调试手段之一，通过日志等级分类查看按钮ⓋⒹⒾⓌⒺ，可以快速了解程序各个等级的日志信息。

其中“V”图标是指详细的（Verbose），“D”是指调试用的（Debug），“I”是指作为信息输出的（Info），“W”是指警告的（Warning），而“E”是指错误的（Error）。

（2）开发人员要养成在代码中输出程序运行日志的习惯。

实际上，使用 System.out 对象的“println”方法或异常对象（Exception）的“printStackTrace”方法都可以将内容输出到【日志分类】窗体，但是使用该方式输出的日志都显示为信息级别（Info）。

作者推荐读者使用 Android 工具包（android.util）中的 Log 类的日志输出方法，例如：在图 2-38 的注释代码中，使用 Log 类的 d 方法（Debug）就可以输出调试用信息。

（3）在 Android 平台上，应用程序的响应受到应用程序管理器的监视，如果在规定的时间内应用程序没有响应，系统将弹出“应用程序没有响应”的错误对话框，并给出“强制关闭”（Force Close）和“等待”（Wait）的选择。如图 2-40 所示。

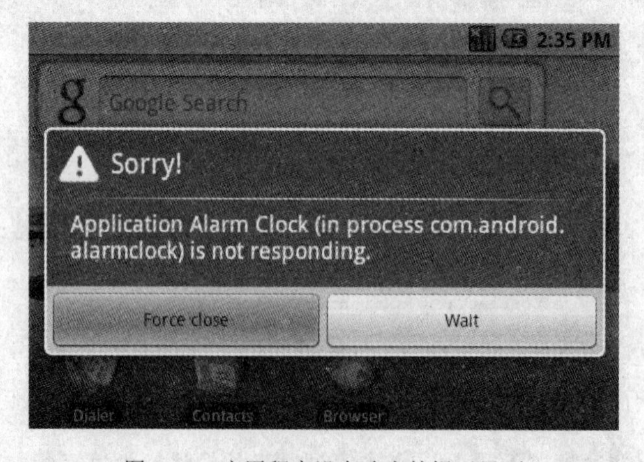

图 2-40　应用程序没有响应的提示界面

在调试运行过程中，Android 平台会弹出等待调试器绑定的提示，如图 2-41 所示。这时不要点击“强制关闭”按钮，否则将无法进行后面的调试。

图 2-41　等待调试器绑定的提示界面

2.6　应用程序的开发过程

2.6.1　开发流程回顾

通过前一节对“FirstActivity”工程从创建到调试的介绍，相信读者对 Android 应用程序的开发步骤已经形成了初步的印象。下面作者将结合个人的理解来对开发流程进行回顾。

1．创建工程

在 Eclipse IDE 中借助 ADT 插件创建 Android 工程框架，其主要需要填写的是【Android 工程设置】界面。该界面中是默认创建 Activity 的，如果读者的应用程序不包含 Activity 组件（除了 Activity，Android 应用程序还可以包含其他组件，请参考第 1 章中对应用程序组件的介绍），则取消选择“创建 Activity”复选框。

2．添加文件资源

俗话说“兵马未动，粮草先行”，在设计应用程序阶段，就应该对程序所用到的图片、音频、设置等文件资源进行筹备，并添加到应用程序工程的相关结构中。经过添加后的文件将经过 aapt 工具进行分析，生成的资源 ID 可以用于定义 XML 组件属性或直接在代码中引用。

3．修改或定义 XML 组件

用户需要修改 ADT 插件所定义的 XML 组件（前面的例子中，作者给文本视图添加 ID 属性就是此例），或者新增 XML 组件的定义，内容包括：颜色、格式字符串、数组、大小、样式、主题、用户界面等。

定义好这些 XML 组件是为了在后续的代码中直接调用这些内容，对简化代码有着至关重要的作用。

4．添加 Activity

一个应用程序往往可能包括多个界面窗体，每一个界面窗体可以定义为一个 Activity，

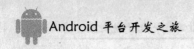

这样就必须添加新的 Activity，如图 2-42 所示，向“FirstActivity”工程中添加了一个名为“AboutAct”的 Activity 类，用于显示【关于】窗体。

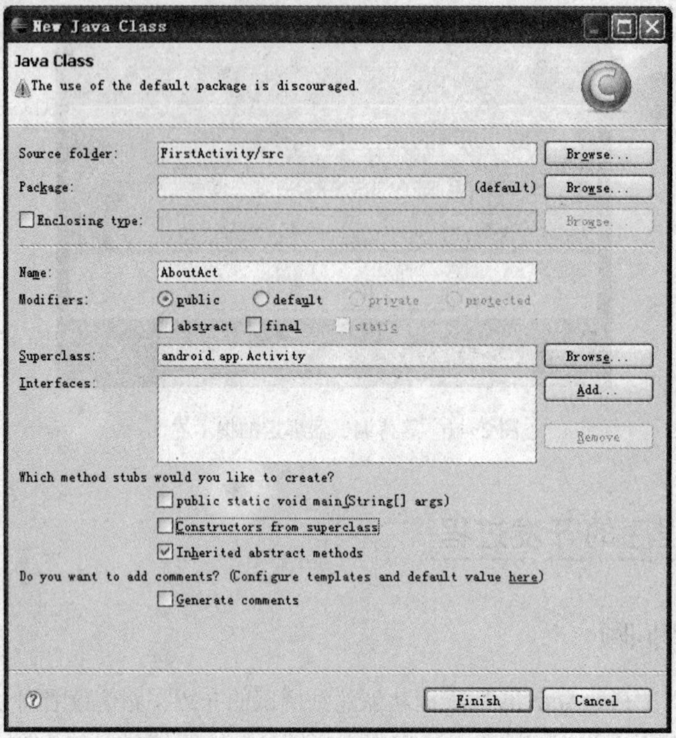

图 2-42　添加新的 Activity

每一个 Activity 的父类都是“android.app.Activity”，所以需要在“超类”（Superclass）中填入其父类的内容。

5．运行和调试

代码完成之后，就可以进行运行和调试，在此不再赘述。

2.6.2　新手上路遇到的常见问题

以下列举了一些在 Android 程序开发过程中经常遇到的问题和疑惑。

1．无法通过资源 ID 获得资源对象

该问题就是调试“FirstActivity”工程中遇到的问题：为什么通过“findViewById”方法无法通过已经定义好的资源 ID 来获取该资源对象。实际上通过 Android SDK 文档，读者就可以看出端倪。

对于“findViewById”方法的 ID 参数，必须是“onCreate（Bundle）”函数处理过的 XML 文件。也就是说，该 ID 不能一经过定义就可以使用，而是需要等“onCreate”函数对 XML 文件进行处理之后。

而在“onCreate（Bundle）”函数中，需要先调用“setContentView(int)”方法来填充 Activity 的用户界面。而“setContentView(int)”方法的作用是：填充 ID 所指定的布局资源，将该资源中定义的高级可视组件添加到 Activity 中。

读者应该明白了：要使用一个布局内的组件，必须先通过“setContentView(int)”方法来填充该布局资源。也就是说，findViewById 方法必须在“setContentView(int)”方法之后调用。

提示：这里的“填充”与 SDK 参考中的单词“inflate”对应，读者可以理解为 Android 平台解析资源定义文件（即 XML 文件），然后根据其中的内容生成资源实体的这么一个过程。

所以，图 2-34 所示的代码应该修改为如图 2-43 所示的内容。

```
FirstActivityAct.java
package foolstudio.demo;

import android.app.Activity;

public class FirstActivityAct extends Activity {
    /** Called when the activity is first created. */
    @Override
    public void onCreate(Bundle savedInstanceState) {
        super.onCreate(savedInstanceState);
        setContentView(R.layout.main);

        //通过资源ID获取文本条对象
        TextView textView = (TextView)findViewById(R.id.TEXT_VIEW);
        /*
        if(textView == null) { //异常检查
            Log.d(getClass().getName(), "Get text view failed!");
            return;
        }
        */
        textView.setText("This is my first Android application!");

        //设置内容视图
        //setContentView(R.layout.main);
    }
};
```

图 2-43　正确的 FirstActivityAct.java 代码

修正后的代码在模拟器上的运行效果如图 2-44 所示。

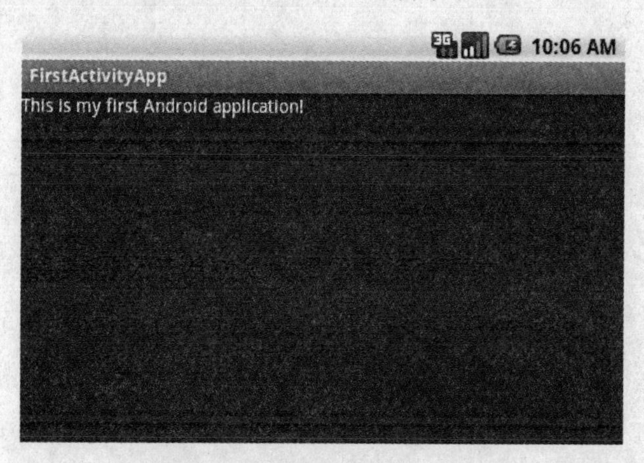

图 2-44　FirstActivity 工程运行结果

2. ID 属性设置错误导致无法通过资源 ID 获取资源对象

如图 2-45 所示，在设置文本视图的“id”属性时，有时会忘记添加“android:”前缀。

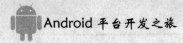

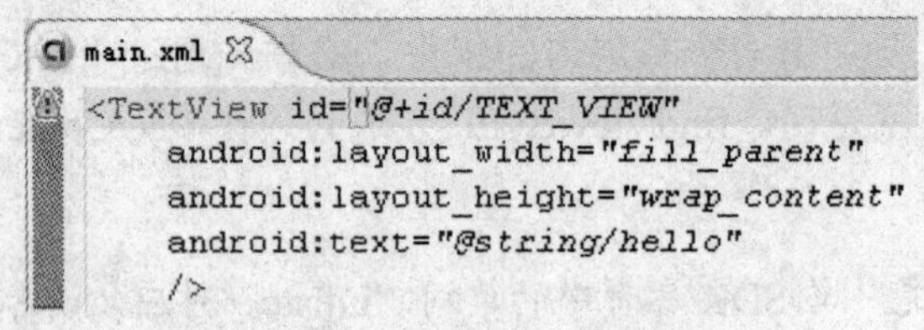

图 2-45　无效的 id 属性

虽然这样也可以使“TEXT_VIEW”的 ID 定义出现在 R.java 文件中（因为只要有“@”和“+”字符，aapt 工具就会将该 ID 字符串添加到“R.java”文件中），但是通过“findViewById”方法是无法找到该文本视图组件的。

View 类对其“android :id”属性的解释是：只有该属性的值能作为“findViewById”方法的参数。所以图 2-45 中的“id”属性，只能作为该文本视图的普通属性，其值不能用于“findViewById”方法。

第 3 章　Android 应用程序组件

在进行深入开发之前，本章对开发的基本单元（程序组件）进行了详细而深入的介绍，包括各组件的使用方式、框架及配置。希望读者能够真正了解各组件的特征和适用性，并在此基础上，能够就具体应用策划各组件的集成应用。

此外，本章还对组件之间的一些交互机制和方式进行了实例说明，通过这些实例希望读者能够深刻掌握这些机制的用法，为后面的应用集成奠定基础。

3.1　应用程序组件

有过软件项目开发经历的读者应该很了解，一个成型的项目往往需要由多个程序组件构成。一般软件项目中，比较常见的应用程序组件有：可执行文件（Windows 平台中以 exe 为后缀，Linux 平台中无后缀）和动态链接库（Windows 平台中以 dll 为后缀，Linux 平台中以 so 为后缀）。同为可执行程序，在用途表现方面可能存在较大的差异：有的可执行程序提供可视界面，与用户进行交互；有的不提供界面，而是作为后台服务。而对于动态链接库文件，有的仅包含资源定义，有的仅包含共享代码……其区分也主要体现在功能方面。

应用程序组件的多样化，其目的就是为了适应各种场合的应用。例如：在 J2EE 平台，应用程序有 Applet、JSP、Servlet 等多种类型，各种应用程序有各自的适用场合。

3.2　Android 应用程序组件

同样的，在 Android 平台上也存在多种类型的应用程序。通过第 1 章对平台的介绍以及第 2 章中对第一个应用程序开发过程的讲解，相信读者应该可以列举出 Android 平台的应用程序组件：Activity、Service、BroadcastReceiver 和 ContentProvider，这些重要组件的类结构层次如图 3-1 所示。

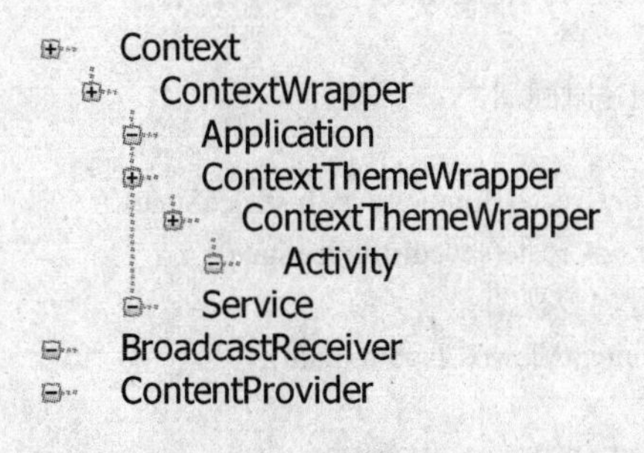

图 3-1　Android 平台应用程序组件类结构层次

表 3-1 是图 3-1 中应用程序组件的说明。

表 3-1 应用程序组件类/接口说明

类/接口	说明
android.app.Activity	Activity，关注用户的行为
android.app.Service	服务，关注后台事务的操作
android.content.Context	代表了应用程序所在环境的全局信息的接口
android.content.ContentResolver	用于访问应用程序的内容模型
android.content.BroadcastReceiver	广播接收器，用于接收广播消息
android.content.Intent	意向对象，用于描述将要执行的操作

3.2.1 Activity（活动）——形象大使

Activity 程序提供一组可视界面来与用户进行交互，主要用于处理前端事务，就像 Applet 程序或者 J2SE 平台中的 Swing 程序。作者将 Activity 组件定义为形象大使的角色，因为一款工具、游戏或者系统的用户界面的体验效果将会直接影响到该软件的形象。如果读者的程序中有很多“漂亮”的“形象大使”，那么一定会得到更多的关注。

图 3-2 是一个 Activity 程序运行的实例界面，如同其名字一样，只是一个简单的 Activity 程序。

图 3-2 Activity 程序实例界面

代码 3-1 是图 3-1 所示的程序中主 Activity 的定义代码。

代码 3-1 Activity 定义代码

文件名：SimpleActivity.java

```
1   public class SimpleActivity extends Activity { //android.app.Activity
2       private static final String TAG = "SIMPLE_ACT";
3
4       //Activity 创建时回调
5       @Override
6       public void onCreate(Bundle savedInstanceState) {
7           super.onCreate(savedInstanceState);
8           //设置内容视图
9           setContentView(R.layout.main);
10
11          Log.i(TAG, "Activity creating...");
12      }
13
```

```
14      //Activity 启动时回调
15      @Override
16      public void onStart() {
17              super.onStart();
18
19              Log.i(TAG, "Activity starting...");
20
21              showInfo();
22      }
23
24      //Activity 停止时回调
25      @Override
26      public void onStop() {
27              super.onStop();
28
29              Log.i(TAG, "Activity stopping...");
30      }
31
32      //Activity 销毁时回调
33      @Override
34      public void onDestroy() {
35              super.onDestroy();
36
37              Log.i(TAG, "Activity destroying...");
38      }
39
40      //显示 Activity 组件关联组件信息
41      private void showInfo() {
42              Log.i(TAG, "Title: " + this.getTitle().toString() );
43              Log.i(TAG, "Calling activity: " + this.getCallingPackage() );
44              //获取应用程序实例
45              Application app = this.getApplication();
46              Log.i(TAG, "Package:" + app.getPackageName() );
47              //获取应用程序上下文实例
48              Context appContext = this.getApplicationContext();
49              Log.i(TAG, "AppContext: " + appContext.toString() );
50              //获取资产管理器
51              AssetManager am = this.getAssets();
52              Log.i(TAG, "AssetManager Locale[1]: " + am.getLocales()[1]);
53              //获取基础上下文
54              Context baseContext = this.getBaseContext();
55              Log.i(TAG, "BaseContext: " + baseContext.toString() );
56              //内容解决者
57              ContentResolver resolver = this.getContentResolver();
58              Log.i(TAG, "Resolver: " + resolver.toString() );
59              //布局填充器
```

```
60                LayoutInflater inflater = this.getLayoutInflater();
61                Log.i(TAG, "LayoutInflater: " + inflater.toString() );
62                //菜单填充器
63                MenuInflater inflater2 = this.getMenuInflater();
64                Log.i(TAG, "MenuInflater: " + inflater2.toString() );
65                //资源管理器
66                Resources resources = this.getResources();
67                Log.i(TAG, "Resources: " + resources.toString() );
68                //墙纸
69                Drawable wallpaper = this.getWallpaper();
70                Log.i(TAG, "Wallpaper: " + wallpaper.toString() );
71                //获取窗体实例
72                Window window = this.getWindow();
73                LayoutParams layoutParams = window.getAttributes();
74                Log.i(TAG, "Layout height: " + layoutParams.height +
75                        ", width: " + layoutParams.width);
76                //获取窗体管理器
77                WindowManager wm = this.getWindowManager();
78                Display display = wm.getDefaultDisplay();
79                Log.i(TAG, "Window height: " + display.getHeight() +
80                        ", width: " + display.getWidth() );
81        }
82    };
```

对于代码 3-1，从结构上来分析：SimpleActivity 继承于父类 Activity（第 1 行），并重载了父类的“onCreate”、“onStart”、“onStop”和“onDestroy”方法，在“onStart”方法中输出了该 Activity 的有关信息（第 21 行中调用“showInfo”方法）。这种使用模式和 Java Applet 程序是一样的：读者所编写的 Applet 组件必须继承于父类 Applet 或 JApplet，并重载父类的部分方法，例如：“init”、“start”、“stop”、“destroy”和“paint”方法，在这些继承方法中进行当前 Applet 组件的初始、绘制和善后工作。

1．Activity 组件框架

简而言之，在 Android 平台上，所有的 Activity 组件必须继承于其父类 Activity（在 android.app 包中），这一规则由 Android 平台的应用程序框架来约定，读者可以从 Applet 的程序框架获得启发。

提示： Activity 实际上和 Java Applet 一样都是程序框架，初学者没有必要一开始就深究它的由来。

日志 3-1 是该 Activity 程序运行过程中在日志收集器（LogCat）中输出的内容。

日志 3-1　Activity 程序输出日志

文件名：LogCat

```
1    Activity creating...
2    Activity starting...
3    Title: Simple Activity
```

```
4   Calling activity: null
5   Package:foolstudio.demo
6   AppContext: android.app.Application@43735650
7   AssetManager Locale[1]: ja
8   BaseContext: android.app.ApplicationContext@43739788
9   Resolver: android.app.ApplicationContext$ApplicationContentResolver@43739810
10  LayoutInflater: com.android.internal.policy.impl.PhoneLayoutInflater@4359cf20
11  MenuInflater: android.view.MenuInflater@435a1cc0
12  Resources: android.content.res.Resources@435982c8
13  Wallpaper: android.graphics.drawable.BitmapDrawable@435989f8
14  Layout height: -1, width: -1
15  Window height: 480, width: 320
16  Activity stopping...
17  Activity destroying...
```

2．Activity 程序生命周期

通过日志 3-1 读者可以看出，Activity 程序的生命周期是：创建→启动→停止→销毁。有关 Activity 程序生命周期的详细说明请参见 Android SDK 附带的文档，在此不再赘述。

3．Activity 程序界面资源绑定

在创建阶段，Activity 通过“setContentView”方法来设置可视界面（代码 3-1 第 9 行）。需要注意的是，“setContentView”方法的参数是一个资源 ID，对应布局资源文件夹中的“main.xml”文件，该文件中定义了一个布局资源，其内容如代码 3-2 所示。

代码 3-2　Activity 布局资源定义

文件名：main.xml

```
1   <?xml version="1.0" encoding="utf-8"?>
2   <LinearLayout xmlns:android="http://schemas.android.com/apk/res/android"
3       android:orientation="vertical"
4       android:layout_width="fill_parent"
5       android:layout_height="fill_parent">
6       <TextView
7           android:layout_width="fill_parent"
8           android:layout_height="wrap_content"
9           android:text="@string/hello"/>
10  </LinearLayout>
```

对布局的概念和布局资源的定义将在第 4 章中进行详细说明，这里只是让读者从框架上了解 Activity 程序与可视组件的绑定机制。

4．Activity 程序清单

通过日志 3-1 的第 3 行，读者可以知道该 Activity 程序的抬头是“Simple Activity”。但是，无论从代码 3-1 还是代码 3-2，读者都无法获知程序的抬头信息。实际上，当读者在 Eclipse 中通过 ADT 插件创建一个 Android 程序时，该程序所有的相关信息都保存到一个名为“AndroidManifest.xml”的文件中。代码 3-3 是该文件的完整内容。

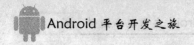

代码 3-3 程序清单文件定义

文件名：AndroidManifest.xml

```
1   <?xml version="1.0" encoding="utf-8"?>
2   <manifest xmlns:android="http://schemas.android.com/apk/res/android"
3       package="foolstudio.demo"
4       android:versionCode="1"
5       android:versionName="1.0">
6     <application android:icon="@drawable/icon" android:label="@string/app_name">
7       <activity android:name=".SimpleActivity" android:label="@string/app_name">
8         <intent-filter>
9           <action android:name="android.intent.action.MAIN" />
10          <category android:name="android.intent.category.LAUNCHER" />
11        </intent-filter>
12      </activity>
13    </application>
14    <uses-sdk android:minSdkVersion="3" />
15  </manifest>
```

通过代码 3-3，读者可以获知该 Activity 程序的包名、Android 版本代码、版本名称和 SDK 版本等与安装有关的信息。该应用程序的组成在<application>节点中进行描述，通过代码 3-3 读者可以了解，该应用程序中只包含一个 Activity。

提示：一个 Android 应用程序可以包含多个 Activity，但只能有一个 Activity 用于启动，多个 Activity 之间可以进行相互调用，形成一个 Activity 栈，Android 平台对 Activity 栈进行管理。

5．Activity 关联组件

从表现形式上，Activity 程序用来提供可视界面，但是在后台方面，Activity 几乎关联了 Android 应用程序框架中的大部分组件。从代码 3-1 中的“showInfo”方法（第 41 行）读者可以看出，Activity 的关联组件有：应用程序、应用程序上下文、资产管理器、基础上下文、内容解决者、布局填充器、菜单填充器、资源管理器、墙纸、窗体布局和窗体管理器，如图 3-3 所示。

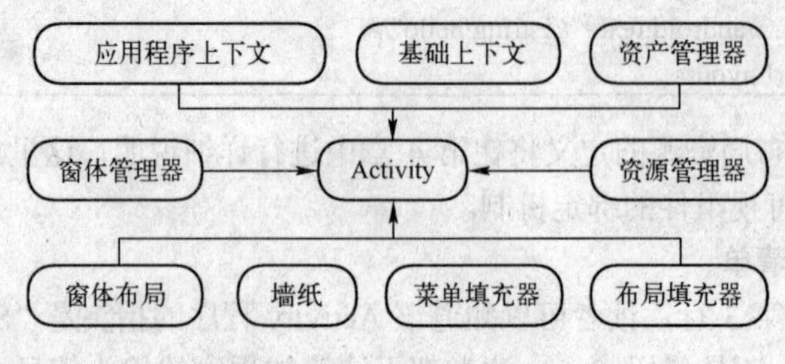

图 3-3 Activity 关联组件

图 3-3 中所反映的是大多数与 Activity 存在关联的组件，完整的内容请参考 Android SDK 参考文档。

3.2.2 Service（服务）——老黄牛

Android 平台对 Service 的定义和读者熟知的其他平台中的定义基本是一致的，Android 平台中的 Service 组件不提供可视界面，主要用于后台处理，如下载 Internet 文件、播放背景音乐等，其与用户的交互一般通过 Activity 组件。作者将服务定义为老黄牛的角色，不言而喻，老黄牛勤勤恳恳，埋头苦干，却很少抛头露面。

图 3-4 和图 3-5 分别是通过 Activity 的界面按钮启动和停止后台服务的运行界面。

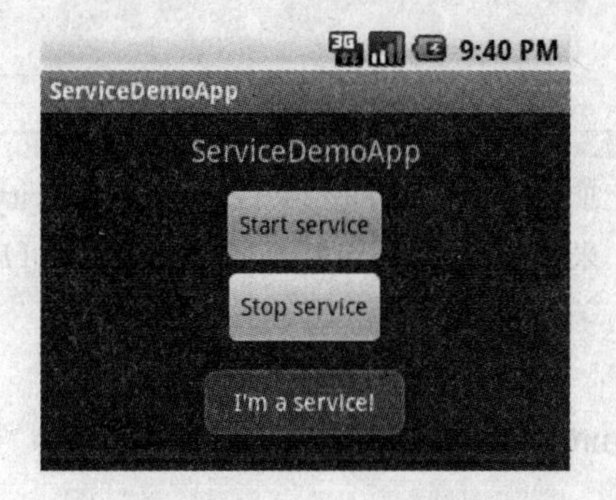

图 3-4 启动服务

图 3-5 停止服务

1. 服务组件的使用方式

代码 3-4 是图 3-4 所示的用户界面对应的 Activity 的关键定义。代码中，服务组件在 Activity 中进行启动和停止。

代码 3-4 启动服务的 Activity 关键代码

文件名：ServiceDemoAct.java

```
1    public class ServiceDemoAct extends Activity implements OnClickListener {
2        ……
3        //按钮被点击时回调
4        @Override
5        public void onClick(View v) {
6
7            switch(v.getId() ) {
8                case R.id.BTN_START: { //点击启动服务按钮
9                    doStart();
10                   break;
11               }
12               case R.id.BTN_STOP: { //点击停止服务按钮
13                   doStop();
14                   break;
15               }
16           }
17       }
18
19       //启动服务操作
```

```
20      private void doStart() {
21          Intent startService = new Intent(this, DummyService.class);
22          this.startService(startService);
23      }
24
25      //停止服务操作
26      private void doStop() {
27          Intent startService = new Intent(this, DummyService.class);
28          this.stopService(startService);
29      }
30  };
```

代码 3-4 中，通过 2 个按钮来分别开始和停止服务（第 8 行和第 12 行）。Activity 与服务通过 Intent 机制（在 3.3.1 节中将介绍该机制）来打交道，通过指定服务类名即可启动相关服务实例。

2．服务组件框架

代码 3-5 是代码 3-4 中所参考的服务类（“DummyService”）的定义。

代码 3-5　服务类的定义

文件名：DummyService.java

```
1   public class DummyService extends Service {
2       //当（客户端）连接服务时回调
3       @Override
4       public IBinder onBind(Intent intent) {
5
6           return null;
7       }
8
9       //初始化时回调
10      @Override
11      public void onCreate() {
12
13          super.onCreate();
14
15          Log.d(getClass().getName(), "Service created.");
16      }
17
18      //服务启动时回调
19      @Override
20      public void onStart(Intent intent, int startId) {
21
22          super.onStart(intent, startId);
23
24          Toast.makeText(this, "I'm a service!", Toast.LENGTH_LONG).show();
25
```

```
26              Log.d(getClass().getName(), "Service starting...");
27          }
28
29          //服务实例销毁时回调
30          @Override
31          public void onDestroy() {
32
33              super.onDestroy();
34
35              Log.d(getClass().getName(), "Service destroyed.");
36          }
37      };
```

和 Activity 一样，服务组件的定义也要遵循既定框架：所有的服务组件必须继承于其父类 Service（在 android.app 包中），子类服务通过重载中的方法（例如：代码 3-5 中“onBind”、“onCreate”、“onStart”和“onDestroy”方法）实现其特定的任务。代码 3-5 中的服务组件只做了一件事情：弹出一个提示文本，告诉用户它是服务（第 24 行）。

3．服务程序清单

代码 3-6 是该服务程序的清单文件内容。

代码 3-6　服务程序清单

文件名：AndroidManifest.xml

```
1   <?xml version="1.0" encoding="utf-8"?>
2   <manifest xmlns:android="http://schemas.android.com/apk/res/android"
3         package="foolstudio.demo"
4         android:versionCode="1"
5         android:versionName="1.0">
6       <application android:icon="@drawable/icon" android:label="@string/app_name">
7           <activity android:name=".ServiceDemoAct"
8                     android:label="@string/app_name">
9               ……
10          </activity>
11          <service android:label="DummyService" android:name=".DummyService">
12              <intent-filter>
13                  <action android:name="foolstudio.demo.DummyService" />
14              </intent-filter>
15          </service>
16      </application>
17      <uses-sdk android:minSdkVersion="3" />
18  </manifest>
```

4．服务程序界面资源绑定

代码 3-6 表明，该服务程序由 1 个 Activity 和 1 个服务组件构成。服务组件不提供可视界面，所以它无需与界面资源（例如：布局、菜单等）进行绑定，但 Activity 还是需要定义布局资源。代码 3-7 是该服务程序中的 Activity 用到的布局资源定义。

代码 3-7　服务程序布局资源定义

文件名：main.xml

```
1   <?xml version="1.0" encoding="utf-8"?>
2   <LinearLayout xmlns:android="http://schemas.android.com/apk/res/android"
3       ……>
4       <TextView
5           ……/>
6       <Button android:id="@+id/BTN_START"
7           ……
8           android:text="Start service" />
9       <Button android:id="@+id/BTN_STOP"
10          ……
11          android:text="Stop service" />
12  </LinearLayout>
```

3.2.3 BroadcastReceiver（广播接收器）——倾听者

如果说 Activity 和服务都是实干派，那么将广播接收器组件定义为倾听者的角色是再恰当不过了。在 Android 平台中，广播接收器组件用于接收和响应系统广播的消息。和 Service 一样，广播接收器也需要通过 Activity 与用户交互进行桥接。图 3-6 是注册广播接收器的执行界面，图 3-7 是广播接收器接收到消息并弹出的界面。

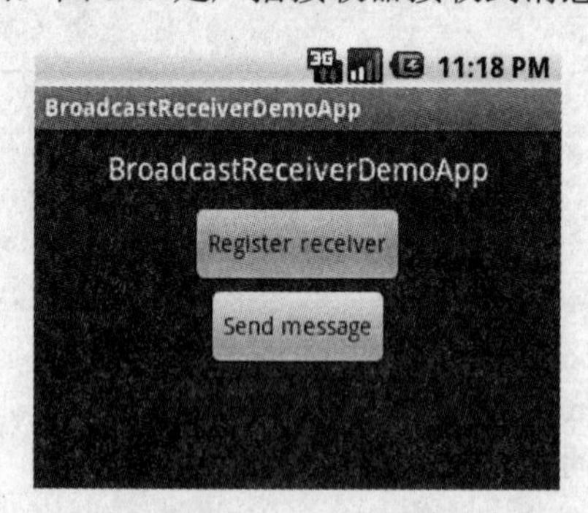

图 3-6　注册广播接收器组件

图 3-7　接收广播消息并弹出

1. 广播接收器的使用方式

代码 3-8 是图 3-6 所示的用户界面对应的 Activity 的关键定义。在 Activity 的定义中，首先对广播接收器实例进行注册，并向该广播接收器发送消息。

代码 3-8　广播接收器程序中 Activity 关键代码

文件名：BroadcastReceiverDemoAct.java

```
1   public class BroadcastReceiverDemoAct extends Activity implements OnClickListener {
2       //意向数据键值
3       public static final String INTENT_EXTRAS_NAME = "BroadcastReciverDemoAct";
4       //广播接收器实例
5       private DummyBroadcastReceiver mReceiver = null;
6       //意向过滤器
```

```
7           private IntentFilter mIntentFilter = null;
8
9       //Activity 组件初始化时回调
10      @Override
11      public void onCreate(Bundle savedInstanceState) {
12          ……
13          //初始化广播接收器
14          mReceiver = new DummyBroadcastReceiver();
15          //使用广播接收器类名初始化意向过滤器
16          mIntentFilter = new IntentFilter(DummyBroadcastReceiver.class.getName() );
17      }
18
19      //Activity 组件销毁时回调
20      @Override
21      protected void onDestroy() {
22
23          if(mReceiver != null) { //注销接收器
24              this.unregisterReceiver(mReceiver);
25          }
26
27          super.onDestroy();
28      }
29      ……
30      //注册接收器
31      private void doRegister() {
32          this.registerReceiver(mReceiver, mIntentFilter);
33      }
34
35      //发送消息
36      private void doSend() {
37          //为消息创建容器（意向对象实例）
38          Intent sendIntent = new Intent(DummyBroadcastReceiver.class.getName() );
39          //向意向附加容器中添加数据项
40          sendIntent.putExtra(INTENT_EXTRAS_NAME, INTENT_EXTRAS_NAME);
41          //发送消息“包裹”
42          this.sendBroadcast(sendIntent);
43      }
44  };
```

代码 3-8 中，首先分别定义了 1 个广播接收器实例（第 5 行）和 1 个过滤器（第 7 行），然后在第 14 行和第 16 行分别对广播接收器和过滤器进行初始化，其中，过滤器的初始化需要提供广播接收器的类名称。初始化完毕之后，在第 32 行，对广播接收器进行注册，令其开始“倾听”广播消息，而至于关注哪些消息，则由过滤器来“告诉”它。

并非只有 Android 平台才能进行“广播”，Activity 组件也可以发送广播消息，该过程也需要通过意向组件来实施（从第 38 行到第 42 行）。

2．广播接收器组件框架

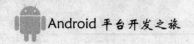

代码 3-9 是代码 3-8 中所参考的广播接收器对象的定义代码。

代码 3-9　广播接收器定义

文件名：DummyBroadcastReceiver.java

```
1   public class DummyBroadcastReceiver extends BroadcastReceiver {
2       //当接收消息时回调
3       @Override
4       public void onReceive(Context context, Intent intent) {
5
6           String msg =
7               intent.getStringExtra(BroadcastReceiverDemoAct.INTENT_EXTRAS_NAME);
8           //弹出消息
9           Toast.makeText(context, "Get message: " + msg, Toast.LENGTH_LONG).show();
10      }
11  };
```

与 Activity 和服务组件一样，所有广播接收器的定义必须继承父类 BroadcastReceiver（在 android.content 包中），在所重载的消息接收方法（代码 3-9 中第 4 行“onReceive”方法）中实现对消息的过滤、判断和接收。

3．广播接收器程序清单

在广播接收器示例程序中，广播接收器是在代码中进行注册，所以在程序清单中无需指明广播接收器，只需包含 1 个界面 Activity 组件即可，其内容结构和代码 3-3 是相同的。

实际上，在程序清单中也可以定义广播接收器，而且这种方式下，无需在代码中定义广播接收器和注册操作。代码 3-10 是将广播接收器示例程序中的广播接收器定义在程序清单中的举例。

代码 3-10　广播接收器程序清单

文件名：AndroidManifest.xml

```
1   <application android:icon="@drawable/icon" android:label="@string/app_name">
2       <activity……>
3           ……
4       </activity>
5       <receiver android:label="AlarmListener" android:name=".AlarmListener"/>
6   </application>
```

提示：在代码中注册广播接收器和在程序清单中定义广播接收器这两种方式都可以实现接收广播消息。这两种使用方式的最大区别在于广播接收器的初始化方式：对于在代码中注册广播接收器的方式，用户可以定制该接收器的初始化方式（例如：传递初始化参数等，典型的是传递主线程消息队列处理器实例，由此实现将接收器接收内容传递到主线程界面中），而通过程序清单定义广播接收器的初始化过程由平台自动完成，用户无法干预，但是该方式无需显式地对广播接收器进行注册或注销。

4. 广播接收器程序界面资源绑定

和服务程序一样，广播接收器组件不提供可视界面，所以其无需与界面资源进行绑定。但是广播接收器组件与用户的交互需要通过 Activity 来桥接，所以 Activity 的界面资源还是需要定义的。代码 3-11 是广播接收器示例程序中 Activity 的布局资源定义代码。

代码 3-11 广播接收器程序布局资源定义

文件名：main_view.xml

```
1   <?xml version="1.0" encoding="utf-8"?>
2   <LinearLayout xmlns:android="http://schemas.android.com/apk/res/android"
3       ……>
4       <TextView
5           ……
6           android:text="@string/app_name"/>
7       <Button android:id="@+id/BTN_REGISTER"
8           ……
9           android:text="Register receiver" />
10      <Button android:id="@+id/BTN_SEND"
11          ……
12          android:text="Send message" />
13  </LinearLayout>
```

3.2.4 ContentProvider（内容提供者）

对内容提供者，通过名字就可以很好地理解该组件的角色。在 Android 平台中，内容提供者用于将一个程序的数据通过约定手段提供给其他程序。内容提供者组件不提供可视组件，也无需直接与用户进行交互。通常情况下，需要数据的程序或组件按照约定方式从内容提供者那里获取数据，再通过可视界面显示数据。图 3-8 是一个从内容提供者读取并显示记录的程序界面。

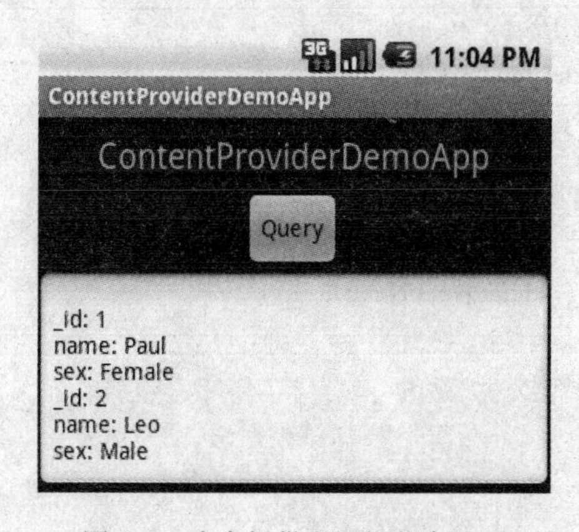

图 3-8 内容提供者示例程序界面

1. 内容提供者的使用方式

代码 3-12 是图 3-8 所示的用户界面对应的 Activity 的关键定义。在 Activity 的定义中，Activity 实例利用其关联组件 ContentResolver（内容解决者），通过对内容提供者约定的资源标识执行查询请求，进而得到数据记录。

代码 3-12　内容提供者程序 Activity 定义

文件名：ContentProviderDemoAct.java

```
1  public class ContentProviderDemoAct extends Activity implements OnClickListener{
2          //内容解决者实例
3          private ContentResolver mCR = null;
4          ……
5         @Override
6         public void onCreate(Bundle savedInstanceState) {
7              ……
8              //获取 Activity 组件的内容解决器对象实例
9              mCR = this.getContentResolver();
10        }
11         ……
12         //执行查询
13         private void doQuery() {
14                //生成资源全路径
15                Uri recUri = ContentUris.withAppendedId(MyDB.CONTENT_URI,
16                                                        MyDB.ALL_ROWS);
17                //不能进行类型转换，否则会抛出类转换异常
18                Cursor mc = mCR.query(recUri, null, null, null, null);
19
20                if(mc == null) {
21                       Toast.makeText(this, "获取游标失败！", Toast.LENGTH_LONG).show();
22                       return;
23                }
24                //游标复位
25                mc.moveToFirst();
26                //遍历游标
27                while(!mc.isAfterLast()) {
28                       printText("_id: " + mc.getInt(0) );
29                       printText("name: " + mc.getString(1) );
30                       printText("sex: " + mc.getString(2) );
31                       //移动到下一条记录
32                       mc.moveToNext();
33                }
34                mc.close();
35         }
36         ……
37  };
```

在代码 3-12 中，Activity 首先通过其“getContentResolver”方法获取内容解决者组件（第 9 行），再通过内容解决者组件的查询方法“query”执行记录查询操作，并获取数据记录游标（第 18 行），最后通过游标的移动，获取所有记录集中的记录内容（第 32 行）。

读者需要注意的是，查询方法“query”所需的参数“resUri”描述的就是数据资源的URI（Uniform Resource Identifier，统一资源标识），URI 的构成部分参考到数据提供者的定义属性（第 15 行和第 16 行）。

提示：URI 的规范定义于 RFC 2396：Uniform Resource Identifiers（URI），其定义语法为：[模式：]模式规范部分[#片段]，形如：http://localhost/url.html#10。有关 URI 的详细介绍请参见 RFC 2396 规范。

2．内容提供者组件框架

代码 3-13 是代码 3-12 中所参考的内容提供者的定义。

代码 3-13　定制内容提供者定义

文件名：MyDB.java

```
1   public class MyDB extends ContentProvider {
2       //URI 组成部分定义
3       public static final String URI_AUTHORITY = "foolstudio.demo.MyDB";
4       public static final String URI_PATH = "RecordSet";
5       public static final String URI_PATH2 = "RecordSet/#";
6       public static final int ALL_ROWS = 1;
7       public static final int SINGLE_ROW = 2;
8       //该 URI 的授权部分必须为有效类的全名
9       public static final Uri CONTENT_URI =
10          Uri.parse("content://foolstudio.demo.MyDB/RecordSet");
11      public static final UriMatcher uriMatcher;
12      //列名
13      public static final String _ID = "_id";
14      public static final String FIELD_NAME = "name";
15      public static final String FIELD_SEX = "sex";
16      //列名数组
17      public static final String COLUMN_NAMES[] = new String[] {
18          _ID, FIELD_NAME, FIELD_SEX
19      };
20      //初始化矩阵游标
21      public static MatrixCursor mCursor = new MatrixCursor(COLUMN_NAMES);
22      //定义列索引
23      public static final int INDEX_ID = 0;
24      public static final int INDEX_NAME = 1;
25      public static final int INDEX_SEX = 2;
26      //初始化 URL 匹配器
27      static {
28          uriMatcher = new UriMatcher(UriMatcher.NO_MATCH);
29          //添加授权、路径和片段部分
30          uriMatcher.addURI(URI_AUTHORITY, URI_PATH, ALL_ROWS);
31          uriMatcher.addURI(URI_AUTHORITY, URI_PATH2, SINGLE_ROW);
32      }
```

```
33
34          //接收删除请求时回调
35          @Override
36          public int delete(Uri uri, String selection, String[] selectionArgs) {
37                 //先进行 URL 匹配判断
38                 switch(uriMatcher.match(uri) ) {
39                        case ALL_ROWS: { //执行删除所有行的操作
40                               break;
41                        }
42                        case SINGLE_ROW: { //执行删除指定行的操作
43                               break;
44                        }
45                 }
46                 return 0;
47          }
48          //接收查询请求时回调
49          @Override
50          public String getType(Uri uri) {
51                 switch(uriMatcher.match(uri) ) { //先进行 URL 匹配判断
52                        case ALL_ROWS: {
53                               return ("vnd.android.cursor.dir/vnd.foolstudio.MyDB");
54                               //break;
55                        }
56                        case SINGLE_ROW: {
57                               return ("vnd.android.cursor.item/vnd.foolstudio.MyDB");
58                               //break;
59                        }
60                 }
61                 return null;
62          }
63
64          //接收记录插入请求时回调
65          @Override
66          public Uri insert(Uri uri, ContentValues values) {
67                 ……
68                 return null;
69          }
70
71          //初始化游标
72          @Override
73          public boolean onCreate() {
74                 mCursor.addRow(new String[] {"1", "Paul", "Female"} );
75                 mCursor.addRow(new String[] {"2", "Leo", "Male"} );
76
77                 return true;
78          }
```

```
79
80          //接收查询请求时回调
81          @Override
82          public Cursor query(Uri uri, String[] projection, String selection,
83                  String[] selectionArgs, String sortOrder) {
84              ……
85              return (mCursor);
86          }
87
88          //接收更新请求时回调
89          @Override
90          public int update(Uri uri, ContentValues values, String selection, String[] selectionArgs) {
91              ……
92              return 0;
93          }
94      };
```

代码 3-13 中，与 Activity 和服务组件一样，所有内容提供者的定义必须继承父类 ContentProvider（android.content 包中），在重载的方法中实现对数据记录的删除（第 36 行）、插入（第 66 行）、创建（第 73 行）、更新（第 90 行）和查询（第 82 行）等操作。

代码中定义的一些静态成员都是内容提供者程序框架要求定义的，详细约定请参考 Android SDK 文档。

3．内容提供者程序清单

代码 3-14 是内容提供者示例程序的清单文件内容，其中"<provider>"标记（第 10 行）就是内容提供者组件的定义开始。

代码 3-14 内容提供者示例程序清单

文件名：AndroidManifest.xml

```
1   <?xml version="1.0" encoding="utf-8"?>
2   <manifest xmlns:android="http://schemas.android.com/apk/res/android"
3         package="foolstudio.demo"
4         ……>
5       <application android:icon="@drawable/icon" android:label="@string/app_name">
6           <activity android:name=".ContentProviderDemoAct"
7                     android:label="@string/app_name">
8               ……
9           </activity>
10          <provider android:name=".MyDB" android:label="MyDB"
11                android:authorities="foolstudio.demo.MyDB"/>
12      </application>
13      <uses-sdk android:minSdkVersion="3" />
14  </manifest>
```

4．内容提供者程序界面资源绑定

从代码 3-14 中读者可以看到，该服务程序由 1 个 Activity 和 1 个内容提供者组件构成。内容提供者组件不提供可视界面，所以它也无需与界面资源进行绑定。而其中 Activity 还是需要定义布局资源。代码 3-15 是该内容提供者示例程序中的 Activity 所用到的布局资源定义。

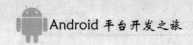

代码 3-15 内容提供者示例程序界面资源定义

文件名：main.xml

```
1    <?xml version="1.0" encoding="utf-8"?>
2    <LinearLayout xmlns:android="http://schemas.android.com/apk/res/android"
3        ……>
4        <TextView
5            …… />
6        <Button android:id="@+id/BTN_QUERY"
7            ……
8            android:text="Query"/>
9        <EditText android:id="@+id/TXT_CONTENTS"
10           ……/>
11   </LinearLayout>
```

3.2.5 Android 应用程序组件小结

多种类型的应用程序造就了丰富多彩的 Android 平台，这些程序中，既有热衷于表现的“形象大使”（Activity），也有习惯于埋头苦干的“老黄牛”（服务）；有冷静的“倾听者”（广播接收者），也有热情的“奉献者”（内容提供者）。各种程序各有所长，能够满足 Android 平台所有的应用场合。

3.3 组件应用机制

在对 Android 平台 4 种应用程序组件的介绍中，提到了有关组件之间的相互调用、发送广播消息等应用。而这些应用机制正是关联所有应用程序的强韧纽带，有了这些纽带，就能够把不同类型、不同功能的应用程序“团结”在一起，从而帮助用户完成各种复杂的应用。

在 Android 平台中，比较常用的应用机制有组件与组件、组件与线程和组件与服务之间的交互机制。

3.3.1 组件与组件间的交互机制

在 Android 平台中，组件与组件之间的交互通过 Intent（意向）组件来实现。在 SDK 的参考中，Android 平台把意向归纳为激活组件，就是用于激活其他组件的组件。作者在这里把它归纳到应用机制进行讲解，主要目的是帮助读者深入理解应用程序组件特性和这些组件的使用方法，从程序框架的角度来理解 Android 平台中应用程序的使用模式。

图 3-9 和图 3-10 所示的应用程序中，主 Activity 启动一个新的 Activity，并将数据记录传递给该 Activity 组件进行显示。

代码 3-16 是图 3-9 所对应的程序的主 Activity 定义代码，其主要功能是提供程序主界面，通过按钮启动创建意向对象，并启动另外一个 Activity（DataViewerAct）。

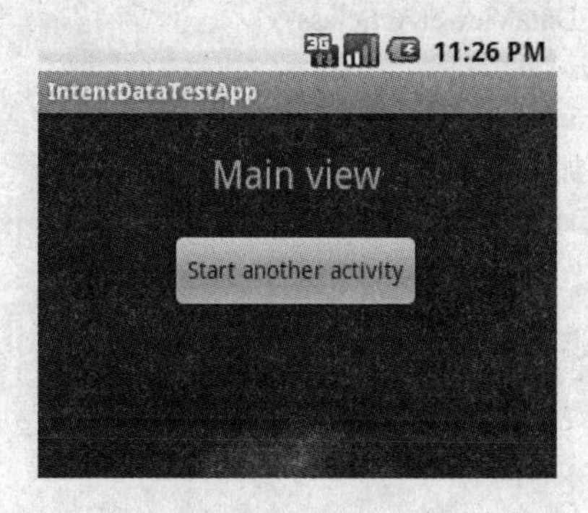

图 3-9 启动新的 Activity

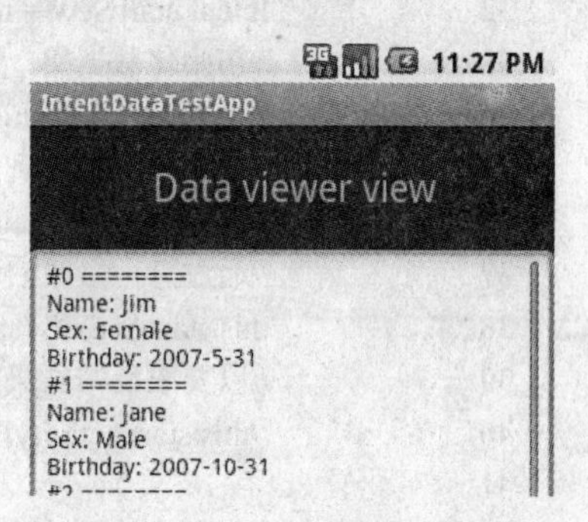

图 3-10 Activity 组件间数据传递

代码 3-16 意向示例程序主 Activity 定义

文件名：IntentDataTestAct.java

```
1   public class IntentDataTestAct extends Activity implements OnClickListener {
2           //请求识别码
3           public static final int REQ_CODE = 2012;
4           //附加数据键值
5           public static final String EXTRAS_KEY = "EXTRAS_DATA";
6           //数据记录容器
7           private ArrayList<Kid> mKids = new ArrayList<Kid>();
8
9           /*Android 平台禁止访问 Activity 的构造函数，否则抛出异常
10          public static IntentDataTestAct mInstance = new IntentDataTestAct();
11          private IntentDataTestAct() { //单例模式，构造函数无需向外部提供
12          }
13          //单例模式获取 Activity 类实例
14          public static IntentDataTestAct getInstance() {
15                  return (mInstance);
16          }
17          */
18
19         @Override
20         public void onCreate(Bundle savedInstanceState) {
21                ......
22         }
23
24          @Override
25          public void onClick(View v) {
26                  ......
27          }
28
29          //启动新的活动
30          private void doStart() {
```

```
31              //通过 Activity 类名创建意向对象实例
32              Intent startNew = new Intent(this, DataViewerAct.class);
33              //初始化数据集
34              ArrayList<Kid> kids = initArrayList();
35              //将数据集加入到意向对象的附加容器中
36              startNew.putParcelableArrayListExtra(EXTRAS_KEY, kids);
37              //通过意向参数启动新的 Activity 组件
38              this.startActivity(startNew);
39              //以要求反馈结果的方式启动新的 Activity 组件
40              //this.startActivityForResult(startNew, REQ_CODE);
41          }
42
43          //当接收调用 Activity 反馈结果时回调
44          @Override
45          protected void onActivityResult(int requestCode, int resultCode, Intent data) {
46              if(requestCode == REQ_CODE) { //判断是否合法的请求代码
47                  //获取反馈结果数据包
48                  Bundle bundle = data.getExtras();
49                  //从包中获取消息内容并显示
50                  String msg = bundle.getString("Msg");
51                  Toast.makeText(this, msg, Toast.LENGTH_LONG).show();
52              }
53
54              super.onActivityResult(requestCode, resultCode, data);
55          }
56
57          //初始化数据记录列表
58          private ArrayList<Kid> initArrayList() {
59              addKid(mKids, "Jim", Kid.SEX_FEMALE, "2007-5-31");
60              ……
61              return mKids;
62          }
63
64          //获取数据记录列表
65          public ArrayList<Kid> getArrayList() {
66              return (mKids);
67          }
68          ……
69      };
```

在代码 3-16 中有一段注释了的代码（第 9 行到第 17 行），其本意是：主 Activity 以单例（Singleton）的形式向外部组件提供获取类实例对象的接口（第 14 行），在显示数据的 Activity 组件中通过主 Activity 提供的接口获取主 Activity 类实例，继而通过其数据访问接口（第 65 行）获取数据并显示。

但是，通过单例模式来实现 Activity 之间的数据共享的想法在 Android 平台行不通，因为 Android 平台禁止应用程序访问 Activity 组件的构造函数，其异常输出如下所示。

```
java.lang.RuntimeException: Unable to instantiate activity ComponentInfo
java.lang.IllegalAccessException: access to constructor not allowed
```

实际上，Android 平台的这一禁止规则，正是用来规范应用程序组件之间的数据传递机制，保证组件的数据安全。

1．Activity 组件调用 Activity 组件的方式

在 Android 平台中，Activity 组件可以通过“startActivity”方法来调用其他 Activity 组件，该方法有且仅有一个参数，就是意向对象（代码 3-16 第 38 行），需要传递的数据存放到意向对象的附加容器中（代码 3-16 第 36 行）。

在使用“startActivity”方法调用新的 Activity 组件的方式中，新的 Activity 将不会反馈执行结果给调用它的 Activity 组件。而如果既需要调用新的 Activity 组件，又需要该组件将结果反馈给调用方 Activity，那么需要使用“startActivityForResult”方法（代码 3-16 第 40 行），该方法的第 1 个参数还是意向对象实例，第 2 个参数是请求代码，用来识别反馈结果是否为预期。

2．意向对象的内涵

既然其他 Activity 组件通过意向对象来调用，那么在意向对象中，需要包含以下内容：

（1）目标组件或者选择条件，告诉平台指定或者判断由哪个 Activity 组件来执行任务。

（2）行为方式，指明任务的行为方式。例如，对于记录工具，是执行增加还是删除操作。

（3）资源标识或数据，指明需要处理的内容。

有关意向对象的详细说明请参见 Android SDK 参考文档。

3．意向对象的附加容器

在代码 3-16 的第 36 行，意向对象通过“putParcelableArrayListExtra”方法将包含多条小孩（Kid）记录的一个 ArrayList 对象添加到该意向对象的附加容器中，该数据项有一个字符串（常量“EXTRAS_KEY”）作为键，类似于 Map 容器操作。所以，读者可以初步推断出意向对象的附加容器 Bundle 类似于 Map，只是其键的类型是字符串。

4．意向对象的附加容器中的记录

既然 Activity 与 Activity 之间的数据无法通过简单的内存共享来实现，只能通过意向对象的附加容器进行传递，那么意向对象的附加容器中的记录又是一种什么结构呢？代码 3-17 是代码 3-16 中数据记录（小孩信息）的定义。

代码 3-17　意向对象附加容器中记录的定义

文件名：Kid.java

```
1    public class Kid implements Parcelable {
2        public static final int SEX_FEMALE = 1;
3        public static final int SEX_MALE = 0;
4        //属性字段
5        private String name = null;
6        private int sex = 1;
7        private String birthday = null;
8
```

```
9           //必须有一个名为 CREATOR 的成员对象，否则无法进行 Parcelable 对象通信
10          public static final Parcelable.Creator<Kid> CREATOR = new Parcelable.Creator<Kid>() {
11                  public Kid createFromParcel(Parcel in) {
12                          return new Kid(in);
13                  }
14                  public Kid[] newArray(int size) {
15                          return new Kid[size];
16                  }
17          };
18          public Kid(String _name, int _sex, String _birthday) {
19                  this.birthday = _birthday;
20                  this.sex = _sex;
21                  this.name = _name;
22          }
23          //设置和获取姓名信息
24          public void setName(String name) {
25                  this.name = name;
26          }
27          public String getName() {
28                  return name;
29          }
30          //设置和获取生日信息
31          public void setBirthday(String birthday) {
32                  this.birthday = birthday;
33          }
34          public String getBirthday() {
35                  return birthday;
36          }
37          //设置和获取性别信息
38          public void setSex(int sex) {
39                  this.sex = sex;
40          }
41          public int getSex() {
42                  return sex;
43          }
44          ……
45          //实现 Parcelable 接口（从包裹中构造对象实例）
46          public Kid(Parcel in) {
47                  this.name = in.readString();
48                  this.sex = in.readInt();
49                  this.birthday = in.readString();
50          }
51
52          @Override
53          public int describeContents() {
54                  return 0;
```

```
55      }
56
57      //用于定义写对象到包裹中的方法
58      @Override
59      public void writeToParcel(Parcel dest, int flags) {
60          dest.writeString(this.name);
61          dest.writeInt(this.sex);
62          dest.writeString(this.birthday);
63      }
64  };
```

与通常类的定义代码相比，读者也许觉得代码 3-17 过于复杂，可能对属性“CREATOR”和方法“writeToParcel”的定义难以理解。这些“莫名其妙”的属性和方法，却正是 Android 平台对于可以通过 IPC（Inter-process Communication，进程间通信）机制进行传递的数据类的定义进行的约定，Activity 与 Activity 之间可以传递的数据类必须满足该约定。否则会抛出如下的异常：

```
android.os.BadParcelableException: Parcelable protocol requires a Parcelable.Creator object called CREATOR on class foolstudio.demo.Kid
```

代码中第 2 行的 Parcelable 接口就代表了可以通过 Parcel（包裹）进行数据传递的功能特性。只有实现了 Parcelable 接口的类对象才能通过意向对象的附加空间进行传递，实际上，意向类（Intent）本身也实现了 Parcelable 接口。

实现于 Parcelable 接口的“CREATOR”属性用于“告诉”平台如何创建该类的实例（第 10 行）；而“writeToParcel”方法用于“告诉”平台如何将该类的数据存储到“包裹”中（第 59 行）。通过对属性名和方法名进行约定，平台可以获知该对象的数据的读取和写入的接口，从而可以进行对象的实例化（从包裹中创建类实例）和持久化（将类实例存储到包裹中）。

5．被调用方 Activity 接收传递数据

在代码 3-16 中，主 Activity 将小孩记录数组通过意向对象的附加容器传递给了数据显示 Activity，代码 3-18 是显示数据的 Activity 组件的定义。

代码 3-18　记录显示 Activity 组件的定义

文件名：DataViewerAct.java

```
1   public class DataViewerAct extends Activity {
2       @Override
3       public void onCreate(Bundle savedInstanceState) {
4           ……
5           //获取父 Activity 所传递的附加数据
6           Intent intent = this.getIntent();
7   ArrayList<Kid> kids = intent.getParcelableArrayListExtra(IntentDataTestAct.EXTRAS_KEY);
8           for(int i = 0; i < kids.size(); ++i) {
9               Kid kid = kids.get(i);
10              ……
```

```
11          }
12
13          //通过意向组件将结果发送到调用方 Activity
14          Intent result = new Intent();
15          //填充结果数据包
16          result.putExtra("Msg", "Get " + kids.size() + " record(s).");
17          //设置返回结果
18          this.setResult(IntentDataTestAct.REQ_CODE, result);
19      }
20  };
```

在代码 3-18 中，Activity 组件通过"getIntent"方法获取与当前 Activity 组件关联的意向对象实例（第 6 行），然后通过意向对象实例的"getParcelableArrayListExtra"方法从意向对象实例的附加空间按照指定的键进行检索，获得之前存储的、包含小孩记录的记录数组对象（第 7 行），然后遍历数据，输出记录内容（第 8 行）。

6. 被调用方 Activity 反馈结果

在介绍 Activity 组件调用 Activity 组件的方式时，作者提到，通过"startActivityForResult"方法调用 Activity 组件，被调用的 Activity 还可以将结果反馈给调用方 Activity 组件。如图 3-11 所示，在被调用 Activity 组件关闭时，在主 Activity 中接收到被调用 Activity 组件反馈的结果信息。

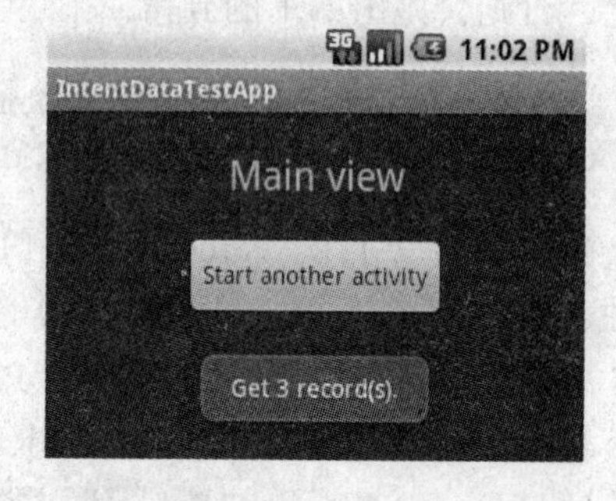

图 3-11　获取被调用 Activity 的返回结果

代码 3-18 中，从第 14 行到第 18 行就是被调用方将结果反馈给调用方 Activity 组件的核心代码。读者可以看出，被调用方组件反馈结果给调用方也需要使用意向组件（第 14 行），被调用方将需要反馈的数据项以"键—值"的方式添加到该意向对象的附加容器中（第 16 行），然后通过"setResult"方法反馈给调用方组件（第 18 行）。

调用方 Activity（主 Activity 组件）通过重载父类的"onActivityResult"方法获取反馈结果（代码 3-16 中第 45 行）。

注意：调用方组件对结果的读取与被调用方发送结果的过程是逆向的，而且被调用方反馈结果时还附带了一个请求识别码（IntentDataTestAct.REQ_CODE，代码 3-18 中第 18 行），而该识别码正是调用方用于判断其所接收的结果是否为预期的判别码（代码 3-16 中第 46 行）。

7. 程序清单

通过意向组件，读者可以轻松地实现在一个 Activity 组件中调用另外一个组件。而实际上，被调用的 Activity 要事先"告诉"应用平台，否则运行时将会抛出目标 Activity 组件没有找到的异常，如下所示。

```
android.content.ActivityNotFoundException: Unable to find explicit activity class
have you declared this activity in your AndroidManifest.xml?
```

异常输出中提示，所有的 Activity 组件都必须在清单文件中进行声明。代码 3-19 是该意向示例程序的清单文件内容。

代码 3-19　包含多个 Activity 组件的程序清单

文件名：AndroidManifest.xml

```
1    <?xml version="1.0" encoding="utf-8"?>
2    <manifest xmlns:android="http://schemas.android.com/apk/res/android"
3           package="foolstudio.demo"
4           android:versionCode="1"
5           android:versionName="1.0">
6        <application android:icon="@drawable/icon" android:label="@string/app_name">
7            <activity android:name=".IntentDataTestAct"
8                      android:label="@string/app_name">
9                <intent-filter>
10                   <action android:name="android.intent.action.MAIN" />
11                   <category android:name="android.intent.category.LAUNCHER" />
12               </intent-filter>
13           </activity>
14           <activity android:name=".DataViewerAct"/>
15       </application>
16       <uses-sdk android:minSdkVersion="3" />
17   </manifest>
```

代码 3-19 中，第 7 行和第 14 行分别声明了 1 个 Activity 组件，但是通过“<intent-filter>”标记读者可以看出，第 7 行定义的 Activity 组件是整个程序的主组件（第 10 行），且作为启动用（第 11 行）。

需要补充的是，无论是主 Activity 组件还是从 Activity，都需要绑定可视界面（图 3-9 和图 3-10），因此还必须为这两个 Activity 组件分别定义界面布局资源。有关界面布局资源的定义将在第 4 章中进行说明。

3.3.2　未决意向对象

如果说意向对象（Intent）描述的是即将执行的动作（该动作会马上被执行），那么未决意向对象（PendingIntent）描述的却是稍后将要执行的动作（该动作可能会被取消），例如：闹钟设定、短信发送、任务通知等。

读者可以把未决意向理解为带有条件的意向，这样未决意向实例还需要依据意向对象来获取。通过 PendingIntent 类的静态方法“getActivity”、“getBroadcast”和“getService”可以分别获取用于启动 Activity、执行广播和启动服务的未决意向实例。未决意向实例不能用来执行操作，所以，还必须由操作主体通过指定未决意向实例来启动操作，Android 平台会从未决意向实例中获取该操作不是立即执行，而是需要满足某种条件（在指定时刻或超过延迟时段等）。

在通过未决意向对象启动 Activity 组件的过程中，还必须通过意向对象“告诉”Activity 管理器新 Activity 与调用方没有关系，新 Activity 是新任务（FLAG_ACTIVITY_NEW_

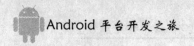

TASK）。

有关未决意向对象的使用实例，可以参考短信发送（8.2.2 节）、系统通知（15.1.9 节）和闹钟设置应用（15.1.3 节）。

3.3.3 组件与线程间的交互机制

有些读者可能以这样的方式使用线程：通过用户界面（如按钮）启动线程，然后在线程的执行代码中将状态信息输出到用户界面（如文本框）。在 J2SE 平台，这样的使用方式可能不会遇到什么问题；但是在 Android 平台，会抛出以下的异常信息：

android.view.ViewRoot$CalledFromWrongThreadException: Only the original thread that created a view hierarchy can touch its views.

该异常的意思是，只有最初创建视图层次结构的线程才能接触该结构中的视图，其言外之意就是，不是最初创建界面的线程是不能接触界面元素的。那么，在不是创建界面的线程中，如何将内容输出到界面元素中呢？

1. 线程消息队列

Android 平台提供了一种称为线程消息队列（Message Queue）的机制来解决上述使用中遇到的问题。首先在界面线程中创建一个可以与界面线程的消息队列进行关联的接口实例，其他的线程通过这个接口实例就可以将消息发送到界面线程的消息队列中，最后由界面线程将消息内容输出到界面容器中，这个接口实例就是一个 Handler（处理者）类实例。

图 3-12 是一个 Activity 组件与外部线程交互的示例程序的运行界面。

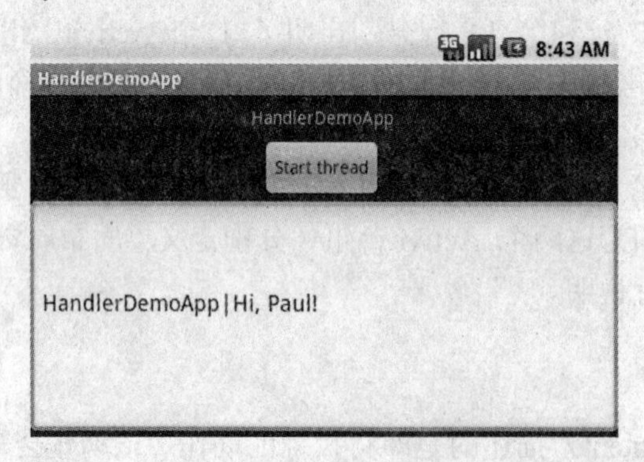

图 3-12 Activity 组件与外部线程交互的示例程序界面

代码 3-20 是图 3-12 所对应的 Activity 的定义代码。

代码 3-20 调用线程的 Activity 定义

文件名：HandlerDemoAct.java

```
1    public class HandlerDemoAct extends Activity implements OnClickListener {
2        ……
3        @Override
4        public void onCreate(Bundle savedInstanceState) {
5            ……
6            //初始化线程消息队列接口实例
```

```
7               mHandler = new Handler() {
8                   //处理消息时回调
9                   @Override
10                  public void handleMessage(Message msg) {
11                      //获取消息数据
12                      Bundle bundle = msg.getData();
13                      //从消息数据集中获取数据项
14                      String sender = bundle.getCharSequence("Sender").toString();
15                      String data = bundle.getString("Msg");
16                      //将消息输出到可视界面
17                      addMsg(sender+"|"+data);
18
19                      super.handleMessage(msg);
20                  }
21              };
22          }
23          ……
24          //启动线程
25          private void doStart() {
26              //创建外部线程并启动
27              LocalThread t = new LocalThread(this, mHandler);
28              t.start();
29          }
30
31          //将指定文本输出到可视组件中该方法不能被当前 View 之外的视图的线程调用
32          public void addMsg(String msg) {
33              mTxtMsg.append(msg+"\n");
34          }
35      };
```

代码 3-20 中，从第 7 行到第 21 行，定义了一个线程消息队列处理器实例，该实例将会与主线程的消息队列进行绑定。在该实例的定义体中，"handleMessage" 方法是通过重载而来，用于处理消息队列中的消息。

2．线程消息队列的消息读取

每条消息包含的数据被存放在一个 Bundle 类实例中（第 12 行），Bundle 类实例类似于 Map 容器，该容器中的数据项目必须通过指定的键来获取（第 14 行中通过"Sender"来获取发送者的信息；第 15 行中通过"Msg"来获取发送信息的内容）。

3．线程消息队列的消息添加

在代码 3-20 中第 27 行，创建了一个外部线程，并将处理器实例传递给该线程。代码 3-21 是该线程的定义代码。

代码 3-21　访问消息队列的线程的定义

文件名：LocalThread.java

```
1       public class LocalThread extends Thread {
```

```
2           //主线程消息队列接口实例
3           private Handler mHandler = null;
4           private HandlerDemoAct mContext = null;
5
6           public LocalThread(HandlerDemoAct handlerDemoAct) {
7                   // 传递主 Activity 接口
8                   this.mContext = handlerDemoAct;
9           }
10
11          public LocalThread(HandlerDemoAct handlerDemoAct, Handler handler) {
12                  // 传递主线程消息队列处理器接口和主 Activity 接口
13                  this.mHandler = handler;
14                  this.mContext = handlerDemoAct;
15          }
16
17          @Override
18          public void run() {
19                  //创建消息传递容器
20                  Bundle bundle = new Bundle();
21                  //添加数据项
22                  bundle.putCharSequence("Sender", mContext.getTitle() );
23                  bundle.putString("Msg", "Hi, Paul!");
24                  //创建消息实例
25                  Message msg = new Message();
26                  //设置消息数据
27                  msg.setData(bundle);
28                  //发送消息
29                  mHandler.sendMessage(msg);
30
31                  super.run();
32          }
33      };
```

在外部线程的执行函数“run”中，需要先创建一个 Bundle 对象实例（第 20 行），然后将消息内容以“键—值”的形式添加到该实例中（第 22 行和第 23 行）。再创建一个消息对象实例（第 25 行），然后将前面已经填充好的 Bundle 实例设置为该消息实例的数据内容（第 27 行）。最后通过处理器将消息发送到主线程的消息队列中（第 29 行）。

3.3.4 组件与服务间的交互机制

3.2.2 节对服务组件的使用方式进行了简要说明，并列举了如何在 Activity 组件中启动或关闭服务组件。但这种应用方式存在一定的问题：对服务组件的控制只有开始和结束两种，如果还有其他的控制则无法做到。例如：作为一个播放音乐文件的服务组件，除了开始和结束控制，还应该有播放下一首或者播放上一首的功能。

1. AIDL IPC 机制

Android 平台提供了一套称为 AIDL IPC 的机制，可以解决客户端组件与服务组件的接口访问问题。AIDL（Android Interface Definition Language，Android 接口定义语言）是一种经过扩展的适应 Android 平台的接口定义语言（IDL），通过 AIDL ADT 插件可以自动生成对应的 Java 代码。

AIDL IPC 机制是一种基于接口、轻量级的，类似于 COM 或 Corba 的机制。服务组件通过 Android 接口定义语言定义其需要向外界提供的接口，客户端可以连接到服务组件来获取这些服务接口，从而实现与服务组件进行交互的目的。

提示：Android 平台底层提供了一种轻量级的、用于 RPC（Remote Procedure Calls，远程过程调用）的机制。客户端组件在本地调用接口方法，但是该方法在远程组件中执行，并且将结果返回到客户端。详细的解释请参考 SDK 文档“Processes and Threads”章节。实际上，Android 平台的这一机制与 J2SE 平台中的 RMI（Remote Method Invoke，远程方法调用）机制类似，读者可以结合 RMI 机制来了解 Android 平台的 RPC 应用模式。

图 3-13 和图 3-14 分别是客户端组件与服务组件进行连接和断开的界面，而图 3-15 是客户端组件调用服务组件所提供的接口进行交互的界面。

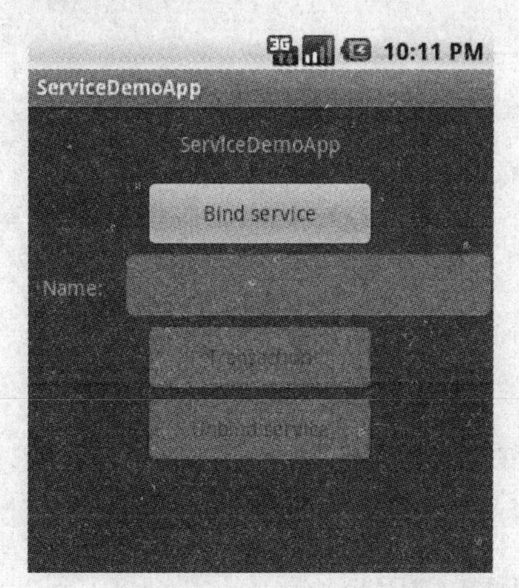

图 3-13　服务连接

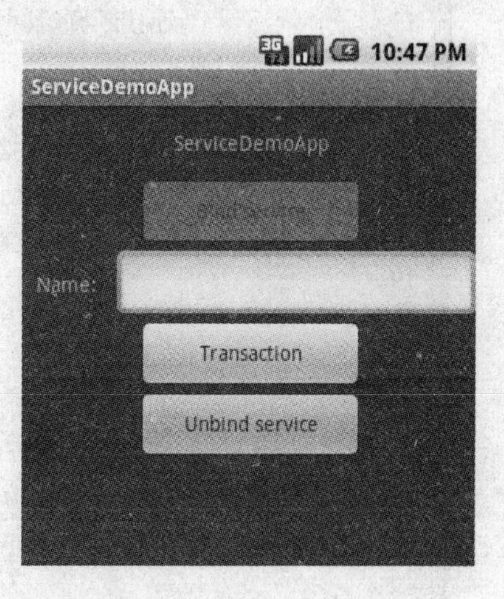

图 3-14　断开服务连接

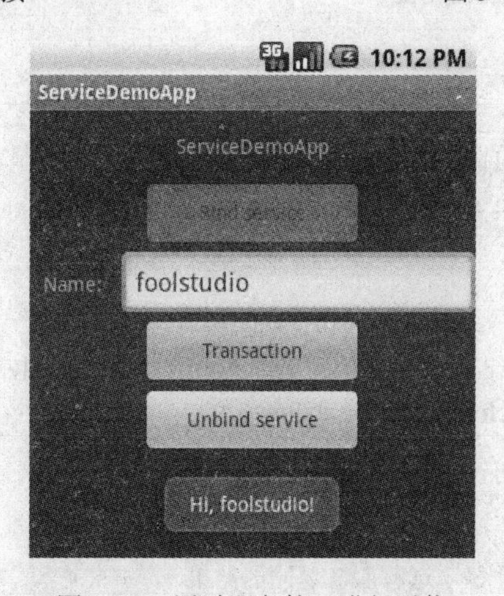

图 3-15　通过服务接口进行通信

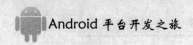

代码 3-22 是客户端组件（Activity）的定义代码。

代码 3-22　客户端组件的定义代码

文件名：ServiceDemoAct.java

```
1   public class ServiceDemoAct extends Activity implements OnClickListener {
2       ......
3       //服务接口实例
4       private IEchoService mService = null;
5       //服务连接接口实例
6   private ServiceConnection mConnection = new ServiceConnection() {
7           //当连接服务时回调
8           @Override
9           public void onServiceConnected(ComponentName name, IBinder service) {
10              //通过存根获取服务接口实例
11              mService = IEchoService.Stub.asInterface(service);
12          }
13          //当连接断开时回调
14          @Override
15          public void onServiceDisconnected(ComponentName name) {
16              //销毁服务接口实例
17              mService = null;
18          }
19      };
20      ......
21      //连接到服务组件
22      private void doBind() {
23          //连接到指定服务组件（如果不存在则自动创建）
24          bindService(new Intent(EchoService.class.getName() ),
25                      mConnection,
26                      Context.BIND_AUTO_CREATE);
27          setButtons(true);
28      }
29
30      //开始通信
31      private void doTrasaction() {
32          String echo = null;
33
34          try {
35              //通过服务接口调用远程方法
36              echo = mService.getEcho(mTxtName.getText().toString().trim() );
37          } catch (RemoteException e) {
38              // TODO Auto-generated catch block
39              e.printStackTrace();
40          }
41          //本地显示远程服务返回的结果
42          Toast.makeText(this, echo, Toast.LENGTH_LONG).show();
```

```
43      }
44
45      //断开连接
46      private void doUnbind() {
47          //断开与远程服务的连接
48          unbindService(mConnection);
49          setButtons(false);
50      }
51      ……
52  };
```

代码 3-22 中，“ServiceConnection”成员用来管理客户端组件与服务组件的连接（第 6 行），在其定义体中重载了“onServiceConnected”（第 9 行）和“onServiceDisconnected”方法（第 15 行），用于连接服务和断开连接的回调。

在“onServiceConnected”方法中，通过服务接口存根的“asInterface”方法获取“代表”服务实例的接口实例（第 11 行），通过该接口实例就可以在客户端组件（Activity）中使用服务组件“暴露”的方法（第 36 行就是通过服务接口实例“mService”来调用服务组件提供的“getEcho”方法）。

提示：有关存根（Stub）的定义，在 J2SE 平台的 RMI 机制中也有说明。存根是一种中间接口，用于客户端和服务端的通信数据解释。这就必须要求客户端和服务端的数据内容是可以通过“包裹”来传递的，即这些数据类都必须实现 Parcelable 接口。

在 J2SE RMI 机制中，远程接口定义中返回值的类型必须为支持序列化（Serializable）的实体类，用户自定义类型如果需要通过 RMI 机制进行传递，那么该类也必须实现 Serializable 接口。

从通信的角度而言，无论是 Parcelable 还是 Serialization 接口，都可视为协议规范，通过这种协议规范，客户端才能与远程服务端进行信息交换。

Android 平台提供了 Activity 组件与服务组件进行连接或断开的接口，在代码 3-22 第 24 行，通过“bindService”方法将服务连接接口（mConnection）与服务组件进行绑定，其中的“Context.BIND_AUTO_CREATE”标志（第 26 行）用于指示自动创建服务组件并绑定。

在第 48 行，通过“unbindService”方法来断开与服务组件的连接。

2．服务接口的定义

代码 3-23 使用 AIDL 语言定义的服务组件的接口，该接口中只定义一个方法（“getEcho”），该方法用于获取对指定呼叫者的“回话”。

代码 3-23　回声服务接口定义

文件名：IEchoService.aidl

```
1  package foolstudio.demo.service;
2
3  interface IEchoService {
4      String getEcho(String call);
5  }
```

ADT 插件会自动解释 aidl 文件，并生成一个接口定义的 Java 文件（在工程文件结构的"gen"目录中，如图 3-16 所示的"IEchoService.java"文件）。

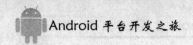

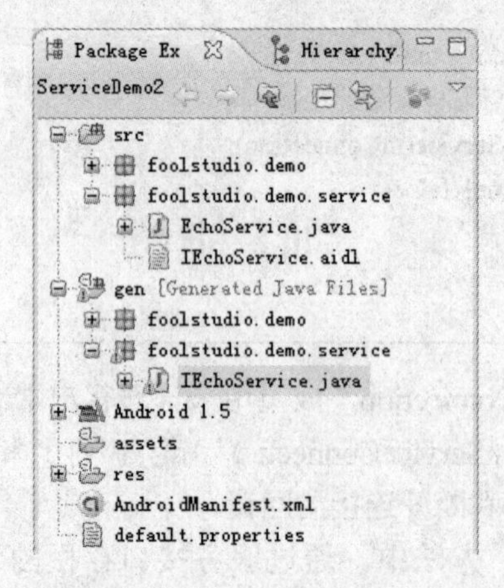

图 3-16　aidl 文件与自动生成文件路径

关于 AIDL 的详细语法，请参考有关 IDL 资料和 Android SDK 文档中的"Designing a Remote Interface Using AIDL"。

3. 服务组件的定义

服务接口定义好了，还要由服务组件来实施才行，代码 3-24 是服务组件的定义。

代码 3-24　远程服务组件的定义

文件名：EchoService.java

```
1   public class EchoService extends Service {
2       //服务接口存根对象实例
3       private final IEchoService.Stub mBinder = new IEchoService.Stub() {
4           @Override
5           public String getEcho(String call) throws RemoteException {
6               //返回结果给客户端
7               return ("Hi, " + call + "!");
8           }
9       };
10
11      //存在服务连接时回调
12      @Override
13      public IBinder onBind(Intent intent) {
14          //判断请求的客户端是否为预期对象，如果是则返回服务接口存根对象实例
15          if(EchoService.class.getName().equals(intent.getAction())) {
16              return (mBinder);
17          }
18
19          return null;
20      }
21  };
```

在服务组件定义体中，首先定义了一个服务接口存根（Stub）（第 3 行），该存根类的定义在由 aidl 文件自动生成的接口文件定义中。该存根实例用于服务组件与客户端进行通信，将服务组件的输出内容通过协议规定的形式发送给客户端存根对象（第 7 行）。

服务组件的“onBind”方法（第 13 行）重载于系统服务组件框架（第 1 行），用于向客户端提供服务接口存根对象。

提示： 代码 3-24 中“onBind”方法的返回值是一个“IBinder”实例，IBinder 接口是一个远程对象的基本接口，描述了与远程对象进行交互的基本协议。但是 Android 平台建议不通过直接实现该接口来定义远程对象，而是通过继承 Binder 类。Binder 类是对 IBinder 接口的实现，是远程对象的基类，该类是轻量级远程过程调用（RPC）机制的核心部分。大多数情况下，开发人员通过 aidl 来定义服务接口，然后由 aidl 工具生成对应的 Binder 子类。

4．程序清单

代码 3-25 是该服务演示程序的清单文件内容，该程序包含 1 个 Activity 组件（第 7 行）和 1 个服务组件（第 10 行）。

代码 3-25　回声服务程序的工程清单文件

文件名：AndroidManifest.xml

```
1   <?xml version="1.0" encoding="utf-8"?>
2   <manifest xmlns:android="http://schemas.android.com/apk/res/android"
3           package="foolstudio.demo"
4           android:versionCode="1"
5           android:versionName="1.0">
6       <application android:icon="@drawable/icon" android:label="@string/app_name">
7           <activity android:name=".ServiceDemoAct" android:label="@string/app_name">
8               ……
9           </activity>
10            <service android:name=".service.EchoService" android:label="EchoService">
11                <intent-filter>
12                    <action android:name="foolstudio.demo.service.EchoService" />
13                </intent-filter>
14            </service>
15      </application>
16      <uses-sdk android:minSdkVersion="3" />
17  </manifest>
```

3.4 Android 平台应用程序组件小结

Android 平台中定义了 4 种重要的应用程序组件：Activity（活动）、服务、广播接收器和内容提供者。这些应用程序组件根据其适用场合的不同被作者赋予不同的角色：Activity 组件主要应用于提供用户界面，是非常注重界面表现的“形象大使”；而服务组件主要用于后台业务处理，不习惯表现的“老黄牛”；广播接收器主要用于接收系统或用户程序所发送的广播消息并做出响应，是一个积极的“倾听者”；内容提供者组件主要用于通过约定的方式将本组件的数据共享给外部组件。

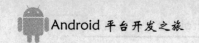

通过这 4 种基本组件的组合和集成，开发人员就可以开发出满足各种应用的程序。Android 平台还为 4 种组件之间的过程调用、数据共享提供了一些辅助的机制。通过意向组件桥接机制，可以实现 Activity 组件与 Activity 组件以及 Activity 组件与服务组件之间的数据交互；通过线程消息队列的机制，Activity 组件可以与外部线程进行消息传递。

AIDL IPC 和 RPC 机制是 Android 平台的核心机制，用于提供对远程对象的访问。Activity 组件可以在本地调用远程服务组件“暴露”的接口，该方法在远程对象中执行，通过 PRC 机制进行过程参数和执行结果的传递。

第 4 章　高级用户界面设计

资深程序员都知道，完美的用户界面对于移动平台的软件产品而言是至关重要的。苹果公司的 iPhone 手机就是凭借其炫酷的视觉体验而迅速占领了高端手机市场的一席之地；Nokia 公司也大力推进其 UIQ 操作系统；新推出的 Windows Mobile 6.5 也在用户界面上下足了功夫……而 Android 手机的首次推出就“艳惊四座”，其动感十足的界面效果与生俱来。

本章将重点介绍 Android 架构中比较常见、重要的界面元素，并通过大量实例让读者能够迅速地在 Android 平台上搭建称心如意的界面效果。

4.1　Android 平台 UI 组件架构探讨

4.1.1　Android 平台 UI 组件结构层次

在 Android 平台中，所有的可视组件都是视图类（View）的子类，如图 4-1 所示。视图类有一个重要的直接子类是视图组类（ViewGroup），所有的布局类都是视图组类的直接或间接子类。Android 平台把这些布局类都归纳到小部件（Widget）的包（android.widget）中。

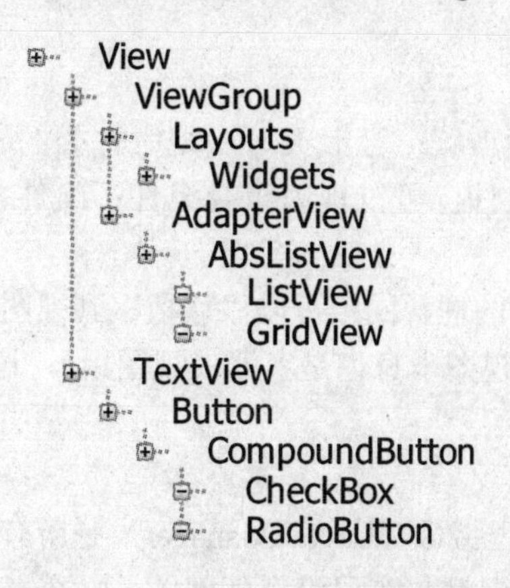

图 4-1　Android 可视组件架构示意图

视图组类有一个重要的直接子类是适配器视图类（AdapterView），适配器视图类又包含若干直接或间接的视图类。例如：列表视图类（ListView）和格子视图类（GridView）。

视图类还有一个重要的直接子类是文本视图类（TextView），按钮类（Button）是其直接子类之一；而复选框类（CheckBox）和单选按钮类（RadioButton）又是按钮类的间接子类。

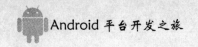

4.1.2 Android UI 组件结构层次质疑

仅仅通过对图 4-1 的介绍可能还是会让读者有很多疑问。实际上，作者初次接触到 Android 平台的界面结构层次的时候也犯过迷糊：怎么视图组会是视图的子类？就算视图组是视图的子类，那么为什么又有视图类（ListView）是视图组类的子类？为什么布局类会放到小部件的包中？

4.1.3 参考 J2SE 平台的组件结构层次

作者想借助 J2SE 平台的一些概念来与读者探讨 Android 平台如何设计上述这些问题中的内容。

J2SE 平台中，组件类（Component）是所有 AWT（Abstract Window Toolkit，抽象窗体工具）和 Swing 组件的父类。组件类的直接子类中既有小部件（例如按钮）也有容器，这里对于组件类的子类是容器的理解，可以将容器视为组合组件。而容器类（Container）的子类除了一些高级容器类（例如 Window、Panel 类等）之外，还包括 Swing 库中几乎所有组件类的父类——组件类（JComponent），也就是说这些 JComponent 的子类都具有容器的特性，比如：JPanel 类可以添加按钮。同时 J2SE 平台规定：每一个使用 Swing 组件的程序至少要包含一个高级容器，JComponent 的子类的最外层都必须放到高级容器或其子类中。也就是说读者可以把 JButton 的类实例添加到 JLabel 的类实例中，然后再把该 JLabel 的类实例添加到 JPanel 的类实例中，但是最终 JPanel 的类实例必须放到 JFrame（JFrame 是 Frame 类的子类，而不是 JComponent）或 JDialog（JDialog 是 Dialog 的子类，而不是 JComponent）这些高级容器中。

4.1.4 容器与组件的关系

说到这里，读者应该初步理解：容器类可以是组件类的子类；组件类也可以是容器类的子类。因为容器本身也是组件，可以视为组合组件；组件本身也是容器，可以由多个组件组成。

换到 Android 平台，这样的理解同样可以“移植”到视图组与视图的关系上面。视图组本身也是视图，作为显示用；视图本身也是容器（视图组），可以用于添加其他子组件。

4.1.5 布局的角色

在 J2SE 平台中，布局管理接口（LayoutManager）是所有布局子类或接口的父类，从继承关系上，无论是组件还是容器都与布局没有任何关系。容器类实例通过“setLayout”方法来显式设置其包含的所有组件的布局方式。如果不显式指定布局方式，各个容器将采用其默认的布局方式。例如，JPanel 的默认布局为流布局（FlowLayout），内容面板的默认布局为边界布局（BorderLayout）。如果显式地将布局方式设置为空（null），那么该容器只有按各子组件的绝对位置进行摆放，这样，必须指定窗体和各个组件的大小，并为组件设置不同的显示坐标。由此看来，在 J2SE 平台中，布局与组件的关系是单方依存，有且仅有布局依赖于组件，而组件不依赖于布局。

而在 Android 平台中，布局被定义为视图组的直接子类或间接子类，并纳入到小部件包中。在功能上，布局既可以用于容纳其他视图，又可以作为视图显示，甚至还可以作为小部件加入到其他布局中。图 4-2 是一个简单的混合布局界面实例图。

在图 4-2 所显示的界面中，根布局是线性布局（后续小节中有介绍），该布局包含 1 个文本组件、1 个表格布局和 1 个文本编辑组件。其中表格布局包含 3 个按钮组件。整个界面的内容结构层次如图 4-3 所示。

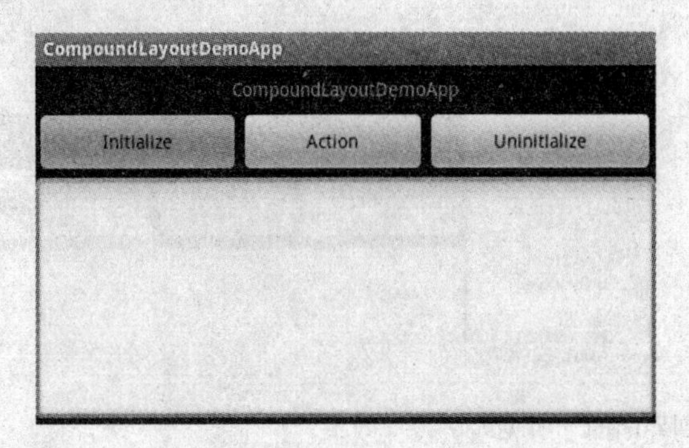

图 4-2　混合布局界面实例图

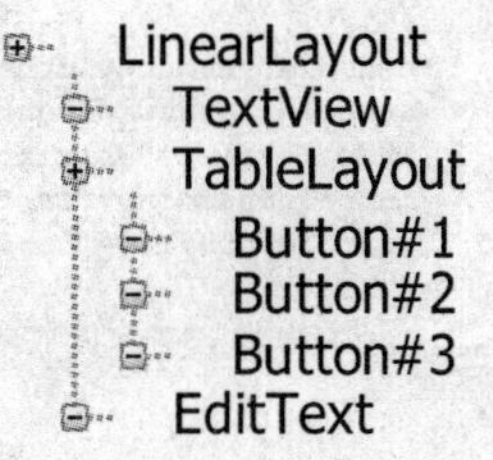

图 4-3　界面内容结构层次示意图

至此，读者应该对 Android 平台中布局的“地位”有了清楚的认识：Android 平台中的布局就是可视组件，既可以作为容器来容纳其他可视组件，也可以作为小组件加入到其他布局中。这样，通过布局包含视图，布局包含布局，从而形成繁茂的视图结构层次树，给用户展示的就是更加灵活和丰富的界面效果。

4.2　UI 组件的定义

在 Android 应用程序中，UI 的定义最终将在 Activity 中呈现。在这个呈现过程之前，开发者必须定义这些 UI 组件，包括其属性和布局方式等。Android 组件大多数可以通过以下两种方式进行定义。

1. 在 XML 中定义界面元素

Android 提供了丰富的 XML 词汇表对应绝大多数视图类和其子类，也就是说通过 XML 标记而就可以定义该标记对应的视图类或其子类。例如，XML 中的一个“<Button>”标记就可以对应一个按钮类实例，而这个对应过程，由 Android 平台自动完成，这对于开发者而言，真正实现了 XML 与 Java 代码具有同等的效果。

这种直接通过 XML 定义界面组件的机制，不仅增加了界面定义的弹性，同时也简化了编码过程。通过 ADT 插件，开发者可以方便地实现 XML 语句到界面这一“所见即所得”的效果。如图 4-4 所示，当点击左下方“main.xml”时显示的是 XML 语句的内容；当点击“Layout”时就可以预览该 XML 语句的屏幕效果。

2. 在 Java 代码中定义组件对象

这种方式就是读者平常定义组件的方式，即在代码中通过 new 语句初始化一个类实例，然后设置其属性，调用其方法。

实际上，通过 XML 定义组件的方式也必须有一个 XML 标记到对应的类实例的实例化过程，只是这一过程被内置到 Android 平台的资源管理引擎中。当 Android 平台启动应用程序时，将会读取到定义界面的 XML 资源，在解析 XML 语句的过程中，Android 平台会自动根据 XML 标记的标识和属性来实例化该标记对应的类的实例，并设置其属性，调用有关方法。

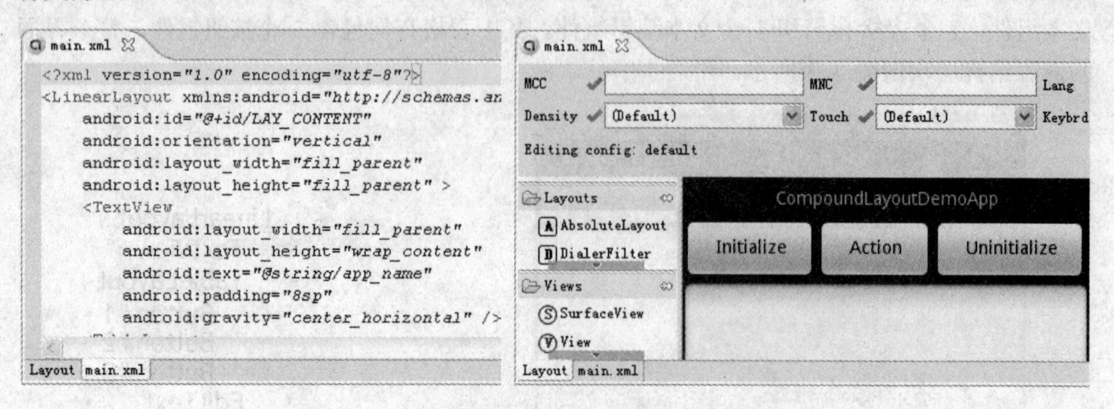

图 4-4　XML 语句到界面的“所见即所得”效果

4.3　UI 组件的引用

一般来说，对象的引用，都是延续“先创建、再使用”的规则。即先对类变量进行实例化，再通过实例化之后的对象句柄来设置该对象类的有关属性，或执行有关方法。在 Android 平台，对于通过 XML 定义界面元素的方式，组件对象的实例化过程由 Android 平台自动完成。但是，Android 平台没有直接返回对象句柄，那么开发者如何引用这些已经实例化的对象呢？

在这个问题上，资源打包工具（aapt）通过分析定义组件的 XML 文件来自动生成组件的标识列表（如图 4-5 所示的 id 类），同时也生成了资源标识列表，并将所有的标识封装到资源类 R 中，该类的定义文件（R.java）的路径结构如图 4-6 所示。

```
R.java
/* AUTO-GENERATED FILE.  DO NOT MODIFY.
 *
 * This class was automatically generated by the
 * aapt tool from the resource data it found.  It
 * should not be modified by hand.
 */

package foolstudio.demo.view;

public final class R {
    public static final class attr {
    }
    public static final class drawable {
        public static final int icon=0x7f020000;
    }
    public static final class id {
        public static final int BTN_ACTION=0x7f050002;
        public static final int BTN_INIT=0x7f050001;
        public static final int BTN_UNINIT=0x7f050003;
        public static final int LAY_CONTENT=0x7f050000;
        public static final int TXT_CONTENTS=0x7f050004;
```

图 4-5　资源类文件内容

```
CompoundLayoutDemo
  src
    foolstudio.demo.view
      CompoundLayoutDemoAct.java
  gen [Generated Java Files]
    foolstudio.demo.view
      R.java
```

图 4-6　资源类文件路径结构

通过组件标识，在 Activity 或者根组件中调用“findViewById”方法就可以获得指定组件标识的组件对象句柄。代码 4-1 是图 4-2 对应的应用程序的主 Activity 中引用 UI 组件的示例代码。

代码 4-1　引用 UI 组件的示例代码

文件名：CompoundLayoutDemoAct.java

```
1   public class CompoundLayoutDemoAct extends Activity implements OnClickListener {
2       //组件对象实例
3       private Button mBtnInit = null;
4       private Button mBtnAction = null;
5       private Button mBtnUninit = null;
6       private EditText mTxtContents = null;
7
8       @Override
9       public void onCreate(Bundle savedInstanceState) {
10          super.onCreate(savedInstanceState);
11          setContentView(R.layout.main);
12
13          mBtnInit = (Button)findViewById(R.id.BTN_INIT);
14          mBtnAction = (Button)findViewById(R.id.BTN_ACTION);
15          mBtnUninit = (Button)findViewById(R.id.BTN_UNINIT);
16          //
17          mTxtContents = (EditText)findViewById(R.id.TXT_CONTENTS);
18          ……
19      }
20  };
```

在代码 4-1 中，从第 13 行到第 17 行，就是调用主 Activity 的“findViewById”方法通过组件标识来得到对应的组件对象实例句柄。而“BTN_INIT”和“BTN_ACTION”字样的标识就是在定义 UI 的 XML 中设置给各个视图组件的 id 属性。

4.4 组件属性和 ID

在 Android 平台，几乎每一个视图类及其子类都有多个 XML 属性。这些 XML 属性就是用来定义该类的实例对象的成员内容。例如，文本组件的“android:text”属性就是用于描述该组件所显示的文本内容，在 XML 中设置该属性为指定文本的方式与在运行时代码中通过该组件对象实例的“setText”方法设置文本的效果是一样的。一般的，对于组件的 XML 属性，都有对应的运行时方法。

注意：在组件的 XML 定义中，给一个文本组件设置“android:text”或“text”属性都是合法的，但是“text”属性不会被 Android 平台的资源解析功能识别，所以，无论给“text”属性设置什么内容，都不会被显示出来；反之，当“android:text”是 Android 平台约定的属性名时，才能被资源解析功能识别。

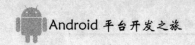

组件 id 是一个特殊的属性，用于区分组成屏幕的视图树中的各个组件。ID 属性的属性名为“android:id”，其设置属性值的语法为：

```
android:id="@+id/<组件 ID>"
```

其中“@”、“+”和“/”符号是 Android 特有的资源定义符号。“/”为分隔符，“@”字符表示“/”符之后的内容是组件的 ID 字符串，“+”字符表示该资源必须创建并添加到资源中。

在运行时 Java 代码中，该组件的 ID 的完整表示为：R.id.<组件 ID>，在 XML 中进行引用的一般表示为：“@id/<组件 ID>”，没有“+”字符表示无需创建，仅仅是引用。

提示：ID 属性的创建并不一定都在对应组件定义语句内，在 Android 中存在这种情形：某些视图组件需要参考其所包含的子组件，但这时子组件还没有开始定义，无法进行引用。为了解决这种问题，Android 平台运行在引用组件 ID 的同时创建 ID，该组件的定义语句可以放在被引用的标记之后，在该组件的定义语句块中，无需再指示创建 ID，设置为引用时的 ID 即可。如代码 4-2 所示。

代码 4-2　引用组件 ID 时创建 ID 的示例代码

文件名：main.xml

```
1   <SlidingDrawer android:id="@+id/MAIN_VIEW"
2       android:layout_below="@id/PANEL_MAIN"
3       android:layout_width="fill_parent"
4       android:layout_height="fill_parent"
5       android:handle="@+id/HANDLE_VIEW"
6       android:content="@+id/CONTENT_VIEW">
7       <TextView android:id="@id/HANDLE_VIEW"
8           android:layout_width="fill_parent"
9           android:layout_height="wrap_content"
10          android:gravity="center_horizontal"
11          android:background="#111111"
12          android:text="请选择项目"/>
13      <ListView android:id="@id/CONTENT_VIEW"
14          android:layout_width="fill_parent"
15          android:layout_height="wrap_content"/>
16  </SlidingDrawer>
```

在代码 4-2 中，父组件在第 5 行和第 6 行分别需要引用第 7 行和第 13 行才定义的子组件，但是由于子组件的定义在引用之后，所以采用引用 ID 的同时一并创建 ID 的方式。在其子组件定义语句中无需再创建 ID（第 7 行和第 13 行中）。

4.5　布局组件（Layouts）

相信在 J2SE 平台中进行界面设计的开发人员对于布局（Layout）这个概念应该是耳熟

能详的，像样的界面都必须在布局设计上大做文章。从边界布局（Border Layout）、卡片布局（Card Layout）到格子布局（Grid Layout）……J2SE 平台提供的布局类型不下 20 种！

在 J2SE 平台中，布局与可视组件还是一种依存关系，布局只是描述了可视组件的摆放方式，也就是说，即使不要布局，可视组件也是可以摆放的（只是摆放得比较杂乱）。

特别的，Android 平台强化了布局的“地位”，可视组件必须放在布局或者与布局具有相同“地位”的容器中，否则资源管理器认为该“摆放方式”非法！

Android 平台定义了线性布局（Linear Layout）、相对布局（Relative Layout）、绝对布局（Absolute Layout）、框布局（Frame Layout）和表格布局（Table Layout）这五种布局类型。虽然从数量上看，貌似比 J2SE 平台所提供的要少得多，而实际上，通过上述布局的组合，完全可以满足各种布局要求。如图 4-7 是布局组件继承关系层次结构图。

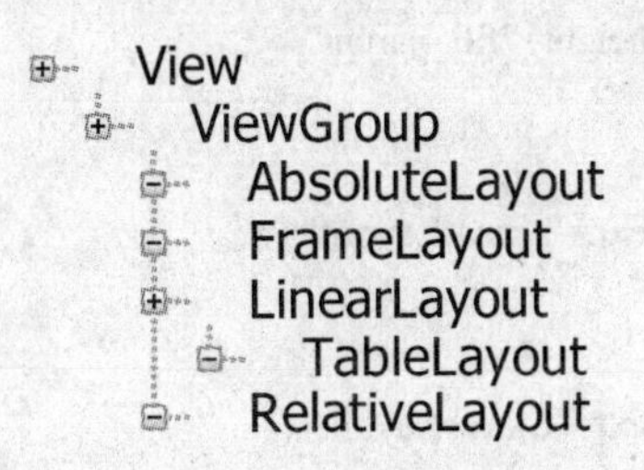

图 4-7　布局组件的层次结构图

图 4-7 中的这些布局类几乎都在 android.widget 包中定义。

4.5.1　线性布局（LinearLayout）

线性布局就是将物体（容器内的子组件）按照直线进行摆放的一种方式，这种布局应该和 J2SE 平台的流布局（FlowLayout）比较类似，或者像古典小说中的“一字长蛇阵”的阵势。图 4-8 是一个线性布局界面的实例图，该屏幕中的组件按照垂直方向进行摆放。

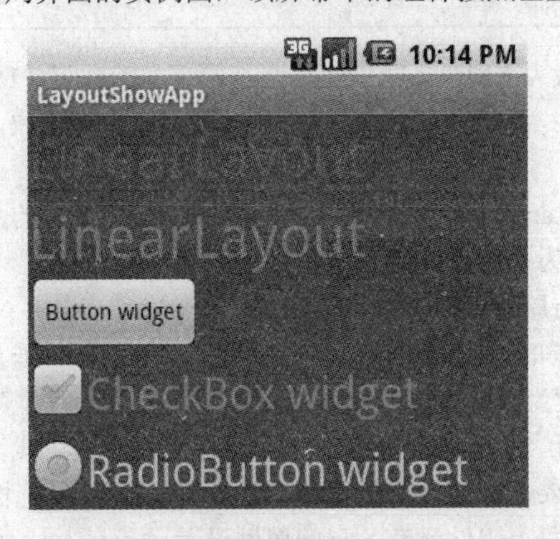

图 4-8　线性布局界面实例图

无论是 Android 平台的线性布局还是 J2SE 平台的流布局，它们都是有方向的。在流布局中定义的方向是“从左到右”（LEFT_TO_RIGHT）和“从右到左”（RIGHT_TO_LEFT）；

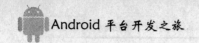

在线性布局中定义的方式是“水平的”（Horizontal）和“垂直的”（Vertical）。

与流布局不同的是，线性布局是一个显示组件容器，有宽度和高度属性。

1. 定义线性布局

代码 4-3 是一段定义线性布局的完整代码，其对应的界面效果如图 4-8 所示。

代码 4-3　定义线性布局的 XML 代码

文件名：linear_layout_view.xml

```
1   <?xml version="1.0" encoding="utf-8"?>
2   <LinearLayout xmlns:android="http://schemas.android.com/apk/res/android"
3       android:orientation="vertical"
4       android:layout_width="fill_parent"
5       android:layout_height="fill_parent" >
6        <TextView
7            ……
8            android:text="LinearLayout" />
9        <TextView
10           ……
11           android:text="LinearLayout" />
12       <Button
13           ……
14           android:text="Button widget" />
15       <CheckBox
16           ……
17           android:text="CheckBox widget" />
18       <RadioButton
19           ……
20           android:text="RadioButton widget" />
21  </LinearLayout>
```

代码 4-3 中的第 1 行为 XML 文件头部描述；第 2 行的标记“LinearLayout”表明当前是一个线性布局定义的开始，最末行是定义的结束。对于整个定义块，读者可以视为一个线性布局类实例的持久状态。

第 2 行中的“xmlns:android”属性定义了一个 Android 平台的命名空间（Namespace），Android 平台约定该属性为必须属性。

第 3 行设置该线性布局的方向为垂直方向。

第 4 行指明了该布局的宽度为填满父组件的宽度，这里线性布局为根元素，其父组件即为屏幕，所以布局的宽度为屏幕宽度。第 5 行指明了该布局的高度为屏幕的高度。

第 6 行、第 9 行、第 12 行、第 15 行和第 18 行分别定义了线性布局的 5 个子组件，包括 2 个文本组件（TextView）、1 个按钮组件（Button）、1 个复选框（CheckBox）和一个单选按钮（RadioButton）。每个组件又有各自的属性设置。

通过 XML 代码，读者很容易理解该线性布局的树状结构层次，如图 4-9 所示。

2. 线性布局的 XML 属性

通过代码 4-3 读者可以了解线性布局的几个常见、也是最重要的属性。

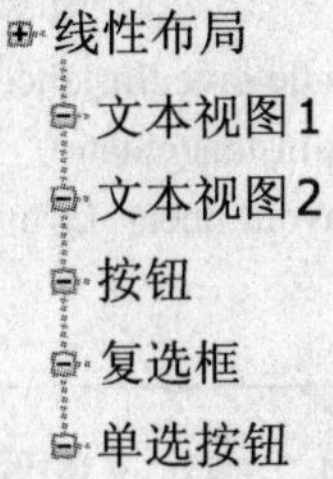

```
⊞线性布局
  ⊟文本视图1
  ⊟文本视图2
  ⊟按钮
  ⊟复选框
  ⊟单选按钮
```

图 4-9 线性布局的结构层次

（1）方向属性

XML 中的属性名为“android:orientation”，取值为“vertical”（垂直方向）或“horizontal”（水平方向）。在运行时代码中可以通过线性布局的类实例调用“setOrientation”方法来设置其方向。

（2）宽度属性

XML 中的属性名为“android:layout_width”，取值为“fill_parent”（宽度填满父组件）或“wrap_content”（按照物体物理宽度）。

（3）高度属性

XML 中的属性名为“android:layout_height”，取值为“fill_parent”（高度填满父组件）或“wrap_content”（按照物体物理高度）。

线性布局的属性请参见第 17 章中的介绍。

3. 线性布局参数

每一个布局类都内嵌了一个布局参数类（LayoutParams），线性布局的布局参数类的全名为 LinearLayout.LayoutParams。布局参数用在布局添加子视图时指明子视图的放置参数。

线性布局参数的属性请参见第 17 章中的介绍。

4. 使用线性布局

和大多数 UI 组件的引用一样，线性布局也可以在运行时代码中进行创建，得到类实例之后，再通过 Activity 的“setContentView”方法将该线性布局类实例指定为当前 Activity 的内容视图即可。但通常还是通过引用布局资源的方式使用线性布局。

在 Activity 的定义体中，通过将对应的线性布局指定为 Activity 的内容视图即可。代码 4-4 就是在当前 Activity 的“onCreate”方法中设置线性布局为内容视图的关键代码。

代码 4-4 将线性布局设置为内容视图的代码

文件名：LayoutShowDemoAct.java

```
1   package foolstudio.demo;
2
3   import android.app.Activity;
4   import android.os.Bundle;
5
6   public class LayoutShowAct extends Activity{
7
```

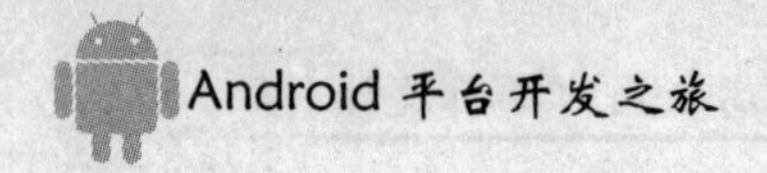


```
8          @Override
9          public void onCreate(Bundle savedInstanceState) {
10             super.onCreate(savedInstanceState);
11             setContentView(R.layout.linear_layout_view);
12         }
13     };
```

代码 4-4 中，第 11 行就是将代码 4-2 中定义的线性布局资源设置成 Activity 的内容视图的关键语句，在“setContentView”方法使用中，这里的参数只需是布局 ID！由此读者也可以看到 Android 平台的强大了吧！

4.5.2 相对布局（RelativeLayout）

如果说线性布局是“直来直去”，那么相对布局就是“看菜吃饭”了。在相对布局的所有子组件中，后一个组件要参照前一个组件的位置进行摆放。图 4-10 是一个相对布局的界面。

图 4-10 相对布局界面

1. 定义相对布局

代码 4-5 是一段定义线性布局的完整代码，其对应的界面效果如图 4-10 所示。

代码 4-5 定义相对布局的 XML 代码

文件名：relative_layout_view.xml

```
1    <?xml version="1.0" encoding="utf-8"?>
2    <RelativeLayout xmlns:android="http://schemas.android.com/apk/res/android"
3         android:orientation="vertical"
4         android:layout_width="fill_parent"
5         android:layout_height="fill_parent">
6      <TextView android:id="@+id/labTitle"
7           ……
8           android:text="RelativeLayout"/>
9      <Button android:id="@+id/btnAction"
10          ……
```

```
11              android:layout_below="@id/labTitle"
12              android:text="Button widget"/>
13          <CheckBox    android:id="@+id/chxSel"
14              ......
15              android:layout_alignTop="@id/btnAction"
16              android:layout_toRightOf="@id/btnAction"
17              android:text="CheckBox widget"/>
18          <RadioButton android:id="@+id/rbtnSel"
19              ......
20              android:layout_below="@id/chxSel"
21              android:layout_alignLeft="@id/chxSel"
22              android:text="RadioButton widget"/>
23          <ImageView
24              ......
25              android:layout_below="@id/rbtnSel"
26              android:layout_alignRight="@id/rbtnSel"
27              android:src="@drawable/icon"/>
28      </RelativeLayout>
```

代码 4-5 中的第 1 行为 XML 文件头部描述；第 2 行的标记“RelativeLayout”表明当前是一个相对布局定义的开始，最末行是定义的结束。对于整个定义块，读者可以视为一个相对布局类实例的持久状态。

2．相对布局的 XML 属性

代码 4-5 中的 11 行的属性“android:layout_below”用于指定当前组件在参考组件的下面，其属性值必须参考某一个已经存在的组件，即按钮组件在文本组件的下方。第 15 行的“android:layout_alignTop”属性是指定当前组件要与参考组件顶部对齐；第 16 行的“android:layout_toRightOf”属性是指当前组件在参考组件的右方。那么第 15 行和第 16 行结合起来看就是，检查框组件在按钮组件的右边，而且顶部和按钮对齐。

第 21 行的“android:layout_alignLeft”属性是指当前属性与参考组件的左边对齐，第 26 行的“android:layout_alignRight”属性是指当前属性与参考组件的右边对应。结合起来看，单选按钮在在检查框的下方，且与检查框左边对齐；图片组件在单选按钮的下方，且与单选框右边对齐。

由此可见，相对布局在布局的灵活性方面较线性布局强多了，但是读者也应该看到，定义相对布局几乎要给每个组件都要定义一个 ID 属性，即使无需通过 ID 来获取该组件的实例对象。

相对布局的属性请参见第 17 章中的介绍。

3．相对布局参数

相对布局的布局参数类的全名为：RelativeLayout.LayoutParams。布局参数用在布局添加子视图时指明子视图的放置参数。

相对布局参数的属性请参见第 17 章中的介绍。

4．使用相对布局

相对布局的使用方式和线性布局相同，在引用 XML 布局的方式中，只需将布局资源换成相对布局即可。

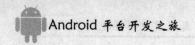

4.5.3 绝对布局（AbsoluteLayout）

绝对布局中的子组件就有点“各自为政”的味道了，每个组件在位置上没有任何关系，必须单独指定其位置信息。图 4-11 就是一个绝对布局的界面。

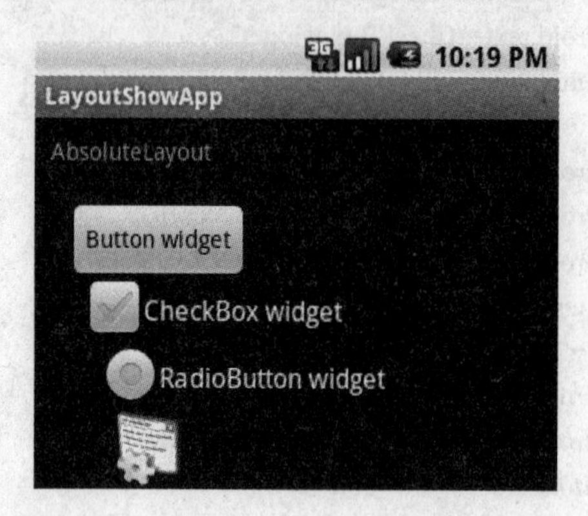

图 4-11　绝对布局界面

理论上来说，通过绝对布局可以随心所欲地放置组件，但是在实际操作中，可能会出现因为改变一个组件的位置而造成多个组件的位置都要随着调整的情况。

1．定义绝对布局

代码 4-6 是一段定义绝对布局的完整代码，其对应的界面效果如图 4-11 所示。

代码 4-6　定义绝对布局的 XML 代码

文件名：absolute_layout_view.xml

```
1    <?xml version="1.0" encoding="utf-8"?>
2    <AbsoluteLayout xmlns:android="http://schemas.android.com/apk/res/android"
3        android:orientation="vertical"
4        android:layout_width="fill_parent"
5        android:layout_height="fill_parent">
6        <TextView
7            ……
8            android:layout_x="10dp"
9            android:layout_y="10dp"
10           android:text="AbsoluteLayout"/>
11       <Button
12           ……
13           android:layout_x="20dp"
14           android:layout_y="50dp"
15           android:text="Button widget"/>
16       <CheckBox
17           ……
18           android:layout_x="30dp"
19           android:layout_y="90dp"
```

```
20          android:text="CheckBox widget"/>
21      <RadioButton
22          ……
23          android:layout_x="40dp"
24          android:layout_y="130dp"
25          android:text="RadioButton widget"/>
26      <ImageView
27          ……
28          android:layout_x="50dp"
29          android:layout_y="170dp"
30          android:src="@drawable/icon"/>
31  </AbsoluteLayout>
```

代码 4-6 中的第 1 行为 XML 文件头部描述；第 2 行的标记“AbsoluteLayout”表明当前是一个绝对布局定义的开始，最末行是定义的结束。对于整个定义块，读者可以视为一个绝对布局类实例的持久状态。

2．绝对布局的 XML 属性

绝对布局没有其他的额外属性，其 XML 属性都继承于其父类。

3．绝对布局参数

相对布局的布局参数类的全名为：AbsoluteLayout.LayoutParams。布局参数用在当前布局添加子视图时指明子视图在父布局中的布局方式。

绝对布局参数的属性请参见第 17 章中的介绍。

4．使用绝对布局

绝对布局的使用方式和线性布局相同，在引用 XML 布局的方式中，只需将布局资源换成绝对布局即可。

4.5.4 框布局（FrameLayout）

框布局就就像一个电影屏幕，该屏幕用来显示电影数据中的每一幅画面，但同一时刻，屏幕上只能显示一幅画面。框布局中包含多个画面（组件），这些画面相互叠加，但只有一幅画面显示在屏幕的最前端。图 4-12 就是一个框布局的实例，图片组件和按钮同时显示在该屏幕中，按钮组件覆盖了图片组件的一部分（如同视频的叠加效果）。

图 4-12　框布局界面实例图

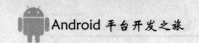

框布局特别适合切换显示的场合（例如：标签页控件，所有标签页都在屏幕的同一位置进行切换显示），正是由于框布局同时只能允许一个组件在屏幕的最上层进行显示，这样就会给那些还没有显示的组件一些“缓冲”的时间，这种特性与屏幕缓冲机制如出一辙。

说明：框布局即“FrameLayout”，有些书中翻译为框架布局。但是作者认为翻译成“框布局”更明确，更能让读者联想到“FrameLayout”的使用方式：在一个方框的范围中，各种画面（组件）交替地“抛头露面”。

1．定义框布局

代码 4-7 是一段定义框布局的完整代码，其对应的界面效果如图 4-12 所示。

代码 4-7　定义框布局的 XML 代码

文件名：res/layout/frame_layout_view.xml

```
1   <?xml version="1.0" encoding="utf-8"?>
2   <FrameLayout xmlns:android="http://schemas.android.com/apk/res/android"
3        android:orientation="vertical"
4        android:layout_width="fill_parent"
5        android:layout_height="fill_parent"
6        android:background="#FFEEFFEE">
7         <ImageView
8               android:layout_height="fill_parent"
9             android:layout_width="fill_parent"
10            ……/>
11        <Button
12              android:layout_width="wrap_content"
13            android:layout_height="wrap_content"
14            android:layout_gravity="center"
15            android:text="Start"/>
16  </FrameLayout>
```

代码 4-7 中的第 1 行为 XML 文件头部描述；第 2 行的标记“<FrameLayout>”表明当前是一个框布局定义的开始，最末行是定义的结束。对于整个定义块，读者可以视为一个框布局类实例的持久状态。

2．框布局的 XML 属性

框布局的 XML 属性请参见第 17 章中的介绍。

3．框布局参数

框布局的布局参数类的全名为：FrameLayout.LayoutParams。布局参数用在布局添加子视图时指明子视图的放置参数。

框布局参数的属性请参见第 17 章中的介绍。

4．使用框布局

框布局的使用方式和线性布局相同，在引用 XML 布局的方式中，只需将布局资源换成框布局即可。

4.5.5 表格布局（TableLayout）

实际上在 3.1.5 节中就提到过表格布局了，图 4-2 中的 3 个按钮就是按照表格布局进行摆放的，其形态就像 3 列 1 行的表格单元排列。图 4-13 是一个更为典型的表格布局，该布局为 2 列 4 行。

表格布局简洁直观，适合每一行的内容模式比较固定的界面，例如填写界面（用户注册、填表的界面），每行的第 1 列是一般是输入项目（例如：姓名、ID、性别等），第 2 列是输入组件；或者像菜单界面，每一行的第 1 列一般是菜单图标，第 2 列是菜单项目，第 3 列是快捷方式，如图 4-14 所示。

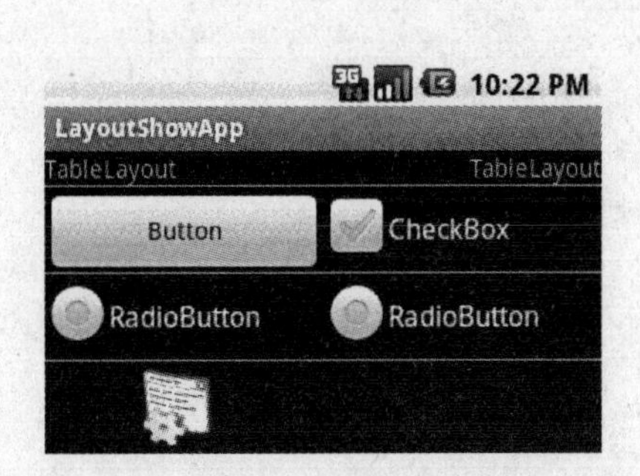

图 4-13　表格布局界面实例图

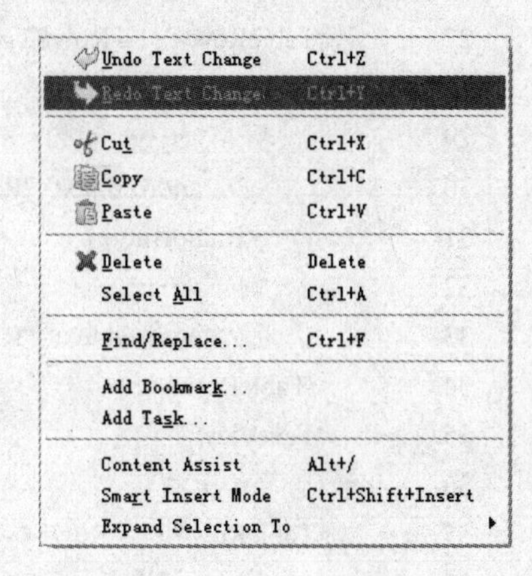

图 4-14　菜单内容的布局

1．定义表格布局

代码 4-8 是一段定义表格布局的完整代码，其对应的界面效果如图 4-13 所示。

代码 4-8　定义表格布局的 XML 代码

文件名：table_layout_view.xml

```
1   <?xml version="1.0" encoding="utf-8"?>
2   <TableLayout xmlns:android="http://schemas.android.com/apk/res/android"
3       android:orientation="vertical"
4       android:layout_width="fill_parent"
5       android:layout_height="fill_parent"
6       android:stretchColumns="0,1">
7       <TableRow><!-- Row#1 -->
8           <TextView
9               ……
10              android:text="TableLayout" />
11          <TextView
12              ……
13              android:text="TableLayout" />
14      </TableRow>
15      <TextView
16          ……/>
```

```
17          <TableRow> <!-- Row#2 -->
18              <Button
19                  ……
20                  android:text="Button" />
21              <CheckBox
22                  ……
23                  android:text="CheckBox" />
24          </TableRow>
25          <TextView
26              ……/>
27          <TableRow> <!-- Row#3 -->
28              <RadioButton
29                  ……
30                  android:text="RadioButton" />
31              <RadioButton
32                  ……
33                  android:text="RadioButton" />
34          </TableRow>
35          <TextView
36              ……/>
37          <TableRow> <!-- Row#4 -->
38              <ImageView
39                  ……/>
40          </TableRow>
41      </TableLayout>
```

代码 4-8 中第 1 行为 XML 文件头部描述；第 2 行的标记“TableLayout”表明当前是一个表格布局定义的开始，最末行是定义的结束。对于整个定义块，读者可以视为一个表格布局类实例的持久状态。第 7 行中的标记“<TableRow>”用于定义表格中每一行，表格内每个单元格（Cell）中的组件都将在行标记中定义。

提示：代码中第 15 行、第 25 行和第 35 行在各行之间添加了一个文本组件，其作用就是用于绘制表格行之间的分隔线（其高度都只有 1 个 dp 单位）。这些分隔线并不属于单元格的内容，因为它们定义于行标记之外。

2．表格布局的 XML 属性

代码 4-8 中第 6 行的“android:stretchColumns”属性用于指明哪些列可以伸展，其属性值可以是单个或多个列的编号，列编号从 0 开始，编号与编号之间用逗号“,”分隔。第 6 行中设置第 1 行和第 2 行都允许伸展。

允许伸展的列将会自动“占有”那些不允许伸展的列的实际内容所占空间之外的“地盘”，图 4-15 是在第 6 行代码的基础上，只允许第 1 列伸展的界面预览；图 4-16 是只允许第 2 列伸展的预览。

通过图 4-15 读者可以看出，不允许伸展的第 2 列的宽度仅仅是该列中实际内容最宽的

（例如该列第 3 行的单选按钮）的单元格，屏幕中剩下的宽度都被第 1 列填满，即使第 1 列中的内容的实际宽度还不够（例如该列第 3 行单选按钮）。

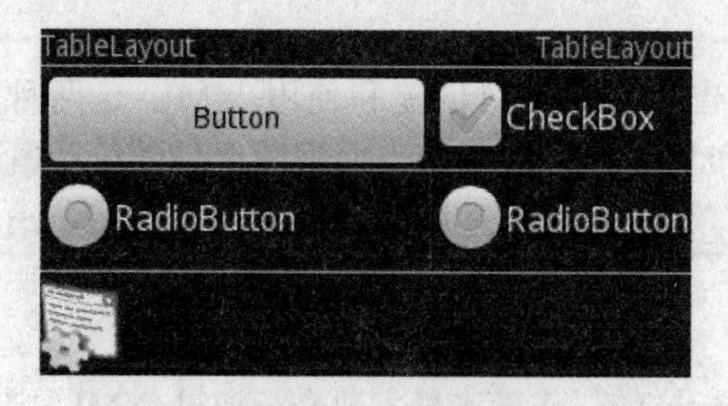

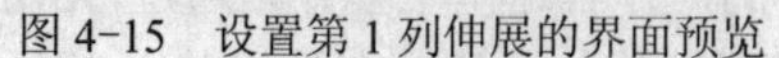
图 4-15　设置第 1 列伸展的界面预览

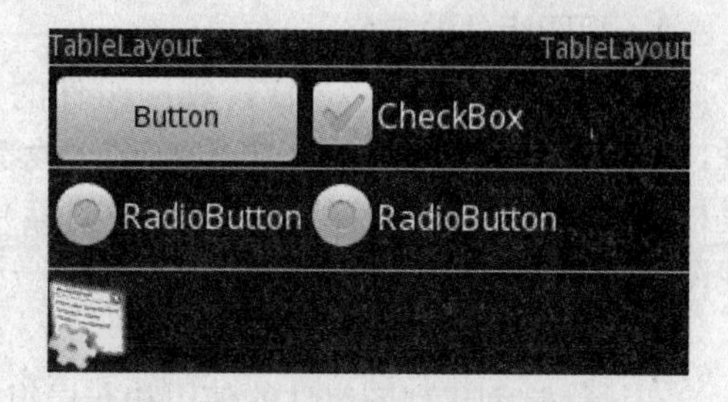

图 4-16　设置第 2 列伸展的界面预览

而在图 4-16 中，当第 1 列不允许伸展时，该列的宽度就是该列中实际内容最宽的，第 3 行的单选按钮，而第 2 列中的第 3 行的单选按钮就占据了第 1 列剩余的屏幕宽度。

表格布局的 XML 属性请参见第 17 章中的介绍。

3．表格布局参数

表格布局的布局参数类的全名为：TableLayout.LayoutParams。布局参数用在布局添加子视图时指明子视图的放置参数。

表格布局参数的属性请参见第 17 章中的介绍。

4．使用表格布局

表格布局的使用方式和线性布局相同，在引用 XML 布局的方式中，只需将布局资源换成表格布局即可。

4.5.6　布局的选择

至此，对 Android 平台中的布局已经全部介绍完毕了。通过以上的详细介绍，相信读者应该对各个布局的特性已经逐渐清晰了："直来直去"的线性布局、"看菜吃饭"的相对布局、"各自为政"的绝对布局，还有播放幻灯片的框布局和简洁直观的表格布局。

读者可以结合实际需求来选择适合的界面布局，但是这里作者想要提醒读者的是：在 Android 平台，布局类是归纳在小部件包（android.widget）中的，也就是说，从大的方面看，上述的这些基本布局可能就是屏幕中的某一小部分，一个屏幕内容可能是通过多个布局与布局、布局与组件进行嵌套、组合而成，而这才是读者进行界面设计的真正目标。

4.6　视图组件（Views）

通过前面的介绍，读者应该可以明白 Android 平台中布局、视图、小部件的相同点和区别。从本质上而言，这三者都是可以显示的组件；但是从角色定义上，如果说布局注重整体（好比设计图），那么小部件注重的是细节（装饰品），而视图注重的是组件的组合（就像组合家具）。

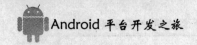

4.6.1 视图的使用模式

1. 视图组件的定义

和布局组件的定义一样，视图组件的定义也有在运行时创建和使用 XML 这两种途径，与布局定义不同的是，布局标记一般都是布局资源的根元素，而视图组件的标记既有是根节点的（例如画廊视图、网页视图等）也有包含于布局之内的（例如列表视图、滚动视图等）。

2. 使用视图组件

在运行时创建视图组件的使用和布局组件是一样的，作者这里主要介绍通过 XML 定义视图组件的方式下如何使用视图组件。前面说过，视图组件的标记既有是根节点也有是子节点的，这就会导致不同的引用方式。

（1）标记为根节点的视图组件，在 Activity 中可以直接设置为内容视图，其引用方式和布局一样，即：R.layout.<文件名>。

（2）标记为子节点的视图组件，就不能直接设置为内容视图，而必须通过其 ID 来获取对象句柄。

3. 视图组件的事件响应

就像在家里使用东西一样，用户需要与屏幕显示的组件进行交互，而这些视图组件或其子组件就需要侦听用户的选择，并进行相应的响应，这一机制与读者在 J2SE 平台或 Windows 平台中接触的基于消息队列的事件消息分发机制是一样的。

提示：在 Android 平台中，布局组件是无需考虑进行事件捕获的，因为大多数情况下，用户都是与那些填满布局的视图组件进行交互。

在 Android 平台中，开发人员可以通过两种方式来设置用户选择事件的侦听。

（1）定义相应的事件侦听器（Listener），然后注册给需要侦听用户动作的组件。Android 平台为各种组件定义了各种各样的事件侦听器类型，表 4-1 中包含了 View 组件的部分事件和侦听器类型，其完整内容可以在 SDK 文档中对 View 类的描述中找到。

表 4-1 View 组件的事件及侦听器类型举例

事件侦听器类型	对应的事件	说明
View.OnClickListener	onClick	点击事件
View.OnLongClickListener	onLongClick	长点击事件
View.OnFocusChangeListener	onFocusChange	焦点改变事件
View.OnKey	onKey	击键事件
View.OnTouch	onTouch	触摸事件
View.OnCreateContextMenu	onCreateContextMenu	创建上下文菜单事件

在这种方式下，如果组件需要侦听某事件，只需要创建一个该事件的侦听器，然后通过组件的侦听器设置方法（形如 set...Listener）将发生在该组件上的该事件的侦听工作指派给该侦听器来完成。代码 4-9 是使用事件侦听器的示例代码。

代码 4-9 事件侦听器使用示例代码

文件名：EventHandleDemoAct.java

```
1    ……
2    import android.view.View.OnClickListener;
3    import android.widget.Button;
4    ……
5    public class EventHandleDemoAct extends Activity {
6          //按钮组件对象
7          private Button mBtnAction = null;
8          //点击事件侦听器
9          private OnClickListener mListener = new OnClickListener() {
10               //收到点击事情时回调该方法
11               @Override
12               public void onClick(View v) {
13                     //判断目标组件是否按钮
14                     if(v.getId() == R.id.BTN_ACTION) {
15                           Toast.makeText(EventHandleDemoAct.this,
16                                          "Hello, Android!",
17                                          Toast.LENGTH_SHORT).show();
18                     }
19               }
20         };
21
22         @Override
23         public void onCreate(Bundle savedInstanceState) {
24               super.onCreate(savedInstanceState);
25               setContentView(R.layout.main);
26
27               //获取按钮对象实例句柄
28               mBtnAction = (Button)findViewById(R.id.BTN_ACTION);
29               //设置按钮组件的点击事件侦听器
30               mBtnAction.setOnClickListener(mListener);
31         }
31   };
```

代码 4-9 中，从第 9 行到第 20 行定义了一个点击事件的侦听器实例（mListener），在第 30 行中通过方法“setOnClickListener”将该侦听器注册给按钮组件。在该侦听器实例的定义体中，实现了点击事件的回调函数（onClick），在该函数体中，判断事件相关的组件是否为按钮，是则弹出一个提示信息界面。图 4-17 是在屏幕中点击按钮后的界面。

图 4-17 点击事件响应

（2）重载用于侦听用户动作的事件回调函数。这种方式下，事件的侦听不是由“外派”的侦听器来完成，而是由组件类进行内部解决。例如：对于一个按钮组件，在平台中为它定义了点击事件的回调函数，但是该函数的处理过程被封装在 Android 平台中，要想获取该组件的点击事件的“自主权”只有通过重载该按钮的点击事件的回调函数。代码 4-10 是在 Activity 中重载点击事件回调函数的示例代码。

代码 4-10 重载事件回调函数的示例代码

文件名：EventHandleDemoAct.java

```
1   public class EventHandleDemoAct extends Activity implements OnClickListener {
2       //按钮组件对象
3       private Button mBtnAction = null;
4       @Override
5       public void onCreate(Bundle savedInstanceState) {
6           super.onCreate(savedInstanceState);
7           setContentView(R.layout.main);
8
9           //获取按钮对象实例句柄
10          mBtnAction = (Button)findViewById(R.id.BTN_ACTION);
11          //设置侦听器
12          mBtnAction.setOnClickListener(this);
13      }
14
15      //接收点击事情时回调
16      @Override
17      public void onClick(View v) {
18          //判断目标组件是否按钮
19          if(v.getId() == R.id.BTN_ACTION) {
20              Toast.makeText(EventHandleDemoAct.this,
21                              "Hello, Android!",
22                              Toast.LENGTH_SHORT).show();
23          }
24      }
25  };
```

代码 4-10 中，第 1 行实现了 OnClickListener 侦听器接口，第 12 行中指定按钮的点击侦听器为当前 Activity。读者可以看出 Activity 体类重载的点击事件回调函数的内容与代码 4-9 中是一样的。

这两种侦听事件的使用方式各有优势，读者可以根据实际代码的复杂度或编码风格的要求自由选用。

4.6.2 常用视图

图 4-18 是视图组件的继承关系层次结构图，其中包含了 Android 平台大部分重要的视图组件，例如 ListView、Gallery、ScrollView 等，本节将对这些视图进行详细介绍。

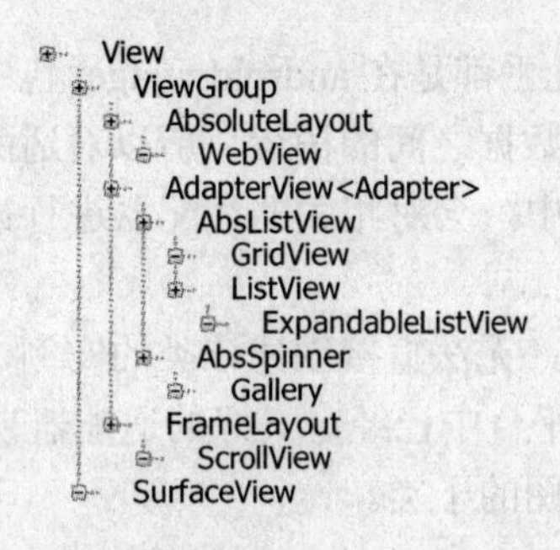

图 4-18 视图组件的继承关系层次结构

对图 4-18 中的主要类的定义路径的说明见表 4-2。

表 4-2 常用视图类的定义路径

类/接口	定义路径
ListView	android.widget
ExpandableListView	android.widget
ScrollView	android.widget
GridView	android.widget
Gallery	android.widget
SurfaceView	android.view
MapView	com.google.android.maps
WebView	android.webkit
TabHost	android.widget

1. 适配器视图（AdapterView）

从图 4-18 中读者可以发现一个比较重要的组件：适配器视图，它是好几个视图组件的父类。那么适配器视图究竟有什么独特之处呢？这恐怕要从适配器（Adapter）说起。

（1）适配器（Adapter）与适配器视图

适配器的概念来自 Java 平台中用到的设计模式，希望对设计模式还不熟悉的读者能够先找这方面的资料进行学习。在这里，适配器的角色是视图和该视图所依赖的数据之间的桥梁。例如：用户需要一个显示联系人信息的列表界面，这样，该界面就必须依赖联系人数据，当增加联系人条目或者删除联系人条目时，在界面中需要及时更新数据的显示。在 Android 平台，适配器视图更新数据显示这一过程由其适配器成员来自动完成。

图 4-19 是 Android 平台所有适配器对象的继承关系层次结构图。

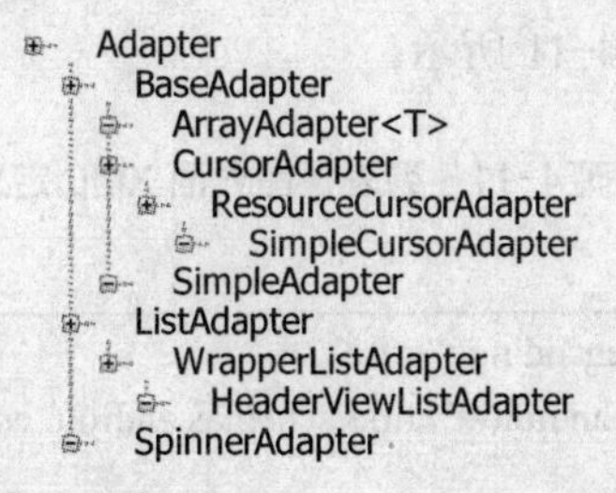

图 4-19 适配器继承关系层次结构

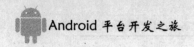

图 4-19 中的这些适配器类几乎都是在 android.widget 包中定义的。

既然适配器是适配器视图与数据之间的桥梁，所以对适配器的介绍还需要结合具体的视图应用进行介绍。在后面的章节中，会对相关的适配器进行详细的介绍。

（2）适配器视图的使用

适配器视图类是一个抽象类，无法直接创建该类的实例，而只能通过继承该类来实现子类实例，或者直接使用 Android 平台中已经定义好的适配器视图的子类。接下来要介绍的列表视图、格子视图都是适配器视图的子类。

2．列表视图（List View）

列表视图几乎是所有开发平台都非常喜欢的组件，无论是作为标准的 Win32 组件还是标准的 JFC（Java Foundation Classes，Java 基础类）组件，列表视图的功能都是非常强大的。在 Windows 平台，对于相同的文件内容，通过列表组件可以提供多种显示方式，如图 4-20 和图 4-21 所示。

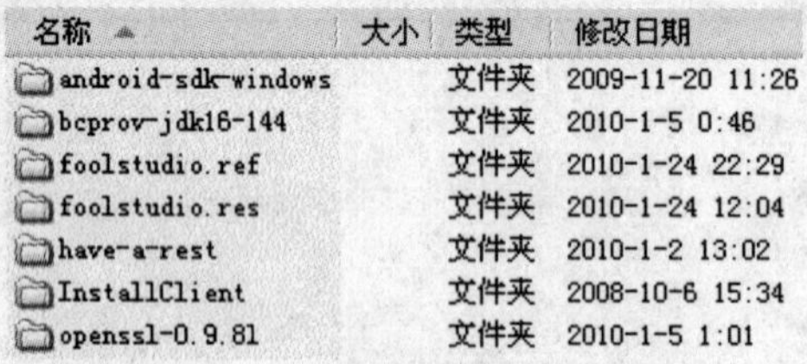

名称	大小	类型	修改日期
android-sdk-windows		文件夹	2009-11-20 11:26
bcprov-jdk16-144		文件夹	2010-1-5 0:46
foolstudio.ref		文件夹	2010-1-24 22:29
foolstudio.res		文件夹	2010-1-24 12:04
have-a-rest		文件夹	2010-1-2 13:02
InstallClient		文件夹	2008-10-6 15:34
openssl-0.9.81		文件夹	2010-1-5 1:01

图 4-20　按“详细信息”方式显示

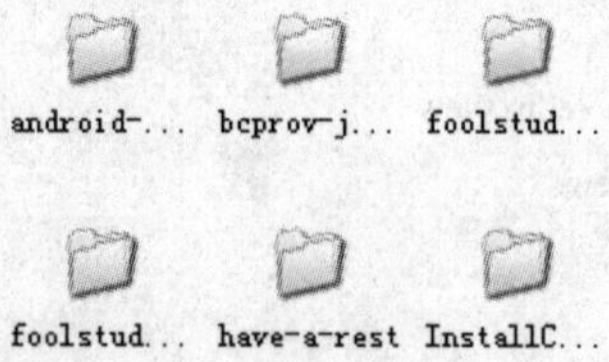

android-...　bcprov-j...　foolstud...
foolstud...　have-a-rest　InstallC...

图 4-21　按“图标”方式显示

在 Android 平台，列表视图组件以其简洁直观的界面效果和灵活的数据模型，赢得了开发人员的青睐。在后续章节中介绍的文件浏览器、个人日记账本等工具都用到了列表视图。图 4-22 是一款用列表视图显示人员信息的实例界面。

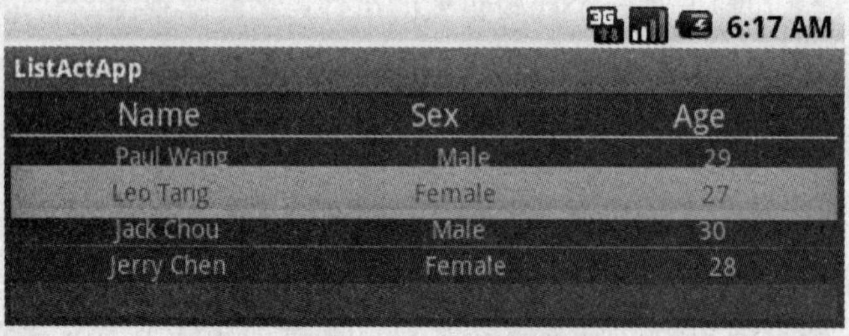

6:17 AM
ListActApp

Name	Sex	Age
Paul Wang	Male	29
Leo Tang	Female	27
Jack Chou	Male	30
Jerry Chen	Female	28

图 4-22　列表视图界面

（1）列表视图的定义

该界面的 XML 定义如代码 4-11 所示。

代码 4-11　列表视图界面 XML 定义

文件名：main.xml

```
1    <?xml version="1.0" encoding="utf-8"?>
2    <LinearLayout xmlns:android="http://schemas.android.com/apk/res/android"
3        ……>
```

```
4        <ListView android:id="@id/android:list"
5             android:layout_width="fill_parent"
6             android:layout_height="fill_parent"
7             android:layout_weight="1"
8             android:drawSelectorOnTop="false"/>
9        <TextView android:id="@id/android:empty"
10            ……
11            android:text="No any data"/>
12   </LinearLayout>
```

代码 4-11 中，第 4 行中使用“<ListView>”标记定义了一个列表视图，需要注意的是其 ID 属性的值为“@id/android:list”，表示该组件参考到 Android 命名空间下 ID 为“list”的组件。第 9 行中使用“<TextView>”标记定义了一个文本视图（在 4.7 节中会详细介绍），该组件也参考到 Android 命名空间下 ID 为“empty”的组件。

更多的 Android 平台内定义的资源请参考第 16 章中的介绍。

（2）列表视图的 XML 属性

列表视图的 XML 属性请参考第 17 章中的介绍。

（3）列表视图的使用

1）配合 ListActivity 组件

普通的 Activity 组件也可以显示列表视图组件，但是在对列表视图所需的记录数据的管理方面存在问题：Activity 组件必须“自己”去维护这些数据集，这无疑会增加 Activity 组件的代码量，同时也增加了操作与数据的耦合度。

可能正是基于这些考虑，Android 平台把列表视图和数据适配器组成在一起，并封装成一个新的 Activity 组件——ListActivity。ListActivity 有默认的布局资源，可以不指定其资源。但是，也可以使用定制的资源替换默认资源。无论是默认资源还是定制资源，都必须包含一个 ID 为“list”的列表视图，否则 Activity 组件会抛出找不到 ID 为“list”的列表视图组件的异常（如下所示），这也是为什么代码 4-10 中的列表视图组件的 ID 属性必须为“list”的原因。

```
java.lang.RuntimeException:
     Your content must have a ListView whose id attribute is 'android.R.id.list'
```

所以，开发使用列表视图的程序可以直接通过继承 ListActivity 组件，然后在该 ListActivity 的子类实例中通过列表适配器进行列表视图与数据的绑定。

代码 4-12 是定义一个 ListActivity 子类的实例代码。代码中第 7 行是将定制布局设置为该 ListActivity 组件的内容视图，而第 10 行是将数据适配器设置给视图列表，ListActivity 的任务就完成了。

代码 4-12 定义 ListActivity 子类

文件名：ListActAct.java

```
1    public class ListActAct extends ListActivity {
2        ……
```

```
3      @Override
4      public void onCreate(Bundle savedInstanceState) {
5              super.onCreate(savedInstanceState);
6              //将定制布局设置为 ListActivity 的内容视图
7              setContentView(R.layout.main);
8              ……
9              //设置数据适配器，绑定数据
10             setListAdapter(adapter);
11             ……
12     }
13     ……
14  };
```

2）初始化列表视图适配器

通过对 ListActivity 组件的介绍，读者应该可以猜出列表视图适配器的作用：提供数据结果给列表视图进行显示。需要补充一点的是，视图适配器还负责向视图控制通知数据的状态改变。

代码 4-13 是初始化列表视图的数据适配器的关键代码。

代码 4-13　初始化列表视图数据适配器

文件名：ListActAct.java

```
1   //记录容器
2   private ArrayList<HashMap<String,String>> mItems = null;
3   //列名
4   private final String[] mColumnNames = { "Name", "Sex", "Age" };
5   //显示列内容的组件 ID
6   private final int[] mViewIds = { R.id.txtName, R.id.txtSex, R.id.txtAge };
7
8   @Override
9   public void onCreate(Bundle savedInstanceState) {
10      ……
11      //初始化列表项目
12      mItems = new ArrayList<HashMap<String,String>>();
13      addItem("Paul Wang", "Male", "29");
14      addItem("Leo Tang", "Female", "27");
15      ……
16      //创建列表数据适配器
17      ListAdapter adapter = new SimpleAdapter(ListActAct.this,
18                                              mItems,
19                                              R.layout.row_ui,
20                                              mColumnNames,
21                                              mViewIds);
22      //设置数据适配器，绑定数据
23      setListAdapter(adapter);
24      ……
25  }
```

代码 4-13 中，通过 ListActivity 组件的子类实例的"setListAdapter"方法将一个简单适配器（SimpleAdapter）作为列表适配器（ListAdapter）设置给列表视图组件（第 23 行）。

代码第 17 行到第 21 行，读者可以看到，简单适配器的构造算不上简单，其需要 5 个参数：第 1 个参数是该适配器的上下文；第 2 个参数是一个数组形式的记录集（从第 12 行到第 14 行是该记录集的初始化过程）；第 3 个参数是列表视图的行视图资源 ID；第 4 个参数是每行数据的列名数组；第 5 个参数是用于显示每行数据的显示组件资源 ID 数组。

通过第 2 个参数，列表视图可以知道要展现多少条记录；通过第 3 个参数，列表视图可以知道列表中每一行的布局；通过第 4 个参数，列表视图可以对 1 条记录中的数据项进行"按名读取"；而通过第 5 个参数，列表视图才"知道"哪一列的内容由哪一个显示控制来显示。

代码 4-14 是列表视图的行视图资源定义内容，列表视图中的每一行采用表格布局，每一行中包含 3 个文本视图（第 6 行、第 8 行和第 10 行），其资源 ID 就是用于构成代码 4-13 中第 6 行的视图组件资源 ID 数组。

代码 4-14　列表视图行视图定义

文件名：row_ui.xml

```
1   <?xml version="1.0" encoding="utf-8"?>
2   <TableLayout xmlns:android="http://schemas.android.com/apk/res/android"
3       ……
4       android:stretchColumns="0,1,2">
5       <TableRow>
6           <TextView android:id="@+id/txtName"
7               ……/>
8           <TextView android:id="@+id/txtSex"
9               ……/>
10          <TextView android:id="@+id/txtAge"
11              ……/>
12      </TableRow>
13  </TableLayout>
```

3）设置列表视图的表头和表脚

通过 ListActivity 组件的"getListView"方法可以获取该组件中包含的列表视图对象，再通过列表视图对象的添加表头视图和添加表脚视图的方法，开发人员可以轻松地给列表视图添加表头和表脚。代码 4-15 是数据报通信过程中的配置定义。

代码 4-15　设置列表视图的表头和表脚

文件名：ListActAct.java

```
1   //设置表头和表脚
2   this.getListView().addHeaderView(this.getLayoutInflater().inflate(R.layout.header_view,null),
3                                    null, false);
4   this.getListView().addFooterView(this.getLayoutInflater().inflate(R.layout.footer_view, null),
5                                    null, false);
```

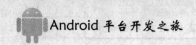

在代码 4-15 中，第 2 行就是通过当前 ListActivity 组件的列表视图的“addHeaderView”方法来给列表视图添加表头视图。第 4 行是通过“addFooterView”方法来添加表脚视图。

在这里，“addHeaderView”方法和“addFooterView”方法都需要 3 个参数，第 1 个参数是表头视图或表脚视图的对象实例；第 2 个参数是其所绑定的数据；第 3 个参数用于指示表头视图或表脚是否可以选择。

注意： “addHeaderView”方法和“addFooterView”方法必须在“setListAdapter”方法之前调用，否则程序在运行时会抛出以下异常。

```
java.lang.IllegalStateException:
        Cannot add header view to list -- setAdapter has already been called
```

对于表头视图和表脚视图对象实例的获取，代码 4-14 中是通过 Activity 组件所关联的布局填充器（LayoutInflater）来分别对表头和页脚布局资源定义进行填充而得到的。代码 4-16 是表头布局的定义，代码 4-17 是表脚布局的定义。

代码 4-16　列表视图表头布局定义

文件名：header_view.xml

```
1   <?xml version="1.0" encoding="utf-8"?>
2   <TableLayout xmlns:android="http://schemas.android.com/apk/res/android"
3       ……
4       android:stretchColumns="0,1,2">
5       <TableRow>
6           <TextView
7               ……
8               android:text="Name"/>
9           <TextView
10              ……
11              android:text="Sex"/>
12          <TextView
13              ……
14              android:text="Age"/>
15      </TableRow>
16      <TextView <!-- 行分隔线 -->
17          ……/>
18  </TableLayout>
```

代码 4-17　列表视图表脚布局定义

文件名：footer_view.xml

```
1   <?xml version="1.0" encoding="utf-8"?>
2   <LinearLayout xmlns:android="http://schemas.android.com/apk/res/android"
3       ……>
4       <TextView android:id="@+id/TXT_FOOTER"
5           ……/>
6   </LinearLayout>
```

表头布局的定义和之前的行布局差不多，只不过表头布局中的显示内容可以在定义时就确定好，此外，表头布局比行布局要多一条分隔线（如图 4-22 所示）。

表脚布局的定义比较简单，只有一个文本条，用于输出当前选择的记录内容。

4）列表视图项目点选事件响应

在列表视图中，通过响应列表项的点击事件来获取所选的记录内容，而响应列表项的点击事件是通过重载 ListActivity 组件的“onListItemClick”方法来进行回调的。代码 4-18 就是响应列表视图项目的点击事件的关键代码。

代码 4-18　响应列表视图列表项的点击事件

文件名：ListActAct.java

```
1   public class ListActAct extends ListActivity {
2       ……
3       //点选列表项时回调
4       @Override
5       protected void onListItemClick(ListView l, View v, int pos, long id) {
6           //获取当前的选取记录
7           HashMap<String,String> item = (HashMap<String,String>)(mItems.get(pos-1) );
8           //获取记录中的数据项
9           String hint = "Current selected: "+item.get(mColumnNames[0]).toString()+" "+
10                                  item.get(mColumnNames[1]).toString()+" "+
11                                  item.get(mColumnNames[2]).toString();
12          //通知提示
13          oast.makeText(this, hint, Toast.LENGTH_SHORT).show();
14      }
15  };
```

在代码 4-18 的“onListItemClick”方法中，“pos”参数就是用于指示当前所点选的记录在记录集（“mItems”）中的位置（基于 0）。但是该视图列表添加了表头行，则其“pos”参数基于 1，所以在第 7 行获取记录时“pos”参数要减 1。

一旦获得对应的记录，就可以按照列名对记录的列进行读取（第 9 行到第 11 行），继而进行输出或显示等处理，如图 4-23 所示。

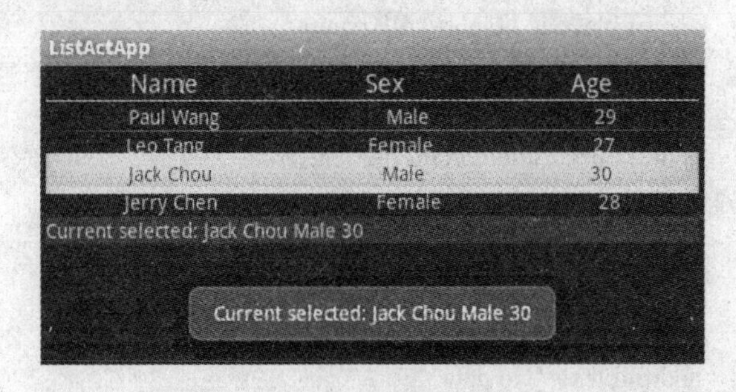

图 4-23　列表视图选择界面

3. 扩展列表视图（Expandable ListView）

顾名思义，扩展列表视图是在列表视图的基础之上进行了扩展，其组织形式要比列表视图更加多样化，在如图 4-24 所示的界面中，列表项中又嵌套了列表。

图 4-24　扩展列表视图界面

（1）扩展列表视图的定义

扩展列表视图使用“<ExpandableListView>”标记来定义，其对应的组件对象类型与标记名相同，代码 4-19 是图 4-24 所示的界面的布局定义。

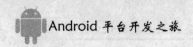

代码 4-19　扩展列表视图界面布局

文件名：main.xml

```
1    <?xml version="1.0" encoding="utf-8"?>
2    <LinearLayout xmlns:android="http://schemas.android.com/apk/res/android"
3        android:orientation="vertical"
4        android:layout_width="fill_parent"
5        android:layout_height="fill_parent">
6      <ExpandableListView android:id="@id/android:list"
7            android:layout_width="fill_parent"
8            android:layout_height="fill_parent"
9            android:background="#996633"
10           android:layout_weight="1"
11           android:drawSelectorOnTop="false"/>
12     <TextView android:id="@id/android:empty"
13           android:layout_width="fill_parent"
14           android:layout_height="fill_parent"
15           android:background="#336699"
16           android:text="No data"/>
17   </LinearLayout>
```

代码 4-19 中，和列表视图组件的定义一样，扩展列表视图组件也需要参考系统的资源 ID（第 6 行的“android:list”和第 12 行的“android:empty”）。

（2）扩展列表视图的使用

同列表视图必须和列表 Activity 组件（ListActivity）配套使用一样，扩展列表视图组件必须与扩展列表 Activity 组件（ExpandableListActivity）配套使用。代码 4-20 是图 4-24 所示的程序的 Activity 组件定义框架。

代码 4-20 扩展列表视图程序 Activity 定义

文件名：SimpleELVact.java

```
1   public class SimpleELVact extends ExpandableListActivity {
2       ……
3       private final String mDetailKeys[] = {
4           People.KEY1,
5           People.KEY2
6       };
7
8       @Override
9       public void onCreate(Bundle savedInstanceState) {
10          super.onCreate(savedInstanceState);
11          setContentView(R.layout.main);
12          //初始化数据集
13          initDataset();
14          //创建扩展列表视图
15          ExpandableListAdapter adapter =   new SimpleExpandableListAdapter(this,
16              mGroups,
17              android.R.layout.simple_expandable_list_item_1,
18              new String[] {Group.KEY1},
19              new int[] { android.R.id.text1 },
20              mPeople,
21              android.R.layout.simple_expandable_list_item_2,
22              mDetailKeys,
23              new int[] { android.R.id.text1, android.R.id.text2 });
24          this.setListAdapter(adapter);
25      }
26
27      //列表项点击事件回调
28      @Override
29      public boolean onChildClick(ExpandableListView parent, View v,
30              int groupPos, int childPos, long id) {
31          //通过条目信息构建记录对象
32          People people = new People(mPeople.get(groupPos).get(childPos) );
33          Toast.makeText(this, people.toString(), Toast.LENGTH_LONG).show();
34
35          return super.onChildClick(parent, v, groupPos, childPos, id);
36      }
37      ……
38  };
```

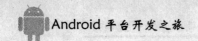

扩展列表视图继承于列表视图，其本质上也是适配器视图，所以其数据来源还是适配器。代码 4-20 中，第 15 行就为扩展列表视图创建了一个适配器，然后将该适配器设置为当前列表视图的适配器。

通过重载的“onChildClick”方法来对列表项的点击事件进行回调处理（第 29 行），其中要获取所点击的条目内容，需要通过组位置和子位置（第 32 行）来联合确定，从这里读者应该可以知道，扩展列表视图的结构层次比列表视图至少扩展了一层，形成了树状结构。从这一点，扩展列表视图的数据结构定义要比列表视图更为复杂。代码 4-21 是代码 4-20 中扩展视列表视图的适配器所绑定的数据集的处理代码。

代码 4-21　扩展列表视图数据集处理

文件名：SimpleELVact.java

```
1   private ArrayList<HashMap<String,String>> mGroups =
2                                 new ArrayList<HashMap<String,String>>();
3   private ArrayList<ArrayList<HashMap<String, String>>> mPeople =
4                      new ArrayList<ArrayList<HashMap<String, String>>>();
5   //初始化数据集
6   private void initDataset() {
7       //同学组
8       Group group1 = new Group("同学");
9       mGroups.add(group1.getData() );
10
11      PeopleGroup pg1 = new PeopleGroup();
12      //人员 1
13      People people1 = new People("张三", "139-1234-5678");
14      pg1.addPeople(people1);
15      //人员 2
16      People people2 = new People("李四", "135-6789-5432");
17      pg1.addPeople(people2);
18      mPeople.add(pg1.getData() );
19
20      //朋友组
21      Group group2 = new Group("朋友");
22      mGroups.add(group2.getData() );
23
24      PeopleGroup pg2 = new PeopleGroup();
25      //人员 3
26      People people3 = new People("王五", "134-2345-7890");
27      pg2.addPeople(people3);
28      //人员 4
29      People people4 = new People("赵六", "135-3456-6789");
30      pg2.addPeople(people4);
31      mPeople.add(pg2.getData() );
32  }
```

从代码 4-21 中读者可以看出，用于创建扩展列表视图适配器的数据集分为两部分：组列表和子项数据（第 1 行和第 3 行）。其中组列表的结构有 2 层，即：集合（根）→子项，其结构层次如图 4-25 所示。

组列表
组#1（组名：同学）
组#2（组名：朋友）

图 4-25　扩展列表视图组信息结构层次

代码 4-22 是扩展列表视图组记录的定义代码。

代码 4-22　扩展列表视图组记录定义

文件名：Group.java

```
1    public class Group {
2        public static final String KEY1 = "NAME";
3
4        private HashMap<String, String> mData = new HashMap<String, String>();
5
6        public Group(String name) {
7            mData.put(KEY1, name);
8        }
9
10       public HashMap<String, String> getData() {
11           return (mData);
12       }
13   }
```

但是子项数据的结构有 3 层，即：集合（根）→组→人员，其结构层次如图 4-26 所示。

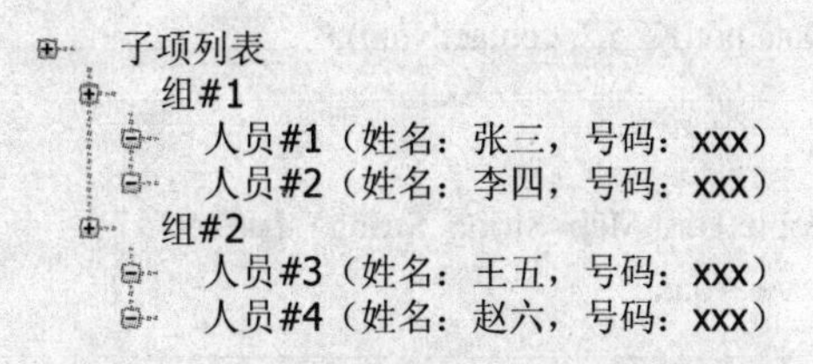

图 4-26　扩展列表视图子项数据结构层次

通过图 4-26，读者应该很容易理解，在代码 4-19 中，为什么获取一个子项记录，需要通过组记录位置和子项记录位置来联合确定。

组列表和子项数据是通过组记录位置来对应，当点击第 2 组节点时，适配器就会组织子项数据中第 2 组中的记录进行显示。

代码 4-23 是子项数据中联系人组的定义代码。

代码 4-23　联系人组定义

文件名：PeopleGroup.java

```
1    public class PeopleGroup {
```

```
2        //每一个联系人组包含多个联系人信息
3        private ArrayList<HashMap<String, String>> mData =
4                                        new ArrayList<HashMap<String, String>>();
5        public PeopleGroup() {
6        }
7
8        public void addPeople(People people) {
9            mData.add(people.getData() );
10       }
11
12       public ArrayList<HashMap<String, String>> getData() {
13           return(mData);
14       }
15   };
```

代码 4-24 是子项数据中联系人记录的定义。

代码 4-24　联系人定义

文件名：People.java

```
1    public class People {
2        public static final String KEY1 = "NAME";
3        public static final String KEY2 = "ContactNum";
4        //每个联系人包含多个属性
5        private HashMap<String, String> mData = new HashMap<String, String>();
6
7        public People(String name, String contactNum) {
8            mData.put(KEY1, name);
9            mData.put(KEY2, contactNum);
10       }
11
12       public People(HashMap<String, String> data) {
13           mData = data;
14       }
15
16       @Override
17       public String toString() {
18           return("姓名："+mData.get(KEY1).toString() + "|" +
19               "号码："+mData.get(KEY2).toString() );
20       }
21
22       public HashMap<String, String> getData() {
23           return (mData);
24       }
25   };
```

4．滚动视图（Scroll View）

图 4-27 中所示的是一款“手机报”工具，该工具可以实现自动滚屏或者根据选择滚动到指定的位置，其中用到的主要组件就是 ScrollView（滚动视图）。

图 4-27 滚动视图示例程序界面

（1）滚动视图的定义

代码 4-25 是图 4-27 所示的程序的显示界面的布局定义，其中第 2 行的“<ScrollView>”标记就是滚动视图的定义开始，滚动视图可以作为布局的根组件。

代码 4-25 滚动视图界面定义

文件名：main.xml

```
1   <?xml version="1.0" encoding="utf-8"?>
2   <ScrollView xmlns:android="http://schemas.android.com/apk/res/android"
3        android:id="@+id/MAIN_VIEW"
4       android:orientation="vertical"
5       android:layout_width="fill_parent"
6       android:layout_height="wrap_content"
7       android:scrollbars="vertical" >
8       <LinearLayout
9            android:orientation="vertical"
10           android:layout_width="fill_parent"
11           android:layout_height="wrap_content">
12           <TextView
13               ……
14               android:text="@string/view_title" />
15           <TextView
```

```
16                  ……
17                  android:text="@string/song_money" />
18                  ……
19          </LinearLayout>
20  </ScrollView>
```

（2）滚动视图的实现机制

与之前的布局资源定义有所不同的是，在之前的布局定义中，一般是把显示组件放在布局之中，而代码 4-25 中，线程布局（第 8 行）则被放在滚动视图之中。通过图 4-18 所示的视图组件的层次结构，读者可以知道滚动视图是框布局的子类，而框布局的最大特点就是像放电影，虽然其中可以包含很多画面，但用户同一时间只能看到一个。代码 4-25 中所定义的线性布局组件的大小超过了当前屏幕，可以视为多个屏幕的内容，但是将这些多个屏幕的内容放入到滚动视图之后，无论随着视图内容的如何滚动，在显示界面中总是只显示一个屏幕的内容。

（3）滚动视图的属性

滚动视图本身没有什么属性，主要继承于框布局。

（4）滚动视图的使用

滚动视图的主要功能是“滚动”，其有两种滚动方式：绝对滚动和相对滚动。

1）绝对滚动

绝对滚动就是直接跳转到视图的头部或尾部的滚动，通过滚动视图实例的“fullScroll”方法就可以轻松地实现滚动到视图头部或视图尾部。代码 4-26 就是滚动视图进行绝对滚动的主要代码。

代码 4-26　滚动视图的绝对滚动方式

文件名：ScrollViewDemoAct.java

```
1   //通过资源 ID 获取滚动视图对象实例
2   mMainView = (ScrollView)findViewById(R.id.MAIN_VIEW);
3   //设置滚动视图为平滑滚动
4   mMainView.setSmoothScrollingEnabled(true);
5   ……
6   //滚动到视图开始
7   mMainView.fullScroll(ScrollView.FOCUS_UP);
8   ……
9   //滚动到视图末尾
10  mMainView.fullScroll(ScrollView.FOCUS_DOWN);
```

“fullScroll”方法只有 1 个参数，用于指明滚动方向：FOCUS_UP 是滚动到顶部；FOCUS_DOWN 是滚动到末端。

2）相对滚动

相对滚动就是相对于视图顶部位置或者相对于当前页进行的滚动。通过滚动视图实例的“scrollTo”或“pageScroll”方法来实现相对于顶部位置或相对于当前页进行的滚动。代码 4-27 是滚动视图进行相对滚动的主要代码。

代码 4-27　滚动视图的相对滚动方式

文件名：main.xml

```
1   //通过资源 ID 获取滑动条对象实例
2   mBarProgress = (SeekBar)jumpView.findViewById(R.id.BAR_PROGRESS);
3   //通过滑动条的进度来确定滚动的位移
4   mCurPos = mMaxScrollRange*mBarProgress.getProgress()/100;
5   //滚动到指定位置
6   mMainView.scrollTo(0, mCurPos);
```

代码 4-27 中，通过滑动条设置滚动位置的百分比（第 4 行），然后通过“scrollTo”方法滚动到对应的位置（第 6 行）。其界面效果如图 4-28 和图 4-29 所示。

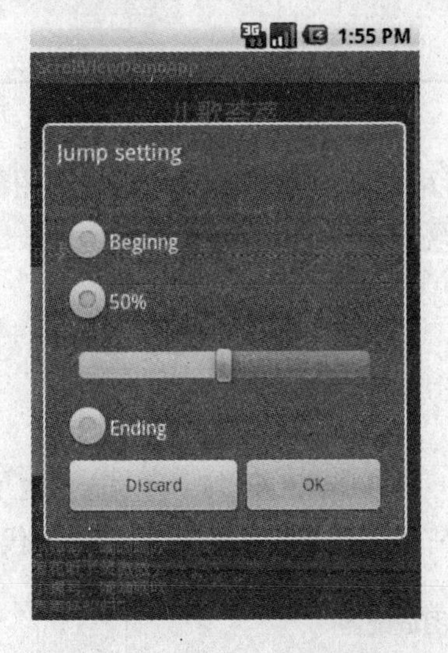

图 4-28　设置滚动视图跳转位置

图 4-29　滚动视图跳转到 50%的位置

5．格子视图（Grid View）

图 4-30 所示的界面提供了一组图片文件用于选择，这些图片文件的布局用到了 GridView（格子视图）可视组件。

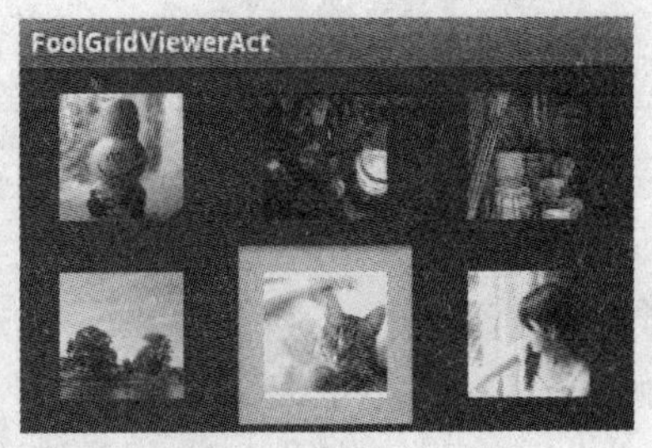

图 4-30　格子视图界面实例

（1）格子视图的定义

代码 4-28 是图 4-30 所示的程序的显示界面的布局定义，其中第 2 行的“<GridView>”标记就是格子视图的定义开始，格子视图可以作为布局的根组件。

代码 4-28　格子视图布局定义

文件名：viewer_view.xml

```
1   <?xml version="1.0" encoding="utf-8"?>
2   <GridView xmlns:android="http://schemas.android.com/apk/res/android"
3       android:id="@+id/VIEW_GRID"
4       android:layout_width="fill_parent"
5       android:layout_height="fill_parent"
6       android:numColumns="auto_fit"
7       android:verticalSpacing="10dp"
8       android:horizontalSpacing="10dp"
9       android:columnWidth="90dp"
10      android:stretchMode="columnWidth"
11      android:gravity="center" />
```

（2）格子视图的实现机制

通过图 4-18 所示的视图组件的层次结构，读者可以知道格子视图和列表视图都是抽象列表视图（AbsListView）的子类。所以格子视图实现机制和列表视图类似，只是格子视图所包含的项目是图片组件。

（3）格子视图的 XML 属性

格子视图的 XML 属性请参见 17 章中对格子视图属性的说明。

（4）格子视图的使用

1）设置格子视图适配器

格子视图同样也需要设置适配器，代码 4-29 就是设置格子视图适配器的主要代码。

代码 4-29　设置格子视图适配器

文件名：FoolGridViewerAct.java

```
1   //初始化适配器
2   mAdapter = new FoolImageAdapter(this);
3   //设置格子视图适配器
4   GridView gridView = (GridView)findViewById(R.id.VIEW_GRID);
5   //设置格子视图的适配器
6   gridView.setAdapter(mAdapter);
```

代码 4-29 中，通过格子视图实例的“setAdapter”方法就可以直接设置该格子视图的适配器实例了。

2）格子视图的适配器定义

通过代码 4-29，读者可以看到，该格子视图所设置的适配器是定制的类型（第 2 行中的“FoolImageAdapter”），代码 4-30 就是该适配器类型的定义。

代码 4-30　格子视图适配器的定义

文件名：FoolImageAdapter.java

```
1   public class FoolImageAdapter extends BaseAdapter implements ListAdapter {
```

```
2            //适配器组件的上下文组件
3            private Context mContext = null;
4            //图片资源 ID 数组
5            private int mPicutureIDs[] = {
6                    R.drawable.hulu, R.drawable.light, R.drawable.scene,
7                    R.drawable.sky, R.drawable.tiger, R.drawable.woman
8            };
9
10           public FoolImageAdapter(Context c) {
11                this.mContext = c;
12          }
13
14           @Override
15           public int getCount() {
16                   //获取图片数量
17                   return (mPicutureIDs.length);
18           }
19           @Override
20           public Object getItem(int position) {
21                   return null;
22           }
23           @Override
24           public long getItemId(int position) {
25                   return 0;
26           }
27
28           //获取指定位置的项目的资源 ID
29           public int getResId(int position) {
30                   return (mPicutureIDs[position]);
31           }
32
33           //获取选择项目所对应的视图
34           @Override
35           public View getView(int position, View convertView, ViewGroup parent) {
36                   ImageView iv = null;
37
38                   if(convertView == null) {
39                           iv =    new ImageView(mContext);
40                           //设置图片视图属性
41                           iv.setAdjustViewBounds(true);
42                           iv.setLayoutParams(new GridView.LayoutParams(80,80) );
43                           iv.setScaleType(ImageView.ScaleType.CENTER_CROP);
44                           iv.setPadding(8, 8, 8, 8);
45                   }
46                   else {
47                           iv = (ImageView)convertView;
```

```
48            }
49            iv.setImageResource(mPicutureIDs[position]);
50            return (iv);
51        }
52    };
```

代码 4-30 中，读者通过第 1 行就可以知道该适配器的由来：继承于基础适配器类，同时实现了列表适配器。其中，既有对数据记录的管理（第 15 行“getCount”方法和第 29 行“getResId”方法），也提供了图片视图与数据记录对应的机制（第 35 行“getVIew”方法）。

3）视图项目的点选事件响应

在格子视图中，通过响应列表项的点击事件来获取所选的图片视图，而响应列表项的点击事件是通过重载“OnItemClickListener”接口的“onItemClick”方法来进行回调的。代码 4-31 就是响应格子视图项目的点选事件的关键代码。

代码 4-31　格子视图项目点选事件响应

文件名：FoolGridViewerAct.java

```
1     public class FoolGridViewerAct extends Activity implements OnItemClickListener {
2         ......
3         @Override
4         public void onCreate(Bundle savedInstanceState) {
5             ......
6             //设置选择侦听事件
7             gridView.setOnItemClickListener(this);
8         }
9
10        //点选格子视图项目时回调
11        @Override
12        public void onItemClick(AdapterView<?> parent, View view, int pos, long id) {
13            //通过适配器获取当前所点选的图片资源 ID
14            int resId = mAdapter.getResId(pos);
15            ......
16        }
17    };
```

代码 4-31 中，在第 7 行，格子视图实例设置了项目点选事件的侦听器为当前 Activity 组件，第 12 行所定义的“onItemClick”方法就是 Activity 组件对 OnItemClickListener 接口的实现，该方法在点选格子视图项目时回调。在回调函数中，通过格子视图的适配器可以获取当前所点选的图片资源 ID（第 14 行），通过资源 ID 就可以显示对应的图片内容，如图 4-31 所示。

图 4-31　显示通过格子视图所点选的图片

6. 画廊视图（Gallery）

图 4-32 所示的界面提供了一组图片文件用于选择，这些图片文件的布局用到了 Gallery（画廊视图）可视组件。

图 4-32 画廊视图实例界面

（1）画廊视图的定义

代码 4-32 是图 4-32 所示的程序的显示界面的布局定义，其中第 2 行的“<Gallery>”标记就是画廊视图的定义开始，画廊视图可以作为布局的根组件。

代码 4-32 画廊视图资源定义

文件名：gallery_view.xml

```
1  <?xml version="1.0" encoding="utf-8"?>
2  <Gallery xmlns:android="http://schemas.android.com/apk/res/android"
3      android:id="@+id/GALLERY_MAIN"
4      android:layout_width="fill_parent"
5      android:layout_height="wrap_content" />
```

（2）画廊视图的实现机制

通过图 4-18 所示的视图组件的层次结构，读者可以知道画廊视图是 AbsSpinner 的子类。所以画廊视图在实现机制上和 Spinner 组件（类似于组合框）类似，只是画廊视图所包含的项目是图片组件（Spinner 组件所包含的项目都是文本组件）。

（3）画廊视图的 XML 属性

画廊视图的 XML 属性请参见 17 章中对画廊视图属性的说明。

（4）画廊视图的使用

1）设置画廊视图适配器

画廊视图同样也需要设置适配器，代码 4-33 就是设置画廊视图适配器的主要代码。

代码 4-33 设置画廊视图适配器

文件名：FoolGridViewerAct.java

```
1  //初始化适配器
2  mAdapter = new FoolImageAdapter(this);
3  //设置画廊视图适配器
4  Gallery gallery = (Gallery)findViewById(R.id.GALLERY_MAIN);
5  //设置画廊视图适配器
6  gallery.setAdapter(mAdapter);
```

代码 4-26 中，通过画廊视图实例的“setAdapter”方法就可以直接设置该画廊视图的适配器实例了。

2）画廊视图的适配器定义

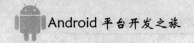

通过代码 4-33，读者可以看到，该画廊视图所设置的适配器是定制的类型（第 2 行中的“FoolImageAdapter”），代码 4-34 就是该适配器类型的定义。

代码 4-34　画廊视图适配器的定义

文件名：FoolImageAdapter.java

```
1   public class FoolImageAdapter extends BaseAdapter implements ListAdapter {
2       //适配器组件的上下文组件
3       private Context mContext = null;
4       //图片资源 ID 数组
5       private int mPicutureIDs[] = {
6           R.drawable.box, R.drawable.bus, R.drawable.flower,
7           R.drawable.grass, R.drawable.house, R.drawable.machine,
8           R.drawable.root, R.drawable.scale, R.drawable.snow
9       };
10
11      public FoolImageAdapter(Context c) {
12          this.mContext = c;
13      }
14
15      @Override
16      public int getCount() {
17          //获取视图中项目（图片）的数量
18          return (mPicutureIDs.length);
19      }
20      @Override
21      public Object getItem(int position) {
22          return null;
23      }
24      @Override
25      public long getItemId(int position) {
26          return 0;
27      }
28
29      public int getResId(int position) {
30          //获取指定位置对应的项目（图片）资源
31          return (mPicutureIDs[position]);
32      }
33
34      //获取选择项目所对应的视图
35      @Override
36      public View getView(int position, View convertView, ViewGroup parent) {
37          ImageView iv = null;
38          //获取当前所选择的视图（图片）
39          if(convertView == null) {
```

```
40                iv =   new ImageView(mContext);
41                //设置图片视图的属性
42                iv.setAdjustViewBounds(true);
43                iv.setLayoutParams(new Gallery.LayoutParams(80,80) );
44                iv.setScaleType(ImageView.ScaleType.CENTER_CROP);
45                iv.setPadding(8, 8, 8, 8);
46            }
47            else {
48                iv = (ImageView)convertView;
49            }
50            iv.setImageResource(mPicutureIDs[position]);
51            return (iv);
52        }
53    };
```

通过代码 4-34，读者可以发现，画廊视图的适配器和格子视图几乎是一样的，只是获取项目视图时所设置的布局参数（LayoutParams，第 43 行）存在差异。这也正是为什么格子视图显示为网格，画廊视图表现出画廊效果的原因。格子视图沿用的是列表视图布局，布局中的项目按照行和列形成格子；而画廊视图沿用的是下拉框（Spinner）式的布局，布局中的项目按照行或列形成一串，而且有滑动效果。

3）视图项目的点选事件响应

在画廊视图中，通过响应列表项的点击事件来获取所选的图片视图，而响应列表项的点击事件也是通过重载“OnItemClickListener”接口的“onItemClick”方法来进行回调的。代码 4-35 就是响应画廊视图项目的点选事件的关键代码。

代码 4-35　画廊视图项目点选事件响应

文件名：FoolGalleryViewerAct.java

```
1     public class FoolGalleryViewerAct extends Activity implements OnItemClickListener {
2         ……
3         @Override
4         public void onCreate(Bundle savedInstanceState) {
5             ……
6             //设置选择侦听事件
7             gallery.setOnItemClickListener(this);
8         }
9         //在画廊视图项目被点选时回调
10        @Override
11        public void onItemClick(AdapterView<?> parent, View view, int pos, long id) {
12            //通过适配器获取点选项目位置的图片资源 ID
13            int resId = mAdapter.getResId(pos);
14            ……
15        }
16    };
```

代码 4-35 中，在第 7 行，画廊视图实例设置了项目点选事件的侦听器为当前 Activity

组件，第 11 行所定义的“onItemClick”方法就是 Activity 组件对 OnItemClickListener 接口的实现，该方法在点选画廊视图项目时回调。在回调函数中，通过画廊视图的适配器可以获取当前所点选的图片资源 ID（第 13 行），通过资源 ID 就可以显示对应的图片内容，如图 4-33 所示。

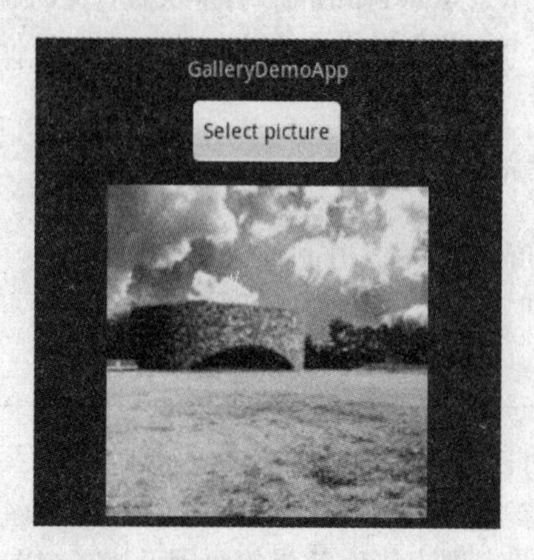

图 4-33　显示通过画廊视图所点选的图片

7．表面视图（Surface View）

SurfaceView（表面视图）是一种底层组件，代表了显示设备的屏幕。通过表面视图，开发人员可以更加灵活自由地对屏幕界面进行绘制，甚至可以引入 OpenGL 平台的绘制接口。图 4-34 是通过表面视图对图片进行绘制的实例界面。

在第 5 章中将对表面视图进行详细介绍。

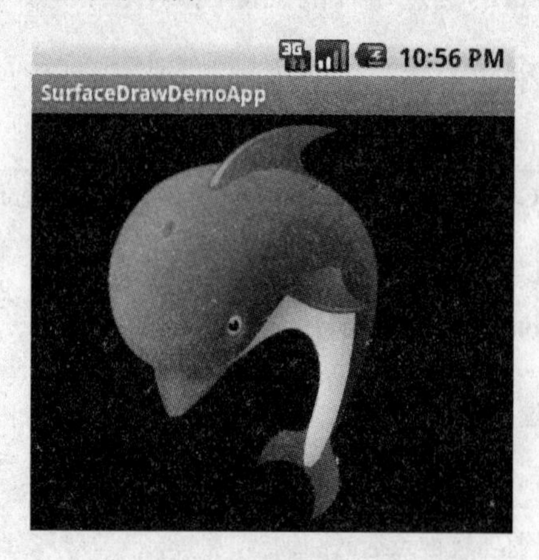

图 4-34　表面视图绘制实例界面

8．地图视图（Map View）

相信很多读者对网络地图应该是相当熟悉，因为它给大家的生活带来了很多的便利。到陌生城市出差的用户，可以通过网络地图查询住地附近的便利设施（例如超市、银行、饭店、旅游景点等），并且还可以通过网络地图平台规划到目的地的合理路线。图 4-35 就是通过浏览器查看网络地图的界面。

在 Android 平台中，更是少不了网络地图的功能。Android 平台更是定义了 MapView

（地图视图）组件，方便开发人员将地图的功能集成到用户开发的程序之中，如图 4-36 所示。

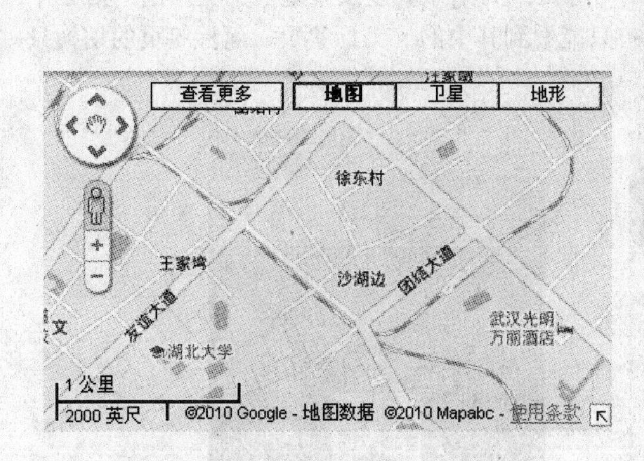

图 4-35 地图实例

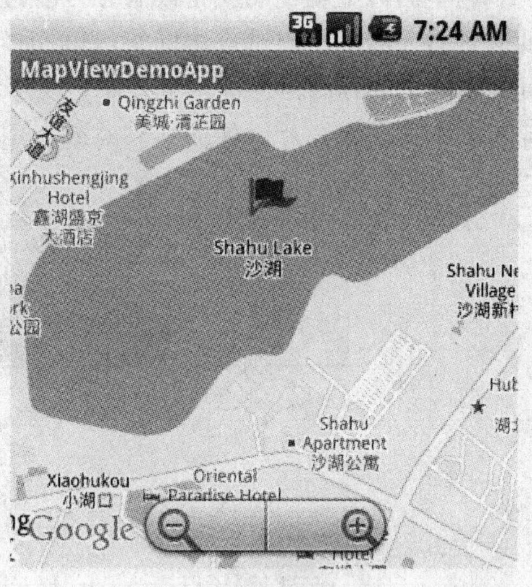

图 4-36 地图视图实例界面

9．网页视图（Web View）

Android 平台将 WebKit 开源项目（http://webkit.org/）纳入进来，并作为系统的核心功能之一。基于这些积累，Android 平台提供了强大并且易用的 WebView（网页视图）组件，通过网页视图组件，开发人员可以轻松地将浏览器的功能集成到用户开发的程序当中。图 4-37 是网页视图的实例界面。

图 4-37 网页视图实例界面

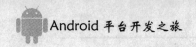

对于网页视图，将在第 7 章进行详细介绍。

10．标签页视图（TabHost）

这里的标签页视图就是读者在开发过程中所用到的标签页控件（TabControl），该控件提供了一系列标签，通过点击标签可以切换显示包含于该控件之中的组件。如图 4-38 是标签页视图的实例界面，该标签页视图定义了两个标签：第 1 个标签页中是一个文本框；第 2 个标签页中是一张图片。任何某一时刻，用户只能看到其中的一个标签页，而标签页的切换只能通过点击标签。

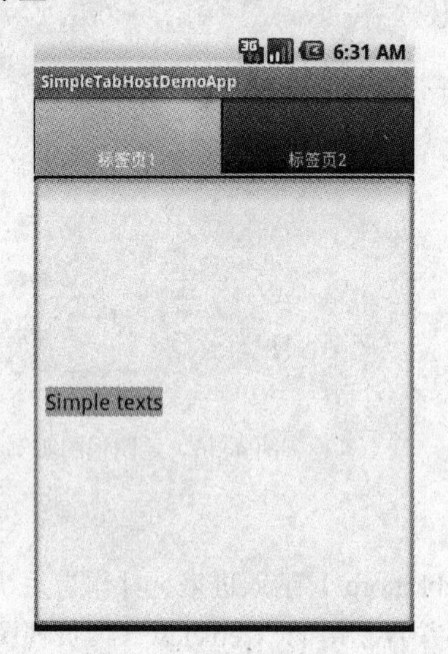

图 4-38　标签页视图界面

实际上，标签页视图继承于框布局，所以读者就可以很好地理解标签页视图的实现机制了：每一个标签页就如同框布局中所包含的帧，这些标签页相互重叠，但同一时刻，只能显示一标签页。

（1）标签页视图的定义

标签页视图使用“<TabHost>”标记进行定义，其对应的组件对象类型与标记名相同。代码 4-36 中的内容就是图 4-38 的界面布局定义。

代码 4-36　标签页视图的定义

文件名：main.xml

```
1    <?xml version="1.0" encoding="utf-8"?>
2    <TabHost xmlns:android="http://schemas.android.com/apk/res/android"
3        android:id="@android:id/tabhost"
4        android:layout_width="fill_parent"
5        android:layout_height="fill_parent">
6        <LinearLayout android:orientation="vertical"
7            android:layout_width="fill_parent"
8            android:layout_height="fill_parent">
9            <TabWidget android:id="@android:id/tabs"
10               android:layout_width="fill_parent"
```

```
11                  android:layout_height="wrap_content" />
12              <FrameLayout android:id="@android:id/tabcontent"
13                  android:layout_width="fill_parent"
14                  android:layout_height="fill_parent">
15                  <EditText android:id="@+id/TXT"
16                      android:layout_width="fill_parent"
17                      android:layout_height="fill_parent"
18                      android:text="Simple texts"/>
19                  <ImageView android:id="@+id/IMG"
20                      android:layout_width="fill_parent"
21                      android:layout_height="fill_parent"
22                      android:src="@drawable/android"
23                      android:scaleType="center"/>
24              </FrameLayout>
25          </LinearLayout>
26      </TabHost>
```

代码 4-36 中，TabHost（第 2 行）、TabWidget（第 9 行）和 FrameLayout（第 12 行）组件都是参考系统资源，其中“TabHost”标记用于声明标签页视图的主体，“TabWidget”标记用于装载各个页的标签，而“FrameLayout”标记所包含的视图就是各个标签页的内容。

（2）标签页视图的使用

标签页视图必须配合标签 Activity 组件（TabActivity）来使用，代码 4-37 是图 4-38 所示的程序的 Activity 组件的定义。

代码 4-37　标签页视图布局定义

文件名：SimpleTabHostDemoAct.java

```
1   public class SimpleTabHostDemoAct extends TabActivity {
2       ……
3       @Override
4       public void onCreate(Bundle savedInstanceState) {
5           super.onCreate(savedInstanceState);
6           setContentView(R.layout.main);
7
8           //获取 TabHost 组件对象实例
9           TabHost tabHost = getTabHost();
10
11          //初始化 TabHost 的标签页
12          tabHost.addTab(tabHost.newTabSpec("tab1")
13                  .setIndicator("标签页 1").setContent(R.id.TXT) );
14          tabHost.addTab(tabHost.newTabSpec("tab2")
15                  .setIndicator("标签页 2").setContent(R.id.IMG) );
16          //设置当前标签页
17          tabHost.setCurrentTab(1);
18      }
19  };
```

4.6.3 定制视图

所谓定制视图，就是用户通过继承所有视图的父类（View 类）来自行定义的视图类。图 4-39 就是通过定制视图绘制图片的实例界面。

图 4-39　定制视图实例

（1）定制视图的定义

View 类是所有视图类的基类，定制视图通过直接继承 View 类来实现定制功能，代码 4-38 是图 4-39 所示的界面中的定制视图的定义代码。

代码 4-38　定制视图类的定义

文件名：FoolCustomView.java

```
1   public class FoolCustomView extends View {
2       ……
3       //只有采用该种构造方法，才能使该视图类可以用 XML 定义
4       public FoolCustomView(Context context, AttributeSet attrs) {
5           super(context, attrs);
6           //获取屏幕的高度和宽度
7           WindowManager service =
8               (WindowManager)context.getSystemService(Context.WINDOW_SERVICE);
9           mScreenHeight = service.getDefaultDisplay().getHeight();
10          mScreenWidth = service.getDefaultDisplay().getWidth();
11          //载入图片
12          mBkgImage = BitmapFactory.decodeResource(context.getResources(),
13                                                   R.drawable.hulu);
14      }
15
16      //绘制回调函数
17      @Override
18      public void draw(Canvas canvas) {
19          //在屏幕画布中绘制内容
20          drawTitle(canvas);
21          drawSprite(canvas);
22
23          super.draw(canvas);
```

```
24          }
25          //绘制标题
26          private void drawTitle(Canvas canvas) {
27                  String title = "ViewDraw Demo";
28                  //定义绘制标志和属性
29                  Paint paint = new Paint(Paint.ANTI_ALIAS_FLAG);
30                  paint.setColor(Color.RED);
31                  paint.setTextSize(32.0f);
32                  //获取字符串的绘制宽度
33                  int textWidth = getStringWidth(title, paint);
34                  //绘制文本
35                  canvas.drawText(title, (mScreenWidth-textWidth)/2, 48.0f, paint);
36          }
37          ……
38          //绘制精灵（旋转 360°）
39          private void drawSprite(Canvas canvas) {
40                  for(int r = 0; r <= 360; ++r) {
41                          //初始化矩阵并按照角度进行旋转
42                          Matrix matrix = new Matrix();
43                          matrix.postRotate(r);
44                          //创建临时位图
45                          Bitmap tempBitmap = Bitmap.createBitmap(mBkgImage, 0, 0,
46                                          mBkgImage.getWidth(), mBkgImage.getHeight(),
47                                          matrix, false);
48                          //屏幕画布绘制位图
49                          canvas.drawBitmap(tempBitmap,
50                                                  (mScreenWidth-tempBitmap.getWidth())/2,
51                                                  (mScreenHeight-tempBitmap.getHeight())/2,
52                                                  null);
53                  }
54          }
55  };
```

代码 4-38 中，定制视图类通过继承 View 类的“draw”方法来实现自身的绘制（第 18 行），此用法与 MFC（Microsoft Foundation Classes，微软基础类库）中的视图组件的用法是相同的。以“draw”方法作为入口，该定制视图类借助 Canvas（画布）接口的“drawText”和“drawBitmap”方法（第 26 行和第 39 行），进行了文本和图片的底层绘制。

需要注意的是，为了使定制类能够使用 XML 进行定义，定制类的构造必须选择带有 AttributeSet（属性集）参数的方法（第 4 行），否则程序在运行时会抛出以下异常：

```
android.view.InflateException:
        Binary XML file line #6: Error inflating class foolstudio.demo.view.FoolCustomView
java.lang.NoSuchMethodException: FoolCustomView(Context,AttributeSet)
```

提示：View 类有 3 个构造方法：“View(Context)”、“View(Context，AttributeSet)”和“View(Context，AttributeSet，int)”。其中的属性集（AttributeSet）所对应的内容就是 XML

属性标签。

（2）在布局资源中定义定制视图

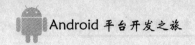

当定制视图类定义好了之后，开发人员就可以在程序的布局资源中定义定制视图了。代码 4-39 是在 XML 定义定制视图组件的主要代码。

代码 4-39 使用 XML 定义定制视图

文件名：main.xml

```
1  <?xml version="1.0" encoding="utf-8"?>
2  <LinearLayout xmlns:android="http://schemas.android.com/apk/res/android"
3      ……>
4      <foolstudio.demo.view.FoolCustomView android:id="@+id/MAIN_VIEW"
5          android:layout_width="fill_parent"
6          android:layout_height="wrap_content" />
7  </LinearLayout>
```

和大多数组件一样，在 XML 中通过类名对组件实例进行定义。但不同的是，定制类需要提供完整的类名（第 4 行），然而对 Android 平台中已定义组件是不需要的。

（3）在 Activity 组件中使用定制视图

既然定制视图已经在布局资源中定义完毕，在 Activity 组件中只需要将包含定制视图的布局资源填充为内容视图即可。代码 4-40 是在 Activity 组件中使用定制视图的实例代码。

代码 4-40 在 Activity 组件中使用定制视图布局

文件名：ViewDrawDemoAct.java

```
1  public class ViewDrawDemoAct extends Activity {
2      @Override
3      public void onCreate(Bundle savedInstanceState) {
4          super.onCreate(savedInstanceState);
5          //设置内容视图
6          setContentView(R.layout.main);
7      }
8  };
```

4.7 小部件（Widgets）

前面已经谈到，就本质而言，小部件和视图组件的区分并不明显。所以，本节即将介绍的小部件都是指在界面框架中比较独立的视图组件，不作为组件容器，例如，仅用于文本显示的文本视图（TextView）、按钮（Button）、图片视图（ImageView）等。

这些小部件类几乎都在 android.widget 包中定义。

4.7.1 小部件的使用模式

1．小部件的定义

小部件是既可以通过 XML 定义的组件元素也可以在 Java 代码中定义的组件实例。只是在 XML 定义中，小部件的定义都是在布局或者视图组件的定义体之中，小部件不会是布局资源的根元素。

2．小部件常规属性

既然小部件定义在布局或者视图组件等组件容器之中，那么小部件必须指明其物体的大小，所以小部件常规属性是其布局宽度（layout_width）和布局高度（layout_height），其他的属性会依据各个小部件的特性而不同。

3．使用小部件

（1）引用资源

和视图资源的使用一样，对于 XML 定义的小部件资源，都必须先使用资源填充器（Inflater）对 XML 资源进行填充（Inflate），然后通过该资源文件对应的 Activity 组件或者小部件的父视图对象的“findViewById”方法来获取资源 ID 所指定的小部件对象实例。

（2）动态创建

如果不通过 XML 资源进行定义，可以直接在运行时使用“new”语句来创建小部件对象实例，再添加到其父视图中，在添加时需要指明布局参数，“告诉”父视图该小部件该如何“放置”。

4．事件响应

从设计的角度，小部件正是用于与用户进行交互的。所以其对事件的响应是最全面的。例如：按钮的点击事件、文本框的内容改变事件、组合框的项目点选事件等。

小部件要响应指定类型的事件，必须先注册指定类型事件侦听器（Listener），在该侦听器的事件回调方法中再对该事件进行相应处理。

4.7.2 文本部件

Android 平台中提供的文本组件包括文本条、文本框和自动完成文本框。

1．文本条（TextView）

图 4-8 所示的文本内容就是通过文本条部件来显示的。

（1）文本条的定义

文本条使用标记<TextView>来定义，其对应的组件对象类型是 TextView。以下是文本条部件的定义实例。

```
<TextView android:id="@+id/TXT_TITLE"
        android:layout_width="wrap_content"
        android:layout_height="wrap_content"
        android:textColor="@color/opaque_red"
        android:textSize="16pt"
        android:text="LinearLayout" />
```

（2）文本条的属性

文本条组件既是一个简单组件，也是一个基础组件，其拥有众多的子类。文本条组件的属性也比较丰富，如以上定义实例中的“android:text”、“android:textSize”等属性。除了继承于 View 类的属性之外，完整属性请参考第 17 章。

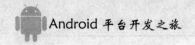

（3）文本条的使用

文本条类似于 MFC 中的静态文本组件或 J2SE 平台中的 JLabel 组件，主要用于显示文本。通过文本条组件实例的“setText”和“getText”方法就可以设置该组件的显示文本或获取其文本内容。

2．文本框（EditText）

文本框部件主要用于接收用户输入的文本内容，类似于 MFC 中的 CEdit 组件或 J2SE 平台中的 JEditField 或 JTextArea 组件。

（1）文本框的定义

文本框使用标记<EditText>来定义，其对应的组件对象类型是 EditText。以下是文本框组件的定义实例。

```
<EditText android:id="@+id/TXT_CONTENTS"
    android:layout_width="fill_parent"
    android:layout_height="fill_parent"
    android:scrollbars="vertical"
    android:editable="false"
    android:textSize="6pt" />
```

（2）文本框的属性

文本框组件的属性几乎全部继承于文本条（TextView）组件。

（3）文本框的使用

文本框除了显示文本之外，还提供了对文本内容输入的控制。不同于文本条，文本框通过一个编辑接口（Editable）来管理对文本内容的存取。文本框通过“getText”方法获取其文本编辑接口，再通过该接口的“toString”方法才能获得文本内容。

通过文本框的“android:inputType”属性（继承于 TextView）可以设置该文本框的输入类型（例如密码输入、电话号码输入、数字输入等）。

3．自动完成文本框（AutoCompleteTextView）

自动完成文本框在用户输入内容时会自动根据已经输入的内容给出相应的输入提示，以帮助用户进行选择性输入，其效果如图 4-40 所示。

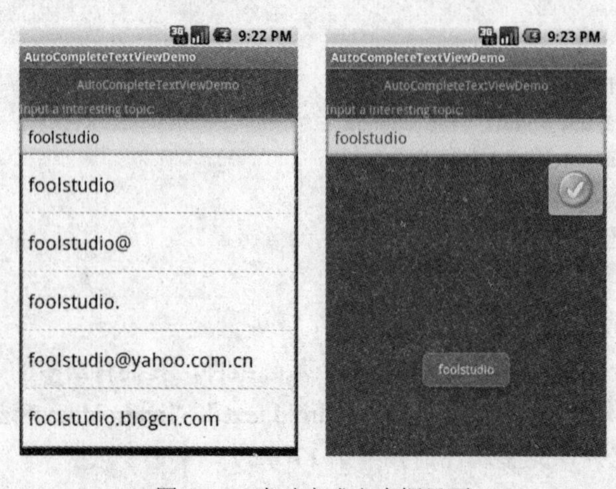

图 4-40　自动完成文本框界面

（1）自动完成文本框的定义

代码 4-41 是图 4-35 所示的界面中的布局资源定义。其中使用<AutoCompleteTextView>标记来定义自动完成文本框组件，其对应的组件对象类型是 AutoCompleteTextView。

代码 4-41 自动完成文本框资源定义

文件名：main.xml

```
1   <?xml version="1.0" encoding="utf-8"?>
2   <LinearLayout xmlns:android="http://schemas.android.com/apk/res/android"
3       ……>
4       <TextView
5           ……/>
6       <TextView
7           ……
8           android:text="Input a interesting topic:"/>
9       <AutoCompleteTextView android:id="@+id/ACTV_VIEW"
10          android:layout_width="fill_parent"
11          android:layout_height="wrap_content"
12          android:inputType="none"/>
13      <ImageButton android:id="@+id/BTN_ACTION"
14          ……/>
15  </LinearLayout>
```

（2）自动完成文本框的属性

请参考第 17 章，17.1.16“自动完成文本框”。

（3）自动完成文本框的使用

1）提示内容适配器

代码 4-42 是设置自动完成文本框所绑定的用于提示输入的数据记录的关键代码。

代码 4-42 自动完成文本框适配器定义

文件名：AutoCompleteTextViewDemoAct.java

```
1   mAutoView = (AutoCompleteTextView)findViewById(R.id.ACTV_VIEW);
2   ……
3   ArrayAdapter<String> adapter = new ArrayAdapter<String>(this,
4                           android.R.layout.simple_dropdown_item_1line,
5                           this.getResources().getStringArray(R.array.topics) );
6   mAutoView.setAdapter(adapter);
```

代码 4-42 中，将一个字符串数组适配器（第 3 行中 ArrayAdapter）设为该自动完成文本框的适配器（第 6 行），而该字符串数组适配器的数据集来自数组资源。代码 4-43 是该字符串数组资源的定义。

代码 4-43 字符串数据资源定义

文件名：res\values\arrays.xml

```
1   <resources>
```

```
2          <string-array name="topics">
3               ……
4               <item>fool</item>
5               <item>foolstudio</item>
6               <item>foolstudio@</item>
7               <item>foolstudio.</item>
8               <item>foolstudio@yahoo.com.cn</item>
9               <item>foolstudio.blogcn.com</item>
10         </string-array>
11    </resources>
```

2）获取文本框内容

使用自动完成文本框的“getText”方法可以获取该文本框中的文本内容。

4.7.3 按钮部件

Android 平台提供的按钮部件有：普通按钮、图片按钮、检查框、单选框、固定按钮、缩放按钮和缩放控制按钮。

1. 普通按钮（Button）

（1）普通按钮的定义

普通按钮使用<Button>标记进行定义，其对应的组件对象类型是 Button，以下是普通按钮的定义实例。

```
<Button android:id="@+id/BTN_INIT"
    android:layout_width="fill_parent"
    android:layout_height="wrap_content"
    android:text="Initialize" />
```

（2）普通按钮的属性

普通按钮的属性继承于文本条（TextView）组件。

（3）点击事件响应

按钮组件主要用来接收用户的点击事件，该事件的侦听器是 OnClickListener 接口。按钮组件实例需要使用“setOnClickListener”方法来设置点击事件的侦听器，然后在 OnClickListener 的事件回调函数“onClick”中对点击事件进行处理。代码 4-44 是按钮点击事件处理的完整代码。

代码 4-44 按钮点击事件处理

文件名：ButtonEventDemo.java

```
1    ……
2    import android.widget.Button;
3    ……
4    public class ButtonEventDemo extends Activity implements OnClickListener {
5         //按钮组件实例
6         private Button mBtnAction = null;
7
```

```
8          @Override
9          public void onCreate(Bundle savedInstanceState) {
10             super.onCreate(savedInstanceState);
11             //设置 Activity 组件的内容布局
12             setContentView(R.layout.main);
13             //获取按钮组件定义对应的组件对象实例
14             mBtnAction = (Button)findViewById(R.id.BTN_ACTION);
15             //设置点击事件侦听器
16             mBtnAction.setOnClickListener(this);
17         }
18
19         //当接收点击事件时回调
20         @Override
21         public void onClick(View v) {
22             switch(v.getId() ) { //判断点击事件相关的组件 ID
23                 case R.id.BTN_ACTION: {
24                     doAction();
25                     break;
26                 }
27             }
28         }
29
30         //点击响应
31         private void doAction() {
32             Toast.makeText(this, "I got you!", Toast.LENGTH_LONG).show()
33         }
34     };
```

2. 图片按钮（Image Button）

图片按钮与普通按钮的功能是一样，主要差异在表现形式上：图片按钮用的是示意图标，而普通按钮用的是指示文字。

（1）图片按钮的定义

图片按钮使用“<ImageButton>”标记进行定义，其对应的组件对象类型是ImageButton，以下是图片按钮的定义实例。

```
<ImageButton android:id="@+id/BTN_ACTION"
    android:layout_width="wrap_content"
    android:layout_height="wrap_content"
    android:layout_gravity="right"
    android:src="@drawable/check"/>
```

（2）图片按钮的属性

图片按钮的属性继承于图片视图（ImageView）。

（3）图片按钮的使用

图片按钮的使用方式与普通按钮相同。

3. 复选框（Check Box）

复选框用于指示当前项的选择状态，如图 4-8 所示。复选框使用“<CheckBox>”标记进行定义，其对应的组件对象类型是 CheckBox，以下是复选框的 XML 定义实例。

```
<CheckBox
    android:layout_width="wrap_content"
    android:layout_height="wrap_content"
    android:textColor="@color/opaque_green"
    android:textSize="12pt"
    android:text="CheckBox widget" />
```

4. 单选框（Radio Button）

单选框用于指示当前项是否被选择，如图 4-8 所示。单选框使用“<RadioButton>”标记进行定义，其对应的组件对象类型是 RadioButton，以下是单选框的 XML 定义实例。

```
<RadioButton
    android:layout_width="wrap_content"
    android:layout_height="wrap_content"
    android:textColor="@color/light_green"
    android:textSize="12pt"
    android:text="RadioButton widget"/>
```

5. 固定按钮（Toggle Button）

固定按钮用于切换当前的开/关状态，如图 4-41 所示。

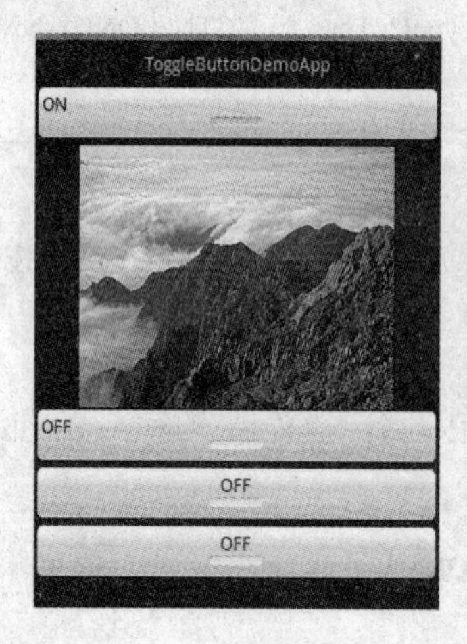

图 4-41　固定按钮使用界面

（1）固定按钮的定义

代码 4-45 是图 4-41 中所示界面的布局定义。

代码 4-45　固定按钮使用界面布局定义

文件名：main.xml

```
1    <?xml version="1.0" encoding="utf-8"?>
```

```
2	<ScrollView xmlns:android="http://schemas.android.com/apk/res/android"
3		……>
4		<LinearLayout
5			……>
6			<TextView
7				……
8				android:text="@string/app_name"/>
9			<!-- Landscape1 -->
10			<ToggleButton android:id="@+id/BTN_TOGGLE1"
11				android:layout_width="fill_parent"
12				android:layout_height="wrap_content"
13				android:checked="false"/>
14			<ImageView android:id="@+id/VIEW_BKG1"
15				……/>
16			<!-- Landscape2 -->
17			<ToggleButton android:id="@+id/BTN_TOGGLE2"
18				……/>
19			<ImageView android:id="@+id/VIEW_BKG2"
20				……/>
21			<!-- Landscape3 -->
22			<ToggleButton android:id="@+id/BTN_TOGGLE3"
23				……/>
24			<ImageView android:id="@+id/VIEW_BKG3"
25				……/>
26			<!-- Landscape4 -->
27			<ToggleButton android:id="@+id/BTN_TOGGLE4"
28				……/>
29			<ImageView android:id="@+id/VIEW_BKG4"
30				……/>
31		</LinearLayout>
32	</ScrollView>
```

代码 4-45 中，“<ToggleButton>”标记所定义的就是固定按钮，其所对应的对象类型与标记名相同。

（2）固定按钮的使用

代码 4-46 是在 Activity 组件中使用固定按钮的实例代码。

代码 4-46 使用固定按钮

文件名：ToggleButtonDemoAct.java

```
1	public class ToggleButtonDemoAct extends Activity implements OnCheckedChangeListener {
2		private ToggleButton mBtnToggle1 = null;
3		……
4		@Override
5		public void onCreate(Bundle savedInstanceState) {
6			……
```

```
7
8               mBtnToggle1 = (ToggleButton)findViewById(R.id.BTN_TOGGLE1);
9               ......
10              mBtnToggle1.setOnCheckedChangeListener(this);
11              ......
12          }
13
14          //当固定按钮的选择状态改变时回调
15          @Override
16          public void onCheckedChanged(CompoundButton buttonView, boolean isChecked) {
17              if(buttonView.getId() == R.id.BTN_TOGGLE1) {
18                  if(isChecked) {
19                      mViewBkg1.setVisibility(View.VISIBLE);
20                      mBtnToggle1.setGravity(Gravity.TOP);
21                  }
22                  else {
23                      mViewBkg1.setVisibility(View.GONE);
24                      mBtnToggle1.setGravity(Gravity.BOTTOM);
25                  }
26              }
27              ......
28          }
29      };
```

代码 4-46 中，通过资源 ID 获取固定按钮的组件对应实例（第 8 行），然后设置其检查状态改变侦听器（第 10 行），当按钮的状态改变时，可以通过回调函数“onCheckedChanged”来处理对应的状态改变（第 16 行）。

6．缩放按钮（Zoom Button）

缩放按钮专门用于设计缩小或放大应用的界面，使用“<ZoomButton>”标记来定义缩放按钮，其对应的组件对象类型为 ZoomButton，以下是缩放按钮的 XML 定义。

```
<ZoomButton android:id="@+id/BTN_ZOOMIN"
    android:layout_width="wrap_content"
    android:layout_height="wrap_content"
    android:src="@drawable/zoomin"/>
```

7．缩放控制按钮（Zoom Controls）

缩放控制按钮内建了一个放大按钮和一个缩小按钮，使用“<ZoomControls>”标记来定义缩放按钮，其对应的组件对象类型为 ZoomControls，以下是缩放控制按钮的 XML 定义。

```
<ZoomControls android:id="@+id/BTN_ZOOMCTRL"
    android:layout_width="wrap_content"
    android:layout_height="wrap_content"/>
```

读者可以在第 14 章中了解地图缩放控制按钮的应用。

4.7.4 图片显示组件

1. 图片视图（Image View）

顾名思义，图片视图用于显示图片内容，使用“<ImageView>”标记来定义缩放按钮，其对应的组件对象类型与其标记名相同，以下是图片视图的定义：

```
<ImageView android:id="@+id/VIEW_BKG1"
    android:layout_width="fill_parent"
    android:layout_height="wrap_content"
    android:layout_gravity="center_horizontal"
    android:src="@drawable/landscape1"
    android:visibility="gone"/>
```

使用图片组件可以显示 png、jpg、gif 等常用图片资源。

可以通过图片组件的“android:src”XML 属性来设置图片资源。也可以通过图片组件对应的“setImageResource”方法动态地设置图片组件要显示的图片资源。

2. 图片切换器（Image Switcher）

图片切换器用于提供图片显示的切换效果，如图 4-42 是使用图片切换器进行图片切换显示的实例图。

图 4-42　图片切换器使用界面

（1）图片切换器的定义

图片切换器使用“<ImageSwitcher>”标记进行定义，其对应的组件对象类型与其标记名相同，以下是图片切换器的定义代码。

```
<ImageSwitcher android:id="@+id/SWT_PANEL"
    android:layout_width="fill_parent"
    android:layout_height="fill_parent"/>
```

（2）图片切换器的使用

图片切换器需要先通过图片切换器的视图工厂为其创建图片视图，然后通过其方法设置图片视图中的内容。

（3）视图切换工厂

代码 4-47 是视图切换工厂的定义代码。

代码 4-47　视图切换工厂定义

文件名：ImageSwitcherDemoAct.java

```
1   public class ImageSwitcherDemoAct extends Activity implements OnClickListener,
2           ViewSwitcher.ViewFactory{
3           ……
4           private ImageSwitcher mSwitcher = null;
5
6
7       @Override
8       public void onCreate(Bundle savedInstanceState) {
9           ……
10          mSwitcher = (ImageSwitcher)findViewById(R.id.SWT_PANEL);
11          mSwitcher.setFactory(this);
12          ……
13      }
14
15      @Override
16      public View makeView() {
17          //
18          ImageView iv = new ImageView(this);
19          final int padding = 16;
20
21          iv.setScaleType(ImageView.ScaleType.FIT_CENTER);
22          iv.setLayoutParams(new ImageSwitcher.LayoutParams(
23                  LayoutParams.FILL_PARENT,
24                  LayoutParams.FILL_PARENT) );
25          iv.setPadding(padding, padding, padding, padding);
26
27          return (iv);
28      }
29  };
```

代码 4-47 中，在获取图片切换组件对象实例之后，通过“setFactory”方法为图片切换组件指定了视图创建工厂，通过实现视图工厂类（第 2 行）的重载函数“makeView”（第 16 行）为视图切换器创造了一个图片视图（第 18 行）。

（4）图片切换过程

通过图片切换器实例的“setImageResource”方法可以直接设置图片切换器中要显示的图片内容。

4.7.5 滑动条

Android 平台中提供的滑动条组件有：进度条、滑动条和星级条。

（1）进度条（Progress Bar）

进度条用于指示事务的执行进度，使用“<ImageView>”标记来定义缩放按钮，其对应的组件对象类型与其标记名相同，以下是进度条组件的定义：

```
<ProgressBar android:id="@+id/PBAR_VOL"
    android:layout_width="wrap_content"
    android:layout_height="wrap_content"
    android:max="100"
    android:progress="50"/>
```

（2）滑动条（Seek Bar）

滑动条用于指示刻度指示，使用“<SeekBar>”标记来定义滑动条，其对应的组件对象类型与其标记名相同，以下是滑动条组件的定义：

```
<SeekBar android:id="@+id/BAR_PROGRESS"
    android:layout_width="fill_parent"
    android:layout_height="wrap_content"
    android:padding="12sp"
    android:max="100"
    android:stepSize="5"
    android:progress="50"/>
```

（3）星级条（Rating Bar）

星级条用于设定评星等级的设置，如图 4-43 所示。

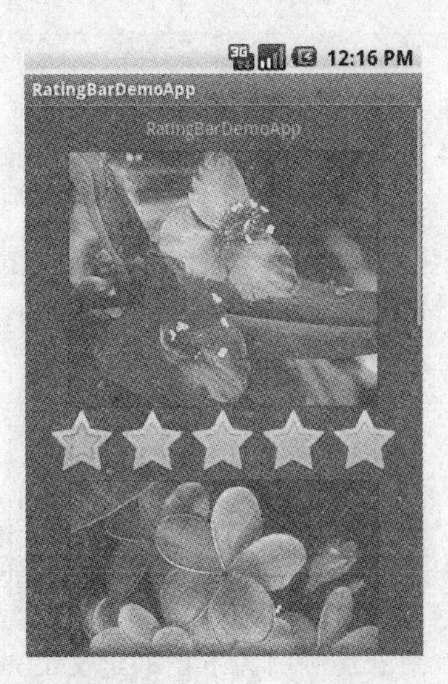

图 4-43　星级条使用界面

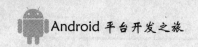

星级条使用“<RatingBar>”标记来定义，其对应的组件对象类型与其标记名相同，以下是星级条组件的定义：

```
<RatingBar android:id="@+id/RBAR_VOL"
    android:layout_width="wrap_content"
    android:layout_height="wrap_content"
    android:max="5"
    android:numStars="5"
    android:stepSize="0.5"
    android:rating="1"
    android:progress="2"/>
```

4.7.6 选取组件

Android 平台中提供的选取组件有：日期选择框、时间选择框和下拉框。

（1）日期选择框（Date Picker）

日期选择框用于提供选择日期的界面，使用“<DatePicker>”标记来定义日期选择框，其对应的组件对象类型与其标记名相同，以下是该组件的定义：

```
<DatePicker android:id="@+id/DTP_ID"
    android:layout_width="fill_parent"
    android:layout_height="wrap_content"
    android:gravity="center_horizontal" />
```

（2）时间选择框（Time Picker）

时间选择框用于提供选择时间的界面，使用“<TimePicker>”标记来定义时间选择框，其对应的组件对象类型与其标记名相同，以下是该组件的定义：

```
<TimePicker android:id="@+id/TMP_ID"
    android:layout_width="fill_parent"
    android:layout_height="wrap_content"
    android:gravity="center_horizontal" />
```

（3）下拉框（Spinner）

下拉框组件提供类似于组合框的效果，使用“<Spinner>”标记来定义下拉框组件，其对应的组件对象类型与其标记名相同，以下是该组件的定义：

```
<Spinner   android:id="@+id/spRegisterSex"
    android:entries="@array/SexTypes"
    android:paddingRight="45dp"
    android:gravity="right"/>
```

实际上，下拉框组件是 Android 平台中常用的组件之一，其提供了一个字符串列表用于选择。通过“android:entries”属性可以设置其包含的项目。

下拉框组件是一个适配器视图，Android 平台还专门为下拉框定义了一个适配器类（SpinnerAdapter），有关适配器的用法可以参考列表视图的使用。

4.7.7　高级小部件

除了提供实现单一功能的组件之外，Android 平台还提供了一些功能集成的组件，例如：模拟时钟、图片切换器、滑动抽屉和视图翻动器。

1．模拟时钟（Analog Clock）

模拟时钟组件用于显示一个模拟时钟的界面，如图 4-44 所示。

图 4-44　模拟时钟界面

模拟时钟通过“<AnalogClock>”标记来定义，其对应的组件对象类型与其标记名相同，以下是该组件的定义：

```
<AnalogClock
    android:layout_height="wrap_content"
    android:layout_width="wrap_content"
    android:layout_gravity="center_horizontal"/>
```

2．滑动抽屉（SlidingDrawer）

相信读者应该对 QQ 聊天工具中的抽屉界面（QQ 工具中将联系人分类存放，点击分类标题时，则打开该分类中的联系人列表，并关闭上一个显示的分类列表，这种效果类似于抽屉的开关）记忆犹新，而 Android 也提供了实现该效果的组件：SlidingDrawer，其效果如图 4-45 所示。

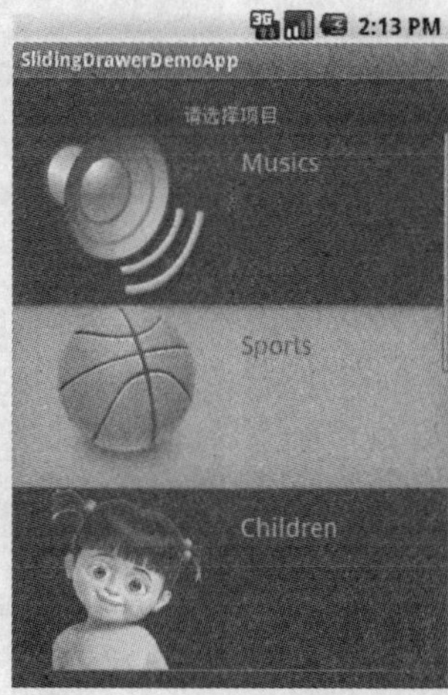

图 4-45　滑动抽屉

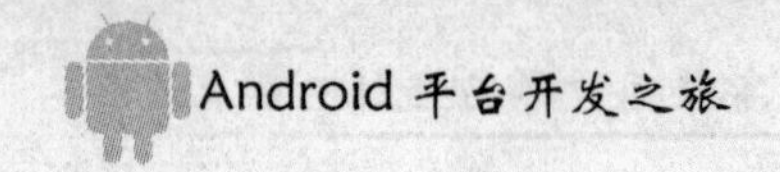

（1）滑动抽屉组件的定义

滑动抽屉组件通过“<SlidingDrawer>”标记来定义，其对应的组件对象类型与其标记名相同，代码 4-48 是该组件的定义实例。

代码 4-48　滑动抽屉组件的定义

```
1   <SlidingDrawer android:id="@+id/MAIN_VIEW"
2           android:layout_below="@id/PANEL_MAIN"
3           android:layout_width="fill_parent"
4           android:layout_height="fill_parent"
5           android:handle="@+id/HANDLE_VIEW"
6           android:content="@+id/CONTENT_VIEW">
7           <TextView android:id="@id/HANDLE_VIEW"
8               ……
9               android:text="请选择项目"/>
10      <ListView android:id="@id/CONTENT_VIEW"
11          ……/>
12  </SlidingDrawer>
```

从代码 4-48 中，读者可以看出，抽屉组件是一个组件容器，其必须包含两个属性：“android:handle”和“android:content”。分别参考两个组件：“handle”属性对应一个文本视图（抽屉拉环）；“content”属性对应一个列表视图（抽屉内容）。

（2）滑动抽屉组件的使用

抽屉组件只是提供了一种界面效果，初始化时，抽屉是关闭着的，当用户点击抽屉“拉环”（文本视图组件），则抽屉就会滑开，显示抽屉内容（列表视图）。当再次点击抽屉“拉环”，则抽屉就会关闭，如图 4-46 所示。

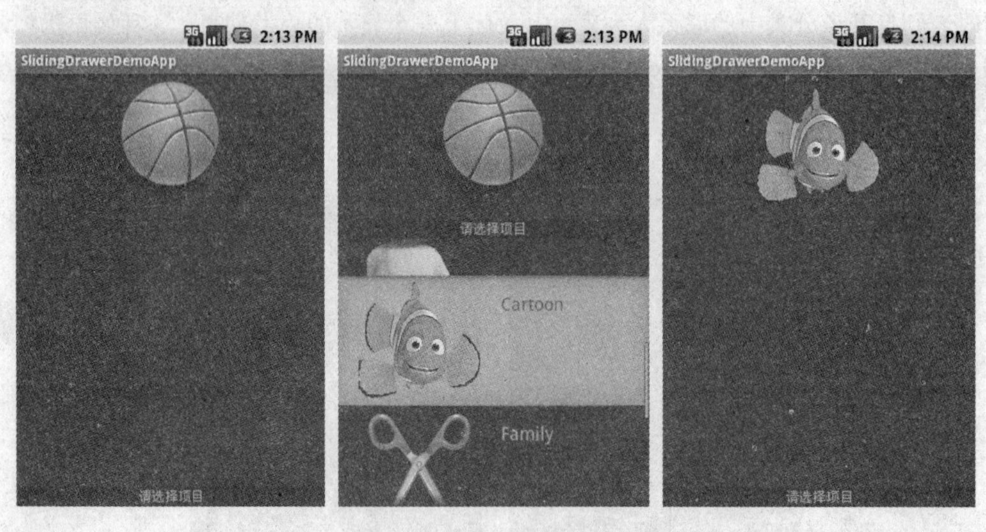

图 4-46　通过抽屉视图选择图片

抽屉内容的管理和显示还是需要由抽屉内容组件（列表视图）来完成，有关列表视图的使用请参考本章的相关介绍。

3．视图翻动器（View Flipper）

说到图片翻动，相信读者一定会联想到在“Windows 图片和传真查看器”工具中采用播放幻灯片的方式浏览图片的效果（如图 4-47 所示）。该方式下，用户不用额外干预，图片按照一定的时间间隔进行顺序播放。

图 4-47 使用幻灯片方式查看图片的按钮

Android 平台也提供了用于视图翻动播放的组件：View Flipper（视图翻动器），通过视图翻动器开发人员可以实现图片的幻灯片播放效果，如图 4-48 所示。

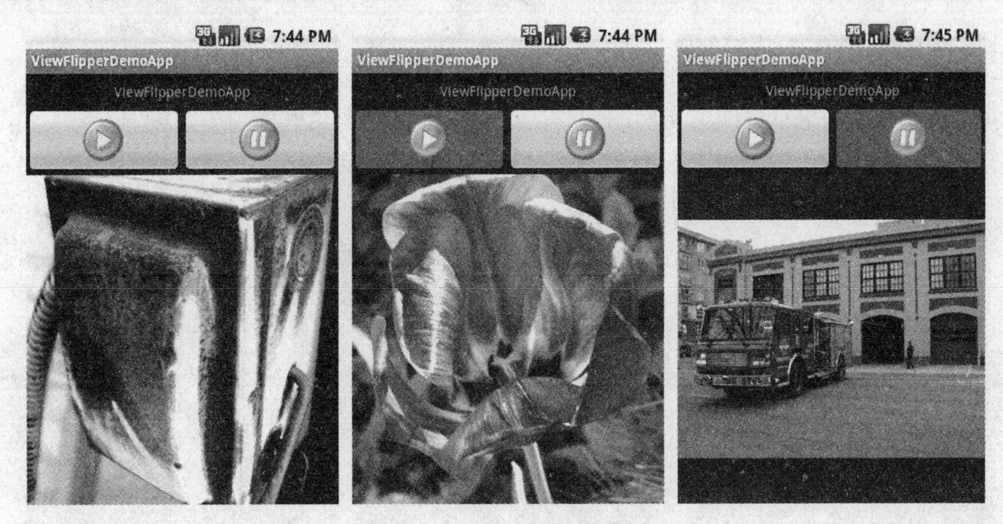

图 4-48 以幻灯片方式播放图片

（1）视图翻动器组件的定义

视图翻动器组件通过“<ViewFlipper>”标记来定义，其对应的组件对象类型与其标记名相同，以下是该组件的定义：

```
<ViewFlipper android:id="@+id/CONTENTS_PANEL"
    android:layout_width="fill_parent"
    android:layout_height="fill_parent"
    android:flipInterval="1000">
</ViewFlipper>
```

（2）视图翻动器组件的使用

1）获取视图翻动器组件对象实例。

在布局填充器对包含视图翻动器定义的布局定义进行“填充”之后，在 Activity 组件中就可以通过资源 ID 来获取视图翻动器定义对应的组件对象实例。

2）添加视图组件。

通过视图翻动器实例的“addView”方法向翻动器中添加需要播放的视图（最典型的就是图片视图）。

3）启动视图翻动。

通过视图翻动器实例的“startFlipping”方法来启动翻动器中包含的视图的翻动效果。

4）终止视图翻动。

通过视图翻动器实例的“stopFlipping”方法来停止翻动效果。

4.8 菜单

和读者熟知的桌面平台（Windows、Linux 等）一样，Android 平台也定义了选项菜单和上下文菜单两种形式的菜单。其中选项菜单通过按压“菜单（menu）”按键来调用，而上下文菜单通过长按中间导航键来调用。

4.8.1 选项菜单

图 4-49 是选项菜单界面的实例图，该选项菜单包含 4 个菜单项。

图 4-49　选项菜单界面

1. 选项菜单的定义

代码 4-49 是图 4-49 中选项菜单的资源定义，有关选项菜单资源的定义语法请参考第 17 章。

代码 4-49　选项菜单资源定义

文件名：options_menu.xml

```
1    <menu xmlns:android="http://schemas.android.com/apk/res/android">
2        <group>
3            <item android:id="@+id/MI_AUTO"
4                android:title="Auto"
5                android:icon="@drawable/auto">
```

```
6                </item>
7                <item android:id="@+id/MI_JUMP"
8                      android:title="Jump"
9                      android:icon="@drawable/jump">
10               </item>
11          </group>
12          <group>
13               <item android:id="@+id/MI_ABOUT"
14                     android:title="About"
15                     android:icon="@drawable/about">
16               </item>
17               <item android:id="@+id/MI_QUIT"
18                     android:title="Exit"
19                     android:icon="@drawable/quit">
20               </item>
21          </group>
22     </menu>
```

2．选项菜单的使用

（1）初始化

代码 4-50 是初始化选项菜单的主要代码。

代码 4-50　初始化选项菜单

```
1    @Override
2    public boolean onCreateOptionsMenu(Menu menu) {
3         //填充菜单
4         MenuInflater inflater = getMenuInflater();
5         inflater.inflate(R.menu.options_menu, menu);
6
7         return (super.onCreateOptionsMenu(menu) );
8    }
```

（2）菜单项选择事件响应

代码 4-51 是响应选项菜单项选择事件的主要代码。

代码 4-51　响应选项菜单项选择事件

```
1    @Override
2    public boolean onOptionsItemSelected(MenuItem item) {
3         switch(item.getItemId() ) {
4              case R.id.MI_ABOUT: {
5                   doAbout();
6                   break;
7              }
8              case R.id.MI_QUIT: {
9                   doQuit();
```

```
10                  break;
11              }
12              ……
13          }
14
15          return (super.onOptionsItemSelected(item) );
16      }
```

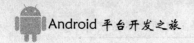

（3）菜单项与 Activity 组件绑定

代码 4-52 是将选项菜单菜单项与 Activity 组件进行绑定的主要代码。

代码 4-52　菜单项与 Activity 组件绑定

```
1   @Override
2   public boolean onCreateOptionsMenu(Menu menu) {
3       //充实菜单
4       MenuInflater inflater = getMenuInflater();
5       inflater.inflate(R.menu.options_menu, menu);
6
7       //设置菜单意向
8       menu.findItem(R.id.MI_APPEND).setIntent(new Intent(this, AppendRecAct.class) );
9       menu.findItem(R.id.MI_REVIEW).setIntent(new Intent(this, ReviewRecAct.class) );
10      ……
11
12      return (super.onCreateOptionsMenu(menu) );
13  }
```

4.8.2 上下文菜单

图 4-50 是上下文菜单界面的实例图，该上下文菜单中包含 3 个菜单项。

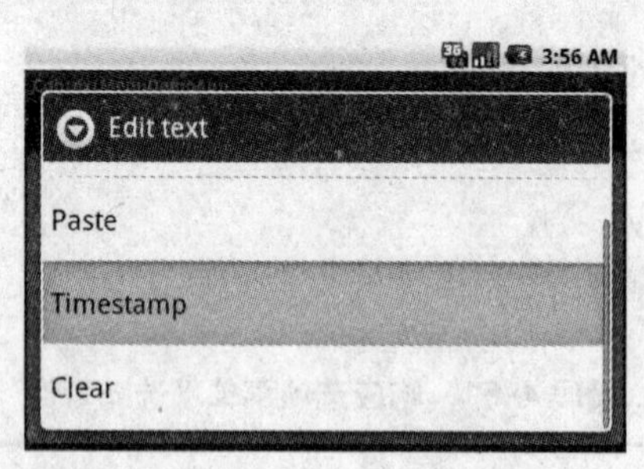

图 4-50　上下文菜单界面

1. 上下文菜单的定义

代码 4-53 是上下文菜单的资源定义。

代码 4-53　上下文菜单资源定义

文件名：text_context_menu.xml

```
1   <menu xmlns:android="http://schemas.android.com/apk/res/android">
```

```
2        <group>
3              <item android:id="@+id/MI_PASTE" android:title="Paste"/>
4              <item android:id="@+id/MI_TIMESTAMP" android:title="Timestamp"/>
5              <item android:id="@+id/MI_CLEAR" android:title="Clear"/>
6        </group>
7   </menu>
```

2. 上下文菜单的使用

（1）初始化

代码 4-54 是初始化上下文菜单的主要代码。

代码 4-54　初始化上下文菜单

```
1   @Override
2   public void onCreateContextMenu(ContextMenu menu, View v,ContextMenuInfo menuInfo) {
3          this.getMenuInflater().inflate(R.menu.text_context_menu, menu);
4
5          super.onCreateContextMenu(menu, v, menuInfo);
6   }
```

（2）菜单项选择事件响应

代码 4-55 是响应上下文菜单的菜单选择事件的主要代码。

代码 4-55　响应上下文菜单的菜单项选择事件

```
1    @Override
2    public boolean onContextItemSelected(MenuItem item) {
3           //
4           switch(item.getItemId() ) {
5                  case R.id.MI_PASTE: {
6                         doPaste();
7                         break;
8                  }
9                  case R.id.MI_CLEAR: {
10                        doClear();
11                        break;
12                 }
13                 ......
14          }
15
16          return super.onContextItemSelected(item);
17   }
```

4.9　对话框

对于开发人员来说，对话框不会覆盖整个屏幕，小巧方便，在某些需要用户确认的场合，对话框是必不可少的组件。Android 平台在 android.app 包中定义了对话框类和其派生类，丰富了用户界面的多样性，表 4-3 是该包中所定义的对话框组件的说明。

表 4-3　对话框组件的说明

类/接口	说明
AlertDialog	提示对话框
Dialog	对话框父类
DatePickerDialog	日期选取对话框
ProgressDialog	进度对话框
TimePickerDialog	时间选取对话框

4.9.1　对话框的使用方式

对话框的使用过程被纳入到了 Android 程序框架中，开发者通过框架代码来初始化对话框，再通过 Activity 组件提供的方法来显示对话框。代码 4-56 是使用对话框的代码框架。

代码 4-56　对话框使用框架

```
1   public class DialogShowAct extends Activity implements OnClickListener {
2       //对话框 ID
3       static final int ALERT_DLG = 0;
4       static final int PROGRESS_DLG = 1;
5       ……
6       //创建对话框事件回调函数（初始化对话框）
7       @Override
8       protected Dialog onCreateDialog(int id) {
9           switch(id) {
10              case ALERT_DLG:
11                  return (initAlertDlg() );
12              ……
13              default:
14                  return null;
15          }
16      }
17
18      //显示对话框
19      @Override
20      public void onClick(View v) {
21          switch(v.getId() ) {
22              case R.id.txtAlert: {
23                  showDialog(ALERT_DLG);
24                  break;
25              }
26              ……
27          }
28      }
29  };
```

代码 4-13 中，通过“showDialog”方法可以调用对话框（第 23 行），而该方法又会调用创建对话框事件的回调函数“onCreatedDialog”（第 8 行），该函数会依照指定的 ID 来初始化并显示对应的对话框。

4.9.2 对话框的定义

1. 提示对话框（Alert Dialog）

提示对话框用于提示用户给出答复，如图 4-51 所示。

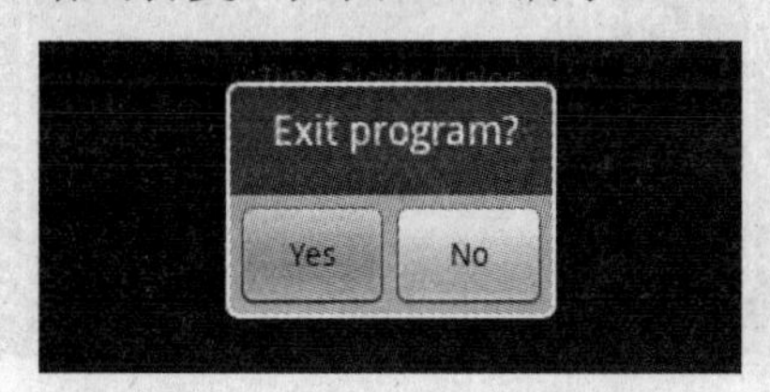

图 4-51 提示对话框界面

代码 4-57 是创建提示对话框的主要代码。

代码 4-57 初始化提示对话框

文件名：DialogShowAct.java

```
1   //初始化提示对话框
2   private Dialog initAlertDlg() {
3       AlertDialog.Builder builder = new AlertDialog.Builder(DialogShowAct.this);
4       //提示信息
5       builder.setMessage("Exit program?");
6       builder.setCancelable(false);
7       //是按钮
8       builder.setPositiveButton("Yes", new DialogInterface.OnClickListener() {
9           @Override
10          public void onClick(DialogInterface dialog, int which) {
11              // 关闭对话框
12              DialogShowAct.this.finish();
13          }
14      });
15      //否按钮
16      builder.setNegativeButton("No", new DialogInterface.OnClickListener() {
17          @Override
18          public void onClick(DialogInterface dialog, int which) {
19              // 取消对话框
20              dialog.cancel();
21          }
22
23      });
24      mAlertDlg = builder.create();
25      return (mAlertDlg);
26  }
```

代码 4-57 中，提示对话框不是直接通过其构造函数来创建，而是通过 Builder 类来生成。通过提示对话框的 Builder 类来设置提示消息（第 5 行）以及设置是/否按钮（第 8 行和第 16 行），最后通过 Builder 类的“create”方法来获取提示对话框实例（第 24 行）。

2．进度对话框（Progress Dialog）

进度对话框用于显示任务的执行进度，如图 4-52 所示。

图 4-52　进度对话框界面

代码 4-58 是创建进度对话框的主要代码。

代码 4-58　创建进度对话框

文件名：DialogShowAct.java

```
1	//初始化进度对话框
2	private Dialog initProgressDlg() {
3		mProgressDlg = new ProgressDialog(DialogShowAct.this);
4		mProgressDlg.setProgressStyle(ProgressDialog.STYLE_HORIZONTAL);
5		//mProgressDlg.setProgressStyle(ProgressDialog.STYLE_SPINNER);
6		mProgressDlg.setMessage("Loading...");
7		mProgressThd = new ProgressThread(mHandler);
8		mProgressThd.start();
9		return (mProgressDlg);
10	}
11	//进度对话框消息处理器变量
12	final Handler mHandler = new Handler() {
13		//Handler 的消息回调函数（消息在 Thread 中发送，在主线程中处理）
14		public void handleMessage(Message msg) {
15			//从线程中发送出来的消息
16			int curVal = msg.getData().getInt("CUR_VAL");
17			mProgressDlg.setProgress(curVal);
18	
19			if (curVal >= ProgressThread.MAX_VAL){
20				dismissDialog(PROGRESS_DLG);
21				mProgressThd.setState(ProgressThread.STATE_DONE);
22			}
23		}
24	};
```

代码 4-58 中，进度对话框通过启动新的线程来模拟进度更新（第 7 行），并将主线程的消息队列处理实例传递给该线程（第12行），通过接收消息来更新进度指示（第21行）。

代码4-59是代码4-58中所提到的执行任务的线程的定义代码。

代码4-59 任务执行线程定义

文件名：main.xml

```
1   class ProgressThread extends Thread {
2       public final static int STATE_DONE = 0; //结束
3       public final static int STATE_RUNNING = 1; //执行中
4       private Handler mHandler = null;
5       private int mState = 0;
6       private int mCurVal = 0;
7       public final static int MAX_VAL = 100;
8
9       ProgressThread(Handler handler) {
10          mHandler = handler;
11      }
12
13      public void run() {
14          mState = STATE_RUNNING;
15
16          while (mState == STATE_RUNNING) {
17              try {
18                  Thread.sleep(100);
19              }
20              catch (InterruptedException e) {
21                  e.printStackTrace();
22              }
23
24              //Activity 与线程通信的接口：消息
25              Message msg = mHandler.obtainMessage();
26              Bundle b = new Bundle();
27              b.putInt("CUR_VAL", mCurVal);
28              msg.setData(b);
29
30              //发送消息给进度对话框消息处理器
31              mHandler.sendMessage(msg);
32              mCurVal++;
33          }
34      }
35
36      //改变状态
37      public void setState(int state) {
38          mState = state;
39      }
40  };
```

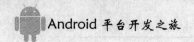

代码 5-59 中，该线程模拟了任务执行的过程，并将进度信息通过主线程消息队列处理器发送给主线程（第 31 行）。

3．日期选取对话框（Date Picker Dialog）

日期选择对话框用于提供选择日期的界面，如图 4-53 所示。

图 4-53　日期选取对话框界面

代码 4-60 是创建日期选取对话框的主要代码。

代码 4-60　创建日期选取对话框

文件名：DialogShowAct.java

```
1   //初始化日期选择对话框
2   private Dialog initDatePickerDlg() {
3       Calendar cal = Calendar.getInstance(TimeZone.getTimeZone("GMT+08:00"),
4                                           Locale.CHINA);
5       DatePickerDialog.OnDateSetListener listener =
6           new DatePickerDialog.OnDateSetListener() {
7               @Override
8               public void onDateSet(DatePicker view, int year,
9                       int monthOfYear, int dayOfMonth) {
10                  Log.i("INFO", ""+year+"-"+(monthOfYear+1)+"-"+dayOfMonth);
11              }
12      };
13
14      mDatePickerDlg = new DatePickerDialog(DialogShowAct.this, listener,
15              cal.get(Calendar.YEAR),
16              cal.get(Calendar.MONTH),
17              cal.get(Calendar.DAY_OF_MONTH) );
18
19      return (mDatePickerDlg);
20  }
```

代码 4-60 中，通过指定中国的时区以及位置信息来保证日期信息的正确性（第 3 行）。

4．时间选取对话框（Time Picker Dialog）

时间选择对话框用于提供选择时间的界面，如图 4-54 所示。

图 4-54　日期选取对话框界面

代码 4-61 是创建时间选取对话框的主要代码。

代码 4-61　创建时间选取对话框

文件名：DialogShowAct.java

```
1    //初始化时间选择对话框
2    private Dialog initTimePickerDlg() {
3        Calendar cal = Calendar.getInstance(TimeZone.getTimeZone("GMT+08:00"),
4                                            Locale.CHINA);
5        TimePickerDialog.OnTimeSetListener listener =
6            new TimePickerDialog.OnTimeSetListener() {
7                @Override
8                public void onTimeSet(TimePicker view, int hourOfDay,
9                        int minute) {
10                   Log.i("INFO", ""+hourOfDay+":"+minute);
11               }
12       };
13
14       mTimePickerDlg = new TimePickerDialog(DialogShowAct.this, listener ,
15               cal.get(Calendar.HOUR_OF_DAY),
16               cal.get(Calendar.MINUTE),
17               true); //24 小时制
18
19       return (mTimePickerDlg);
20   }
```

5. 定制对话框（Custom Dialog）

定制对话框就是由用户自己定义对话框界面，如图 4-55 所示。

图 4-55　定制对话框界面

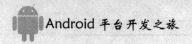

代码 4-62 是创建定制对话框的主要代码。

代码 4-62　创建定制对话框

文件名：DialogShowAct.java

```
1   private Dialog initCustomDlg() {
2       mCustomDlg = new Dialog(DialogShowAct.this);
3
4       mCustomDlg.setContentView(R.layout.custom_dlg);
5       mCustomDlg.setTitle("Custom Dialog");
6
7       return (mCustomDlg);
8   }
```

代码 4-62 中，该定制类直接通过对话框父类生成，但其内容视图通过定制的布局资源来指定（第 4 行）。代码 4-63 是定制对话框用到的内容视图的定义。

代码 4-63　定制对话框内容视图定义

文件名：custom_dlg.xml

```
1   <?xml version="1.0" encoding="utf-8"?>
2   <LinearLayout xmlns:android="http://schemas.android.com/apk/res/android"
3       android:layout_width="fill_parent"
4       android:layout_height="fill_parent"
5       android:orientation="horizontal"
6       android:padding="10px">
7       <ImageView
8           android:layout_width="wrap_content"
9           android:layout_height="fill_parent"
10          android:paddingRight="10dp"
11          android:src="@drawable/dog"/>
12      <TextView
13          android:layout_width="wrap_content"
14          android:layout_height="fill_parent"
15          android:text="Do u love puppy?"
16          android:textColor="#FFFF0000"/>
17  </LinearLayout>
```

4.10　消息提示条（Toast）

相信读者在之前的应用中注意到了如图 4-56 所示的消息提示组件，该组件不会长久占据屏幕，间隔一段时间会自动消失，而且不会像对话框显示时会阻塞程序，所以该组件在输出调试信息、提示一些辅助消息的场合是非常有用的。

图 4-56　消息提示条界面

在 Android 平台中，Toast（定义于 android.widget 包）就

代表了这样的组件，其只包含一个文本条组件，通过该类的静态方法“makeText”就可以依据指定的文本内容和显示持续时间标志来创建一个 Toast 实例，通过实例的“show”方法就可以显示提示信息。使用 Toast 的实例代码如下所示。

```
Toast.makeText(this, "文件删除成功！", Toast.LENGTH_SHORT).show();
```

4.11 定制 Activity

经过对 Android 平台中各种组件的学习，读者应该可以发现，有些组件的使用是比较简单的，但是有些组件的使用却是相当的复杂，例如列表视图、扩展类表视图、标签页视图等。在这三个组件的使用中，必须与相应的 Acitivity 组件配套使用。表 4-4 中是 Android 平台中所定义的特别 Activity 组件的说明。

表 4-4 Activity 组件的说明

类/接口	说明
android.app.ListActivity	列表 Activity
android.app.TabActivity	标签 Activity
com.google.android.maps.MapActivity	地图 Activity
android.preference.PreferenceActivity	首选项 Activity

4.11.1 列表 Activity（List Activity）

列表 Activity 组件内建了列表视图组件，如果使用用户自定义的布局资源，则其资源中的列表视图组件 ID 必须参考系统的列表视图组件 ID（android:list）。列表 Activity 可以对包含列表视图组件定义的布局资源进行解析和实例化，并对列表视图的适配器进行管理。

列表 Activity 组件的使用可以参见列表视图的说明。

4.11.2 扩展列表 Activity（ExpandableListActivity）

扩展列表 Activity 组件内建了扩展列表视图组件，如果使用用户自定义的布局资源，则其资源中的扩展列表视图组件 ID 必须参考系统的列表视图组件 ID（android:list）。列表 Activity 可以对包含扩展列表视图组件定义的布局资源进行解析和实例化，并对扩展列表视图的适配器进行管理。

扩展列表 Activity 组件的使用可以参见扩展列表视图的说明。

4.11.3 标签页 Activity（Tab Activity）

标签页 Activity 组件必须与标签页视图（TabHost）配合使用，标签页 Activity 组件提供对标签页视图定义的解析和实例化，并负责控制标签页的显示。

有关标签页 Activity 组件的使用可以参考标签页视图的说明。

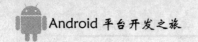

4.11.4 地图 Activity（MapActivity）

地图 Activity 组件必须与地图视图（MapView）配合使用，地图 Activity 组件提供对地图视图定义的解析和实例化，并负责构建地图视图的配套组件（缩放控制组件、地图控制组件等）。

4.12 用户界面开发问题

4.12.1 ANR 异常

ANR 是 Application Not Responding（应用程序未就绪）的简称，是用户界面编程中需要注意的问题。ANR 异常界面如图 4-57 所示。

图 4-57 ANR 异常界面

该异常的引发原因是用户界面的反应超时，例如：读者通过点击一个按钮来执行下载操作，结果该操作持续的事件超过 Android 平台的约定，那么 Android 平台会认为该程序出现异常，从而抛出 ANR 异常。所以，读者要避免 ANR 异常，就必须把执行时间可能过长的操作与界面组件进行“分离”，例如开启新的线程来执行下载、播放音乐等操作。

提示：不同于桌面应用，手机是一个以客户端为中心的系统，存在很多与外部打交道的地方。例如：收发短信、访问网络、通过蓝牙传递文件等操作与用户界面线程是异步进行的，所以要防止界面资源的死锁。J2ME 平台对于网络（例如蓝牙、GSM/CDMA 等）和文件系统的访问都强制要求启用与用户界面不同的线程，以免产生死锁。

4.12.2 界面组件与线程的交互

为了解决 ANR 异常，作者建议采用新建线程的方式。但是在这种方式下，又出现了新的问题：Android 平台禁止在非主线程中访问界面组件。例如：通过点击按钮来启动下载线程执行文件下载操作，操作开始，该按钮变为不可用，当下载完成，需要将按钮变为可用。但是在新建线程中试图访问 Activity 组件中的按钮组件对象实例时，会遭遇如下所示的异常。

```
android.view.ViewRoot$CalledFromWrongThreadException:
        Only the original thread that created a view hierarchy can touch its views.
```

该异常信息表明，只有创建视图结构层次的线程才能访问其中的视图，也就是说视图组件对不是创建它的线程关上了大门。幸运的是，Android 提供了线程的消息队列机制，通过线程的消息队列处理器（Handler），外部线程可以向主线程的消息队列中发送消息，主线程收到该消息后，再通过消息的“指示”来控制界面组件。

那么，有关主线程消息队列处理器的使用要解决以下三个环节：

（1）在主线程中开“后门”，即创建消息队列处理器实例，并在该实例的定义体中定义对收到消息的处理，实例代码如下所示：

```
//初始化界面线程消息处理器
private Handler mHandler = new Handler() {
    @Override
    public void handleMessage(Message msg) {
        super.handleMessage(msg);
        //获取消息数据
        Bundle bundle = msg.getData();
        //分解出消息发送方和消息内容
        String senderStr = bundle.getCharSequence("Sender").toString();
        String msgStr = bundle.getString("Msg");
        //输出消息到文本框
        printLog(senderStr+"|"+msgStr);
    }
};
```

（2）将主线程消息队列处理器传给新建线程，实例代码如下所示：

```
private void startService() {
    //将主线程消息队列处理实例传递给线程
    mServerThread = new ServerThread(mHandler);
    mServerThread.start();
}
```

（3）在新建线程中通过主线程消息处理器给主线程发送消息，实例代码如下所示：

```
//发送消息到界面线程消息队列中
public void showResponse(Handler handler, String sender, String data) {
    //创建消息包
    Bundle bundle = new Bundle();
    //设置消息项
    bundle.putCharSequence("Sender", sender);
    bundle.putString("Msg", data);
    //创建消息实体
    Message msg = new Message();
```

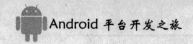

```
        //设置消息数据
        msg.setData(bundle);
        handler.sendMessage(msg);
    }
```

需要说明的是，步骤（3）和（1）是互逆的，步骤（3）是包装消息，而步骤（1）是拆开消息内容。

第 5 章　底层用户界面设计

本章介绍一些用于底层用户界面控制的组件以及其使用方式。通过这些底层组件，开发者可以更多地使用系统底层界面的控制功能，而不拘泥于 Android 平台所定义的标准界面控制组件。在游戏开发、视频播放控制和 3D 效果展示等高级应用中会用到这些接口组件。

5.1　Android 底层用户界面

看过第 4 章，相信读者已经基本了解 Android 平台的大部分高级用户界面，并且能使用这些界面组件来搭建自己应用程序。但是随着应用的深入，读者可能会发现 Android 平台提供的这些高级组件已经无法满足一些对性能要求比较高的应用，如游戏开发、3D 效果展现等，这些应用可能需要系统底层的“控制权”。

为了满足应用程序的高级应用需求，Android 平台对手机屏幕设备的底层访问进行了封装，提供了代表屏幕设备的底层视图；同时，为了满足应用程序能够高性能地绘制 3D 图形的要求，Android 平台提供了对 OpenGL ES API 的支持并对其进行了再次封装，打造出易用的 3D 图形绘制视图组件。图 5-1 就是一个 Android 平台中的基于 OpenGL 的带纹理的立方体效果图。

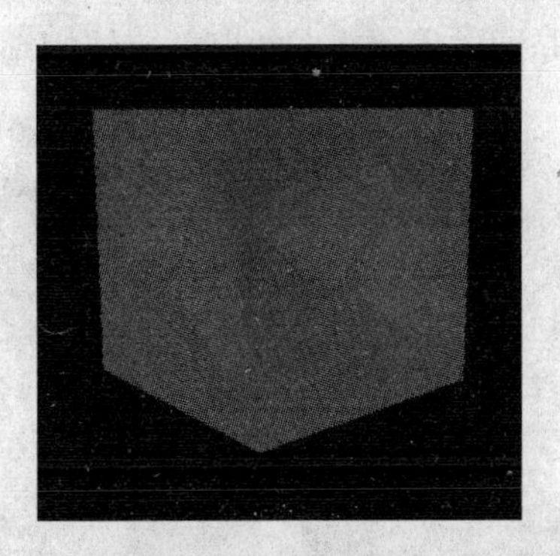

图 5-1　基于 OpenGL 的带纹理的立方体效果图

图 5-2 是 Android 平台提供的底层视图定义的层次结构图。

```
View
  SurfaceView
    GLSurfaceView
    VideoView
```

图 5-2　Android 平台底层视图层次结构

表 5-1 是图 5-2 中底层用户界面类/接口的说明。

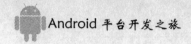

表 5-1　底层用户界面相关类/接口说明

类/接口	说明
android.view.SurfaceView	专用于绘制视图结构层次的表面
android.opengl.GLSurfaceView	实现于表面类，但其表面是专为显示 OpenGL 渲染
android.widget.VideoView	用于播放一个视频文件

5.2 底层视图绘制

Android 平台提供了 SurfaceView（表面视图）组件用于对屏幕设备的底层访问。在这里，表面（Surface）的概念和 DirectX 中表面缓冲区（DirectX Surface Buffer）是一样的。为了提高屏幕绘制的效率，无论是 Windows 还是 Android 平台毫无疑问地用到了屏幕缓冲的机制。

创建或销毁屏幕缓冲区的时机以及屏幕缓冲区的存取控制是底层视图绘制尤为重要的两个环节。

5.2.1 表面视图类（Surface View）

表面视图提供了一个可以嵌入到 Android 应用程序的视图层架结构中的、用于绘制的表面。表面视图组件提供了一个该表面到前端显示窗体的“绿色通道”，在表面中绘制好的内容可以快速显示到前端窗体中。开发者不能直接获取表面对象，而是需要通过其绑定的表面视图组件，来获取该表面对象的控制器（SurfaceHolder）。

通过表面控制器的回调函数，读者可以很方便地对表面对象进行初始化、绘制、调整框架大小和销毁控制。图 5-3 是通过表面视图绘制并旋转蝴蝶的照片的实例界面。

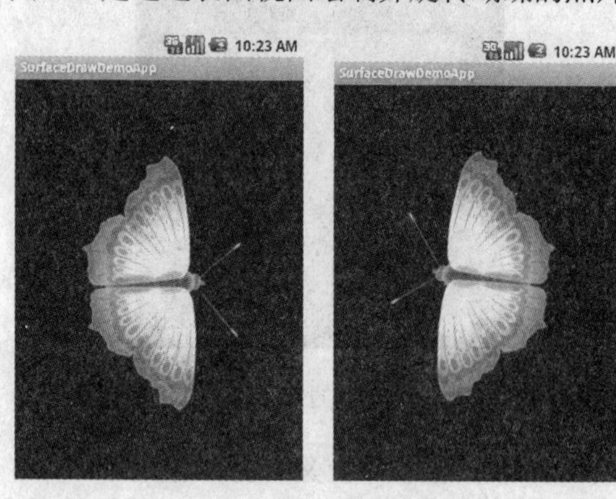

图 5-3　表面视图绘制界面

1. 表面视图的定义

表面视图与定制视图（第 4 章中有介绍）的使用模式是一样的，需要通过其子类实例来进行绘制。也就是说，读者必须先定义一个继承于 SurfaceView 类的子类，然后在子类重载的方法中进行绘制。

实际上，表面视图的子类除了继承父类 SurfaceView 之外，还必须实现表面控制器的回调管理接口（SurfaceHolder.Callback）。控制表面对象的回调函数都是通过实现表面控制器的回调管理接口生成的。

代码 5-1 是图 5-3 所显示的界面中的表面视图子类的定义代码。

代码 5-1　表面视图子类的定义

文件名：FoolSurfaceView.java

```
1   public class FoolSurfaceView extends SurfaceView implements SurfaceHolder.Callback {
2       //绘制资源 ID 数组
3       private static final int[] DRAWABLE_IDs = {
4           R.drawable.bqt, R.drawable.dx, R.drawable.hd,
5           R.drawable.hg, R.drawable.hm, R.drawable.xm
6       };
7       //绘制线程
8       private SurfaceViewThread mThread = null;
9       //必须使用带有 AttributeSet 参数的构造函数，否则无法通过 XML 进行定义
10      public FoolSurfaceView(Context context, AttributeSet attrs) {
11          super(context, attrs);
12          //获取到表面控制器
13          SurfaceHolder holder = getHolder();
14          //设置表面控制器的回调管理器
15          holder.addCallback(this);
16          //初始化绘制线程
17          mThread = new SurfaceViewThread(context, holder);
18      }
19
20      //获取绘制线程
21      public SurfaceViewThread getThread() {
22          return this.mThread;
23      };
24
25      //当表面的状态（格式、宽度和高度）改变时回调
26      @Override
27      public void surfaceChanged(SurfaceHolder holder, int format, int w, int h) {
28      }
29
30      //当表面创建完毕后回调
31      @Override
32      public void surfaceCreated(SurfaceHolder holder) {
33          //在表面创建的同时启动绘制线程
34          mThread.setRunning(true);
35          mThread.start();
36      }
37
38      //在表面销毁后回调
39      @Override
40      public void surfaceDestroyed(SurfaceHolder holder) {
```

```
41              //停止绘制线程
42              mThread.setRunning(false);
43              try {
44                  mThread.join();
45              } catch (InterruptedException e) {
46                  e.printStackTrace();
47              }
48          }
49
50          //表面视图绘制线程的定义（代码 5-2）
51          ……
52      };
```

代码 5-1 中，在构造函数内，表面视图首先要做的是获取到表面控制器接口（第 13 行），然后设置表面控制器的回调控制器（第 15 行），而这个回调控制器正好是此表面视图类本身，因为该表面视图类实现了 SurfaceHolder.Callback（表面控制器回调管理器）接口。

对于表面的控制都在重载于表面控制器回调管理器接口的方法中进行。表 5-2 是表面控制器回调管理器所定义的回调函数列表。

表 5-2 表面控制器回调管理器接口说明

接口	说明
surfaceChanged(SurfaceHolder, int, int, int)	当表面发生结构上的改变时回调
surfaceCreated(SurfaceHolder)	当表面首次被创建之后回调
surfaceDestroyed(SurfaceHolder)	当表面被销毁之后回调

2．表面视图的绘制控制

在代码 5-1 中，当表面视图内嵌的表面对象创建完毕之后，是通过启动表面视图的绘制线程来实施绘制工作的（第 35 行）。代码 5-2 是表面视图绘制线程的定义。

代码 5-2 表面视图绘制线程的定义

文件名：FoolSurfaceView.java

```
1   class SurfaceViewThread extends Thread {
2       private Context mContext = null;
3       //从表面视图组件中传入的表面控制器接口
4       private SurfaceHolder mHolder = null;
5       //线程状态
6       private boolean mIsRunning = false;
7       //用于绘制的位图
8       private Bitmap mSprite = null;
9       private Random mRandomizer = null;
10      //当前绘制图片的旋转角度
11      private int mRotate = 0;
12      private Matrix mMatrix = null;
13
14      public SurfaceViewThread(Context context, SurfaceHolder holder) {
```

```
15              super();
16              //初始化表面控制器以及当前线程所在的上下文
17              this.mHolder = holder;
18              this.mContext = context;
19              //随机加载绘制内容
20              mRandomizer = new Random(System.currentTimeMillis() );
21              //通过绘制用资源 ID 加载位图
22              mSprite = BitmapFactory.decodeResource(mContext.getResources(),
23                          DRAWABLE_IDs[2]);
24              //初始化旋转位图的矩阵
25              mMatrix = new Matrix();
26          }
27
28          //设置线程运行状态
29          public void setRunning(boolean isRunning) {
30              this.mIsRunning = isRunning;
31          }
32
33          @Override
34          public void run() {
35              while (mIsRunning) {
36                  Canvas canvas = null;
37                  try {
38                          //绘制前通过表面控制器锁定当前画布
39                          canvas = mHolder.lockCanvas(null);
40                          synchronized (mHolder) { //线程同步控制
41                              //进行旋转绘制
42                              doRotate(canvas);
43                          }
44                  } finally {
45                          if (canvas != null) {
46                              //绘制后解锁当前画布并提交表面内容
47                              mHolder.unlockCanvasAndPost(canvas);
48                          }
49                  }
50              }
51
52              super.run();
53          }
54
55          //执行画面旋转绘制
56          private void doRotate(Canvas canvas) {
57              //清除背景
58              clearBkg(canvas);
59              //更新旋转矩阵
60              mMatrix.setRotate(getRotate() );
```

```
61              //通过旋转矩阵创建复制位图
62              Bitmap bmpRotate = Bitmap.createBitmap(mSprite, 0, 0,
63                      mSprite.getWidth(), mSprite.getHeight(),
64                      mMatrix, true);
65              //通过画布绘制位图
66              canvas.drawBitmap(bmpRotate,
67                      (canvas.getWidth()-bmpRotate.getWidth())/2,
68                      (canvas.getHeight()-bmpRotate.getHeight())/2, null);
69              bmpRotate = null;
70
71              //执行画面停顿，实现动画效果
72              try {
73                  Thread.sleep(100L);
74              } catch (InterruptedException e) {
75                  e.printStackTrace();
76              }
77          }
78          ……
79          //清空背景
80          private void clearBkg(Canvas c) {
81              c.drawColor(Color.BLACK, Mode.CLEAR);
82          }
83          ……
84      };
```

代码 5-2 中，在线程的构造函数内，线程首先做的是获取通过表面视图传递过来的表面控制器接口（第 17 行），然后加载将要绘制的位图资源（第 22 行）。

关键的绘制操作是在重载的运行方法（“run”）中进行。在绘制之前，表面控制器必须获取表面视图的表面对象的画布接口（Canvas），并锁定表面对象（第 39 行）；然后再通过表面对象的画布接口来实施绘制操作（第 42 行）；绘制完毕之后，表面控制器必须释放表面对象，并提交表面对象上绘制的内容（第 47 行），这样绘制结果才能通过之前所说的“绿色通道”在前端窗体中显示。

注意：在绘制过程中，必须保证表面控制器实例的同步（代码 5-2 中第 40 行），因为表面对象的操作都是通过表面控制器实例来完成的，否则会造成绘制的混乱。

3. 在布局资源中定义表面视图

当表面视图子类定义好了之后，开发者就可以在程序的布局资源中定义该视图了。代码 5-3 是通过 XML 定义表面视图组件的主要代码。

代码 5-3　通过 XML 定义表面视图组件

文件名：main.xml

```
1  <?xml version="1.0" encoding="utf-8"?>
2  <FrameLayout xmlns:android="http://schemas.android.com/apk/res/android"
```

```
3        ……>
4        <foolstudio.demo.view.FoolSurfaceView
5            android:layout_width="fill_parent"
6            android:layout_height="fill_parent" />
7    </FrameLayout>
```

代码 5-3 是和定制视图的定义方式一样，其定义标签需要提供完整的类名（第 4 行），否则资源解析器无法找到该标记所对应的组件类。

4．在前端显示表面视图内容

在 Activity 组件中只需要将包含表示视图的布局资源填充为内容视图即可。代码 5-4 是在 Activity 组件中使用表面视图的实例代码。

代码 5-4 在 Activity 中使用表面视图

文件名：SurfaceViewDemoAct.java

```
1    public class SurfaceViewDemoAct extends Activity {
2        @Override
3        public void onCreate(Bundle savedInstanceState) {
4            super.onCreate(savedInstanceState);
5            //设置布局资源所定义的表面视图为内容视图
6            setContentView(R.layout.main);
7        }
8    };
```

5．表面视图的使用场合

表面视图除了用于图形、图像的底层绘制之外，还可以用来播放视频文件。媒体播放器会指定一个表面视图类实例来作为显示视频片段内容的载体。如图 5-4 所示的内容就是在表面视图中播放一段 3gp 视频的实例界面，其实例介绍请参考第 9 章。

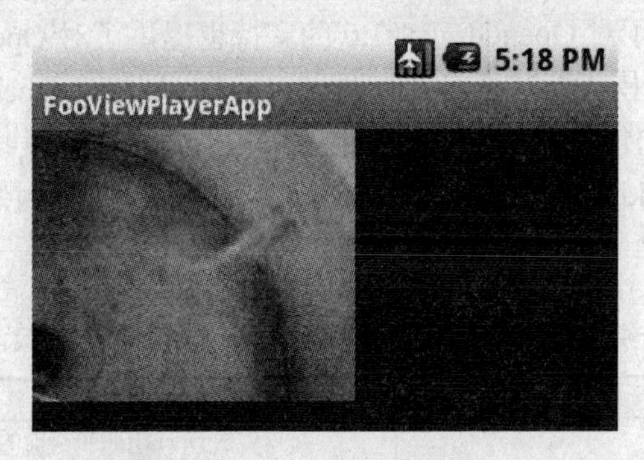

图 5-4 通过表面视图播放视频文件

5.2.2 底层视图的绘制接口

无论对于定制视图还是表面视图，在绘制视图内容时，都用到了画布接口（Canvas）。画布接口提供了丰富的绘制方法，开发者可以利用这些方法绘制出复杂的图形。表 5-3 列举了画布接口提供的一些常用绘制方法。

表 5-3 画布接口绘制方法

方法	说明
drawARGB	绘制 ARGB 颜色
drawArc	绘制弧线
drawBitmap	绘制位图
drawCircle	绘制圆
drawColor	绘制颜色
drawLine	绘制直线
drawPicture	绘制画面
drawPoint	绘制点
drawRGB	绘制 RGB 颜色
drawRect	绘制矩形
drawText	绘制文本

5.3 OpenGL 视图绘制

5.3.1 OpenGL ES 概述

OpenGL ES（OpenGL for Embedded System，嵌入式系统 OpenGL）是专门针对嵌入设备（例如手机、PDA 和游戏机等）的计算性能和应用需求，对 OpenGL 3D 库进行裁剪和定制之后的子集。其官方网站为 http://www.khronos.org/opengles/。

当前 OpenGL ES 主要有两个版本：OpenGL ES 1.x 版本针对固定管线硬件；OpenGL ES 2.x 版本针对可编程管线硬件。其中，OpenGL ES 1.0 是以 OpenGL 1.3 规范为基础；OpenGL ES 1.1 是以 OpenGL 1.5 规范为基础。

5.3.2 Android 平台对 OpenGL ES 的支持

Android 平台既提供了对 OpenGL ES 1.0 的支持也提供了对 OpenGL ES 1.1 的支持。并且按 OpenGL ES 的使用模式封装成可视视图 GLSurfaceView（OpenGL 表面视图），简化开发者对 OpenGL ES API 的使用。

表 5-4 列举了 Android 平台中，对 OpenGL ES 1.0 功能进行封装的一些主要类或接口的说明。

表 5-4 Android 平台中 OpenGL ES 1.0 功能类/接口说明

接口/类	说明
android.opengl.GLSurfaceView	可以提供 OpenGl 渲染功能的表面视图
android.opengl.GLSurfaceView.Renderer	OpenGL 表面视图渲染器
android.opengl.GLU	OpenGL 工具类
android.opengl.GLUtils	OpenGL ES 到 Android API 的工具类
javax.microedition.khronos.opengles.GL	代表 OpenGL ES 功能接口
javax.microedition.khronos.opengles.GL10	OpenGL ES 1.0 功能接口
javax.microedition.khronos.opengles.GL10Ext	OpenGL ES 1.0 功能接口扩展
javax.microedition.khronos.opengles.GL11	OpenGL ES 1.1 功能接口
javax.microedition.khronos.opengles.GL11Ext	OpenGL ES 1.1 功能接口扩展

5.3.3 OpenGL 表面视图的使用模式

图 5-5 是使用 OpenGL 表面视图进行背景颜色随机切换实例界面，其中采用的颜色缓冲区（Color Buffer）机制使用了 OpenGL ES 1.0 API。

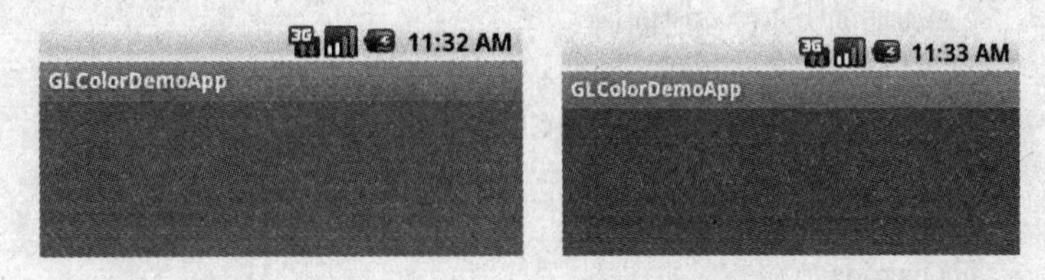

图 5-5 OpenGL 表面视图实例额界面

1. OpenGL 表面视图的定义

OpenGL 表面视图和表面视图的使用模式基本是相同的，开发者必须先定义一个继承于“GLSurfaceView”类的子类，然后在子类重载的方法中进行绘制。

OpenGL 表面视图除了继承父类 GLSurfaceView 之外，还必须实现 OpenGL 表面视图渲染器接口（GLSurfaceView.Renderer）。使用 OpenGL ES 功能集进行绘制的操作都在重载于该渲染器接口的方法内。

代码 5-5 中定义了一个 OpenGL 表面视图类的子类。

代码 5-5 OpenGL 表面视图类的定义

文件名：GLColorView.java

```
1   public class GLColorView extends GLSurfaceView implements GLSurfaceView.Renderer {
2       ……
3       //必须使用带有 AttributeSet 参数的构造函数，否则无法通过 XML 进行定义
4       public GLColorView(Context context, AttributeSet attrs) {
5           super(context, attrs);
6           mRandomizer = new Random(System.currentTimeMillis() );
7           //设置当前视图的渲染器
8           this.setRenderer(this);
9       }
10
11      //绘制当前帧时回调
12      @Override
13      public void onDrawFrame(GL10 gl) {
14          //清屏并设置指定的颜色
15          gl.glClearColor(mRandomizer.nextFloat(), //红色比重
16                          mRandomizer.nextFloat(), //绿色比重
17                          mRandomizer.nextFloat(), //蓝色比重
18                          mRandomizer.nextFloat() ); //透明比重
19          //执行画面停顿，实现动画效果
20          try {
21              Thread.sleep(1000L);
22          } catch (InterruptedException e) {
23              e.printStackTrace();
```

```
24                }
25                //执行颜色缓冲区的更新
26                gl.glClear(GL10.GL_COLOR_BUFFER_BIT|GL10.GL_DEPTH_BUFFER_BIT);
27            }
28
29            //当表面的大小改变时回调
30            @Override
31            public void onSurfaceChanged(GL10 gl, int width, int height) {
32            }
33            //当表面对象创建完毕后回调
34            @Override
35            public void onSurfaceCreated(GL10 gl, EGLConfig config) {
36                //初始化背景
37                gl.glClearColor(0.0f, 0.0f, 0.0f, 0.0f);
38            }
39        };
```

代码 5-5 中，在构造函数内，OpenGL 表面视图将其自身实例设置为渲染器（第 8 行），因为该视图类实现了 GLSurfaceView.Renderer（OpenGL 表面视图渲染器）接口。

对于视图的绘制都在重载于渲染器接口的方法中进行，表 5-5 是 OpenGL 表面视图渲染器所定义的接口说明。

表 5-5 OpenGL 表面视图渲染器接口说明

接口	说明
onDrawFrame(GL10)	当绘制当前帧时回调
onSurfaceChanged(GL10, int, int)	当视图大小发生改变时回调
onSurfaceCreated(GL10, EGLConfig)	当视图首次被创建后回调

在 OpenGL 表面视图渲染器的回调函数中，开发者可以通过 OpenGL ES 1.0 的功能接口来实现相应的 3D 绘制功能。

2. 在布局资源中定义 OpenGL 表面视图

当 OpenGL 表面视图子类定义好之后，开发者就可以在程序的布局资源中定义该视图了。代码 5-6 是使用 XML 定义 OpenGL 表面视图组件的主要代码。

代码 5-6 使用 XML 定义 OpenGL 表面视图类

文件名：main.xml

```
1   <?xml version="1.0" encoding="utf-8"?>
2   <LinearLayout xmlns:android="http://schemas.android.com/apk/res/android"
3       ……>
4       <foolstudio.demo.opengl.GLColorView
5           android:layout_width="fill_parent"
6           android:layout_height="fill_parent">
7       </foolstudio.demo.opengl.GLColorView>
8   </LinearLayout>
```

OpenGL 表面视图与表面视图类的定义方式一样，其定义标签需要提供完整的类名（代码 5-6 中第 4 行）。

3. 在前端显示 OpenGL 表面视图

在 Activity 组件中只需要将包含表示 OpenGL 视图的布局资源填充为内容视图即可。代码 5-7 是在 Activity 组件中使用 OpenGL 表面视图的实例代码。

代码 5-7 使用 OpenGL 表面视图布局定义

文件名：GLColorDemoAct.java

```
1   ……
2   public class GLColorDemoAct extends Activity {
3       @Override
4       public void onCreate(Bundle savedInstanceState) {
5           super.onCreate(savedInstanceState);
6           //将包含 OpenGL 表面视图的布局设置为 Activity 组件的内容视图
7           setContentView(R.layout.main);
8       }
9   };
```

5.3.4 Android 平台中 OpenGL 使用说明

实际上，读者可以把 OpenGL 表面视图理解为 OpenGL API 与 Android 平台的应用接口。通过这个接口，OpenGL 开发人员可以方便地将其工作平台转移到 Android 平台上来。而需要在 Android 平台中绘制 OpenGL 效果的图形，还必须夯实 OpenGL 的应用基础。

读者可以通过 OpenGL 表面视图来实现 OpenGL 提供的简单功能；至于把 OpenGL 的功能发挥得淋漓尽致则已经不属于 Android 平台开发的范畴。所以，代码 5-5 仅仅是用到了 OpenGL 中的颜色功能，而真正的 3D 图形的绘制、立方体渲染、纹理等 OpenGL 的特效功能（如图 5-1 所示）在此不详细介绍。

5.4 视频视图（VideoView）

视频视图的主要应用不是绘制，而是播放视频文件（3gp、mp4 等类型），它继承于表面视图，但封装了显示视频帧画面的过程，从而简化了视频的播放过程。读者可以参考第 9 章中使用视频视图的详细说明。

第 6 章　文件系统管理

本章对 Android 平台中的文件访问类型进行了详细的说明，从系统和应用程序的角度介绍了对文件系统进行访问的过程。与桌面平台的文件应用的差异在于，Android 平台为应用程序定义了多种文件存取机制，例如资源文件、私有文件、首选项文件等。通过介绍，希望读者能够识别不同类型的文件存取方式的适用性。

6.1　Android 平台中的文件

作为存储数据的载体，文件无疑是绝大多数平台不可缺少的组成部分，Android 平台也毫不例外。而且 Android 平台还提供了多种形式的文件存取机制，例如文件资源、文件系统和参数文件。除此之外，Android 平台还提供了对文件系统进行监视的功能，通过该监视接口，用户程序可以对指定路径下的文件操作（例如创建、打开和删除等）进行监视。

6.2　原文件资源

相信读者对资源文件的概念应该并不陌生，因为在第 4 章和第 5 章的界面定义中，开发者都需要定义界面的布局资源，这些布局定义以文件的形式存储于项目的资源文件夹下的“layout”文件夹中。对于这些 XML 资源文件，Android 平台使用资源填充器（LayoutInflater）可以方便地对其中的 XML 标记进行解析，并生成 XML 标记所定义的组件的实例。

然而对于那些非 XML 文件或者其内容格式无法为 Android 平台所识别的资源文件（如图 6-1 所示的文本文件），Android 平台又将如何提供支持呢？

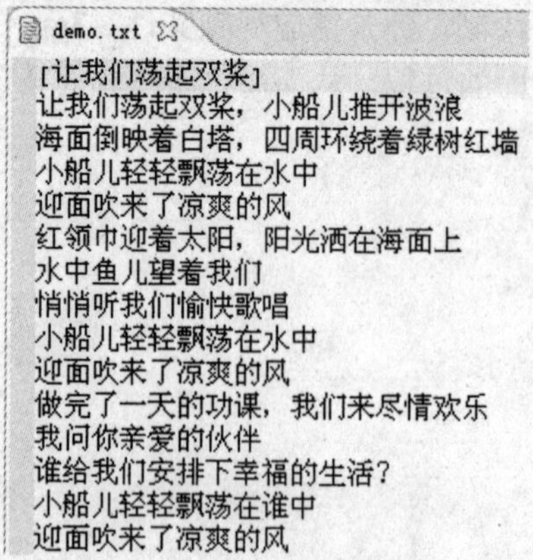

demo.txt

[让我们荡起双桨]
让我们荡起双桨，小船儿推开波浪
海面倒映着白塔，四周环绕着绿树红墙
小船儿轻轻飘荡在水中
迎面吹来了凉爽的风
红领巾迎着太阳，阳光洒在海面上
水中鱼儿望着我们
悄悄听我们愉快歌唱
小船儿轻轻飘荡在水中
迎面吹来了凉爽的风
做完了一天的功课，我们来尽情欢乐
我问你亲爱的伙伴
谁给我们安排下幸福的生活？
小船儿轻轻飘荡在谁中
迎面吹来了凉爽的风

图 6-1　资源文件内容

对于资源文件中无法识别其格式的文件，Android 平台统统将它们视为原文件（Raw），一般约定存放于项目的资源文件夹下的“raw”文件夹中。对于原文件，Android 平台提供了文件流的接口来对这些原文件进行访问。图 6-2 是对图 6-1 所示内容的文本文件进行读取的实例界面。

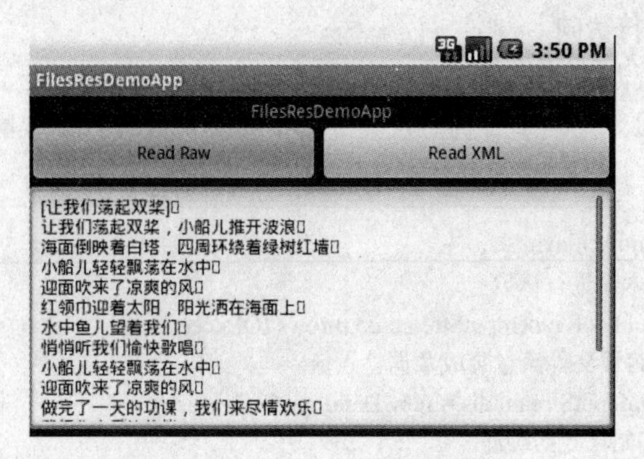

图 6-2　读取原文件资源内容

6.2.1　准备原文件资源

原文件资源无需通过 XML 进行定义，只需要将该文件放入项目的资源文件夹下的“raw”文件夹中即可。

6.2.2　使用原文件资源

与使用 XML 文件资源一样简单，通过 Activity 组件的资源管理器（Resources）接口就可以打开原文件资源的输出流，再通过文件输出流对文件进行访问。

1. 通过资源管理器接口打开原文件输入流

代码 6-1 是在 Activity 组件中通过资源管理器接口打开原文件资源的输入流的关键代码。

代码 6-1　访问原文件资源

文件名：FilesResDemoAct.java

```
1   public class FilesResDemoAct extends Activity implements OnClickListener {
2       ......
3       //读取原文件资源
4       private void doRaw() {
5           //通过 Activity 组件的资源管理器接口打开并获取源文件资源文件流
6           InputStream is = this.getResources().openRawResource(R.raw.demo);
7           try {
8               doRead(is);
9           } catch (IOException e) {
10              e.printStackTrace();
11          }
12      }
13      ......
14  };
```

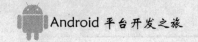

代码 6-1 中，首先是通过“getResources”方法获取该 Activity 组件所关联的资源管理器接口（第 6 行），然后通过该接口的“openRawResource”方法打开原文件资源文件流（第 6 行），继而对文件流进行访问（第 8 行）。其中“openRawResource”方法的参数是原文件资源 ID，也是其文件名（不包括路径和扩展名）。

2．对原文件流进行访问

一旦获得原文件资源的文件流，开发者就可以使用 Android 平台定义的流操作接口来对原文件的内容进行访问。代码 6-2 就是代码 6-1 中对文件流进行读取的关键代码。

代码 6-2　读取原文件资源内容

文件名：FilesResDemoAct.java

```
1   //通过输入流进行读取
2   private void doRead(InputStream is) throws IOException {
3       // 将原文件流包装成数据输入流
4       DataInputStream dis = new DataInputStream(is);
5       //初始化数据缓冲区
6       byte[] buffer = new byte[is.available()];
7       //一次性读取全部字节
8       dis.readFully(buffer);
9       //以 GBK 编码输出文件内容
10      printText(new String(buffer, "GBK"));
11      //关闭文件流
12      dis.close();
13      is.close();
14  }
```

代码 6-2 中，首先将文件输入流包装成数据流的方式来按照字节进行读取（第 6 行），这样可以避免由于文件内容编码的原因造成按照字符读取的方式而产生乱码；然后通过数据流的“readFully”方法一次性将文件内容读取到缓冲区（第 8 行）。最后，还需要将读取内容按照正确的编码进行转换输出（第 10 行），其中“GBK”即《汉字内码扩展规范》。

注意：文件内容的编码将直接影响到其内容的访问。默认的，Android 平台中大部分 XML 文件都有一个头部描述“<?xml version="1.0" encoding="utf-8"?>”，其中就指明了其内容的编码方式为“UTF-8”，该方式属于 Unicode 编码，支持国际化的语言表示。而有些系统中的 XML 文件使用的是“ISO-8859-1”编码，如果读者试图插入汉字内容则 XML 解析器会报告解析该 XML 文件遇到异常。而如果要支持汉字注释，那么读者必须将该 XML 文件的头部描述中的编码方式改为“GB-2312”或“GBK”。

6.3　文件系统

在上一节中，读者可以通过原文件资源的访问接口方便地对原文件进行访问。但是美中不足的是，对原文件资源无法进行改写，因为它们包含于安装包文件（apk 文件）中。对于安装包的管理只能通过 Android 平台提供的包管理器（Package Manager）来进行，用户程序无法直接进行访问。

而通过 Android 平台的文件系统，用户程序就可以打破这些限制，更加自由地对程序所用到的文件进行部署。

6.3.1 Android 平台文件系统介绍

图 6-3 是通过 adb 工具（需要“shell”参数）连接到 Android 平台之后，通过“ls”命令查看根目录下的目录结构内容。

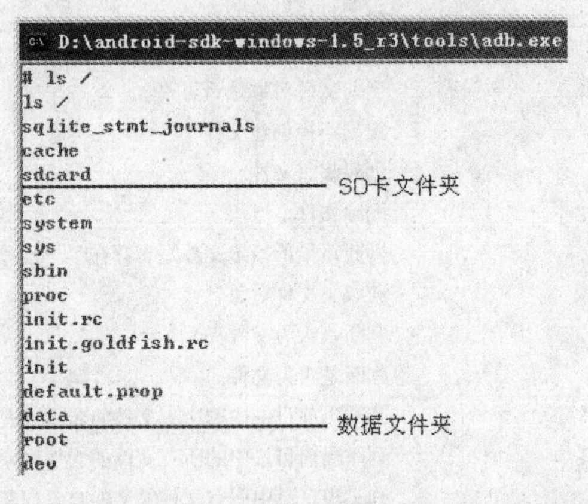

图 6-3　通过 adb 工具访问 Android 文件系统

通过图 6-3 读者不难看出，Android 平台的根目录中的内容明显存在 Linux 系统的痕迹，例如，etc、system、sbin、dev 等内容都是 Linux 系统的核心目录。但是，代表 SD 卡的 sdcard 目录和存放 apk 文件的 data 目录却是 Android 平台独有的内容。表 6-1 是对图 6-3 所示的根目录中的内容的简要说明。

表 6-1　Android 平台根目录内容说明

目录路径	说明
/sqlite_stmt_journals	SQLite 日志目录
/cache	缓存目录
/sdcard	SD 卡
/etc	设置文件目录
/system	操作系统工具（命令）目录，其下 bin 目录中是命令；app 目录中为预装 apk 文件；framework 目录中是系统内核函数库
/sys	系统目录
/sbin	系统操作命令目录
/proc	系统核心产生的消息日志已经进程标识
init.rc	系统环境设置
init.goldfish.rc	模拟器环境设置
/init	启动 Android 的初始设置（只有 root 才能访问）
default.prop	adb 调试设置
/data	资料目录，其下 data 目录中存放系统所有的 apk 安装包；app 目录中存放用户所有的 apk 安装包
/root	root 主目录
/dev	硬件设备标识

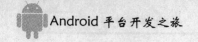

6.3.2 文件系统操作

在 J2SE 平台，文件类（java.io.File）用于抽象地表示一个通过路径名来标识的文件系统实体（文件或文件夹）。Android 平台也定义了该类，通过该类的相关方法，开发者可以实现常用的文件系统操作功能。表 6-2 中所列举的是文件类提供的一些接口说明。

表 6-2 Android 平台文件类接口说明

接口	说明
canRead	当前文件对象是否可读
canWrite	当前文件对象是否可写
createNewFile	根据路径创建文件
createTempFile	创建临时文件
delete	删除文件
exists	判断路径所指定文件是否存在
getParentFile	获取父文件对象
isDirectory	判断是否为文件夹
isFile	判断是否为文件
list	列举当前目录中的所有文件的名称列表
listFiles	列举当前目录中的所有文件的文件对象列表
listRoots	列举根目录中所有文件的文件对象列表
mkdir	创建目录
mkdirs	按照路径层级创建目录
renameTo	更改文件名

图 6-4 是一个访问 Android 平台文件系统的程序界面。

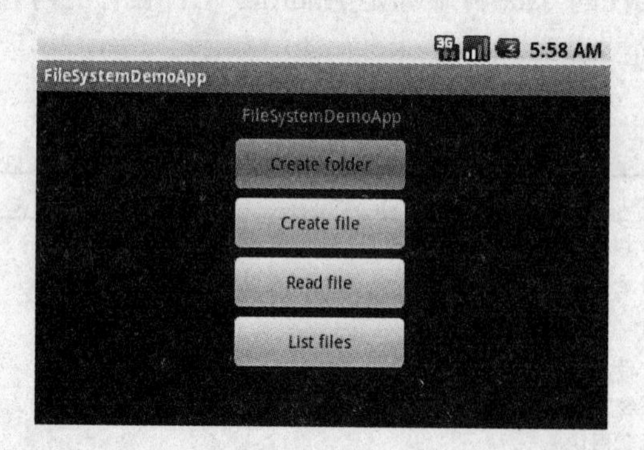

图 6-4 访问 Android 平台文件系统的程序界面

如图 6-4 所示，该程序进行了创建文件夹、创建文件、读取文件和列举文件夹中所有文件的操作。图 6-5 中的内容是该程序的操作记录。

```
Message
Create Folder /sdcard/foolstudio OK!
Folder /sdcard/foolstudio already exists!
Create file /sdcard/foolstudio/readme.txt OK!
File /sdcard/foolstudio/readme.txt already exists!
Contents of file readme.txt: This is a demonstration
Contents of file foolstudio:          of Android file system.
readme.txt
```

图 6-5 文件系统操作记录

注意：在 SD 卡上创建文件或文件夹需要在工程清单文件（AndroidManifest.xml）中声明允许写外部存储器（SD 卡）的许可。如以下代码所示：

```
<uses-permission android:name="android.permission.WRITE_EXTERNAL_STORAGE"/>
```

1．文件夹实体操作

文件夹的实体操作包括创建和删除，由表 6-2 可知，通过文件类实例的“mkdir”和“delete”方法能实现文件夹的创建和删除。代码 6-3 是图 6-4 中所示的程序创建文件夹的实例代码。

代码 6-3　创建文件系统文件夹

文件名：FileSystemDemoAct.java

```
1   public class FileSystemDemoAct extends Activity implements OnClickListener {
2       //基础文件夹
3       private final String BASE_DIR = "/sdcard";
4       private final String NEW_DIR = "foolstudio";
5       //目标文件夹
6       private final String DEST_DIR = BASE_DIR + File.separator + NEW_DIR;
7       ……
8       //创建文件夹
9       private void doCreateFolder() {
10          //创建文件系统访问接口
11          File file = new File(DEST_DIR);
12          //如果文件夹不存在则创建
13          if(file.exists() == false) {
14              file.mkdir();
15              //
16              Log.d(getClass().getName(), "Create Folder "+DEST_DIR+" OK!");
17          }
18          else {
19              Log.d(getClass().getName(), "Folder "+DEST_DIR+" already exists!");
20          }
21      }
22      ……
23  };
```

代码 6-3 中，首先要通过目标路径（第 6 行）来创建一个代表目标文件夹的文件类实例（第 11 行），然后判断该文件夹是否存在（第 13 行），只有当该文件夹不存在时才进行创建（第 16 行）。

对于文件夹的删除操作，在删除之前不仅要判断该文件夹是否存在，而且还要判断其是否为空，只有内容为空的文件夹才能通过“delete”方法删除。

2．文件夹内容遍历

通过一个代表目标文件夹的文件类实例的“list”或“listFiles”方法，可以实现对目标文件夹中第 1 层的内容进行遍历。对于存在子文件夹的情形，则需要通过递归的方式来遍历目标文件夹下所有的内容（包括子文件夹）。代码 6-4 即是图 6-4 所示的程序中对文件夹中内容进行遍历的实例代码。

代码 6-4　遍历文件夹内容

文件名：FileSystemDemoAct.java

```
1   public class FileSystemDemoAct extends Activity implements OnClickListener {
2       ……
3       //列举指定文件夹中的内容
4       private void doListFiles() {
5           listFolder(DEST_DIR);
6       }
7   
8       //遍历指定目录中的内容（包括子文件夹）
9       private void listFolder(String path) {
10          //根据给定路径创建文件类实例
11          File aFile = new File(path);
12  
13          //如果文件夹不存在则返回
14          if(aFile.exists() == false) {
15              Log.d(getClass().getName(), "Path "+path+" invalid!");
16              return;
17          }
18  
19          if(aFile.isDirectory() ) { //如果子项是文件夹则需要递归遍历子文件夹
20              Log.d(getClass().getName(), "Contents of file "+aFile.getName()+": ");
21              //获取子文件夹中文件内容
22              String fileNames[] = aFile.list();
23              //递归遍历子文件夹中的项目
24              for(int i = 0; i < fileNames.length; ++i) {
25                  listFolder(aFile.getPath() + File.separator + fileNames[i]);
26              }
27          }
28          else if(aFile.isFile() ) { //如果子项是文件则直接输出文件名
29              Log.d(getClass().getName(), aFile.getName() );
30          }
31      }
32  };
```

代码 6-4 中，“listFolder”方法就是用于递归遍历目标文件夹中所有内容（包括子文件夹中的内容），当目标文件夹下的条目为子文件夹时，进行递归遍历（第 25 行）。

3．文件实体操作

文件的实体操作包括创建、删除和更改文件名（复制和移动需要涉及文件读写）。通过文件类实例的“createNewFile”、“delete”的“renameTo”方法就可以实现这个功能。代码 6-5 就是图 6-4 所示的程序进行文件创建的代码。

代码 6-5　创建文件

文件名：FileSystemDemoAct.java

```
1   public class FileSystemDemoAct extends Activity implements OnClickListener {
```

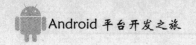

```
2        //基础文件夹
3        private final String BASE_DIR = "/sdcard";
4        private final String NEW_DIR = "foolstudio";
5        private final String NEW_FILE_NAME = "readme.txt";
6        //目标文件夹和文件
7        private final String DEST_DIR = BASE_DIR + File.separator + NEW_DIR;
8        private String DEST_FILE_NAME = DEST_DIR + File.separator + NEW_FILE_NAME;
9        ……
10       //创建文件
11       private void doCreateFile() {
12           // 创建文件类实例
13           File aFile = new File(DEST_FILE_NAME);
14
15           if(aFile.exists() == false) { //不存在
16               try {
17                   //创建文件实体
18                   aFile.createNewFile();
19                   //写内容
20                   writeToFile(aFile);
21
22                   Log.d(getClass().getName(), "Create file "+DEST_FILE_NAME+" OK!");
23
24               } catch (IOException e) {
25                   e.printStackTrace();
26               }
27           }
28           else {
29               Log.d(getClass().getName(), "File "+DEST_FILE_NAME+" already exists!");
30           }
31       }
32       ……
33   };
```

代码 6-5 中，通过“createNewFile”方法只是创建文件实体（第 18 行），但是该实体中内容为空，所以还必须向其中写内容（第 20 行）。

4．文件访问

文件的访问操作包括读取和写入，组合起来就可以实现文件的复制、移动等。代码 6-6 就是文件操作示例程序中读写文件的关键代码。

代码 6-6　文件读写关键代码

文件名：FileSystemDemoAct.java

```
1    public class FileSystemDemoAct extends Activity implements OnClickListener {
2        //目标文件
3        private String DEST_FILE_NAME = DEST_DIR + File.separator + NEW_FILE_NAME;
4        ……
```

```
5       //写文件内容
6       private void writeToFile(File file) {
7           try {
8               FileWriter fw = new FileWriter(file);
9               fw.write("This is a demonstration of Android file system.");
10              fw.close();
11          } catch (IOException e) {
12              e.printStackTrace();
13          }
14      }
15
16      //读取文件内容
17      private void doReadFile() {
18          //通过指定路径创建文件类实例
19          File aFile = new File(DEST_FILE_NAME);
20
21          if(aFile.exists() == false) { //如果文件不存在则返回
22              Log.d(getClass().getName(), "File "+DEST_FILE_NAME+" not exists!");
23              return;
24          }
25
26          try {
27              FileReader fr = new FileReader(aFile);
28              //包装文件读取器为缓冲读取器
29              BufferedReader br = new BufferedReader(fr);
30              String firstLine = br.readLine();
31              br.close();
32              fr.close();
33
34              Log.d(getClass().getName(), "Contents of file "+aFile.getName()+
35                                                              ": "+firstLine);
36          } catch (IOException e) {
37              e.printStackTrace();
38          }
39      }
40      ……
41  };
```

代码通过 java.io 包提供的文件流接口（第 8 行的 FileWriter 和第 27 行的 FileReader）来对目标文件按照字符或者字节（上一节中对原文件资源的读取方式）进行读写操作。

6.3.3 文件浏览器

通过上一小节中对 Android 平台文件系统及操作的介绍，相信读者应该对文件系统的应用有了一定的基础。接下来将介绍一款文件浏览器，以此来加深读者的理解。图 6-6 就是该文件浏览器的实例界面。

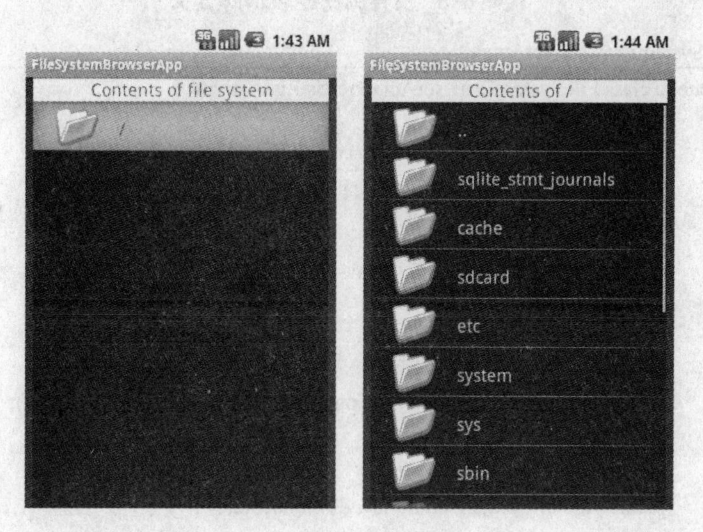

图 6-6 文件浏览器界面

1. 文件浏览器界面定义

代码 6-7 是该文件浏览器的布局定义代码，该布局中使用列表视图（第 7 行）来作为核心视图。有关列表视图（ListView）的用法请参考第 4 章。

代码 6-7 文件浏览器界面布局定义

文件名：main_view.xml

```
1   <?xml version="1.0" encoding="utf-8"?>
2   <LinearLayout xmlns:android="http://schemas.android.com/apk/res/android"
3       ……>
4       <TextView android:id="@+id/LAB_TITLE"
5           ……
6           android:text="TITLE"/>
7       <ListView android:id="@id/android:list"
8           android:layout_width="fill_parent"
9           android:layout_height="fill_parent"
10          android:background="#000000"
11          android:layout_weight="1"
12          android:drawSelectorOnTop="false" />
13      <TextView android:id="@id/android:empty"
14          ……
15          android:text="No data" />
16  </LinearLayout>
```

2. 文件浏览器 Activity 定义

代码 6-8 是文件浏览器的 Activity 组件的定义，该 Activity 组件为 List Activity 组件的子类，以列表视图作为内容界面，以自定义的适配器作为列表适配器。

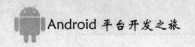

代码 6-8　文件浏览器 Activity 定义

文件名：FileSystemBrowserAct.java

```
1    public class FileSystemBrowserAct extends ListActivity {
2        //起始目录
3        public static final String ROOT_DIR = File.separator;
4        public static final String PARENT_DIR = "..";
5        //抬头控件
6        private TextView mTitle = null;
7        //记录当前文件夹
8        private String mCurDir = "";
9        //视图需要用到的文件数据集
10       private ArrayList<FileInfo> mContents = new ArrayList<FileInfo>();
11
12       @Override
13       public void onCreate(Bundle savedInstanceState) {
14           super.onCreate(savedInstanceState);
15           //设置内容视图
16           setContentView(R.layout.main_view);
17           //设置抬头
18           mTitle = (TextView)findViewById(R.id.LAB_TITLE);
19           mTitle.setText("Contents of file system");
20           //初始化数据集
21           mContents.add(new FileInfo(ROOT_DIR, true) );
22           //初始化适配器
23           ListAdapter adapter = new FileArrayAdapter(this,
24                   R.layout.item_view, R.id.LAB_FILE_NAME, mContents);
25           //设置适配器
26           this.setListAdapter(adapter);
27       }
28
29       //点选项目时回调
30       @Override
31       protected void onListItemClick(ListView l, View v, int position, long id) {
32           //通过适配器获取所选项目对应的路径
33           String path = l.getAdapter().getItem(position).toString();
34
35           //所选项目是上层文件夹（..）
36           if(path.endsWith(PARENT_DIR) ) {
37               if(mCurDir.endsWith(ROOT_DIR) ) { //如果当前文件夹是根目录
38                   mCurDir = "";
39               }
40               else { //当前文件夹为子文件夹
41                   int index = mCurDir.lastIndexOf(File.separator);
42
43                   if(index == 0) { //上一级为根文件夹
```

```
44                          mCurDir = ROOT_DIR;
45                      }
46                      else { //上一级也非根文件夹
47                          mCurDir = mCurDir.substring(0, index);
48                      }
49                  }
50
51                  //通知更新数据适配器
52                  updateNotify(l);
53              }
54              else if(path == ROOT_DIR) { //所选项目是根文件夹
55                  mCurDir = path;
56
57                  //通知更新数据适配器
58                  updateNotify(l);
59              }
60              else { //所选项目是子文件夹或文件
61                  File aFile = new File(mCurDir + File.separator + path);
62
63                  if(aFile.isDirectory() ) { //所选项目是子文件夹
64                      //根目录下的子文件夹
65                      if(mCurDir.endsWith(File.separator) ) {
66                          mCurDir = mCurDir + path;
67                      }
68                      else {
69                          mCurDir = mCurDir + File.separator + path;
70                      }
71                      updateNotify(l);
72                  }
73                  else { //所选项目是文件
74                      if(mCurDir.endsWith(File.separator) ) { //根目录下的文件
75                      Toast.makeText(this, mCurDir+path, Toast.LENGTH_LONG).show();
76                      }
77                      else {
78                          Toast.makeText(this, mCurDir+File.separator+path,
79                                          Toast.LENGTH_LONG).show();
80                      }
81                  }
82              }
83
84              super.onListItemClick(l, v, position, id);
85          }
86      ……
87  };
```

代码 6-8 中，定义了一个“FileArrayAdapter”类型的列表适配器（第 23 行和第 24 行），该适配器的数据集记录类型是“FileInfo”（第 10 行），其行视图资源 ID 为

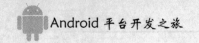

“item_view”。

在界面初始化过程中，使用根节点信息初始化列表适配器所绑定的数据集（第 21 行），其界面效果如图 6-6 左图所示。当用户点击根节点项目，列表视图就会显示根目录中包含的内容（如图 6-6 右图所示）。

代码 6-8 中对点选项目的判断规则存在以下 4 种情形：

（1）所选项目为上层目录（第 36 行），则存在两种情形：

1）若当前是根目录（第 37 行），则将目标文件夹设置为空（文件系统）。

2）若当前是子文件夹（第 40 行），则将目标文件夹设置为当前文件夹的上级文件夹。

（2）所选项目是根目录（第 54 行），则将目标文件夹设置为根目录。

（3）所选项目是子文件夹（第 63 行），则存在两种情形：

1）若当前是根目录，则目标文件夹是根目录加上所选文件夹名。

2）若当前是普通目录，则目标文件夹是当前目录加上路径分隔符再加上所选文件夹名。

（4）所选项目是文件（第 73 行），也存在两种情形：

1）若当前是根目录，则目标文件是根目录加上所选文件名。

2）若当前是普通目录，则目标文件是当前目录加上分隔符再加上所选文件名。

当用户点选文件时，将会弹出提示框。如图 6-7 所示。

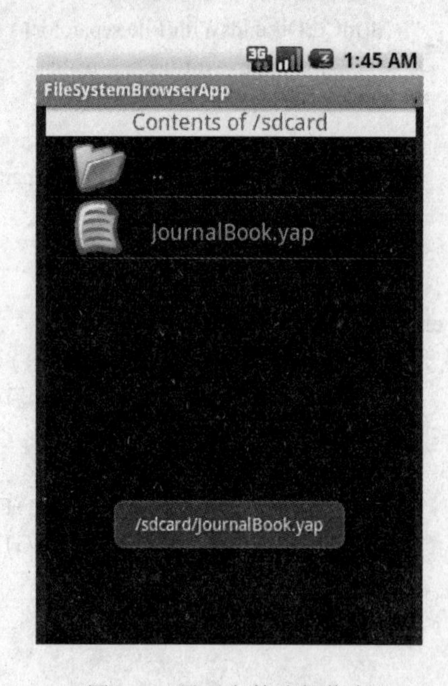

图 6-7　显示文件路径信息

3. 文件浏览器行视图

代码 6-9 是代码 6-8 中列表视图的行视图的定义代码。在行视图中，有一个图片视图（第 4 行 ImageView）和一个文本视图（第 7 行 TextView）。其中文本视图用于显示文件名，而图片视图中的图标用于指示当前项目是文件还是文件夹。

代码 6-9 文件浏览器列表视图行视图定义

文件名：item_view.xml

```
1    <?xml version="1.0" encoding="utf-8"?>
2    <RelativeLayout xmlns:android="http://schemas.android.com/apk/res/android"
3        ……>
4        <ImageView android:id="@+id/IMG_ICON"
5            ……
6            android:src="@drawable/folder"/>
7        <TextView android:id="@+id/LAB_FILE_NAME"
8            ……
9            android:layout_toRightOf="@id/IMG_ICON"
10           android:layout_alignTop="@id/IMG_ICON"
11           ……
12           android:text="file_name_xxxxxxxxxx"/>
13   </RelativeLayout>
```

4．数据记录集管理

在代码 6-8 中，程序提供视图列表界面来显示文件信息，同时也用于响应用户的点击事件。在项目点击事件中，当目标是文件夹时，都只是更新了当前项目的路径（变量 mCurDir），然后调用“updateNotify”方法，并没有显式地对显示视图的项目进行有关操作。

代码 6-10 中对“updateNotify”方法进行了完整的定义。

代码 6-10 文件浏览器数据记录管理

文件名：FileSystemBrowserAct.java

```
1    //通知数据适配器更新
2    @SuppressWarnings("unchecked")
3    private void updateNotify(ListView l) {
4        if(mCurDir == "") { //文件系统
5            mContents.clear();
6            mContents.add(new FileInfo(ROOT_DIR, true) );
7        }
8        else {
9            listFolder(mCurDir);
10           mContents.add(0, new FileInfo(PARENT_DIR, true) );
11       }
12
13       //数据集更新提示
14       ((ArrayAdapter)l.getAdapter()).notifyDataSetChanged();
15       mTitle.setText("Contents of " +
16                   ((mCurDir.length() < 1) ? "file system" : mCurDir) );
17   }
18
19   //遍历指定目录中的内容（不包括子文件夹）
```

```
20  private void listFolder(String path) {
21          File aFile = new File(path);
22  
23          if(aFile.exists() == false) {
24                  Log.d(this.getClass().getName(), "文件 " + path + "不存在！");
25                  return;
26          }
27  
28          //初始化数据集
29          mContents.clear();
30  
31          if(aFile.isDirectory() ) { //文件夹
32                  Log.d(this.getClass().getName(), "Contents of " + aFile.getName() );
33  
34                  String files[] = aFile.list();
35                  for(int i = 0; i < files.length; ++i) {
36                          File subFile = null;
37  
38                          if(path.endsWith(ROOT_DIR) == true) { //根文件夹
39                                  subFile = new File(path + files[i]);
40                          }
41                          else { //子文件夹
42                                  subFile = new File(path + File.separator + files[i]);
43                          }
44  
45                          mContents.add(new FileInfo(files[i], subFile.isDirectory()) );
46                  }
47          }
48          else if(aFile.isFile() ) { //文件
49                  Log.d(this.getClass().getName(), aFile.getName() );
50  
51                  mContents.add(new FileInfo(aFile.getName(), false) );
52          }
53  }
```

代码 6-10 中，“listFolder”方法（第 20 行）用于遍历指定文件夹中的内容（不包括子文件夹中的内容），然后通过每一个文件的信息创建一个“FileInfo”对象，并添加到列表适配器所绑定的数据集中（第 45 行和第 51 行）。

通过遍历文件夹填充列表适配器的数据集之后，在第 14 行，通过“getAdapter”方法获取该 ListActivity 组件绑定的列表适配器，然后通过该适配器的“notifyDataSetChanged”方法来“告诉”视图组件，数据集已经改变了，其潜台词就是“您可以显示新的数据内容了”。

图 6-8 就是从文件浏览器的应用中剥离出来的列表视图、视图适配器和数据集之间的关系图，实际上这三者之间的关联就是读者熟知的 MVC（Model-View-Controller）模型。

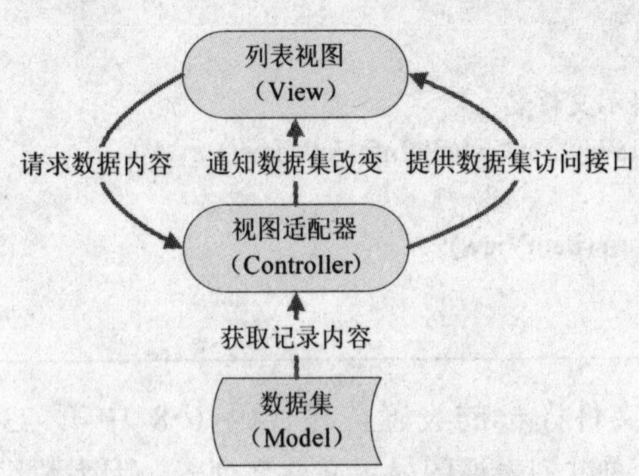

图 6-8　视图适配器关联关系图

5. 文件浏览器列表适配器定义

代码 6-11 是文件浏览器程序中列表适配器的定义代码，该适配器继承于数组适配器。

代码 6-11　文件浏览器列表适配器定义

文件名：FileArrayAdapter.java

```
1   public class FileArrayAdapter extends ArrayAdapter<FileInfo> {
2       //Activity 组件上下文
3       private Activity mContext = null;
4
5       public FileArrayAdapter(Activity context, int resource,
6               int textViewResourceId, List<FileInfo> objects) {
7           super(context, resource, textViewResourceId, objects);
8           //初始化上下文
9           this.mContext = context;
10      }
11
12      @Override
13      public View getView(int position, View convertView, ViewGroup parent) {
14          //获取应用程序布局资源填充器
15          LayoutInflater inflater = mContext.getLayoutInflater();
16          //获取项目 View（每一行）
17          View itemView = inflater.inflate(R.layout.item_view, null, false);
18          //获取每一行子项组件
19          ImageView imageView = (ImageView)itemView.findViewById(R.id.IMG_ICON);
20          TextView textView = (TextView)itemView.findViewById(R.id.LAB_FILE_NAME);
21          //获取记录实例
22          FileInfo fileInfo = this.getItem(position);
23
24          if(fileInfo.isFolder() ) { //如果是文件夹则设置文件夹图标
25              imageView.setImageResource(R.drawable.folder);
26          }
27          else {
28              imageView.setImageResource(R.drawable.file);
29          }
```

```
30
31            //显示文件名
32            textView.setText(fileInfo.getName() );
33
34            return (itemView);
35        }
36    };
```

实际上，如果不考虑文件图标的设置，在代码 6-8 中第 23 行直接使用数组适配器（ArrayAdapter）就可以实现通过列表视图显示文件名列表。因为数组适配器只提供一个用于装载数据的组件（代码 6-8 中第 24 行的“LAB_FILE_NAME”），而数据适配器的数据集中的记录类型都是非组合类型（SimpleAdapter 的数据集中的记录类型是一个数组），两者恰好匹配。但这样显示的内容必须是文件的全路径信息，而不能使用短文件名，否则无法进行浏览操作。

如果既要根据文件路径来设置正确的文件类型图标（是文件还是文件夹），又要只显示短文件名，那么就不能将数据集中的记录类型定义为简单的字符串，而且要定制行视图的显示方法。

文件浏览器中列表适配器的数据集的记录类型为“FileInfo”，通过该对象可以获取该文件实体的短文件名和文件类型。

要定制行视图的显示方法，则必须定制列表视图的列表适配器，并在适配器的“getView”中设置行视图的内容。代码 6-11 中，通过布局填充器来获取行视图中的两个组件（从第 15 行到第 20 行），然后再通过行视图的顺序从数据集中获取对应的数据记录（FileInfo 对象）（第 22 行），然后通过获取记录对象的文件类型来设置图片视图的图标（第 24 行到第 29 行）并将记录对象的短文件名设置为文本视图的内容（第 32 行）。

6．数据集记录的定义

代码 6-12 是文件浏览器适配器绑定的数据集中的数据记录的定义。

代码 6-12　文件浏览器绑定的数据集中数据记录的定义

文件名：FileInfo.java

```
1    public class FileInfo {
2        private boolean isFolder;
3        private String name;
4
5        public FileInfo(String _name, boolean _isFolder) {
6            setName(_name);
7            setFolder(_isFolder);
8        }
9
10       public void setFolder(boolean isFolder) {
11           this.isFolder = isFolder;
12       }
13       public boolean isFolder() {
14           return isFolder;
15       }
16       public void setName(String name) {
```

```
17                this.name = name;
18        }
19
20        //必须重载 toString 方法
21        @Override
22        public String toString() {
23                return (getName() );
24        }
25
26        public String getName() {
27                return name;
28        }
29  };
```

对 FileInfo 记录的初始化是在遍历文件夹（代码 6-10 中）时进行，通过文件的完整路径就可以获取其文件类型和短文件名。

6.4 应用程序文件

除了资源文件和文件系统中的文件，Android 平台还为应用程序提供了私有文件和首选项文件这两种持久化的机制，通过这些机制，应用程序内部的组件可以共享数据、保存状态。

6.4.1 程序私有文件

Android 平台提供了一种与应用程序存在关联的私有文件存取机制。包中的程序组件可以通过一个文件名（不包括路径和分隔符）来创建一个私有文件，并对该文件进行读写操作。

图 6-9 和图 6-10 分别是写内容到私有文件和从私有文件中读取内容的实例界面。

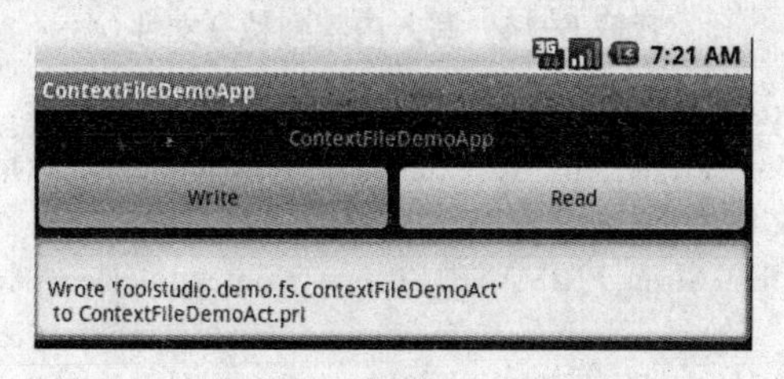

图 6-9　写私有文件

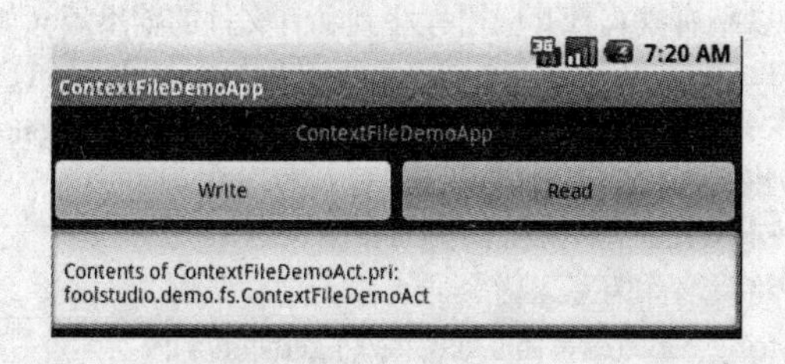

图 6-10　读取私有文件

代码 6-13 是图 6-9 中所示的程序界面的定义代码。

代码 6-13　私有文件操作示例程序界面定义

文件名：main.xml

```
1	<?xml version="1.0" encoding="utf-8"?>
2	<LinearLayout xmlns:android="http://schemas.android.com/apk/res/android"
3	    ……>
4	    <TextView
5	        ……
6	        android:text="@string/app_name"/>
7	    <TableLayout
8	        ……
9	        android:stretchColumns="0,1" >
10	        <TableRow>
11	            <Button android:id="@+id/BTN_INIT"
12	                ……
13	                android:text="Write" />
14	            <Button android:id="@+id/BTN_ACTION"
15	                ……
16	                android:text="Read" />
17	        </TableRow>
18	    </TableLayout>
19	    <EditText android:id="@+id/TXT_CONTENTS"
20	        ……/>
21	</LinearLayout>
```

1．私有文件的创建和写入

代码 6-14 是创建私有文件并向文件中写入内容的关键代码。

代码 6-14　写入内容到私有文件

文件名：ContextFileDemoAct.java

```
1	public class ContextFileDemoAct extends Activity implements OnClickListener {
2	    //私有文件名（不能带有路径和分隔符）
3	    private final String PRIVATE_FILE = "ContextFileDemoAct.pri";
4	    ……
5	    //写文件
6	    private void doWrite() throws IOException {
7	        //以私有模式打开应用程序到私有文件的输出流（如果文件不存在则创建）
8	        FileOutputStream fos = this.openFileOutput(PRIVATE_FILE,
9	                                                    Context.MODE_PRIVATE);
10	        //将文件输出流包装成打印写入器
11	        PrintWriter pr = new PrintWriter(fos);
12	        //将类名作为写入内容
13	        String contents = this.getClass().getName();
14	        //写入内容
15	        pr.println(contents);
16	        //打印写入日志
```

```
17              printText("Wrote '"+contents + "'");
18              printText(" to " + PRIVATE_FILE);
19              //关闭流
20              pr.flush();
21              pr.close();
22              fos.close();
23          }
24      };
25
```

代码 6-14 中，首先通过 Activity 组件的“openFileOutput”方法打开应用程序到私有文件的输出流（第 8 行），继而通过该输出流对私有文件进行写操作。

当目标文件不存在时，“openFileOutput”方法会自动创建该文件。该方法有两个参数：第 1 个参数是用于识别私有文件的文件名，不能包含路径和路径分隔符；第 2 个参数是访问该私有文件的模式。表 6-3 中是访问私有文件的所有模式。

表 6-3 私有文件的访问模式

访问模式	说明
MODE_APPEND	添加到已有文件
MODE_PRIVATE	私有模式（默认模式），只能被该应用程序存取
MODE_WORLD_READABLE	全局可读，其他应用程序也可以读取
MODE_WORLD_WRITEABLE	全局可写，其他应用程序也可以写入

2．私有文件的读取

代码 6-15 是读取私有文件的关键代码。

代码 6-15 读取私有文件

文件名：ContextFileDemoAct.java

```
a1  public class ContextFileDemoAct extends Activity implements OnClickListener {
2       //私有文件名（不能带有路径和分隔符）
3       private final String PRIVATE_FILE = "ContextFileDemoAct.pri";
4       ……
5       //读取文件
6       private void doRead() throws IOException {
7           //打开私有文件到应用程序的输入流
8           FileInputStream fis = this.openFileInput(PRIVATE_FILE);
9           //将输入流包装成缓冲读取器
10          BufferedReader br = new BufferedReader(new InputStreamReader(fis) );
11          String line = null;
12
13          printText("Contents of " + PRIVATE_FILE+":");
14          //按行读取文件内容
15          while((line=br.readLine()) != null) {
16              printText(line);
17          }
```

```
18                //关闭流
19                br.close();
20                fis.close();
21        }
22    };
23
```

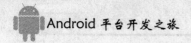

代码 6-15 中，通过 Activity 组件的“openFileInput”方法开打私有文件到应用程序的输入流（第 8 行），继而通过该输入流对私有文件的内容进行读取。

提示：Android 平台中对私有文件的访问控制与 J2ME 平台中的 RMS 文件有点相似，J2ME 平台中的 RMS 文件默认地只能被创建它的程序所访问，除非在创建时被设置成全局访问的标志，只有这样才能被其他程序组件访问。

6.4.2 程序首选项文件

如果说私有文件用于存储原状态的数据，那么，首选项文件用于存放首选项记录，这些记录按照“键—值”的结构进行存储。图 6-11 是存取首选项文件的程序实例界面。

图 6-11　存取首选项文件的程序界面

1. 首选项文件的创建

代码 6-16 是创建首选项文件并向其添加选项记录的关键代码。

代码 6-16　创建首选项文件并添加记录

文件名：PreferencesDemoAct.java

```
1   public class PreferencesDemoAct extends Activity implements OnClickListener {
2       //首选项文件名
3       public static final String PREFERENCES_NAME = "PreferencesDemo.pre";
4       //选项名
5       public static final String SETTING_NAME1 = "property1";
6       ......
7       //执行存储
8       private void doStore() {
9           //获取程序关联的共享选项接口
10          SharedPreferences sp = getSharedPreferences(PREFERENCES_NAME,
11                                                  Activity.MODE_PRIVATE);
12          //获取共享项接口的数据编辑接口
```

```
13                SharedPreferences.Editor editor = sp.edit();
14                //通过数据编辑接口添加选项设置
15                editor.putString(SETTING_NAME1, "foolstudio");
16                //通过数据编辑接口提交修改
17                editor.commit();
18            }
19            ……
20    };
```

代码 6-16 中，首先通过 Activity 组件的“getSharedPreferences”方法获取与当前应用程序相关的共享选项接口（第 10 行），然后再通过共享选项接口的“edit”方法获取共享选项接口的数据编辑接口（第 13 行），然后通过该数据编辑接口的“putString”来实现向首选项文件中添加选项设置（第 15 行），并通过“commit”方法提交添加（第 17 行）。

2. 首选项文件的读取

代码 6-17 是读取首选项文件的关键代码。

代码 6-17　读取首选项文件

文件名：src/CompoundLayoutDemoAct.java

```
1     //执行读取
2     private void doFetch() {
3         //获取程序关联的共享选项接口
4         SharedPreferences sp = getSharedPreferences(PREFERENCES_NAME,
5                                                     Activity.MODE_PRIVATE);
6         //获取选项值
7         String setting1 = sp.getString(SETTING_NAME1, "");
8         //显示选项值
9         Toast.makeText(this, setting1, Toast.LENGTH_LONG).show();
11    }
```

代码 6-17 中，也是首先通过 Activity 组件的“getSharedPreferences”方法获取与当前应用程序相关的共享选项接口（第 4 行），然后通过该接口的“getString”方法就可以获取指定选项的值（类似于第 3 章中 Bundle 容器的用法）。

6.5 文件系统监视

图 6-12 是文件系统监视程序的界面，在该界面中可以对文件系统的操作记录进行监视。

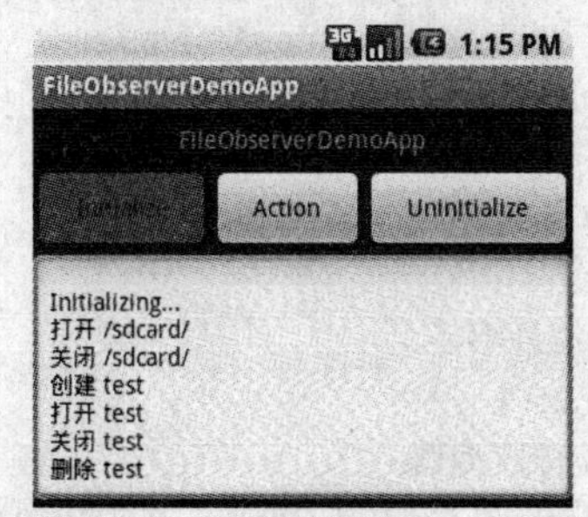

图 6-12　文件系统监视程序界面

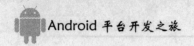

代码 6-18 是图 6-12 中所示的程序界面的定义代码。

代码 6-18　文件系统监视程序界面定义

文件名：main.xml

```
1    <?xml version="1.0" encoding="utf-8"?>
2    <LinearLayout xmlns:android="http://schemas.android.com/apk/res/android"
3         ……>
4         <TextView
5             ……
6             android:text="@string/app_name"/>
7         <TableLayout
8              android:layout_width="fill_parent"
9              android:layout_height="wrap_content"
10             android:stretchColumns="0,1,2" >
11             <TableRow>
12                  <Button android:id="@+id/BTN_INIT"
13                      ……
14                      android:text="Initialize" />
15                  <Button android:id="@+id/BTN_ACTION"
16                      ……
17                      android:text="Action" />
18                  <Button android:id="@+id/BTN_UNINIT"
19                      ……
20                      android:text="Uninitialize" />
21             </TableRow>
22        </TableLayout>
23        <EditText android:id="@+id/TXT_CONTENTS"
24             ……/>
25   </LinearLayout>
```

1．启动文件系统监视

代码 6-19 是启动文件系统监视的关键代码。

代码 6-19　启动文件系统监视

文件名：FileObserverDemoAct.java

```
1    public class FileObserverDemoAct extends Activity implements OnClickListener {
2         //目标文件夹
3         public static final String DEST_PATH="/sdcard/";
4         //监视器
5         private FoolFileObserver mObserver = null;
6         ……
7         //初始化文件系统观察者
8         private void doInit() {
9              //初始化文件监视器
10             mObserver = new FoolFileObserver(DEST_PATH, FileObserver.ALL_EVENTS);
```

```
11              //设置事件处理器
12              mObserver.setHandler(new Handler() {
13                  @Override
14                  public void handleMessage(Message msg) {
15                      //获取消息数据
16                      Bundle bundle = msg.getData();
17                      //获取消息数据中事件信息
18                      String status = bundle.getString(FoolFileObserver.EXTRAS_KEY);
19                      //打印事件信息
20                      printText(status);
21
22                      super.handleMessage(msg);
23                  }
24              });
25
26              //开始监视
27              mObserver.startWatching();
28              ……
29          }
30          ……
31      };
```

代码 6-19 创建了一个文件系统监视器（mObserver）（第 10 行），然后设置该监视器的事件处理器（第 12 行）（有关事件处理器的介绍参见第 3 章“组件与线程的交互机制”），最后通过监视器的“startWatching”方法启动监视线程（第 27 行）。

创建文件系统监视器需要两个参数：第 1 个参数是需要监视的文件路径；第 2 个参数是需要监视的事件类型的标志。第 10 行中“ALL_EVENTS”标志表示对所有事件进行监视。表 6-4 是文件监视事件类型的常用说明，详细定义请参见 FileObserver 类的定义。

表 6-4　文件监视事件类型

文件监视事件类型	说明
CREATE	创建
DELETE	删除
MODIFY	修改
OPEN	打开
CLOSE_WRITE	保存关闭
CLOSE_NOWRITE	关闭不保存
MOVED_FROM	从某处移动
MOVED_TO	移动到某处
ATTRIB	属性访问

文件系统监视器监测到的消息通过事件处理器接口（Handler）发送给主线程，主线程对事件信息进行打印（第 20 行）。当文件系统监视器启动之后，就可以对发生于目标文件夹中的文件操作行为进行监视。图 6-13 是通过 adb 工具连接到 Android 平台进行文件系统操作的实例图，而图 6-12 中的输出内容就是监视器所监测到的事件信息。

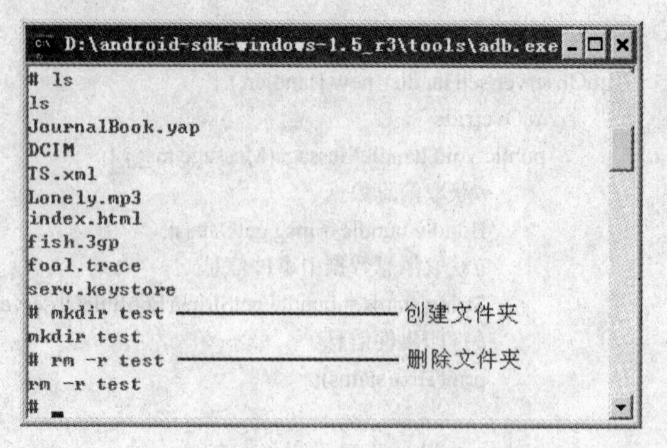

图 6-13　操作文件系统记录

2. 文件系统监视器定义

代码 6-20 是文件系统监视器的定义代码，该监视器继承于 FileObserver 类。

代码 6-20　文件系统监视器定义

文件名：FoolFileObserver.java

```
1   public class FoolFileObserver extends FileObserver {
2       //消息键值
3       public static final String EXTRAS_KEY ="status";
4       //处理器
5       private Handler mHandler = null;
6
7       public FoolFileObserver(String path, int mask) {
8           super(path, mask);
9       }
10
11      public void setHandler(Handler handler) {
12          this.mHandler = handler;
13      }
14
15      //监测到文件系统事件时回调
16      @Override
17      public void onEvent(int event, String path) {
18          //得到事件掩码
19          int unmaskedEvent = (event&0x0000ffff);
20          //获取实际路径
21          String realPath = ((path == null)?FileObserverDemoAct.DEST_PATH:path);
22          String action = null;
23
24          switch(unmaskedEvent) {   //分发文件监视事件
25              case FileObserver.CREATE: {
26                  action = "创建";
27                  break;
```

```
28              }
29              ……
30              default: {
31                  action = "Event: " + event;
32                  break;
33              }
34          }
35
36          //发送状态
37          sendStatus(action + " " + realPath);
38      }
39
40      //发送事件信息
41      private void sendStatus(String status) {
42          //创建消息容器
43          Bundle bundle = new Bundle();
44          //设置消息项目
45          bundle.putString(EXTRAS_KEY, status);
46          //创建消息实例
47          Message msg = new Message();
48          //设置消息数据
49          msg.setData(bundle);
50          //发送消息
51          mHandler.sendMessage(msg);
52      }
53  };
```

代码 6-20 中，“onEvent”方法就是监视文件系统事件的回调函数，当该监视器所监视的文件夹发生文件操作事件时，就会调用该方法。该方法中提供了两个参数，第 1 个参数是所发生事件的掩码；第 2 个参数是事件相关的文件实体的路径。

通过事件掩码，开发者就可以获知详细的事件类型（第 24 行）。需要注意的是，对“onEvent”方法中的事件掩码还需要同“0xffff”进行“与”操作，才能得到 FileObserver 类所定义的文件监视事件类型代码。

3．停止文件系统监视

代码 6-21 是停止文件系统监视的关键代码，代码第 4 行，通过文件系统监视器接口实例的“stopWatching”方法来停止监视。

代码 6-21　停止文件系统监视

文件名：FileObserverDemoAct.java

```
1  //停止监视行为
2  private void doUninit() {
3      //停止监视
4      mObserver.stopWatching();
5      ……
6  }
```

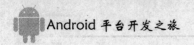

图 6-14 是停止监视文件系统监视时，程序界面所打印的事件信息内容。

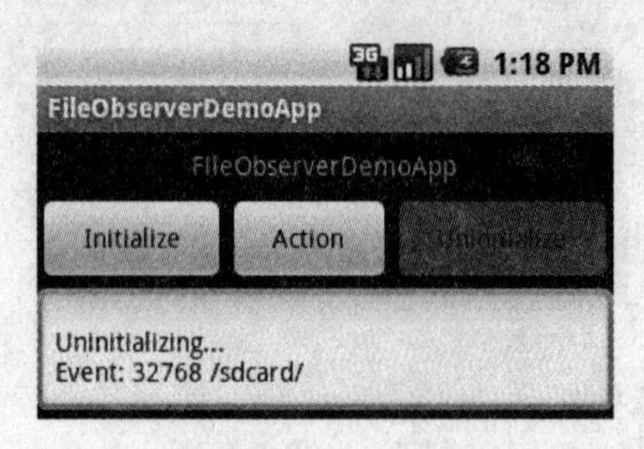

图 6-14　停止监视

第7章 网络通信

本章对 Android 平台所支持的多种网络通信机制进行了详细的介绍，包括：流式套接字、数据报、HTTP、HTTPS 等，其中还对基于 SSL 的安全通信也进行了案例说明。其次还介绍了网页浏览器的开发技术和实际的开发案例，甚至还包括与浏览器有关的信息管理。通过这些介绍，读者可以全面地了解 Android 平台几乎全部的网络应用，这些内容对于扩展用户程序的应用范围是大有益处的。

7.1 Android 平台网络通信

提到网络通信，大家首先想到的应该是通信设备，那么 Android 平台提供了哪些通信设备的支持呢？

在第 6 章对 Android 平台文件系统的介绍中提到，Android 平台中存在很多 Linux 系统的痕迹，那么读者可以借鉴 Linux 系统来看看 Android 平台提供了对哪些设备的管理。图 7-1 是通过 adb 工具查看 Android 平台“/dev”文件夹下的内容，该目录中存放的都是系统设备的描述符，其中就有套接字设备（socket）描述符。

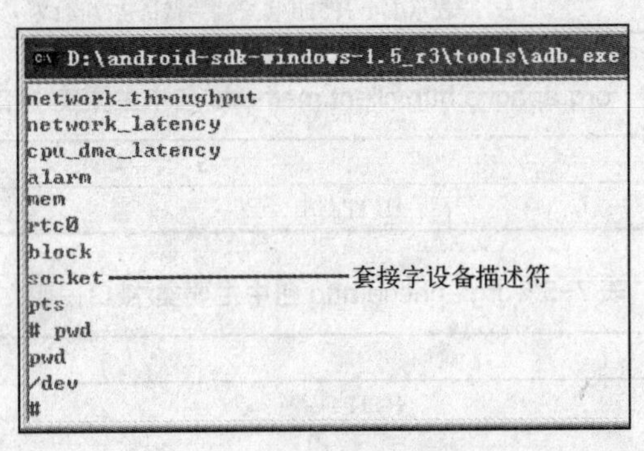

图 7-1 套接字设备描述符

而套接字设备正是常见的操作系统（Windows、UNIX 和 Linux 等）中进行网络通信的核心设备，无论是 TCP、UDP 还是 HTTP 通信都是通过套接字设备进行的。

7.2 Android 平台对网络通信的支持

Android 平台为网络通信提供了丰富的 API，除了对 Java 标准平台保留的 java.net、javax.net、javax.net.ssl 包之外，还添加了 android.net、android.net.http 包。此外，Android 平台还将 Apache 旗下的 HTTP 通信相关的 org.apache.http 包也纳入到系统中来。表 7-1～表 7-5 分别是对这些重要的包中常用的类/接口的介绍。

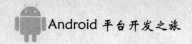

表 7-1 java.net 包中主要类/接口说明

类/接口	说明
ServerSocket	表示用于等待客户端连接的服务方的套接字
Socket	提供一个客户端的 TCP 套接字
DatagramSocket	实现一个用于发送和接收数据报的 UDP 套接字
DatagramPacket	数据报
InetAddress	表示 IP 地址
UnknownHostException	未知的主机名异常
HttpURLConnection	用于管理 HTTP 连接（RFC 2068）的资源连接管理器
URL	用于指定互联网上 1 个资源的位置信息（RFC 1738）

表 7-2 javax.net.ssl 包中主要类/接口说明

类/接口	说明
HttpsURLConnection	用于管理 HTTPS 连接（RFC 2818）的资源连接管理器
SSLSocket	提供安全协议的套接字
SSLServerSocket	基于 SSL、TLS 等协议的安全服务套接字
SSLContext	SSL 上下文环境 API
TrustManagerFactory	信任管理工厂
KeyManagerFactory	密钥管理工厂

表 7-3 org.apache.http.impl.client 包中主要类/接口说明

类/接口	说明
DefaultHttpClient	表示 1 个 HTTP 客户端的默认实现接口

表 7-4 org.apache.http.client.methods 包中主要类/接口说明

类/接口	说明
HttpGet	表示 HTTP GET 方法

表 7-5 org.apache.http 包中主要类/接口说明

类/接口	说明
HttpResponse	一个 HTTP 应答
StatusLine	状态行
Header	表示 HTTP 头部字段
HeaderElement	HTTP 头部值中的一个元素
NameValuePair	封装了属性:值对的类
HttpEntity	一个可以同 HTTP 消息进行接收或发送的实体

如果读者希望了解更多的内容，请参考 Android SDK。

7.3 流式套接字通信

这里所说的“流式套接字”是指遵守 TCP、提供面向连接的、类似于数据流交换的通信插口。其通信特征是：传输可靠，通信双方保持连接。图 7-2 是流式套接字通信示例程序的运行界面。

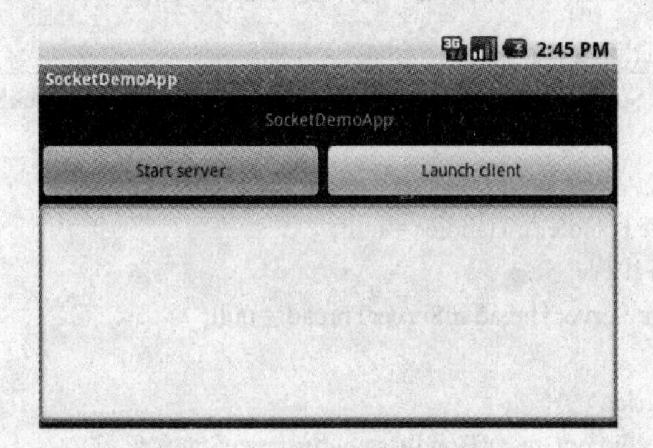

图 7-2　套接字通信程序界面

7.3.1　界面布局定义

代码 7-1 是图 7-2 中所示程序的界面定义。

代码 7-1 流式套接字通信程序界面定义

文件名：SocketDemoAct.java

```
1   <?xml version="1.0" encoding="utf-8"?>
2   <LinearLayout xmlns:android="http://schemas.android.com/apk/res/android"
3       ...... >
4       <TextView
5           ......
6           android:text="@string/app_name"/>
7       <TableLayout
8           ......>
9           <TableRow>
10              <Button android:id="@+id/BTN_SERVICE"
11                  ......
12                  android:text="Start server" />
13              <Button android:id="@+id/BTN_CLIENT"
14                  ......
15                  android:text="Launch client" />
16          </TableRow>
17      </TableLayout>
18      <EditText android:id="@+id/TXT_LOG_SERVER"
19          ....../>
20  </LinearLayout>
```

7.3.2　Activity 定义框架

在程序的界面中，提供了启动服务端和启动客户端的按钮，通过按钮的点击事件的回调处理来启动套接字服务端和客户端。代码 7-2 是套接字实例程序的主 Activity 的框架代码。

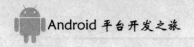

代码 7-2　程序主 Activity 框架

文件名：SocketDemoAct.java

```
1	public class SocketDemoAct extends Activity implements OnClickListener {
2		……
3		//主线程消息队列处理器
4		private Handler mHandler = null;
5		//服务线程
6		private ServerThread mServerThread = null;
7	
8		@Override
9		public void onCreate(Bundle savedInstanceState) {
10			……
11			//初始化界面线程消息处理器
12			mHandler = new Handler() {
13				@Override
14				public void handleMessage(Message msg) {
15					super.handleMessage(msg);
16					//获取服务线程的运行状态
17					Bundle bundle = msg.getData();
18					String destStr = bundle.getCharSequence("DEST").toString();
19					String msgStr = bundle.getString("MSG");
20					//打印运行状态信息
21					printLog(destStr+"|"+msgStr);
22				}
23			};
24		}
25	
26		//启动客户端
27		private void doClient() {
28			//通过意向组件启动客户端 Activity 组件
29			Intent startClient = new Intent(this, ClientSocketDemoAct.class);
30			this.startActivity(startClient);
31		}
32	
33		//启动服务器线程（为了防止 Activity 界面堵塞）
34		private void doService() {
35			//创建服务线程
36			mServerThread = new ServerThread(this, mHandler);
37			mServerThread.start();
38	
39			mBtnService.setEnabled(false);
40		}
41	
42		//打印日志
43		public void printLog(String msg) {
```

```
44              mTxtLog.append(msg+"\n");
45          }
46      };
```

代码 7-2 主要有 3 个功能：第 1 是初始化消息处理器（第 12 行）；第 2 是启动流式套接字服务端线程（第 37 行）；第 3 是启动客户端 Activity 组件（第 30 行）。

为了防止在主界面中运行服务代码造成 ANR（Application Not Responding，应用程序未就绪）异常（有关 ANR 异常的介绍请参考第 4 章），所以需要将服务代码放到线程中。主 Activity 组件与服务线程的交互就必须使用主线程消息队列机制（请参考第 3 章）。代码 7-3 是线程定义体中向主界面线程的消息队列中发送线程运行状态的关键代码。

代码 7-3　线程向主界面线程消息队列发送消息

文件名：ServerThread.java

```
1       //发送反馈信息（到主界面线程的消息队列）
2       private void sendResponse(String dataString) {
3           //新建数据容器
4           Bundle bundle = new Bundle();
5           //往数据容器中添加消息接收方内容
6           bundle.putCharSequence("DEST", Config.SERVER_ID);
7           //向数据容器中添加消息内容
8           bundle.putString("MSG", dataString);
9           //建立消息接口
10          Message msg = new Message();
11          //设置消息的数据
12          msg.setData(bundle);
13          //通过主界面线程处理器发送消息
14          mHandler.sendMessage(msg);
15      }
```

7.3.3　套接字服务端

服务端线程一旦启动，就会将其状态信息通过主线程消息队列事件处理器传递给主界面进行显示。图 7-3 是启动套接字服务端线程后线程的状态信息输出界面。

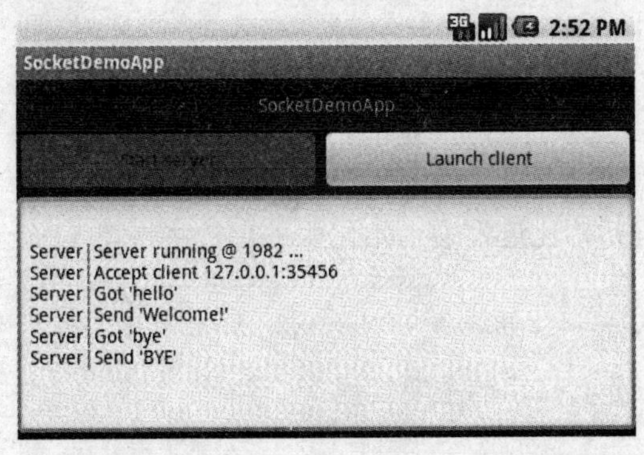

图 7-3　套接字服务端线程状态信息输出界面

1. 服务端线程

服务端线程主要完成 2 个任务：初始化服务套接字和启动服务。

（1）服务端线程定义框架

代码 7-4 是服务端线程的框架代码。

代码 7-4　服务端线程的框架

文件名：ServerThread.java

```
1   //服务线程
2   public class ServerThread extends Thread {
3       //套接字服务接口
4       private ServerSocket mServerSocket = null;
5       //主线程消息队列处理器
6       private Handler mHandler = null;
7
8       public ServerThread(SocketDemoAct ctx, Handler handler) {
9           this.mHandler = handler;
10
11          //初始化服务套接字（代码 7-5）
12          ……
13      }
14
15      @Override
16      public void run() {
17          //启动服务
18          startServer();
19
20          if(mServerSocket == null) {
21              return;
22          }
23
24          try {
25              mServerSocket.close();
26          } catch (IOException e) {
27              e.printStackTrace();
28          }
29      }
30      ……
31  };
```

代码 7-4 中，在线程初始化过程中初始化服务套接字（第 11 行）；在线程的运行函数中启动服务（第 18 行）。

（2）初始化服务套接字

代码 7-5 是初始化服务套接字的主要代码。

代码 7-5 初始化服务套接字

文件名：ServerThread.java

```
1  try {
2          //创建套接字服务实例
3          mServerSocket = new ServerSocket(Config.SERVER_PORT);
4          showResponse("Server running @ "+Config.SERVER_PORT+" ...");
5  } catch (IOException e) {
6          e.printStackTrace();
7  }
```

代码 7-5 中，服务套接字的初始化只需指定绑定端口即可（第 3 行）。

（3）启动服务

代码 7-6 是启动套接字服务的主要代码。

代码 7-6 启动套接字服务

文件名：ServerThread.java

```
1   //开始服务
2   private void startServer() {
3       try {
4           while(true) {
5               //接收客户端连接
6               Socket socket = mServerSocket.accept();
7
8               //显示客户端信息
9               sendResponse ("Accept client "+
10                          socket.getInetAddress().getHostAddress()+ ":" +
11                          socket.getPort() );
12              //启动客户端服务线程（开始一个会话）
13              SessionThread t = new SessionThread(socket, mHandler);
14              t.start();
15          }
16      } catch (IOException e) {
17          e.printStackTrace();
18      }
19  }
```

代码 7-6 中，服务套接字通过“accept”方法来等待客户端的连接（第 6 行），如果接收到连接，服务端会为该客户端连接创建一个会话线程来单独处理该客户端的请求（第 13 行）。

2．服务端会话线程

服务端会话线程也主要完成 2 个任务：获取会话的输入/输出流和通过输入/输出流进行通信。

（1）会话线程框架

代码 7-7 是服务套接字与客户端进行会话的线程的定义代码。

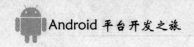

代码 7-7　服务端会话线程的定义

文件名：ServerSocketThread.java

```
1    //服务器端会话线程
2    public class ServerSocketThread extends Thread {
3        //与客户端通信套接字
4        private Socket mClientSocket = null;
5        private BufferedReader mStreamReader = null;
6        private PrintWriter mStreamWriter = null;
7        private boolean mIsFinish = false;
8        private Handler mHandler = null;
9
10       public ServerSocketThread(Socket socket, Handler handler) {
11           this.mHandler = handler;
12           this.mClientSocket = socket;
13
14           //获取会话用输入/输出流（代码 7-8）
15           ……
16       }
17
18       @Override
19       public void run() {
20           while(!mIsFinish) {
21               //借助输入/输出流进行通信（代码 7-9）
22               ……
23           }
24
25           super.run();
26       }
27
28       //设置该线程是否结束的标识
29       public void setIsFinish(boolean isFinish) {
30           this.mIsFinish = isFinish;
31       }
32       ……
33   };
```

代码 7-7 中，在会话线程初始化过程中获取会话用的输入/输出流（第 14 行）；在线程运行函数中，服务端和客户端通过输入/输出流进行通信（第 21 行）。

（2）获取会话的输入/输出流

代码 7-8 是获取服务端与客户端进行会话的输入/输出流的主要代码。

代码 7-8　服务端会话线程的主要代码

文件名：SessionThread.java

```
1    try {
2        mStreamReader = new BufferedReader(
```

```
3                              new InputStreamReader(socket.getInputStream()),
4                              Config.BUFFER_SIZE);
5          mStreamWriter = new PrintWriter(socket.getOutputStream(), true);
6      } catch (IOException e) {
7          e.printStackTrace();
8      }
```

代码 7-8 中，通过远程套接字接口的“getInputStream”方法来获取从客户端的输入流（第 3 行）；通过“getOutputStream”方法来获取到客户端的输出流（第 5 行）。

（3）借助输入/输出流进行通信

获取客户端与服务端之间的输入/输出流之后，服务端与客户端就可以借助这些输入/输出流来进行通信。代码 7-9 是服务套接字与客户端通过输入/输出流进行通信的主要代码。

代码 7-9　服务端与客户端通信的主要代码

文件名：SessionThread.java

```
1    @Override
2    public void run() {
3        while(!mIsFinish) {
4            String line = "";
5
6            //获取客户端请求
7            try {
8                line = mStreamReader.readLine();
9            } catch (IOException e) {
10               e.printStackTrace();
11           }
12
13           showResponse("Got '" + line + "'");
14
15           if(line.equalsIgnoreCase(Config.BYE) ) { //再见信息
16               doQuit();
17               break;
18           }
19           else if(line.equalsIgnoreCase(Config.HELLO) ) { //问候信息
20               doGreeting();
21           }
22           else {
23               echoMsg(Config.RET_FLAG+line);
24           }
25       }
26
27       super.run();
28   }
29
```

```
30    //处理问候
31    private void doGreeting() {
32          echoMsg("Welcome!");
33    }
34
35    //结束与当前客户端的通信
36    private void doQuit() {
37          echoMsg(Config.BYE);
38
39          try {
40                mClientSocket.close();
41                mStreamWriter.close();
42                mStreamReader.close();
43          } catch (IOException e) {
44                e.printStackTrace();
45          }
46    }
47
48    //回复消息
49    private void echoMsg(String msg) {
50          mStreamWriter.println(msg);
51
52          showResponse("Send '" + msg + "'");
53    }
```

代码 7-9 中，服务端首先读取客户端的请求信息（第 8 行），再根据请求信息进行反馈（第 15 行和第 19 行）。

3. 服务端配置定义

代码 7-10 是套接字通信中有关的设置定义代码。

代码 7-10　套接字通信设置定义

文件名：Config.java

```
1     public interface Config {
2           //服务端配置
3           public static final String SERVER_HOST = "localhost";
4           public static final int SERVER_PORT = 1982;
5           public static final int BUFFER_SIZE = 256;
6           //消息接收人标识
7           public static final String SERVER_ID = "Server";
8           public static final String CLIENT_ID = "Client";
9           //消息内容
10          public static final String BYE = "BYE";
11          public static final String HELLO = "HELLO";
12          public static final String RET_FLAG = "Re:";
13    };
```

7.3.4 套接字客户端

1．套接字客户端界面

图 7-4 是套接字客户端程序的实例界面，该界面用于向服务端发送消息，并输出与服务端的通信记录。

图 7-4 套接字客户端界面

代码 7-11 是图 7-4 所示界面内容的 XML 代码。

代码 7-11 套接字客户端界面 XML 代码

文件名：res/layout/client_view.xml

```
1   <?xml version="1.0" encoding="utf-8"?>
2   <LinearLayout xmlns:android="http://schemas.android.com/apk/res/android"
3       ……>
4       <TextView
5           ……
6           android:text="@string/app_name"/>
7       <TextView
8           ……
9           android:text="Message:" />
10      <EditText android:id="@+id/TXT_MSG"
11          ……/>
12      <Button android:id="@+id/BTN_SEND"
13          ……
14          android:text="Send"/>
15      <EditText android:id="@+id/TXT_LOG_CLIENT"
16          ……/>
17  </LinearLayout>
```

2．客户端 Activity 组件

在客户端界面中，需要完成 2 个任务：初始化客户端套接字以及发送请求。

（1）Activity 定义框架

代码 7-12 是客户端 Activity 的框架代码。

代码 7-12　套接字客户端 Activity 框架

文件名：ClientSocketDemoAct.java

```
1    public class ClientSocketDemoAct extends Activity implements OnClickListener {
2        //客户端线程
3        private Socket mClientSocket = null;
4        private BufferedReader mStreamReader = null;
5        private PrintWriter mStreamWriter = null;
6        private ClientThread mClientThread = null;
7        //主线程事件队列处理器
8        private Handler mHandler = null;
9
10       @Override
11       public void onCreate(Bundle savedInstanceState) {
12           ……
13           //初始化客户端套接字
14           initSocket();
15
16           //主线程消息处理器
17           mHandler = new Handler() {
18               @Override
19               public void handleMessage(Message msg) {
20
21                   super.handleMessage(msg);
22
23                   Bundle bundle = msg.getData();
24                   String destStr = bundle.getCharSequence("DEST").toString();
25                   String msgStr = bundle.getString("MSG");
26
27                   if(msgStr.equalsIgnoreCase(Config.BYE) ) { //接收到结束通知
28                       doQuit();
29                       return;
30                   }
31
32                   printLog(destStr+"|"+msgStr);
33               }
34           };
35       }
36
37       @Override
38       public void onClick(View v) {
39           switch(v.getId() ) {
40               case R.id.BTN_SEND: {
41                   doSend(); //向服务端发送消息
42                   break;
43               }
```

```
44              }
45          }
46
47          //该方法不能被其他本 View 之外的线程调用
48          private void printLog(String msg) {
49              mTxtLog.append(msg+"\n");
50          }
51
52          public Socket getClientSocket() {
53              return mClientSocket;
54          }
55
56          public BufferedReader getStreamReader() {
57              return mStreamReader;
58          }
59
60          public PrintWriter getStreamWriter() {
61              return mStreamWriter;
62          }
63
64          //结束本客户端
65          private void doQuit() {
66              printLog(Config.BYE);
67
68              mClientThread.setFinish(true);
69
70              try {
71                  mStreamReader.close();
72                  mStreamWriter.close();
73                  mClientSocket.close();
74              } catch (IOException e) {
75                  e.printStackTrace();
76              }
77
78              this.finish();
79          }
80      };
```

代码 7-12 中，在 Activity 组件的创建回调函数内初始化客户端套接字，在按钮的点击事件中启动向服务端发送请求。

（2）初始化客户端套接字

代码 7-13 是初始化客户端套接字的主要代码。

代码 7-13 初始化客户端套接字主要代码

文件名：ClientSocketDemoAct.java

```
1       //初始化服务套接字
```

```
2    private void initSocket() {
3        try {
4            mClientSocket = new Socket(Config.SERVER_HOST, Config.SERVER_PORT);
5            mStreamWriter = new PrintWriter(mClientSocket.getOutputStream(), true);
6            mStreamReader = new BufferedReader(
7                    new InputStreamReader(mClientSocket.getInputStream()),
8                    Config.BUFFER_SIZE);
9        } catch (IOException e) {
10           e.printStackTrace();
11       }
12   }
```

代码 7-13 中，客户端套接字的初始化不仅需要指明服务端口，而且还要指明服务主机（第 4 行）。同时，通过套接字接口的“getOutputStream”方法获取到远程主机的输出流（第 5 行），通过“getInputStream”方法获取从远程主机的输入流（第 7 行）。借助这些输入/输出流，客户端就可以与服务端进行通信。

（3）发送请求

当用户单击“发送（Send）”按钮时，客户端就会将所填写的信息发送给服务端。代码 7-14 是客户端发送请求的定义代码。

代码 7-14　套接字客户端 Activity 定义代码

文件名：ClientSocketDemoAct.java

```
1    //向服务端发送消息
2    private void doSend() {
3        //获取要发送的消息内容
4        String msg = mTxtMsg.getText().toString().trim();
5        //通过线程来发送消息
6        mClientThread = new ClientThread(this, msg, mHandler);
7        mClientThread.start();
8    }
```

3. 客户端通信线程

代码 7-15 是代码 7-14 中所提到的客户端套接字的通信线程的定义代码。

代码 7-15　套接字客户端通信线程的定义代码

文件名：ClientThread.java

```
1    //客户端通信线程
2    public class ClientThread extends Thread {
3        private boolean mIsFinish = false;
4        private ClientSocketDemoAct mContext = null;
5        private String mMsg = null;
6        private Handler mHandler = null;
7
8        public ClientThread(ClientSocketDemoAct ctx, String msg, Handler handler) {
```

```
9               this.mContext = ctx;
10              this.mMsg = msg;
11              this.mHandler = handler;
12          }
13
14          @Override
15          public void run() {
16              sendMsg(this.mMsg);
17              handleEcho();
18
19              super.run();
20          }
21
22          //向服务器发送指定消息
23          private void sendMsg(String msg) {
24              mContext.getStreamWriter().println(msg);
25              showResponse("Sent '" + msg + "'");
26          }
27
28          //处理反馈
29          private void handleEcho() {
30              while(!this.mIsFinish) {
31                  String echo = "";
32
33                  try {
34                      echo = mContext.getStreamReader().readLine();
35                  } catch (IOException e) {
36                      e.printStackTrace();
37                  }
38
39                  if(echo.equalsIgnoreCase(Config.BYE) ) { //如果是结束消息
40                      showResponse(echo);
41                  }
42                  else {
43                      showResponse("Got '" + echo+"'");
44                  }
45
46                  break;
47              }
48          }
49
50          //设置线程是否终止的标识
51          public void setFinish(boolean isFinish) {
52              this.mIsFinish = isFinish;
53          }
54      };
```

代码 7-15 中，客户端首先向服务端发送消息（第 23 行“sendMsg”方法），然后再处理服务端的反馈消息（第 29 行“handleEcho”方法）。

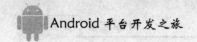

7.3.5 流式套接字通信说明

通过上述的介绍，读者应该可以了解 Android 平台中的流式套接字通信过程几乎是和 J2SE 平台中是相同的。然而对于无线通信设备，流式套接字通信的实际意义可能并不比在桌面平台那么明显（手机没有 IP 地址的说法），但是随着有线网络和无线网络的应用界限的逐渐模糊，相信流式套接字通信的这种应用模式也会有其用武之地。

7.4 数据报（套接字）通信

数据报通信与流式套接字通信的最大差异在于，数据报通信不是面向连接的，即客户端和服务端无需保持连接，只有当有通信时才连接。图 7-5 是数据报通信示例程序界面。

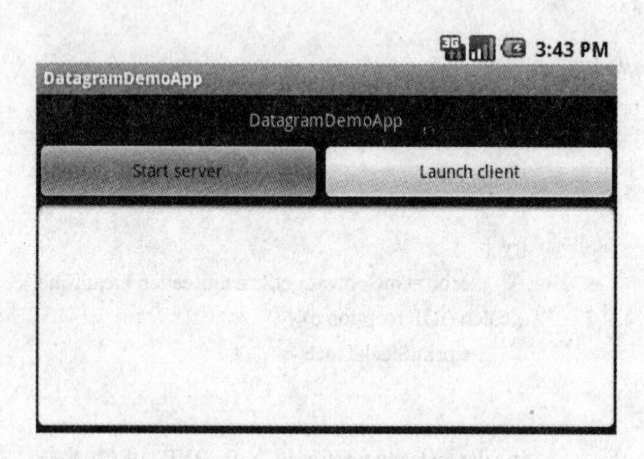

图 7-5　数据报通信示例程序界面

7.4.1 数据报通信程序界面

数据报通信程序界面定义 XML 代码同代码 7-1。

7.4.2 Activity 定义框架

在程序的界面中，提供了启动服务端和启动客户端的按钮，通过按钮点击事件的回调处理来启动数据报服务端和客户端。代码 7-16 是数据报示例程序的主 Activity 的框架代码。

代码 7-16　数据报通信程序主 Activity

文件名：DatagramDemoAct.java

```
1    public class DatagramDemoAct extends Activity implements OnClickListener {
```

```
2     ……
3     private Handler mHandler = null;
4     private ServerThread mServerThread = null;
5
6     @Override
7     public void onCreate(Bundle savedInstanceState) {
8         ……
9         //初始化界面线程消息处理器
10        mHandler = new Handler() {
11            @Override
12            public void handleMessage(Message msg) {
13                super.handleMessage(msg);
14
15                Bundle bundle = msg.getData();
16                String destStr = bundle.getCharSequence("DEST").toString();
17                String msgStr = bundle.getString("MSG");
18
19                printLog(destStr+"|"+msgStr);
20            }
21        };
22    }
23
24    public void printLog(String msg) {
25        mTxtLog.append(msg+"\n");
26    }
27    ……
28    private void doClient() {
29        //启动客户端 Activity 组件
30        Intent startClient = new Intent(this, ClientDatagramDemoAct.class);
31        this.startActivity(startClient);
32    }
33
34    private void doService() {
35        //创建服务线程并启动
36        mServerThread = new ServerThread(mHandler);
37        mServerThread.start();
38
39        mBtnService.setEnabled(false);
40    }
41 };
```

代码 7-16 中，通过服务线程来启动数据报服务端（第 34 行），这样可以避免在主线程中启动服务处理可能带来的 ANR 异常（请参考第 4 章对 ANR 的有关说明）。图 7-6 是启动服务后的界面内容。

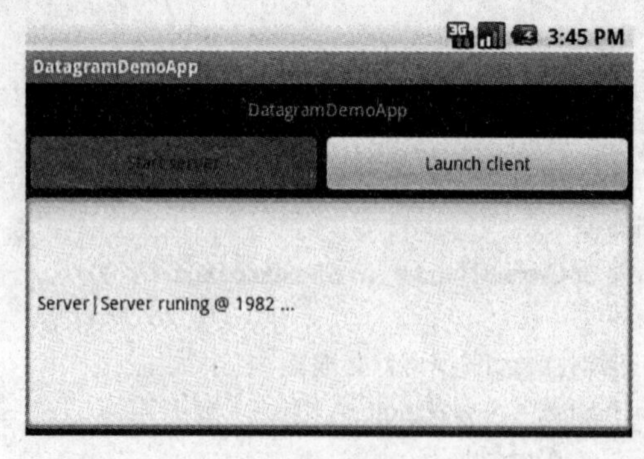

图 7-6　启动数据报服务端的界面状态

7.4.3　数据报服务端

当数据报服务端启动后，客户端就可以依据其启动的服务端口来与之通信。图 7-7 中所示的内容就是客户端与服务端的通信记录信息。

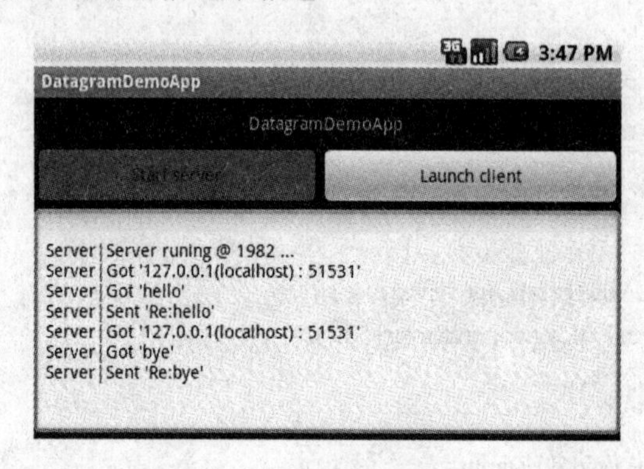

图 7-7　服务端通信记录

在服务端线程，需要执行 2 个过程：初始化数据报服务套接字和启动相关的数据报服务。

1．数据报服务线程定义框架

代码 7-17 数据报服务线程的定义框架代码。

代码 7-17　数据报服务线程的定义框架

文件名：ServerThread .java

```
1    public class ServerThread extends Thread {
2        private DatagramSocket mServerDatagram = null;
3        private Handler mHandler = null;
4        private DatagramUtil mUtil = DatagramUtil.getInstance();
5
6        public ServerThread(Handler handler) {
7            this.mHandler = handler;
8
9            //初始化数据报服务套接字（代码 7-18）
10           ……
```

```
11          }
12          @Override
13          public void run() {
14              //开始服务
15              startServer();
16
17              mServerDatagram.close();
18              super.run();
19          }
20          ……
21      };
```

代码 7-17 中，在线程初始化过程中同时对服务端数据报套接字进行了初始化（第 9 行），在线程的运行函数中才启动服务过程（第 16 行）。

2．初始化数据报服务套接字

代码 7-18 是初始化数据报服务套接字的主要代码。

代码 7-18　初始化数据报服务套接字的主要代码

文件名：ServerThread .java

```
1   try {
2       mServerDatagram = new DatagramSocket(Config.SERVER_PORT);
3       mUtil.showResponse(handler, Config.SERVER_ID,
4               "Server runing @ " + Config.SERVER_PORT + " ...");
5
6   } catch (IOException e) {
7       e.printStackTrace();
8   }
```

代码 7-18 中，读者可以获知只需要指定服务端口就可以对数据报服务套接字进行初始化。

3．启动数据报服务

代码 7-19 是启动数据报服务套接字服务的主要代码。

代码 7-19　启动数据报服务套接字服务的主要代码

文件名：ServerThread .java

```
1   //开始服务
2   private void startServer() {
3       try {
4           while(true) {
5               //获取请求
6               byte[] request = new byte[Config.BUFFER_SIZE];
7               DatagramPacket pack = new DatagramPacket(request,
8                                                   Config.BUFFER_SIZE);
9               //等待接收客户端的数据报
10              mServerDatagram.receive(pack);
```

```
11                    //显示客户端所请求的数据报内容
12                    String info = mUtil.getPackInfo(pack);
13                    String data = mUtil.getPacketData(pack);
14                    mUtil.showResponse(mHandler, Config.SERVER_ID, "Got '"+info+"'");
15
16                    mUtil.showResponse(mHandler, Config.SERVER_ID, "Got '"+data+"'");
17
18                    //发送答复
19                    String msg = Config.RET_FLAG+data;
20                    byte[] respond = msg.getBytes();
21                    DatagramPacket newPack = new DatagramPacket(respond,
22                            0, respond.length, pack.getAddress(), pack.getPort() );
23                    mServerDatagram.send(newPack);
24                    mUtil.showResponse(mHandler, Config.SERVER_ID, "Sent '"+msg+"'");
25
26                }
27            } catch (IOException e) {
28                e.printStackTrace();
29            }
30    }
```

代码 7-19 中，数据报服务端套接字接口通过“receive”方法（第 10 行）来等待接收客户端所发送的数据报。但接收到数据报时，服务端会借助数据报工具类对数据报内容进行显示（第 12 行和第 13 行），继而以数据报的形式返回答复消息（第 23 行）。

7.4.4 数据报工具类

代码 7-20 是代码 7-19 中提到的数据报工具类的定义代码，该工具类主要用于获取数据报中的数据和获取指定数据报的连接信息。

代码 7-20 数据报通信工具类的定义代码

文件名：DatagramUtil.java

```
1    public class DatagramUtil {
2        //数据报工具实例
3        private static DatagramUtil mInstance = new DatagramUtil();
4
5        //单例模式（构造函数不对外）
6        private DatagramUtil() {
7        }
8
9        public static DatagramUtil getInstance() {
10           return (mInstance);
11       }
12
13       //获取数据报数据
14       public String getPacketData(DatagramPacket pack) {
```

```
15              byte[] data = pack.getData();
16              String dataString = new String(data, pack.getOffset(), pack.getLength() );
17
18              return (dataString);
19          }
20
21          //获取数据报信息
22          public String getPackInfo(DatagramPacket pack) {
23              InetAddress addr = pack.getAddress();
24              int port = pack.getPort();
25
26              return (addr.getHostAddress() + "(" + addr.getHostName() + ") : " + port);
27          }
28      };
```

7.4.5 数据报通信配置

代码 7-21 中是代码 7-19 中所用的数据报通信配置的定义。

代码 7-21 数据报通信配置

文件名：Config.java

```
1   public interface Config {
2       public static final String SERVER_HOST = "localhost";
3       public static final int SERVER_PORT = 1982;
4       public static final int BUFFER_SIZE = 256;
5
6       public static final String SERVER_ID = "Server";
7       public static final String CLIENT_ID = "Client";
8       public static final String RET_FLAG = "Re:";
9   };
```

7.4.6 数据报客户端

数据报客户端主要用于演示向服务端发送消息，图 7-8 是数据报客户端示例程序的界面。

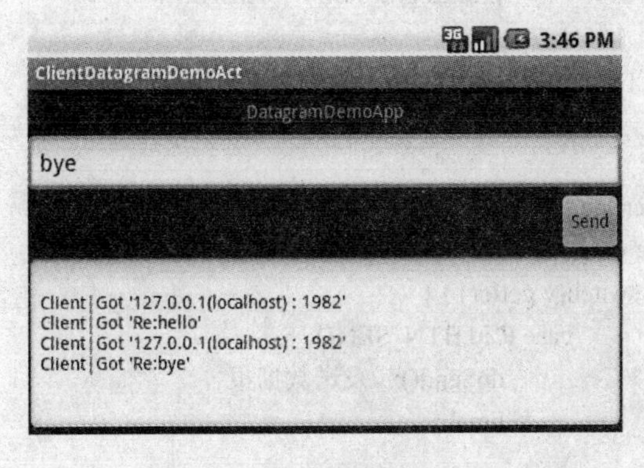

图 7-8 数据报客户端界面

1．数据报客户端界面

图 7-8 所示的界面的 XML 与代码 7-11 相同。

2．客户端 Activity 组件

在客户端界面中，需要完成 2 个任务：初始化客户端数据报套接字以及发送数据报请求。

（1）Activity 定义框架

代码 7-22 是数据报客户端的 Activity 框架代码。

代码 7-22　数据报客户端 Activity 代码

文件名：ClientDatagramDemoAct.java

```
1   public class ClientDatagramDemoAct extends Activity implements OnClickListener {
2       //主线程消息队列处理器
3       private Handler mHandler = null;
4       ……
5       private DatagramSocket mClientDatagram = null;
6
7       @Override
8       public void onCreate(Bundle savedInstanceState) {
9           ……
10          //初始化客户端数据报套接字
11          initDatagram();
12
13          //主界面线程消息处理器
14          mHandler = new Handler() {
15              @Override
16              public void handleMessage(Message msg) {
17                  super.handleMessage(msg);
18
19                  Bundle bundle = msg.getData();
20                  String destStr = bundle.getCharSequence("DEST").toString();
21                  String msgStr = bundle.getString("MSG");
22
23                  printLog(destStr+"|"+msgStr);
24              }
25          };
26  }
27
28      @Override
29      public void onClick(View v) {
30          switch(v.getId() ) {
31              case R.id.BTN_SEND: {
32                  doSend(); //发送数据报
33                  break;
34              }
35          }
```

```
36          }
37
38          //该方法不能被本 View 之外的线程调用
39          public void printLog(String msg) {
40                  mTxtLog.append(msg+"\n");
41          }
42
43          public DatagramSocket getClientDatagram() {
44                  return mClientDatagram;
45          }
46
47          @Override
48          protected void onDestroy() {
49                  super.onDestroy();
50                  //关闭连接
51                  mClientDatagram.close();
52          }
53  };
```

（2）初始化数据报客户端套接字

代码 7-23 是初始化数据报客户端套接字的主要代码。

代码 7-23　初始化数据报客户端套接字

文件名：ClientDatagramDemoAct.java

```
1   //初始化数据报
2   private void initDatagram() {
3           try {
4                   mClientDatagram = new DatagramSocket();
5           } catch (IOException e) {
6                   e.printStackTrace();
7           }
8           //建立连接
9           try {
10                  mClientDatagram.connect(InetAddress.getByName(Config.SERVER_HOST),
11                                                          Config.SERVER_PORT);
12          } catch (UnknownHostException e) {
13                  e.printStackTrace();
14                  return;
15          }
16  }
```

代码 7-23 中，客户端数据报在初始化时无需指明服务端主机和端口（第 4 行），但是其必须通过“connect”方法来连接指定的主机和端口（第 10 行）。

（3）发送数据报请求

当用户点击“发送（Send）”按钮时，客户端就会将所填写的信息发送给服务端。代码 7-24 是数据报客户端发送请求的主要代码。

代码 7-24　发送数据报请求

文件名：ClientDatagramDemoAct.java

```
1   //发送消息
2   private void doSend() {
3           //启动客户端发送数据报线程
4           ClientThread t = new ClientThread(this, mHandler, mTxtMsg.getText().toString() );
5           t.start();
6   }
```

3．数据报客户端线程

代码 7-25 是代码 7-24 中提到的客户端发送数据报的线程的定义代码。

代码 7-25　数据报客户端线程

文件名：ClientThread.java

```
1    public class ClientThread extends Thread {
2            private ClientDatagramDemoAct mContext = null;
3            private Handler mHandler = null;
4            private String mData = null;
5            private DatagramUtil mUtil = DatagramUtil.getInstance();
6            public ClientThread(ClientDatagramDemoAct ctx, Handler handler, String data) {
7                    this.mContext = ctx;
8                    this.mHandler = handler;
9                    this.mData = data;
10           }
11
12           @Override
13           public void run() {
14                   //发送请求
15                   byte[] data = mData.getBytes();
16
17                   DatagramPacket pack = new DatagramPacket(data, data.length);
18                   try {
19                           mContext.getClientDatagram().send(pack);
20                   } catch (IOException e) {
21                           e.printStackTrace();
22                   }
23
24                   //获取回复
25                   byte[] respond = new byte[Config.BUFFER_SIZE];
26                   DatagramPacket newPack = new DatagramPacket(respond, respond.length);
27                   try {
28                           mContext.getClientDatagram().receive(newPack);
29                   } catch (IOException e) {
30                           e.printStackTrace();
31                   }
```

```
32
33                    //显示回复
34                    String packIinfo = mUtil.getPackInfo(newPack);
35                    String dataString = mUtil.getPacketData(newPack);
36                    mUtil.showResponse(mHandler, Config.CLIENT_ID, "Got '"+packIinfo+"'");
37                    mUtil.showResponse(mHandler, Config.CLIENT_ID, "Got '"+dataString+"'");
38
39                    super.run();
40            }
41    };
```

代码 7-25 中，客户端数据报套接字通过“send”方法向服务端发送数据报信息（第 19 行），继而通过“receive”方法来等待服务端的回复信息（第 28 行），当获得反馈的数据报之后对数据报信息进行显示。

7.4.7 数据报套接字通信说明

数据报套接字通信不面向连接，客户端与服务端无需持续连接，两者都通过数据报进行通信，其控制过程的复杂度比流式套接字低。

7.5 HTTP 通信

HTTP 通信可以理解为读者熟知的通过浏览器等工具访问网站获取网页内容的过程。在 Android 平台中，可以通过 3 种方式来进行 HTTP 通信。第 1 种方式就是直接使用套接字方式与 HTTP 服务器进行通信；第 2 种方式是通过 URL 连接的方式与 HTTP 服务器进行连接；而第 3 种方式是通过 Apache 提供的 http 包工具进行 HTTP 通信。

7.5.1 套接字方式

图 7-9 所示的界面内容是通过套接字的方式访问 Android 的主页得到的网页内容输出。

图 7-9 使用套接字方式获取网页内容

1. 界面布局定义

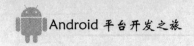

代码 7-26 是图 7-9 中所示程序的界面布局定义。

代码 7-26　使用套接字方式获取网页内容界面布局

文件名：main_view.xml

```
1   <?xml version="1.0" encoding="utf-8"?>
2   <LinearLayout xmlns:android="http://schemas.android.com/apk/res/android"
3       ……>
4       <TextView
5           ……
6           android:text="@string/app_name"/>
7       <TableLayout
8           ……
9           android:stretchColumns="1" >
10          <TableRow>
11              <TextView
12                  ……
13                  android:text="URL: " />
14              <EditText android:id="@+id/TXT_URL"
15                  ……
16                  android:text="@string/url_string" />
17              <Button android:id="@+id/BTN_GO"
18                  ……
19                  android:text="Go" />
20          </TableRow>
21      </TableLayout>
22      <EditText android:id="@+id/TXT_CONTENTS"
23          ……/>
24  </LinearLayout>
```

2. 程序 Activity 组件

代码 7-27 是使用套接字方式获取网页内容的 Activity 组件的定义。

代码 7-27　使用套接字方式获取网页内容

文件名：HTTPDemoAct.java

```
1   public class HTTPDemoAct extends Activity implements OnClickListener {
2       //HTTP 连接设置
3       private static final int SERVER_PORT = 80;
4       private static final int BUFFER_SIZE = 8192; //8KB
5       ……
6       private void doGo() throws UnknownHostException, IOException {
7           //根据 URL 建立到远程主机的套接字接口
8           Socket clientSocket = new Socket(mTxtURL.getText().toString(),
9                                            SERVER_PORT);
10          //获取套接字的输入流（获取答复用）
```

```
11          InputStream is = clientSocket.getInputStream();
12          //获取套接字的输出流（发送请求用）
13          OutputStream os = clientSocket.getOutputStream();
14          //发送请求
15          sendRequest(os);
16          //获取答复
17          getResponse(is);
18
19          //关闭流
20          os.close();
21          is.close();
22      }
23
24      //获取远程主机 HTTP 答复
25      private void getResponse(InputStream is) throws IOException {
26          //先接收 HTTP 头部
27          byte[] headerContents = new byte[BUFFER_SIZE];
28          if(is.read(headerContents) != -1) {
29              showResponse(new String(headerContents) );
30          }
31          headerContents = null;
32
33          //再接收 HTTP 内容
34          BufferedReader br = new BufferedReader(new InputStreamReader(is),
35                                                 BUFFER_SIZE);
36          String line = null;
37
38          while((line=br.readLine()) != null) {
39              showResponse(line);
40          }
41
42          br.close();
43      }
44
45      //显示答复内容
46      private void showResponse(String string) {
47          mTxtContents.append(string);
48          Log.d(this.getClass().getName(), string);
49      }
50
51      //发送请求
52      private void sendRequest(OutputStream os) throws IOException {
53          String request = "GET / HTTP1.1\r\n\r\n";
54          os.write(request.getBytes() );
55          os.flush();
56                  //注意：不能在这里关闭输出流
```

```
57                  //os.close();
58          }
59      };
```

代码 7-27 中，程序以客户端的角色以套接字的方式连接到指定主机及端口（HTTP 服务器默认的端口是 80）（第 8 行），然后向服务端发送 HTTP 请求（第 53 行中的 GET 请求）（第 15 行），这样就可以收到服务器返回请求网页的内容（第 17 行）。

使用这种方式，需要开发者对 HTTP 规范（RFC 2068）有一定了解。

注意：在对服务器返回内容的读取中，代码 7-27 采用了 2 种不同的读取方式：对 HTTP 头部采用的是按照字节读取（第 27 行）；对 HTTP 内容采用的是按照字符行读取（第 38）。两者的使用与对应内容的结构定义（换行符）有关，具体可以参考 HTTP 规范。

7.5.2 URL 连接方式

图 7-10 所示的界面内容是使用 URL 连接的方式访问 Android 的主页获得的网页内容输出。

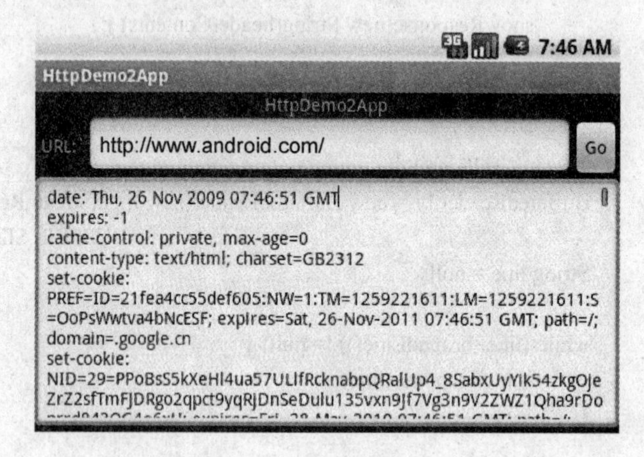

图 7-10 使用 URL 连接方式获取网页内容

1．程序界面定义

程序界面定义与代码 7-26 相同。

2．程序 Activity 组件

代码 7-28 的功能是使用 URL 连接方式获取网页内容的 Activity 组件的定义。

代码 7-28 使用 URL 连接方式获取网页内容

文件名：HttpDemo2Act.java

```
1   public class HttpDemo2Act extends Activity implements OnClickListener {
2       //通信配置（缓冲区）
3       private static final int BUFFER_SIZE = 8192; //8KB
4       ……
5       private void doGo() throws UnknownHostException, IOException {
6           //通过 URL 字符串获取 URL 接口
```

```
7           URL url = new URL(mTxtURL.getText().toString() );
8           //建立 HTTP 连接
9           HttpURLConnection conn = (HttpURLConnection)(url.openConnection() );
10          //打开套接字输入流（获取答复用）
11          InputStream is = conn.getInputStream();
12          //获取头部信息
13          getHeader(conn);
14          //再获取答复内容
15          getResponse(is);
16
17          //关闭输入流
18          is.close();
19      }
20
21      //获取 HTTP 头部
22      private void getHeader(HttpURLConnection conn) {
23          //获取 HTTP 头部内容集合
24          Map<String,List<String>> header = conn.getHeaderFields();
25          //遍历 HTTP 头部内容中条目
26          for(int i = 0; i < header.size(); ++i) {
27              String key = conn.getHeaderFieldKey(i);
28              List<String> entries = header.get(key);
29
30              if( (key == null) || (entries == null) ) {
31                  continue;
32              }
33
34              for(int j = 0; j < entries.size(); ++j) {
35                  showResponse(key+": "+entries.get(j) );
36              }
37          }
38      }
39
40      //获取 HTTP 答复信息
41      private void getResponse(InputStream is) throws IOException {
42          //再接受 HTTP 内容
43          BufferedReader br = new BufferedReader(new InputStreamReader(is),
44                                                  BUFFER_SIZE);
45          String line = null;
46          //按行读取所返回内容
47          while((line=br.readLine()) != null) {
48              showResponse(line);
49          }
50      }
51      ......
52  };
```

代码 7-28 中，借助 URL 接口的“openConnection”方法来建立与 URL 指定的网络位置的连接，并获得 HTTP 连接接口（第 9 行的 HttpURLConnection）。通过这个连接接口的输入流就可以获得 HTTP 服务器的 HTTP 答复（第 11 行到第 15 行）。

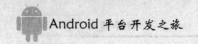

在通过 URL 连接方式中，读者可能没有看到通信端口的设置以及请求的发送过程。所以采用 URL 连接的方式比套接字方式更抽象，例如：可以通过 URL 指定任何类型的网络资源（ftp、https 等），而且开发者无需对这些通信协议有过多的了解。

提示： URL 是 Uniform Resource Locator（统一资源定位符）的缩写，用于指定一个可用的确定资源以及访问该资源的机制。URI 是 Uniform Resource Identifier（统一资源标识符）的缩写，是用于识别互联网上的一个名称或资源的字符串，该方式允许使用指定的协议跨网络进行资源交互。URL 是 URI 的子集，URI 规范在 RFC 3986 中定义，URL 规范在 RFC 1738 中定义。

7.5.3 Apache HTTP API

图 7-11 所示的界面内容是使用 Apache 的 HTTP API 访问 Android 的主页得到的网页内容输出。

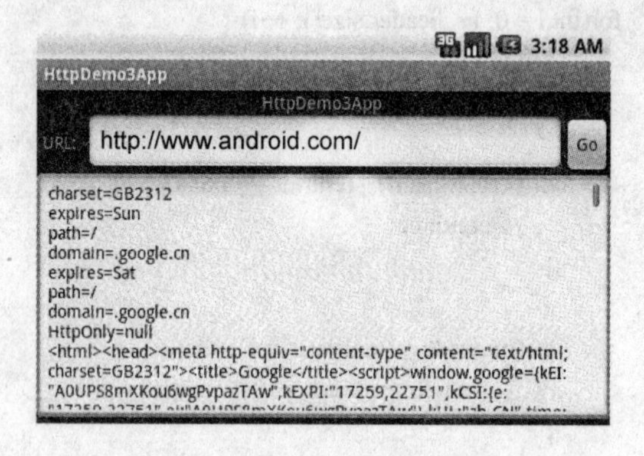

图 7-11　使用 Apache HTTP 包获取网页内容

1. 程序界面定义

程序界面定义与代码 7-26 相同。

2. 程序 Activity 组件

代码 7-29 的功能是使用 Apache HTTP 工具包获取网页内容的 Activity 组件的定义。

代码 7-29　使用 Apache HTTP 包获取网页内容

文件名：HttpDemo3Act.java

```
1   public class HttpDemo3Act extends Activity implements OnClickListener {
2       ......
3       private void doGo() throws UnknownHostException, IOException, HttpException {
4           //获取默认的 HTTP 客户端接口
5           DefaultHttpClient client = new DefaultHttpClient();
6           //获取 HTTP 协议中 GET 方法接口
```

```
7           HttpGet method = new HttpGet(mTxtURL.getText().toString() );
8           //执行 GET 方法（发送内容请求）
9           HttpResponse response = client.execute(method);
10
11          //获取应答项
12          StatusLine statusLine = response.getStatusLine();
13
14          //状态判断
15          if(statusLine.getStatusCode() != HttpStatus.SC_OK) {
16              showResponse("Method failed: " + statusLine.getStatusCode() );
17              return;
18          }
19
20          //获取 HTTP 头部
21          Header[] headers = response.getAllHeaders();
22          for(int i = 0; i < headers.length; ++i) {
23              HeaderElement[] elements = headers[i].getElements();
24
25              for(int j = 0; j < elements.length; ++j) {
26                  NameValuePair[] pairs = elements[j].getParameters();
27
28                  for(int k = 0; k < pairs.length; ++k) {
29                      showResponse(pairs[k].getName()+"="+pairs[k].getValue() );
30                  }
31              }
32          }
33
34          //在 HTTP 内容部分
35          HttpEntity entry = response.getEntity();
36          BufferedReader br = new BufferedReader(
37                  new InputStreamReader(entry.getContent()));
38          String line = null;
39          //按行读取
40          while((line=br.readLine())!= null) {
41              showResponse(line);
42          }
43
44          br.close();
45      }
46      ......
47  };
```

代码 7-29 中，第 5 行 DefaultHttpClient 类实例表示一个 HTTP 客户端的默认实现（HTTP 客户端的准备工作），然后通过指定的 URL 创建一个代表 HTTP GET 方法的接口（第 7 行），通过执行该 GET 方法来获取一个代表服务端回复的接口（第 9 行），通过该回复接口可以读取服务端的回复内容。

对于 HTTP 服务端的回复内容的分析，Apache HTTP API 提供了丰富的结构和方法。例如：通过客户端回复接口的“getStatusLine”方法接口可以获取本次通信的状态；通过“getAllHeaders”方法可以获取所有 HTTP 头部的信息；通过“getEntity”方法可以获取所有 HTTP 内容实体。

在 HTTP 通信方面，Apache HTTP API 比使用 HTTP URL 连接方式显得更加“专业”，Apache HTTP API 中不仅对 HTTP 的通信过程进行了完整的定义（例如：HTTP 初始化过程、请求方式、通信控制等），而且还对 HTTP 内容进行了细致的分解，让用户无需过分关注内容的读取过程。例如代码 7-29 中，通过 HTTP 头部内容的各种接口，就可以方便得获取 HTTP 头部的各项内容。

7.6 HTTPS

HTTPS 可以视为 HTTP 的安全（Secure）版本，其安全基础基于 SSL 协议（Secure Socket Layer，安全套接字层）。HTTPS 在 HTTP 的基础上添加了一个加密和身份验证。通过 HTTPS 协议访问 Sun 公司的 HTTPS 服务器主页的内容输出如图 7-12 所示。

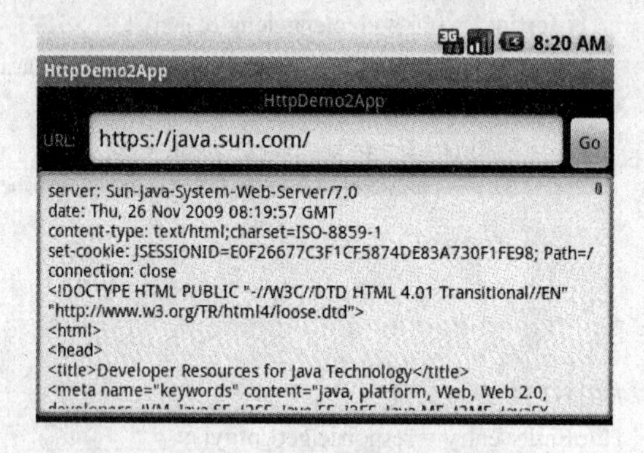

图 7-12　获取 HTTPS 服务器内容

1. 程序界面定义

程序界面定义同代码 7-26。

2. 程序 Activity 组件

代码 7-30 的功能是通过 HTTPS URL 连接方式获取网页内容的 Activity 组件的定义。

代码 7-30　通过 HTTPS URL 方式获取网页内容

文件名：HttpsDemoAct.java

```
1   public class HttpsDemoAct extends Activity implements OnClickListener {
2       //通信缓冲大小设置
3       private static final int BUFFER_SIZE = 8192; //8KB
4       ……
5       private void doGo() throws UnknownHostException, IOException {
6           //通过 URL 字符串生成 URL 接口
7           URL url = new URL(mTxtURL.getText().toString() );
8           //获取 HTTPS 连接接口
```

```
9          HttpsURLConnection conn = (HttpsURLConnection)(url.openConnection() );
10         //打开接口输入流（获取答复用）
11         InputStream is = conn.getInputStream();
12         //获取头部内容
13         getHeader(conn);
14         //再获取答复内容
15         getResponse(is);
16
17         //关闭输入流
18         is.close();
19     }
20
21     //获取 HTTP 头部
22     private void getHeader(HttpURLConnection conn) {
23         Map<String,List<String>> header = conn.getHeaderFields();
24         //遍历 HTTP 头部条目
25         for(int i = 0; i < header.size(); ++i) {
26             String key = conn.getHeaderFieldKey(i);
27             List<String> entries = header.get(key);
28
29             if( (key == null) || (entries == null) ) {
30                 continue;
31             }
32
33             for(int j = 0; j < entries.size(); ++j) {
34                 showResponse(key+": "+entries.get(j) );
35             }
36         }
37     }
38
39     //接收 HTTP 内容
40     private void getResponse(InputStream is) throws IOException {
41         BufferedReader br = new BufferedReader(new InputStreamReader(is),
42                                                 BUFFER_SIZE);
43         String line = null;
44         //按行读取
45         while((line=br.readLine()) != null) {
46             showResponse(line);
47         }
48     }
49     ……
50 };
```

代码 7-30 中通过 HTTPS URL 连接的方式访问 HTTPS 服务器与代码 7-28 中通过 HTTP URL 连接方式访问 HTTP 服务器基本相同。

在代码 7-30 中，并没有使用加密或身份验证的过程，因为访问该主页的过程无需身份

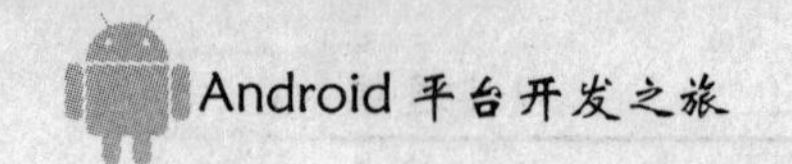

验证。在接下来的SSL通信介绍中，就用到了密钥验证过程。

提示：HTTPS是Hypertext Transfer Protocol over Secure Socket Layer（基于安全套接字层的超文本传输协议）的缩写，其同于HTTP，但是在HTTP与TCP层添加了一个加密和用户身份在验证的层。HTTPS的默认端口是443。对于一些对数据安全要求比较高的网络应用，例如网络支付、网上银行等，都是采用HTTPS通信机制。HTTPS的规范请参考RFC 2818。

RFC 2818所定义的规范是“HTTP Over TLS”，实际上，TLS（Transport Layer Security，传输层安全）可以视为SSL的升级版本。TLS和SSL是为网络通信提供安全以及数据完整性的安全协议，主要通过在传输层对网络进行加密来实现。

7.7 SSL通信

通过上面的介绍，相信读者对SSL通信已经有了一定的认识。相比套接字通信，SSL通信在传输层对网络进行了加密。SSL通信的应用基础是PKI（Public Key Infrastructure，公钥基础设施），通过公钥技术来提供对通信方的身份进行验证，保证通信过程的安全。如图7-13是SSL服务端运行过程中的内容输出界面。

```
D:\J2SDK\bin\java.exe
Server starting @ port 10086 ...
Accept client '127.0.0.1:1957'
Got messge 'Hello, SSL Server!'
Reply 'Talking over, bye!'
Accept client '127.0.0.1:1959'
Got messge 'Hello, SSL Server!'
Reply 'Talking over, bye!'
```

图7-13 SSL服务端运行界面

7.7.1 SSL通信模式

1．服务端

SSL服务端需要通过SSL服务套接字来提供服务接口，而SSL服务套接字需要通过SSL上下文实例来创建。以下是对SSL服务端的启用过程的描述。

（1）通过指定协议（一般是TLS）获取SSL上下文（SSLContext）实例。

（2）通过指定算法（X.509相关）获取密钥管理器工厂（KeyManagerFactory）实例。

（3）通过指定类型和提供者获取密钥库（KeyStore）实例。

（4）密钥库实例使用约定的密码加载（Load）密钥库文件（.keystore）。

（5）密钥管理器工厂实例使用约定的密码和（4）中密钥库进行初始化（Initialize）。

（6）SSL上下文实例通过密钥管理器工厂实例提供的密钥管理器来初始化（Initialize）。

（7）当SSL上下文实例初始化成功后，就可以获取该上下文实例所关联的服务套接字工厂（ServerSocketFactory）实例。

（8）服务套接字工厂实例依据指定的服务端口来创建（Create）服务套接字（ServerSocket）。

（9）当SSL服务套接字创建成功，就可以等待客户端的连接，与客户端进行通信。

（10）通信完毕可以关闭服务套接字。

2．客户端

SSL客户端需要通过SSL套接字来与服务端进行通信，而SSL套接字也需要通过SSL上下文实例来创建。以下是对SSL客户端的启用过程的描述。

（1）通过指定协议（一般是TLS）获取SSL上下文（SSLContext）实例。

（2）通过指定算法（X.509相关）获取密钥管理器工厂（KeyManagerFactory）实例。

（3）通过指定算法（X.509相关）获取信任管理器工厂（TrustManagerFactory）实例。

（4）通过指定类型和提供者获取密钥库（KeyStore）实例。

（5）通过指定类型和提供者获取信任密钥库（KeyStore）实例。

（6）（4）中密钥库实例使用约定的密码加载（Load）密钥库文件（.keystore）。

（7）（5）中信任密钥库实例使用约定的密码加载（Load）密钥库文件（.keystore）。

（8）密钥管理器工厂实例使用约定的密码和（4）中密钥库进行初始化（Initialize）。

（8）信任管理器工厂实例使用（5）中信任密钥库进行初始化（Initialize）。

（9）SSL上下文实例通过密钥管理器工厂实例提供的密钥管理器和信任管理器工厂实例提供的信任管理器来初始化（Initialize）。

（10）当SSL上下文实例初始化成功后，就可以获取该上下文实例所关联的套接字工厂（SocketFactory）实例。

（11）套接字工厂实例依据指定的主机和端口来创建（Create）客户端套接字（Socket）。

（12）当SSL客户端套接字创建成功，就可以向服务端发送请求，与服务端进行通信。

（13）通信完毕可以关闭客户端套接字。

7.7.2 SSL服务端

1．服务端入口定义

代码7-31是SSL服务端入口的定义代码。

代码7-31 SSL服务端入口

文件名：ServerSocketDemo.java

```
1   package foolstudio.demo.ssl.server;
2
3   public class ServerSocketDemo {
4       public static void main(String[] args) {
5           if(args.length != 1) {
6               System.out.println("Usage: java
7                       foolstudio.demo.ssl.server.ServerSocketDemo <ks-path>");
8               return;
```

```
9               }
10
11              new ServerSocketDemo().doAction(args[0]);
12          }
13
14          public ServerSocketDemo() {
15          }
16
17          public void doAction(String ksPath) {
18              //创建 SSL 服务套接字线程
19              ServerSocketThread t = new ServerSocketThread(ksPath);
20              t.setIsRunning(true);
21              t.start();
22          }
23      };
```

代码 7-31 中，读者可以看出，SSL 服务端运行于 J2SE 平台，需要通过指定密钥文件才能启动 SSL 服务器（第 7 行），当程序启动后，会创建 SSL 服务套接字线程并启动。

2. SSL 服务端线程

服务端线程主要完成 2 个任务：初始化 SSL 服务和启动服务等待客户端的连接。

（1）SSL 服务端线程定义框架

代码 7-32 是代码 7-31 中所提到的 SSL 服务套接字线程的定义。

代码 7-32　SSL 服务套接字线程

文件名：ServerSocketThread.java

```
1   public class ServerSocketThread extends Thread {
2       //
3       public static final String EXTRAS_KEY ="status";
4       public static final int SERVER_PORT = 10086;
5       //
6       private static final String PASSWORD = "master2010";
7       //SSL 服务套接字
8       private SSLServerSocket mServSocket = null;
9       //
10      private boolean mIsRunning = false;
11
12      public ServerSocketThread(String ksPath) {
13          try {
14              //初始化 SSL 服务
15              initSSLServer(ksPath);
16          } catch (Exception e) {
17              e.printStackTrace();
18          }
19      }
20
```

```
21          //输出状态
22          private void sendStatus(String status) {
23                  System.out.println(status);
24          }
25
26          public void setIsRunning(boolean isRunning) {
27                  this.mIsRunning = isRunning;
28          }
29
30          @Override
31          public void run() {
32                  while(mIsRunning) {
33                          //启动服务等待客户端连接（代码 7-34）
34                          ......
35                  }
36                  super.run();
37          }
38  };
```

代码 7-32 中，在线程初始化过程中初始化 SSL 服务套接字（第 15 行）；在线程的运行函数中启动服务（第 33 行）。

（2）初始化 SSL 服务

代码 7-33 是初始化 SSL 服务的主要代码。

代码 7-33　初始化 SSL 服务

文件名：ServerSocketThread.java

```
1   //初始化服务器
2   private void initSSLServer(String ksPath) throws NoSuchAlgorithmException,
3                                                    KeyStoreException,
4                                                    CertificateException,
5                                                    UnrecoverableKeyException,
6                                                    KeyManagementException {
7       try {
8               //取得 TLS 协议的上下文
9               SSLContext ctx = SSLContext.getInstance("TLS");
10              //取得 SunX509 私钥管理器工厂
11              KeyManagerFactory kmf = KeyManagerFactory.getInstance("SunX509");
12              //取得 JKS 密库实例
13              KeyStore ks = KeyStore.getInstance("JKS", "SUN");
14              //加载服务端私钥
15              ks.load(new FileInputStream(ksPath), PASSWORD.toCharArray() );
16              //初始化
17              kmf.init(ks, PASSWORD.toCharArray());
18              //初始化 SSLContext
19              ctx.init(kmf.getKeyManagers(),null, null);
20              //通过 SSLContext 取得 ServerSocketFactory，创建 ServerSocket
```

```
21                mServSocket = (SSLServerSocket)
22                    ctx.getServerSocketFactory().createServerSocket(SERVER_PORT);
23
24                sendStatus("Server starting @ port " + SERVER_PORT + " ...");
25            } catch (Exception e) {
26                e.printStackTrace();
27            }
28    }
```

代码 7-33 中，第 9 行，通过 SSL 上下文（SSLContext）的“getInstance”方法获取一个基于 TLS 协议的上下文实例；第 11 行通过密钥管理器工厂的“getInstance”方法获取一个使用“SunX509”算法的密钥管理器工厂实例；第 13 行，通过密钥库的“getInstance”方法获取一个使用 Sun 公司的 JKS 算法（Java Keystore）的密钥库实例。该密钥库实例使用“load”方法并依据密码来载入密钥库文件（第 15 行）。密钥库实例载入成功之后，就可以用它来初始化密钥管理工厂实例（第 17 行），而密钥管理工厂实例初始化成功之后，就可以用它来初始化 SSL 上下文实例（第 19 行）。当 SSL 上下文实例初始化成功之后，就可以通过其“getServerSocketFactory”方法来获取其所关联的服务套接字工厂实例，继而通过该工厂实例的“createServerSocket”方法，根据指定的端口来创建套接字服务（第 22 行）。

代码 7-33 中提到的密钥库文件，其扩展名一般为“.keystore”，读者可以通过 JDK 自带的 keytool 工具生成该文件，有关 keytool 工具的用法请参考第 16 章。在生成密钥库文件的过程中，该工具还需要用户提供密码、个人姓名、组织单位名称、城市、省份和国家代码等信息。如图 7-14 所示。

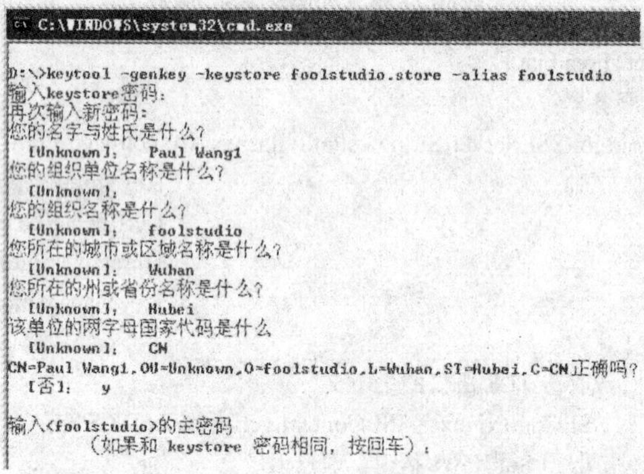

```
C:\WINDOWS\system32\cmd.exe

D:\>keytool -genkey -keystore foolstudio.store -alias foolstudio
输入keystore密码:
再次输入新密码:
您的名字与姓氏是什么?
  [Unknown]:   Paul Wang1
您的组织单位名称是什么?
  [Unknown]:
您的组织名称是什么?
  [Unknown]:   foolstudio
您所在的城市或区域名称是什么?
  [Unknown]:   Wuhan
您所在的州或省份名称是什么?
  [Unknown]:   Hubei
该单位的两字母国家代码是什么
  [Unknown]:   CN
CN=Paul Wang1, OU=Unknown, O=foolstudio, L=Wuhan, ST=Hubei, C=CN正确吗?
  [否]:   y

输入<foolstudio>的主密码
        （如果和 keystore 密码相同，按回车）:
```

图 7-14　生成 keystore

（2）启动服务

代码 7-34 是启动 SSL 服务的主要代码。

代码 7-34　启动 SSL 服务

文件名：ServerSocketThread.java

```
1    @Override
2    public void run() {
```

```
3           while(mIsRunning) {
4                   try {
5                           //等待客户端的连接
6                           SSLSocket clientSocket = (SSLSocket)mServSocket.accept();
7                           sendStatus("Accept client '" +
8                                           clientSocket.getInetAddress().getHostAddress() + ":" +
9                                           clientSocket.getPort() + "'");
10                          //回复客户端
11                          replyClient(clientSocket);
12                          //关闭与客户端的连接
13                          clientSocket.close();
14                  } catch (IOException e) {
15                          e.printStackTrace();
16                  }
17          }
18          super.run();
19  }
20
21  //回复给客户端
22  private void replyClient(SSLSocket clientSocket) throws IOException {
23          //获取与客户端的输入输出流
24          InputStream is = clientSocket.getInputStream();
25          OutputStream os = clientSocket.getOutputStream();
26
27          BufferedReader br = new BufferedReader(new InputStreamReader(is) );
28          String line = null;
29
30          if((line=br.readLine()) != null) {
31                  sendStatus("Got messge '" + line + "'");
32          }
33
34          PrintWriter pr = new PrintWriter(os);
35
36          String reply = "Talking over, bye!";
37          pr.println(reply);
38          pr.flush();
39          sendStatus("Reply '" + reply + "'");
40          //
41          pr.close();
42          br.close();
43          //
44          os.close();
45          is.close();
46  }
```

代码 7-34 中，服务端套接字通过“accept”方法来等待客户端的连接（第 6 行），当获得客户端的连接后，通过该连接接口获得与客户端的输入输出流（第 24 行和第 25 行），服务端与客户端通过这些输入输出流进行通信。

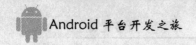

7.7.3 SSL 客户端

图 7-15 是在 SSL 客户端输出与服务器端的通信记录内容的实例界面。

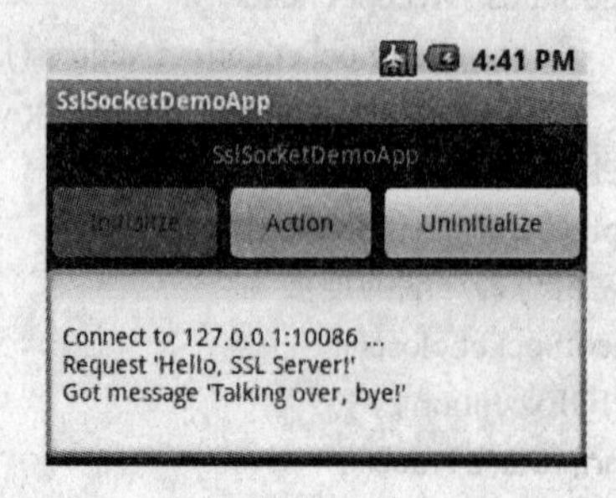

图 7-15 SSL 客户端记录输出

1. 客户端 Activity 定义

代码 7-35 是 SSL 客户端程序的 Activity 定义的主要代码。

代码 7-35 SSL 客户端 Activity 定义

文件名：ClientSocketDemo.java

```
1   public class SslSocketDemoAct extends Activity implements OnClickListener {
2       //可视组件定义
3       ……
4       @Override
5       public void onCreate(Bundle savedInstanceState) {
6           super.onCreate(savedInstanceState);
7           setContentView(R.layout.main);
8           //获取可视组件对象实例
9           ……
10          //设置按钮点击事件响应
11          ……
12      }
13
14      @Override
15      public void onClick(View v) {
16          switch(v.getId() ) {
17              case R.id.BTN_INIT: { //初始化通信
18                  try {
19                      doInit();
20                  } catch (IOException e) {
21                      e.printStackTrace();
22                  }
23                  break;
24              }
25          }
```

```
26          }
27
28          //初始化通信
29          private void doInit() throws IOException {
30                  //客户端套接字线程
31                  ClientSocketThread t = new ClientSocketThread(this, new Handler() {
32                          @Override
33                          public void handleMessage(Message msg) {
34                                  Bundle bundle = msg.getData();
35                                  String status = bundle.getString(ClientSocketThread.EXTRAS_KEY);
36
37                                  printText(status);
38
39                                  super.handleMessage(msg);
40                          }
41                  });
42                  t.start();
43          }
44          ……
45  };
```

代码 7-35 中，通过按钮来启动客户端套接字线程（第 31 行），通过主线程的消息队列处理器将线程的通信记录发送到主线程的消息处理队列中，再进行显示（第 31 行中的 Handler 对象）。

2．客户端线程

客户端线程主要完成 2 个任务：初始化 SSL 客户端套接字及与服务端进行通信。

（1）客户端线程框架

代码 7-36 是 SSL 客户端线程的定义框架。

代码 7-36　SSL 客户端线程的定义框架

文件名：ClientSocketThread.java

```
1   public class ClientSocketThread extends Thread {
2           //通信配置
3           public static final String EXTRAS_KEY ="status";
4           public static final String SERVER_HOST = "127.0.0.1";
5           public static final int SERVER_PORT = 10086;
6           //
7          private static final String PASSWORD = "master2010";
8
9           private Context mContext = null;
10          private Handler mHandler = null;
11          //客户端套接字
12          private SSLSocket mClintSocket = null;
13
14          public ClientSocketThread(Context context, Handler handler) {
```

```
15                this.mContext = context;
16                this.mHandler = handler;
17
18                try {
19                    //初始化 SSL 客户端
20                    initSSLClient();
21                } catch (Exception e) {
22                    e.printStackTrace();
23                }
24            }
25
26            @Override
27            public void run() {
28                if(this.mClintSocket != null) {
29                    try {
30                        requestServer();
31                    } catch (IOException e) {
32                        e.printStackTrace();
33                    }
34                }
35
36                super.run();
37            }
38        };
```

代码 7-36 中，在线程初始化过程中初始化 SSL 服务套接字（第 20 行）；在线程的运行函数中向服务端发送请求（第 30 行）。

（2）初始化 SSL 客户端套接字

代码 7-37 是初始化 SSL 客户端套接字的主要代码。

代码 7-37　初始化 SSL 客户端套接字

文件名：ClientSocketThread.java

```
1     private void initSSLClient() throws NoSuchAlgorithmException,
2                                         KeyStoreException,
3                                         CertificateException,
4                                         UnrecoverableKeyException,
5                                         KeyManagementException {
6         try {
7             //获取 TLS 协议的上下文实例
8             SSLContext ctx = SSLContext.getInstance("TLS");
9             //获取 X509 标准的密钥管理工厂实例
10            KeyManagerFactory kmf = KeyManagerFactory.getInstance("X509");
11            //获取 X509 标准的信任管理工厂实例
12            TrustManagerFactory tmf = TrustManagerFactory.getInstance("X509");
13            //生成 BC 提供的 BKS 类型的密钥库
14            KeyStore kks= KeyStore.getInstance("BKS", "BC");
```

```
15                //生成BC提供的BKS类型的信任密钥库
16                KeyStore tks = KeyStore.getInstance("BKS", "BC");
17                //通过原文件资源载入的密钥库文件
18                kks.load(mContext.getResources().openRawResource(R.raw.foolstudio),
19                        PASSWORD.toCharArray() );
20                tks.load(mContext.getResources().openRawResource(R.raw.foolstudio),
21                        PASSWORD.toCharArray() );
22                //初始化密钥管理工厂实例
23                kmf.init(kks, PASSWORD.toCharArray() );
24                //初始化信任管理工厂实例
25                tmf.init(tks);
26                //初始化SSL上下文实例
27                ctx.init(kmf.getKeyManagers(), tmf.getTrustManagers(), null);
28                //获取客户端SSL套接字
29                mClintSocket =
30                    (SSLSocket)ctx.getSocketFactory().createSocket(SERVER_HOST,
31                                                                   SERVER_PORT);
32                //通过主线程消息队列处理器发送状态
33                sendStatus("Connect to " + SERVER_HOST + ":" + SERVER_PORT + " ...");
34            } catch (Exception e) {
35                e.printStackTrace();
36            }
37        }
38
39        //通过主线程消息队列处理器发送状态
40        private void sendStatus(String status) {
41            Bundle bundle = new Bundle();
42            bundle.putString(EXTRAS_KEY, status);
43
44            Message msg = new Message();
45            msg.setData(bundle);
46
47            mHandler.sendMessage(msg);
48        }
```

代码7-37中，第8行，通过SSL上下文（SSLContext）的“getInstance”方法获取一个基于TLS协议的上下文实例；第10行通过密钥管理器工厂的“getInstance”方法获取一个使用“X509”算法的密钥管理器工厂实例；第12行通过密钥管理器工厂的“getInstance”方法获取一个使用“X509”算法的信任密钥管理器工厂实例；第14行，通过密钥库的“getInstance”方法获取一个使用由Bouncy Castle公司提供的BKS算法的密钥库实例。第16行，通过密钥库的“getInstance”方法获取一个使用由Bouncy Castle公司提供的BKS算法的信任密钥库实例。该密钥库实例使用“load”方法并依据密码来载入密钥库文件（第18行），同时信任密钥库实例也使用“load”方法并依据密码来载入信任密钥库文件（第20行）。密钥库实例载入成功之后，就可以用它来初始化密钥管理工厂实例（第23行），而信任密钥库实例载入成功之后，就可以用它来初始化信任密钥管理工厂实例（第25行）。而密钥管理工厂实例和信任密钥管理工厂实例初始化成功之后，就可以用它们来初始化 SSL 上下文实例（第 27 行）。当 SSL 上下文实例初始化成功之后，就可以通过其“getSocketFactory”方法来获取其所关联的客户端套接字工厂实例，继而通过该工厂实例的“createSocket”方法，根据指定的主机和端口来创建客户端套接字（第 30 行）。

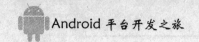

提示：Android 平台引入了 Bouncy Castle 的密码 API，BKS 就是 Bouncy Castle Keystore 的缩写。Bouncy Castle 的官方主页是 http://www.bouncycastle.org/。

（3）与服务端进行通信

代码 7-38 是客户端套接字与服务端进行通信的主要代码。

代码 7-38　客户端套接字与服务端通信

文件名：ClientSocketThread.java

```
1	//向服务端发送请求
2	private void requestServer() throws IOException {
3		//获取输出流（用于发送请求）
4		OutputStream os = mClintSocket.getOutputStream();
5		PrintWriter pr = new PrintWriter(os);
6		//请求内容
7		String request = "Hello, SSL Server!";
8		pr.println(request);
9		pr.flush();
10		sendStatus("Request '" + request+ "'");
11	
12		//获取输入流（用于获取反馈）
13		InputStream is = mClintSocket.getInputStream();
14		BufferedReader br = new BufferedReader(new InputStreamReader(is) );
15		String line = null;
16	
17		if((line=br.readLine()) != null) {
18			sendStatus("Got message '" + line + "'");
19		}
20	
21		//
22		mClintSocket.close();
23	}
```

代码 7-38 中，分别通过客户端套接字的“getOutputStream”方法（第 4 行）和“getInputStream”方法（第 14 行）来获取与服务端连接的输出流和输入流，通过该输出流和输入流，客户端完成向服务端发送请求和接收反馈。

7.8 浏览器

在 7.5 节介绍的 HTTP 通信中，3 种方式获取到的都仅仅是文本内容，而无法做到像浏览器一样对网页的内容进行可视化显示。幸运的是，Android 平台将 WebKit 引擎植入系统，通过该引擎，系统中的应用程序可以如同桌面平台中的浏览器一样对网页内容进行加载并显示。

7.8.1 WebKit 介绍

WebKit（http://webkit.org/）是一个开源网页浏览器引擎，同时也是 Mac OS X 的 Safari 网页浏览器的核心。WebKit 的 HTML 和 JavaScript 引擎分别源于 KDE 组织（http://kde.org/）的 KHTML 和 KJS 库。

在应用于 Mac OS 上的 Safari 之后，WebKit 很快被广泛地移植到其他系统平台：Chrome 浏览器就采用了 WebKit 引擎，Android 平台自带的浏览器也是基于 WebKit 内核。WebKit 以其开源的优势以及高速的网页加载效果赢得越来越多的用户。

7.8.2 Android 平台对 WebKit 引擎的封装

实际上，Android 平台对 WebKit 引擎进行了包装，读者无需对 WebKit 引擎的细节了解更多就可以使用引擎的功能。Android 平台定义的 android.webkit 包用于提供显示网页的工具，表 7-6 对是该包中比较常用或重要的类/接口的说明。

表 7-6 android.webkit 包中主要类/接口说明

类/接口	说明
DownloadListener	用于侦听下载事件
WebSettings	管理一个网页视图的设置状态
WebView	网页视图，用于显示网页
WebView.HitTestResult	表示基于网页上当前焦点的点击测试结果，网页视图会根据该焦点的标签不同而返回不同的结果
WebViewClient	用于接收来自网页视图的各种消息和请求

如果读者想了解更多详细的内容可以 Android SDK 所附带的文档。

7.8.3 网页视图（WebView）

图 7-16 是在用户程序中嵌入网页视图，并通过网页视图显示页面内容的实例界面。

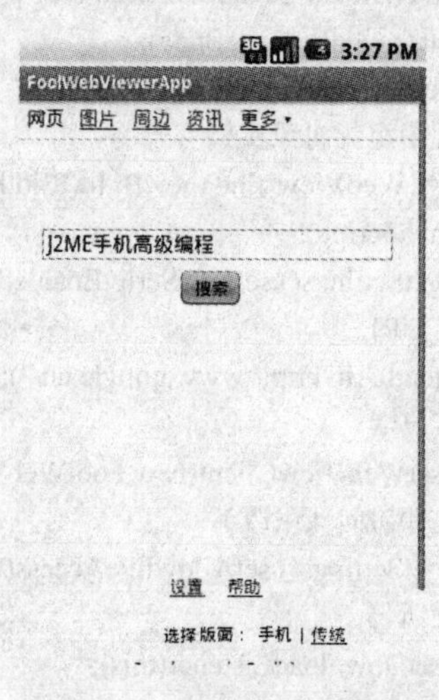

图 7-16 内置浏览器程序

1. 网页视图的定义

代码 7-39 是图 7-16 中所示界面布局的定义代码。

代码 7-39 网页视图的界面布局定义

文件名：main.xml

```
1   <?xml version="1.0" encoding="utf-8"?>
2   <LinearLayout xmlns:android="http://schemas.android.com/apk/res/android"
3       ……>
4       <WebView android:id="@+id/ID_WEB_VIEW"
5           android:layout_width="fill_parent"
6           android:layout_height="wrap_content"/>
7   </LinearLayout>
```

代码 7-39 中，通过“<WebView>”标记对网页视图组件进行定义，其对应组件对象类型与其标记名相同。

2. 网页视图的使用模式

作为视图组件，在 Activity 组件对布局资源填充完毕之后，就可以获取布局资源中所定义的网页视图组件实例，然后通过设置网页视图的 URL 就可以显示对应页面的内容。代码 7-40 是使用网页视图的主要代码。

代码 7-40 网页视图定义实例代码

文件名：FoolWebViewerAct.java

```
1   public class FoolWebViewerAct extends Activity implements DownloadListener {
2       //网页视图组件对象
3       private WebView mWebView = null;
4   
5       @Override
6       public void onCreate(Bundle savedInstanceState) {
7           super.onCreate(savedInstanceState);
8           setContentView(R.layout.main);
9           //获取网页视图组件对象实例
10          mWebView = (WebView)findViewById(R.id.ID_WEB_VIEW);
11          //设置支持 JavaScript
12          mWebView.getSettings().setJavaScriptEnabled(true);
13          //载入指定的 URL
14          mWebView.loadUrl("http://www.google.cn/");
15          //设置网络客户端
16          mWebView.setWebViewClient(new FoolWebViewerClient() );
17          //设置允许文件访问（下载）
18          mWebView.getSettings().setAllowFileAccess(true);
19          //设置下载侦听器
20          mWebView.setDownloadListener(this);
21      }
```

```
22        ……
23    };
```

代码 7-40 中，首先通过界面布局中定义的网页视图的资源 ID 来获取对应的对象实例（第 10 行），然后通过其设置接口来设置允许 JavaScript（第 12 行），通过其“loadUrl”方法来载入指定的网页。第 16 行中，通过“setWebViewClient”方法来设置网页视图的客户端，用以接收来自网页视图的有关消息和用户的请求。为了下载网页内容，还通过设置接口设置允许文件访问（第 18 行），并设置下载事件侦听器（第 20 行）。

3．使用许可

因为网页视图需要通过互联网访问网页，所以在应用程序清单中必须添加使用互联网的使用许可，代码如下所示：

文件名：AndroidManifest.xml

```
<uses-permission android:name="android.permission.INTERNET"/>
```

7.8.4 浏览器开发实例

下面作者将以图 7-16 所示的浏览器实例工具为例，向读者介绍开发一款功能齐全的浏览器的基本过程。图 7-16 所示的浏览器工具中，提供了 4 方面的功能：

（1）支持网页的浏览控制（前进、后退、返回主页、刷新）。

（2）预览和保存网页缩略图。

（3）添加书签。

（4）对网页中内容（图片、文件）的下载。

1．程序 Activity 框架定义

代码 7-41 是浏览器工程 Activity 组件的定义代码。

代码 7-41 浏览器程序 Activity 定义

文件名：FoolWebViewerAct.java

```
1    public class FoolWebViewerAct extends Activity implements DownloadListener {
2        //网页视图组件实例
3        private WebView mWebView = null;
4        //主界面消息队列处理器
5        private Handler mHandler = null;
6
7        @Override
8        public void onCreate(Bundle savedInstanceState) {
9            super.onCreate(savedInstanceState);
10           setContentView(R.layout.main);
11           //获取网页视图组件对象实例
12           ……
13           //设置网页视图组件属性
14           ……
15           //设置网页视图的上下文菜单
16           this.registerForContextMenu(mWebView);
17
```

```
18          //初始化界面线程消息处理器
19          mHandler = new Handler() {
20                  public void handleMessage(Message msg) {
21                          super.handleMessage(msg);
22
23                          Bundle bundle = msg.getData();
24                          String msgStr = bundle.getString("Msg");
25
26                          doNotify(msgStr);
27                  }
28          };
29      }
30
31      //处理从其它线程发送的消息
32      private void doNotify(String msg) {
33              Toast.makeText(this, msg, Toast.LENGTH_LONG).show();
34      }
35
36      //可选菜单创建回调函数
37      @Override
38      public boolean onCreateOptionsMenu(Menu menu) {
39              ……
40      }
41
42      //可选菜单项选择回调函数
43      @Override
44      public boolean onOptionsItemSelected(MenuItem item) {
45              ……
46      }
47
48      //上下文菜单项选择回调函数
49      @Override
50      public boolean onContextItemSelected(MenuItem item) {
51              ……
52      }
53
54      //上下文菜单创建回调函数
55      @Override
56      public void onCreateContextMenu(ContextMenu menu, View v,
57                      ContextMenuInfo menuInfo) {
58              ……
59      }
60  };
```

代码 7-41 中，分别重载了上下文菜单和可选菜单的创建事件回调函数和菜单项选择事件回调函数，因为该浏览器工具的主要功能都是通过上下文菜单项和可选菜单项来调用。

另外还创建了一个主线程消息队列处理器，用于为其他线程提供向主线程发送消息的接口。

2．选项菜单功能

图 7-17 是浏览器工具的选项菜单界面，其菜单项功能依次为：向后浏览（历史记录）、向前浏览（历史记录）、返回主页、刷新、网页缩略图和收藏网页。

图 7-17　浏览器工具选项菜单

（1）选项菜单定义

代码 7-42 是浏览器工具选项菜单资源的定义。

代码 7-42　选项菜单资源定义

文件名：opt_menu.xml

```
1   <menu xmlns:android="http://schemas.android.com/apk/res/android">
2       <group>
3           <item android:id="@+id/MI_BACK" android:icon="@drawable/back"/>
4           <item android:icon="@drawable/forward" android:id="@+id/MI_FORWARD"/>
5           <item android:icon="@drawable/home" android:id="@+id/MI_HOME"/>
6           <item android:icon="@drawable/reload" android:id="@+id/MI_RELOAD"/>
7           <item android:icon="@drawable/capture" android:id="@+id/MI_CAPTURE"/>
8           <item android:icon="@drawable/favorite" android:id="@+id/MI_FAVORITE"/>
9       </group>
10  </menu>
```

（2）选项菜单使用

代码 7-43 是使用选项菜单的主要代码。

代码 7-43　选项菜单使用

文件名：FoolWebViewerAct.java

```
1   public class FoolWebViewerAct extends Activity implements DownloadListener {
2       //可选菜单创建回调函数
3       @Override
```

```
4       public boolean onCreateOptionsMenu(Menu menu) {
5           //填充菜单资源
6           this.getMenuInflater().inflate(R.menu.opt_menu, menu);
7           return super.onCreateOptionsMenu(menu);
8       }
9
10      //选项菜单项选择回调函数
11      @Override
12      public boolean onOptionsItemSelected(MenuItem item) {
13          switch(item.getItemId() ) {
14              case R.id.MI_BACK: { //回退浏览
15                  mWebView.goBack();
16                  break;
17              }
18              case R.id.MI_FORWARD: { //前进浏览
19                  mWebView.goForward();
20                  break;
21              }
22              case R.id.MI_HOME: { //到主页
23                  mWebView.loadUrl(Config.HOME_URL);
24                  break;
25              }
26              case R.id.MI_RELOAD: { //刷新
27                  mWebView.reload();
28                  break;
29              }
30              case R.id.MI_FAVORITE: { //添加收藏夹
31                  Browser.saveBookmark(this, "NewBookmark", mWebView.getUrl() );
32                  break;
33              }
34              case R.id.MI_CAPTURE: { //网页缩略图
35                  Picture picture = mWebView.capturePicture();
36                  savePictureToSDCard(picture);
37                  break;
38              }
39          }
40          return super.onOptionsItemSelected(item);
41      }
42  };
```

代码 7-43 中，通过在选项菜单的创建事件回调函数中用菜单填充器来填充选项菜单（第 6 行），在菜单项选择事件回调函数中，对各个菜单项的功能进行定义。

3．网页浏览控制

在代码 7-43 中，通过网页视图组件实例的“goBack”方法、“goForward”方法、“loadUrl”方法和“reload”方法分别可以实现对网页的回退浏览、向前浏览、载入指定网页和刷新网页（重载）的功能。其中“loadUrl”用于加载指定 URL 的网页（第 23 行）。

另外，为了防止用户点击返回键而退出浏览器程序，所以浏览器工具还必须重载对按键的点击事件，并且判断若当前按键是返回键，且当前网页可以回退浏览，则调用网页回退，如代码 7-44 所示。

代码 7-44　浏览器工具配置信息

文件名：FoolWebViewerAct.java

```
1   //支持返回键（默认的返回键会造成应用程序停止，并返回到系统桌面）
2   @Override
3   public boolean onKeyDown(int keyCode, KeyEvent event) {
4       if( (keyCode == KeyEvent.KEYCODE_BACK) && mWebView.canGoBack() ) {
5           mWebView.goBack();
6           return (true);
7       }
8
9       return super.onKeyDown(keyCode, event);
10  }
```

默认的，当用户点击网页中的链接时，网页视图不会自动载入链接所指的网页，但是网页视图会将这个请求发给其“幕后主使”网页视图客户端（WebViewClient）组件，在网页视图客户端组件的网页载入事件回调函数“shouldOverrideUrlLoading”中，将请求的新的连接地址指派给网页视图进行加载，从而实现链接网页的浏览。代码 7-45 就是浏览器工具中网页视图客户端组件的定义。

代码 7-45　网页视图客户端定义

文件名：FoolWebViewerClient.java

```
1   package foolstudio.demo;
2
3   import android.webkit.WebView;
4   import android.webkit.WebViewClient;
5
6   //自定义浏览器客户端
7   public class FoolWebViewerClient extends WebViewClient {
8       @Override
9       public boolean shouldOverrideUrlLoading(WebView view, String url) {
10          view.loadUrl(url);
11          return (true);
12      }
13  };
```

4. 网页浏览器配置

代码 7-46 是浏览器工具定义的一些配置信息，包括：主页 URL、网页缩略图保存路径和下载内容存放目录。

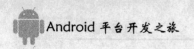

代码 7-46　浏览器工具配置信息

文件名：Config.java

```
1   package foolstudio.demo;
2
3   public interface Config {
4       //主页 URL
5       public static final String HOME_URL = "http://www.android.com /";
6       //缩略图保存路径
7       public static final String CAPTURE_PATH = "/sdcard/cap.data";
8       //下载目录
9       public static final String DOWNLOAD_DIR = "/sdcard/downloads";
10  };
```

5．网页缩略图

代码 7-43 中，通过网页视图的“capturePicture”方法可以获得当前网页视图的图像内容。而代码 7-47 是将该图内容保存到本地存储设备并以缩略图的方式进行预览的主要代码。

代码 7-47　保存网页视图并预览

文件名：FoolWebViewerAct.java

```
1   //将网页视图图像内容保存至 SD 卡
2   private void savePictureToSDCard(Picture picture) {
3       try {
4           //保存截屏
5           OutputStream stream =
6               new FileOutputStream(new File(Config.CAPTURE_PATH) );
7           picture.writeToStream(stream);
8           stream.flush();
9           stream.close();
10          //将保存路径通过 intent 发送给截屏显示 Activity
11          Intent intent = new Intent(this, CaptureViewerAct.class);
12          intent.putExtra("FILE_PATH", Config.CAPTURE_PATH);
13          this.startActivity(intent);
14      } catch(IOException e) {
15          e.printStackTrace();
16          Toast.makeText(this, "Capture NG!", Toast.LENGTH_SHORT).show();
17      }
18  }
```

代码 7-47 中，通过图片接口（Picture）的“writeToStream”方法将网页视图图像内容保存到 SD 卡中（第 7 行），同时启动一个 Activity 组件来显示该图像内容。代码 7-48 是现实网页视图图像内容的 Activity 组件的定义。

代码 7-48　显示网页缩略图 Activity

文件名：CaptureViewerAct.java

```
1   public class CaptureViewerAct extends Activity {
```

```
2        @Override
3        protected void onCreate(Bundle savedInstanceState) {
4                super.onCreate(savedInstanceState);
5
6                //获取 intent 传来的文件存储路径信息
7                Intent intent = this.getIntent();
8                Bundle bundle = intent.getExtras();
9                String filePath = bundle.getString("FILE_PATH");
10
11               //设置内容视图
12               CaptureView view = new CaptureView(this);
13               view.setSource(filePath);
14               this.setContentView(view);
15       }
16   };
```

在代码 7-48 中，显示网页视图内容的 Activity 组件使用一个定制视图类来载入所保存的图像文件（第 12 行）。代码 7-49 是对用于加载和显示网页视图图像内容文件的视图类的定义。

代码 7-49　显示网页视图图像内容文件的视图

文件名：CaptureView.java

```
1    public class CaptureView extends View {
2        //图片内容接口
3        private Picture mPicture = null;
4        public CaptureView(Context context) {
5            super(context);
6        }
7
8        @Override
9        public void draw(Canvas canvas) {
10           Rect rect = canvas.getClipBounds();
11           int width = rect.width();
12           int height = rect.height();
13
14           //非全屏显示缩略图（按 3/4 的比例）
15           rect.left += width/8;
16           rect.top += height/8;
17           rect.right = width*7/8;
18           rect.bottom = height*7/8;
19           //绘制图片
20           canvas.drawPicture(mPicture, rect);
21
22           super.draw(canvas);
23       }
24
```

```
25          //设置数据源
26          public void setSource(String filePath) {
27                  try {
28                          mPicture =
29                                  Picture.createFromStream(new FileInputStream(new File(filePath)));
30                  } catch (FileNotFoundException e) {
31                          e.printStackTrace();
32                  }
33          }
34      };
```

代码 7-49 中，通过图片接口的“createFromStream”方法将网页视图图片文件载入成图片实例（第 29 行），然后在 View 的绘制函数（第 9 行的 draw 函数）中对该图片对象进行绘制（第 20 行），图 7-18 就是网页缩略图的实例效果。

6．添加网页到收藏夹

在代码 7-43 中第 31 行，使用浏览器（android.provider.Browser）类的“saveBookmark”方法就可以将当前页的地址添加到收藏夹中，其代码如下所示。

```
Browser.saveBookmark(this, "NewBookmark", mWebView.getUrl() );
```

图 7-19 就是添加当前页到收藏夹时弹出的对话框内容。

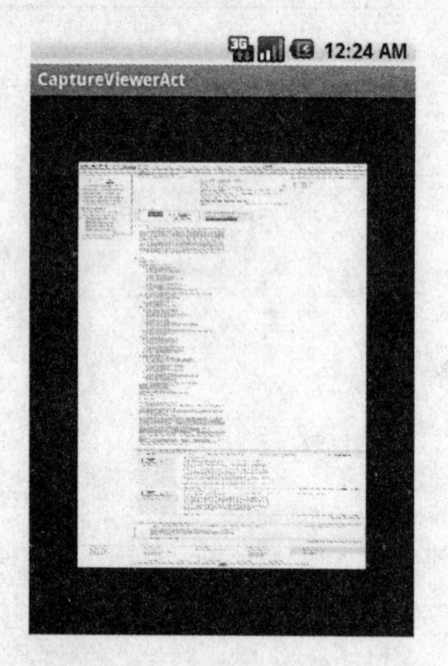

图 7-18　网页缩略图界面

图 7-19　添加当前页到收藏夹

7．上下文菜单功能

图 7-20 是浏览器工具的上下文菜单界面，当用户长按网页中的图片内容时，就会弹出上下文菜单，该上下文菜单只包含 1 个菜单项，即下载当前网页元素。

图 7-20　上下文菜单内容

（1）上下文菜单定义

代码 7-50 是浏览器工具上下文菜单资源的定义。

代码 7-50　上下文菜单资源定义

文件名：context_menu.xml

```
1  <menu xmlns:android="http://schemas.android.com/apk/res/android">
2      <group>
3          <item android:id="@+id/MI_DOWNLOAD" android:title="Dowload"/>
4      </group>
5  </menu>
```

（2）上下文菜单使用

代码 7-51 是使用上下文菜单的主要代码。

代码 7-51　上下文菜单使用

文件名：FoolWebViewerAct.java

```
1   @Override
2   public void onCreate(Bundle savedInstanceState) {
3       ……
4       //设置下载侦听器
5       mWebView.getSettings().setAllowFileAccess(true);
6       mWebView.setDownloadListener(this);
7       //设置上下文菜单
8       this.registerForContextMenu(mWebView);
9       ……
10  }
11
12  //上下文菜单创建事件回调函数
13  @Override
14  public void onCreateContextMenu(ContextMenu menu, View v,ContextMenuInfo menuInfo) {
15      //填充上下文菜单定义资源
16      this.getMenuInflater().inflate(R.menu.context_menu, menu);
```

```
17          //设置图标
18          menu.setHeaderIcon(R.drawable.download);
19          //获取点击测试结果
20          HitTestResult htr = this.mWebView.getHitTestResult();
21          String url = htr.getExtra();
22
23          if(url != null) { //设置上下文菜单抬头
24                  menu.setHeaderTitle("Download " + url);
25          }
26
27          super.onCreateContextMenu(menu, v, menuInfo);
28  }
29
30  //上下文菜单项选择事件回调函数
31  @Override
32  public boolean onContextItemSelected(MenuItem item) {
33          switch(item.getItemId() ) {
34                  case R.id.MI_DOWNLOAD: {
35                          HitTestResult htr = this.mWebView.getHitTestResult();
36                          //获取点击测试结果中的数据项
37                          String url = htr.getExtra();
38
39                          //下载资源
40                          if(url != null) {
41                                  downloadUrl(url);
42                          }
43
44                          break;
45                  }
46          }
47
48          return super.onContextItemSelected(item);
49  }
```

代码 7-51 中，通过在上下文菜单的创建事件回调函数中用菜单填充器来填充上下文菜单（第 16 行），同时根据点击测试结果中包含的 URL 信息来设置上下文菜单的抬头（第 24 行），该菜单中只提供了下载菜单项。

在菜单项点击事件中，需要再次获取点击测试结果中的 URL 信息（第 35 行），依据提供的 URL 进行资源下载。

8. 网页资源下载

代码 7-52 是代码 7-51 中所参考的下载资源的主要代码。

代码 7-52 下载网页资源

文件名：FoolWebViewerAct.java

```
1   //下载文件
```

```
2   private void downloadUrl(String url) {
3       //开启下载线程
4       DownloadThread t = new DownloadThread(url, mHandler);
5       t.start();
6   }
```

代码 7-52 中，通过资源 URL 和主线程的消息队列处理器接口（用于传递线程状态）来创建下载线程，并立即启动该线程。

代码 7-53 是资源下载线程的定义代码。

代码 7-53　下载网页资源

文件名：DownloadThread.java

```
1    public class DownloadThread extends Thread {
2        private String mUrl = null;
3        private Handler mHandler = null;
4    
5        public DownloadThread(String url, Handler handler) {
6            this.mUrl = url;
7            this.mHandler = handler;
8        }
9    
10       @Override
11       public void run() {
12           try {
13               URL url = new URL(mUrl);
14   
15               String fileName = url.getFile();
16               //将路径名替换成下划线（防止文件名重名）
17               fileName = fileName.replace(File.separatorChar, '_');
18   
19               System.out.println("DownloadThread: " + fileName);
20               //建立 URL 连接
21               URLConnection conn = url.openConnection();
22               InputStream is = conn.getInputStream();
23               BufferedInputStream bis = new BufferedInputStream(is);
24   
25               FileOutputStream fos = new FileOutputStream(Config.DOWNLOAD_DIR+
26                                                   File.separatorChar+fileName);
27               BufferedOutputStream bos = new BufferedOutputStream(fos);
28   
29               int aByte = -1;
30               //开始下载文件
31               while( (aByte=bis.read()) != -1) {
32                   bos.write(aByte);
33               }
34   
```

```
35                  //关闭输出流
36                  bos.close();
37                  fos.close();
38
39                  //关闭输入流
40                  bis.close();
41                  is.close();
42
43                  showResponse("Save '"+Config.DOWNLOAD_DIR+
44                                File.separatorChar+fileName + "' OK!");
45              } catch (MalformedURLException e) {
46                  e.printStackTrace();
47              } catch (IOException e) {
48                  e.printStackTrace();
49              }
50          }
51
52          //向主界面线程消息队列发送消息
53          private void showResponse(String data) {
54              Bundle bundle = new Bundle();
55              bundle.putCharSequence("Sender", "DownloadThread");
56              bundle.putString("Msg", data);
57              Message msg = new Message();
58              msg.setData(bundle);
59              mHandler.sendMessage(msg);
60          }
61      };
```

代码 7-53 中，读者可以看出，下载文件线程采用的是 URL 连接方式（与 HTTP 通信中的 URL 连接方式相同），通过给定的 URL 来建立与服务器的连接（第 21 行），再通过连接接口的输入流从服务器“读取”要下载的文件内容（第 22 行）。

注意：下载资源需要在 SD 卡上创建文件或文件夹，所以需要在工程清单文件（AndroidManifest.xml）中声明允许写外部存储器（SD 卡）的许可。如以下代码所示：

```
<uses-permission android:name="android.permission.WRITE_EXTERNAL_STORAGE"/>
```

当文件下载完毕，通过主线程的消息队列处理接口向主线程发送消息，再由主线程将该消息通过提示框的方式进行显示，如图 7-21 所示。

图 7-21　提示下载完成的界面

7.8.5 浏览器书签信息管理

1．获取浏览器书签信息

图 7-22 所示的内容是当前浏览器中所有已经添加的（收藏夹）书签信息。

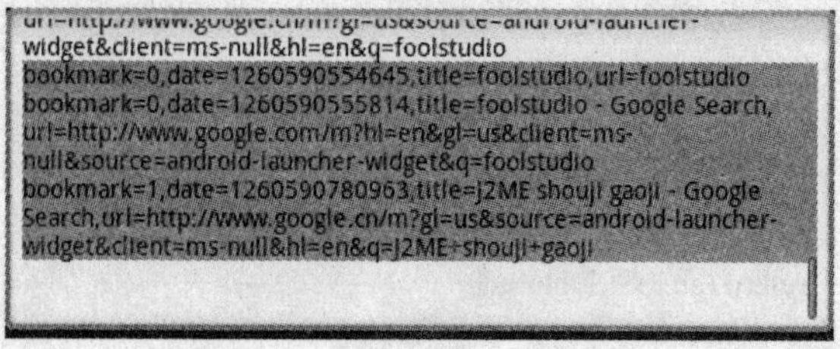

```
url=http://www.google.cn/m?gl=us&source=android-launcher-
widget&client=ms-null&hl=en&q=foolstudio
bookmark=0,date=1260590554645,title=foolstudio,url=foolstudio
bookmark=0,date=1260590555814,title=foolstudio - Google Search,
url=http://www.google.com/m?hl=en&gl=us&client=ms-
null&source=android-launcher-widget&q=foolstudio
bookmark=1,date=1260590780963,title=J2ME shouji gaoji - Google
Search,url=http://www.google.cn/m?gl=us&source=android-launcher-
widget&client=ms-null&hl=en&q=J2ME+shouji+gaoji
```

图 7-22 获取书签信息

代码 7-54 是图 7-22 所示程序中获取当前浏览器网页收藏夹中的所有书签信息的主要代码。

代码 7-54 获取浏览器书签信息

文件名：BookmarkManagerUtil.java

```
1   package foolstudio.demo.pim;
2   
3   import android.content.ContentResolver;
4   import android.database.Cursor;
5   import android.provider.Browser;
6   import android.provider.Browser.BookmarkColumns;
7   
8   public class BookmarkManagerUtil {
9       public static String getBookmarkSetting(ContentResolver contentResolver) {
10          String[] columns = new String[] {
11                  BookmarkColumns._ID, //行标识
12                  BookmarkColumns.BOOKMARK, //书签标识
13                  BookmarkColumns.DATE, //添加日期（Unix 时间）
14                  BookmarkColumns.TITLE, //书签抬头
15                  BookmarkColumns.URL //URL
16          };
17          //打开浏览器书签信息数据表
18          Cursor cursor = contentResolver.query(Browser.BOOKMARKS_URI, columns,
19                                              null, null, null);
20          //初始化记录游标
21          cursor.moveToFirst();
22          //字符串缓冲器
23          StringBuffer sb = new StringBuffer();
24          //遍历记录集，将记录信息添加到缓冲器
25          while(!cursor.isAfterLast() ) {
26              for(int i = 1; i < columns.length; ++i) {
27                  sb.append(columns[i]+'='+(cursor.getString(i) );
28  
```

```
29                  if(i < (columns.length-1) ) {
30                      sb.append(',');
31                  }
32              }
33              sb.append('\n');
34              //下一条记录
35              cursor.moveToNext();
36          }
37          //关闭游标
38          cursor.close();
39          return (sb.toString() );
40      }
41  };
```

代码 7-54 中，通过 Activity 组件关联的内容解决者（ContentResolver）接口来查询浏览器信息接口（Browser）所提供的书签 URI 来访问所有浏览器书签的数据库，并获取包含书签信息的记录游标（第 18 行）。通过游标操作，可以读取所有的书签信息（有关游标的使用请参考第 12 章）。

2. 添加书签信息

书签信息可以在系统内建的浏览器工具中进行添加，如图 7-23 是浏览器选项菜单中的书签菜单项（“Bookmarks”）。

图 7-23　添加书签界面

通过书签菜单项打开书签列表界面，列表的首条内容是“添加书签（Add bookmark）”项，如图 7-24 所示。

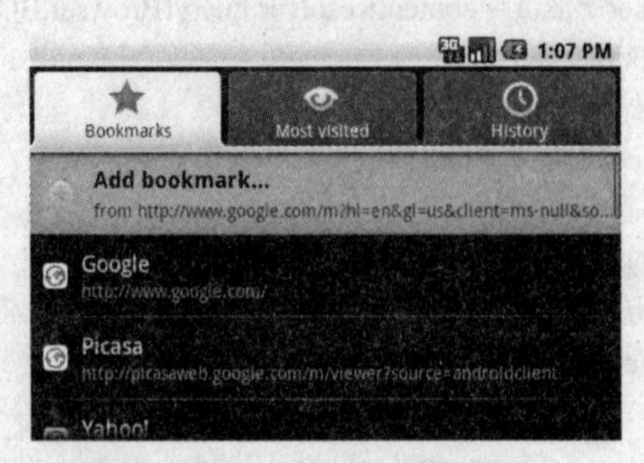

图 7-24　书签列表界面

通过点击“添加书签”项就可将当前页添加到浏览器的书签库中，如图 7-25 所示。

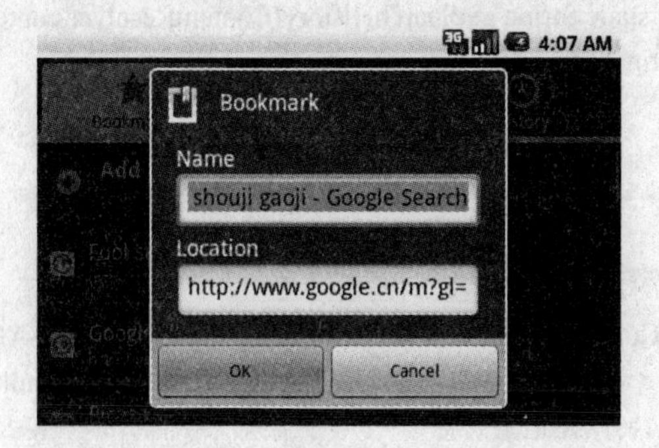

图 7-25 书签添加确认

3. 使用许可

如果程序要读取/添加浏览器的书签信息，则必须在程序清单中设置读取/添加书签信息的使用许可，其代码如下所示。

文件名：AndroidManifest.xml

```
<uses-permission
    android:name="com.android.browser.permission.READ_HISTORY_BOOKMARKS"/>
<uses-permission
    android:name="com.android.browser.permission.WRITE_HISTORY_BOOKMARKS"/>
```

7.8.6 浏览器搜索记录

1. 读取浏览器搜索记录

图 7-26 所示的内容是当前浏览器的搜索记录信息。

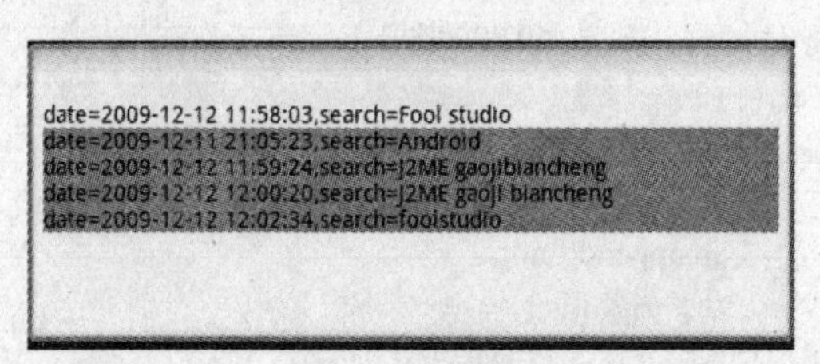

图 7-26 获取搜索记录

代码 7-55 是图 7-26 所示程序中获取当前浏览器搜索记录的主要代码。

代码 7-55 获取浏览器搜索记录

文件名：SearchHistoryUtil.java

```
1   package foolstudio.demo.pim;
2
3   import android.content.ContentResolver;
4   import android.database.Cursor;
5   import android.provider.Browser;
6   import android.provider.Browser.SearchColumns;
7
```

```
8    public class SearchHistoryUtil {
9        public static String getSearchHistory(ContentResolver contentResolver) {
10           final String[] columns = new String[] {
11                   SearchColumns._ID,
12                   SearchColumns.DATE, //搜索日期
13                   SearchColumns.SEARCH //搜索关键字
14           };
15           //打开浏览器搜索列表数据表
16           Cursor cursor = contentResolver.query(Browser.SEARCHES_URI, columns,
17                                           null, null, null);
18           //初始化记录游标
19           cursor.moveToFirst();
20           //字符串缓冲器
21           StringBuffer sb = new StringBuffer();
22           //遍历记录集，将记录信息添加到缓冲器
23           while(!cursor.isAfterLast() ) {
24               for(int i = 1; i < columns.length; ++i) {
25                   sb.append(columns[i]+sb.append('=');
26
27                   if(i == 1) { //将时间戳转换成字符串
28                       sb.append(SysUtil.unixTimestamp2Str(cursor.getLong(i)) );
29                   }
30                   else {
31                       sb.append(cursor.getString(i) );
32                   }
33
34                   if(i < (columns.length-1) ) {
35                       sb.append(',');
36                   }
37               }
38
39               sb.append('\n');
40               //下一条记录
41               cursor.moveToNext();
42           }
43           //关闭游标
44           cursor.close();
45           return (sb.toString() );
46       }
47   };
```

代码 7-55 中，通过 Activity 组件所关联的内容解决者（ContentResolver）来查询浏览器信息接口（Browser）所定义的搜索记录的 URI（“SEARCHES_URI”）来查询搜索记录数据库，并获取包含搜索记录的记录游标（第 16 行）。通过游标操作，可以读取所有的搜索记录。

2．调用浏览器搜索

在 Android 系统中，可以直接通过桌面的搜索条来调用浏览器搜索，如图 7-27 所示。

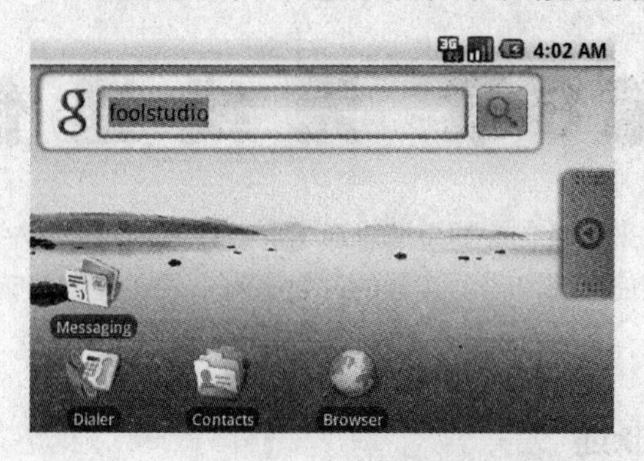

图 7-27　搜索操作

当用户点击搜索条右方的按钮时，系统会自动启动浏览器工具，通过网页的形式来请求搜索引擎，如图 7-28 所示。

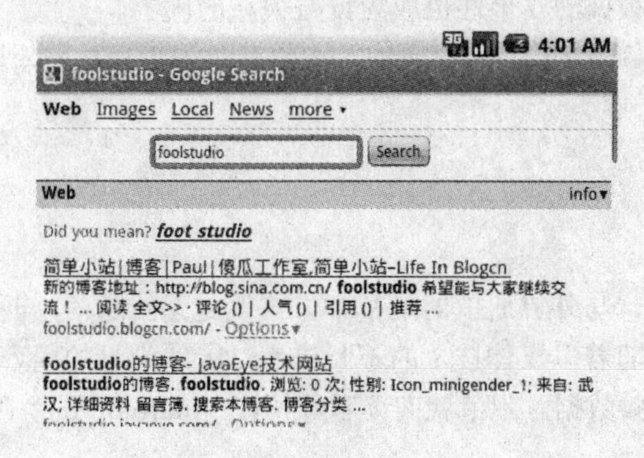

图 7-28　调用浏览器搜索

第8章 无线通信

本章将对 Android 平台所支持的短消息通信、蓝牙通信以及 Wi-Fi 网络连接管理方面等无线通信方式进行详细的介绍，借助实际的开发案例，希望能够让读者快速地进入无线通信的应用世界。

8.1 无线通信概述

从电台广播到卫星电视，从蓝牙通信到 Wi-Fi 无线上网，这些不断丰富人们生活的通信方式所使用的核心技术就是无线通信。而无线通信技术也在不断地演进，越来越注重结合工业和医学方面的标准，数据的安全性也成为日益关注的内容。

Android 平台提供多种方式的无线通信，主要有：短消息、蓝牙通信和 Wi-Fi 网络连接管理。

8.2 短消息

对于移动平台而言，与外界通信的最基本方式就是无线通信，而无线消息通信是手机无线通信最常见的方式。随着多媒体技术的不断进步，无线消息的内容从最简单的文本，发展到图像、音频甚至是视频数据。本节就向读者介绍在 Android 平台中进行各种内容的无线消息通信。

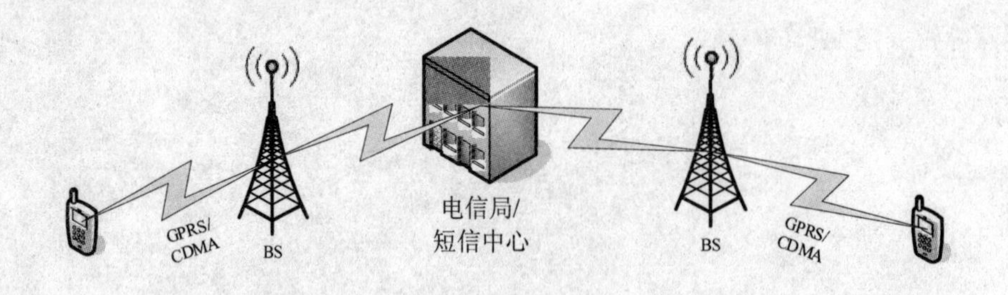

图 8-1　短消息通信示意图

8.2.1 Android 平台对短消息的支持

Android 平台提供了 android.telephony.gsm（Android 1.5）和 android.telephony（Android 2.1）这两个包用于短消息的应用，表 8-1 和表 8-2 分别是对这两个包中常用的类/接口的介绍。

表 8-1　android.telephony.gsm 包中主要类/接口说明

类/接口	说明
SmsManager	短消息管理器（Android 2.1 SDK 中该类被废除）
SmsMessage	代表短消息（Android 2.1 SDK 中该类被废除）

表 8-2　android.telephony 包中主要类/接口说明

类/接口	说明
SmsManager	短消息管理器（替换 1.5 版本 gsm 包中的对应类）
SmsMessage	代表短消息（替换 1.5 版本 gsm 包中的对应类）

8.2.2　发送短消息

图 8-2 是发送短消息的程序的实例界面。

图 8-2　发送短消息程序界面

1．界面布局定义

代码 8-1 是短消息发送工具的界面布局定义代码。

代码 8-1　短消息发送程序界面布局定义

文件名：SmsDemoAct.java

```
1    <?xml version="1.0" encoding="utf-8"?>
2    <LinearLayout xmlns:android="http://schemas.android.com/apk/res/android"
3        ……>
4        <TextView
5            ……
6            android:text="@string/app_name"/>
7        <TableLayout
8            ……
9            android:stretchColumns="1" >
10           <TableRow>
```

```
11              <TextView
12                  ……
13                  android:text="Destination" />
14              <EditText android:id="@+id/TXT_DEST"
15                  ……/>
16          </TableRow>
17          <TableRow>
18              <TextView
19                  ……
20                  android:text="Message" />
21              <EditText android:id="@+id/TXT_MSG"
22                  ……
23                  android:text="@string/sample_msg"/>
24          </TableRow>
25          <TableRow>
26              <TextView android:id="@android:id/empty"
27                  ……/>
28              <CheckBox android:id="@+id/CHX_MSG"
29                  ……
30                  android:text="Text/Data message"
31                  android:checked="true" />
32          </TableRow>
33          <TableRow>
34              <Button android:id="@+id/BTN_SEND"
35                  ……
36                  android:text="Send" />
37              <Button android:id="@+id/BTN_DISCARD"
38                  ……
39                  android:text="Discard" />
40          </TableRow>
41      </TableLayout>
42  </LinearLayout>
```

2. Activity 组件框架

代码 8-2 是短消息发送程序的 Activity 组件定义代码。

代码 8-2　发送短消息程序的 Activity 组件定义

文件名：SmsDemoAct.java

```
1   public class SmsDemoAct extends Activity implements OnClickListener {
2       //界面组件实例
3       ……
4       @Override
5       public void onCreate(Bundle savedInstanceState) {
6           super.onCreate(savedInstanceState);
7           setContentView(R.layout.main);
8           //获取界面组件实例对象
```

```
9                 ……
10                //设置按钮组件点击事件侦听器
11                ……
12          }
13
14          //按钮点击事件回调函数
15          @Override
16          public void onClick(View v) {
17                switch(v.getId() ) {
18                      case R.id.BTN_DISCARD: { //取消按钮事件
19                            doDiscard();
20                            break;
21                      }
22                      case R.id.BTN_SEND: { //发送按钮事件
23                            doSend();
24                            break;
25                      }
26                }
27          }
28
29          //发送短消息（代码 8-3）
30          private void doSend() {
31                ……
32          }
33
34          //取消发送
35          private void doDiscard() {
36                mTxtMsg.setText("");
37          }
38    };
```

在代码 8-2 中，通过按钮组件来启动短消息发送动作（第 23 行）。

3. 发送短消息

代码 8-3 是发送短消息的主要代码。

代码 8-3　发送短消息的主要代码

文件名：SmsDemoAct.java

```
1     private void doSend() {
2           //从可视组件中获取短消息发送目标和内容
3           String dest = mTxtDest.getText().toString().trim();
4           String text = mTxtMsg.getText().toString().trim();
5           //短消息发送目标和内容检查
6           if(dest.length() < 1 || text.length() < 1) {
7                 Toast.makeText(this, "消息目标或内容不能为空！",
8                                         Toast.LENGTH_LONG).show();
9                 return;
```

```
10        }
11
12        //获取默认的短消息管理器
13        SmsManager man = SmsManager.getDefault();
14        //创建未决意向对象
15        PendingIntent intentSendSms = PendingIntent.getBroadcast(this, 0,
16                    new Intent(), PendingIntent.FLAG_ONE_SHOT);
17
18        if(mChxMsg.isChecked() ) { //发送文本消息
19              man.sendTextMessage(dest, null, text, intentSendSms, null);
20        }
21        else { //发送数据消息
22              short port = 1982;
23              man.sendDataMessage(dest, null, port, text.getBytes(),
24                                          intentSendSms, null);
25        }
26  }
```

在代码 8-3 中，读者可以看出，通过短消息管理器（SmsManager）的“sendTextMessage”方法可以发送文本类型的消息；“sendDataMessage”方法可以发送数据类型的消息。这两种发送行为都需要通过未决意向对象来实现发送（有关未决意向对象的说明请参见第 3 章）。

4．使用许可

为了能够正常发送短消息，需要在应用程序清单中添加发送短消息的使用许可，其代码如下所示。

文件名：AndroidManifest.xml

```
<uses-permission android:name="android.permission.SEND_SMS"/>
```

8.2.3 查看短消息

短消息发送到指定目标后，在目标主机中可以通过系统消息的方式和短信工具的方式来阅读所收到的短消息。

1．以系统通知的方式

当目标主机收到短消息时，会在状态栏显示收到短信的通知，如图 8-3 所示。

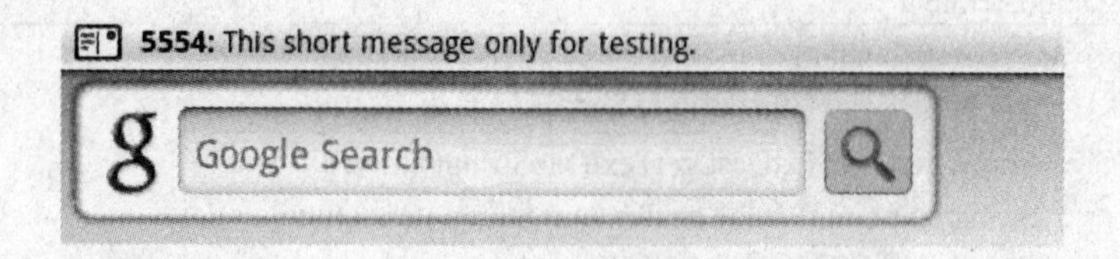

图 8-3　短消息通知界面

通过该通知图标就可以拉出通知查看窗体，如图 8-4 所示。

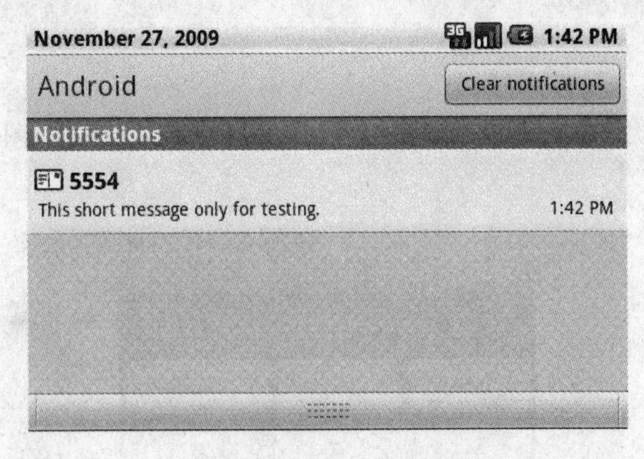

图 8-4　查看短消息通知

2. 以短消息工具的方式

通过短消息工具也可以查看所接收到的短消息，图 8-5 是短消息工具的界面。

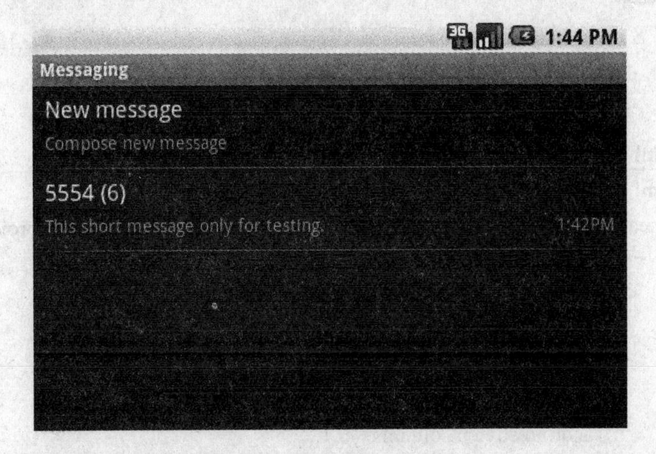

图 8-5　短消息工具界面

通过点击短消息列表中的条目就可以查看当前短消息的详细信息，如图 8-6 所示。

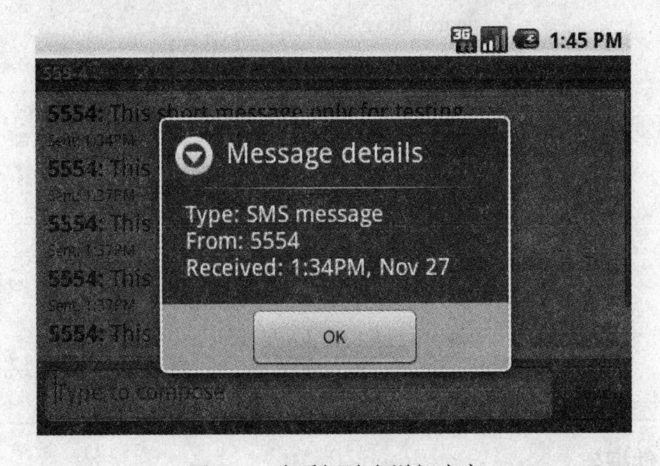

图 8-6　查看短消息详细内容

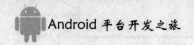

8.2.4 接收短消息

短消息可进行系统广播，通过接收器组件可以接收短消息内容。图 8-7 是用于接收短消息的工具的界面。

图 8-7 消息接收程序界面

1. 界面布局定义

代码 8-4 是图 8-7 所示的界面布局定义代码。

代码 8-4 短消息接收工具界面布局定义代码

文件名：main.xml

```
1   <?xml version="1.0" encoding="utf-8"?>
2   <LinearLayout xmlns:android="http://schemas.android.com/apk/res/android"
3       ……>
4       <TextView
5           ……/>
6       <TableLayout
7           ……
8           android:stretchColumns="0,1,2" >
9           <TableRow>
10              <Button android:id="@+id/BTN_START"
11                  ……
12                  android:text="Start" />
13              <Button android:id="@+id/BTN_STOP"
14                  ……
15                  android:text="Stop" />
16              <Button android:id="@+id/BTN_DETAILS"
17                  ……
18                  android:text="Details" />
19          </TableRow>
20      </TableLayout>
21      <EditText android:id="@+id/TXT_CONTENTS"
22          ……/>
23  </LinearLayout>
```

2. Activity 组件框架

代码 8-5 是短消息接收工具的 Activity 组件的定义框架代码。

代码 8-5 短消息接收工具的 Activity 组件定义代码

文件名：SmsReceiverDemoAct.java

```
1   public class SmsReceiverDemoAct extends Activity implements OnClickListener {
2       //界面组件实例
3       ……
4       //主线程消息队列处理器
5       //private Handler mHandler = null;
6       //短消息接收器
7       private SmsReceiver mReceiver = null;
8       //意向过滤器
9       private IntentFilter mIntentFilter = null;
10
11      @Override
12      public void onCreate(Bundle savedInstanceState) {
13          super.onCreate(savedInstanceState);
14          setContentView(R.layout.main_view);
15          //获取界面组件实例对象
16          ……
17          //设置按钮组件的点击事件侦听器
18          ……
19          //初始化短消息接收器和意向过滤器
20          init();
21      }
22
23      //创建短信消息接收器和意向过滤器
24      private void init() {
25          mReceiver = new SmsReceiver();
26          mIntentFilter = new IntentFilter(SmsReceiver.class.getName() );
27      }
28
29      //按钮点击事件回调函数
30      @Override
31      public void onClick(View v) {
32          switch(v.getId() ) {
33              case R.id.BTN_START: { //开始接收短信
34                  doStart();
35                  break;
36              }
37              case R.id.BTN_STOP: { //停止接收短信
38                  doStop();
39                  break;
40              }
41              case R.id.BTN_DETAILS: { //查看短信详情
42                  doDetails();
43                  break;
```

```
44                      }
45                  }
46          }
47          ……
48      };
```

在代码 8-5 中，定义了一个短消息接收器（第 7 行）和一个意向对象过滤器（第 9 行），其中意向对象过滤器依据短消息接收器的类名进行初始化（第 26 行）。

3. 接收短消息

因为短消息的接受消息属于系统消息，所以短消息的接收可以通过广播接收器组件来实现。代码 8-6 是接收短消息的主要代码。

代码 8-6　接收短消息的主要代码

文件名：SmsReceiver.java

```
1   //注册短消息接收器
2   private void doStart() {
3           this.registerReceiver(mReceiver, mIntentFilter);
4           ……
5   }
```

实际上代码 8-6 并没有直接实现对短消息的接收，而只是对短消息接收器进行了注册，"告诉"系统由该接收器来接收短信。同样的，所谓停止接收短消息也只是将已经注册了的接收器进行注销，"告诉"系统该接收器不再接收短消息，其代码如下所示。

文件名：SmsReceiver.java

```
//注销短信消息接收
private void doStop() {
        if(mReceiver != null) {
                this.unregisterReceiver(mReceiver);
        }
}
```

代码 8-7 是代码 8-5 中所提到的短消息接收器类的定义代码。

代码 8-7　短消息接收器类定义代码

文件名：SmsReceiver.java

```
1    public class SmsReceiver extends BroadcastReceiver {
2            //接收到短消息的行为名称
3            public static final String ACTION_NAME =
4                    "android.provider.Telephony.SMS_RECEIVED";
5            public static final String EXTRAS_NAME = "pdus";
6            public static final String PARAM_NAME1 = "DEST";
7            public static final String PARAM_NAME2 = "MSG";
8
9            @Override
10           public void onReceive(Context context, Intent intent) {
11                   //对当前事件的意向进行判断
```

```
12          if(intent.getAction().equalsIgnoreCase(ACTION_NAME) == false) {
13              return;
14          }
15
16          //获取所接收到的数据包
17          Bundle bundle = intent.getExtras();
18
19          if (bundle == null) {
20              return;
21          }
22
23          //从包中分解内容数组
24          Object[] pdus = (Object[]) bundle.get(EXTRAS_NAME);
25          //获取所有的消息
26          SmsMessage[] msgs = new SmsMessage[pdus.length];
27          for (int i = 0; i < pdus.length; i++) { //遍历消息群
28              //通过数据生成短消息实体
29              msgs[i] = SmsMessage.createFromPdu((byte[]) pdus[i]);
30              //获取短信源地址和文本
31              String from = msgs[i].getDisplayOriginatingAddress();
32              String text = msgs[i].getDisplayMessageBody();
33              //发送消息
34              transmitMsg(context, from, text);
35          }
36
37          Toast.makeText(context, "Got " + pdus.length + " message(s).",
38                                  Toast.LENGTH_LONG).show();
39      }
40
41      //传递消息给 Activity
42      private void transmitMsg(Context context, String from, String text) {
43          Intent readMsg = new Intent(context, SmsReaderAct.class);
44          readMsg.setFlags(Intent.FLAG_ACTIVITY_NEW_TASK);
45          readMsg.putExtra(PARAM_NAME1, from);
46          readMsg.putExtra(PARAM_NAME2, text);
47          context.startActivity(readMsg);
48      }
49  };
```

在代码 8-7 中，通过实现广播接收器的“onReceive”方法来接收短消息内容，通过收到的数据内容来生成短消息实例（第 29 行）并获取短消息的源地址和消息内容（第 31 行和第 32 行），继而通过这些信息启动读取短消息的 Activity 组件（第 47 行）。

提示：代码 8-7 中短信数据包（第 17 行）所包含的数据条目名称为“pdus”（即通过“EXTRAS_NAME”常量定义的内容），该名称源于 PDU（Protocol Data Unit，协议数据单元），是指在网络的对等实体中用于传递的数据单元。

4．读取短消息界面

图 8-8 所示的是读取短消息的 Activity 组件的界面显示。

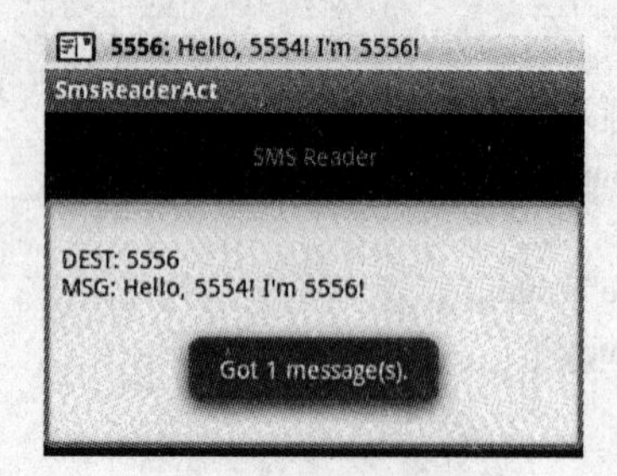

图 8-8　消息读取界面

代码 8-8 是读取短消息 Activity 组件的界面布局定义。

代码 8-8　读取短消息 Activity 组件界面布局定义

文件名：reader_view.xml

```
1   <?xml version="1.0" encoding="utf-8"?>
2   <LinearLayout xmlns:android="http://schemas.android.com/apk/res/android"
3       ……>
4       <TextView
5           ……/>
6       <EditText android:id="@+id/TXT_CONTENTS"
7           ……/>
8   </LinearLayout>
```

代码 8-9 是读取短消息的 Activity 组件的定义，其主要从意向对象的附带数据中读取所传递过来的短消息源地址和短消息主题内容并进行显示。

代码 8-9　读取短消息 Activity 组件定义

文件名：SmsReaderAct.java

```
1   public class SmsReaderAct extends Activity {
2       ……
3       @Override
4       public void onCreate(Bundle savedInstanceState) {
5           super.onCreate(savedInstanceState);
6           setContentView(R.layout.reader_view);
7           ……
8           //获取意向对象的附带数据
9           Intent intent = this.getIntent();
10          Bundle bundle = intent.getExtras();
11
12          if(bundle == null) {
13              return;
14          }
15          //打印短消息源地址信息
16          addMsg(SmsReceiver.PARAM_NAME1,
```

```
17                  bundle.getString(SmsReceiver.PARAM_NAME1) );
18            //打印短消息内容信息
19            addMsg(SmsReceiver.PARAM_NAME2,
20                  bundle.getString(SmsReceiver.PARAM_NAME2) );
21        }
22
23        //打印文本
24        public void addMsg(String key, String val) {
25            mTxtContents.append(key+": "+val+"\n");
26        }
27    };
```

5. 使用许可

为了能够正常接收短消息，需要在应用程序清单中添加接收短消息的使用许可，其代码如下所示。

文件名：AndroidManifest.xml

```
<uses-permission android:name="android.permission.RECEIVE_SMS"/>
```

8.3 蓝牙通信

蓝牙技术基于无线技术，使用了号称符合 ISM（Industrial，Scientific，Medical，工业的、科学的、医学的）频率的波段（2.45GHz），在无线设备的电气特性支持下，通过特定的通信协议栈进行通信。

如果说无线消息使用的是 GSM/CDMA 等广域无线网络的话，那么蓝牙技术使用的却是手机与手机之间的局域无线网络，其私有化和个性化特征尤为突出，这可能就是为什么蓝牙设备风行了十多年的原因所在。图 8-9 是移动设备之间进行蓝牙通信的示意图。

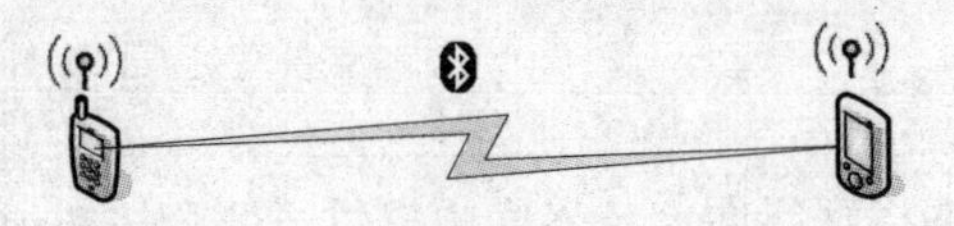

图 8-9　蓝牙通信

8.3.1 Android 平台对蓝牙的支持

Android 平台提供了 android.bluetooth 包用于蓝牙应用，表 8-3 是该包中常用的类/接口介绍。

表 8-3　android.bluetooth 包中主要类/接口说明

类/接口	说明
BluetoothAdapter	代表本地蓝牙设备的适配器
BluetoothDevice	表示一个远程蓝牙设备
BluetoothServerSocket	用于侦听的蓝牙套接字
BluetoothSocket	已连接或正连接的蓝牙套接字
BluetoothClass	用于描述一个蓝牙设备的一般特性和性能

8.3.2 蓝牙通信模式

手机设备都是无线网络中的对等实体，不存在主从关系。但就某一次蓝牙通信过程而言，主动侦听连接的主机方称为服务端，发起请求的主机方称为客户端。无论是客户端还是服务端，若要与其他主机进行蓝牙通信，则通信双方都必须开启蓝牙通信模块。

1．服务端

以下过程是蓝牙通信服务端应用程序的使用模式：

（1）获取本地蓝牙接口（BluetoothAdapter）。

（2）开启蓝牙功能。

（3）通过本地蓝牙接口侦听指定服务，获取蓝牙服务套接字接口（BluetoothServerSocket）。

（4）蓝牙服务套接字等待客户端的连接，当存在客户端连接行为时，会获取与客户端的套接字接口（BluetoothSocket）。

（5）通过套接字接口的输入输出流，客户端与服务端进行通信。

（6）本次蓝牙通信完毕，关闭（4）中的连接套接字和（3）中的蓝牙服务套接字。

2．客户端

以下过程是蓝牙通信客户端应用程序的使用模式。

（1）获取本地蓝牙接口（BluetoothAdapter）。

（2）开启蓝牙功能。

（3）开始查找设备的功能。

（4）通过查找设备来发现服务端设备，获取远程蓝牙设备接口（BluetoothDevice）。

（5）通过蓝牙设备接口来获取与服务端通信的套接字接口（BluetoothSocket）。

（6）通过套接字接口的输入输出流，客户端与服务端进行通信。

（7）本次蓝牙通信完毕，关闭（5）中的套接字接口。

8.3.3 蓝牙通信实例

1．服务端

图 8-10 是蓝牙服务端程序界面，该界面中提供了两个按钮："开始（Start）"按钮用于启动服务，"停止（Stop）"按钮用于停止服务。

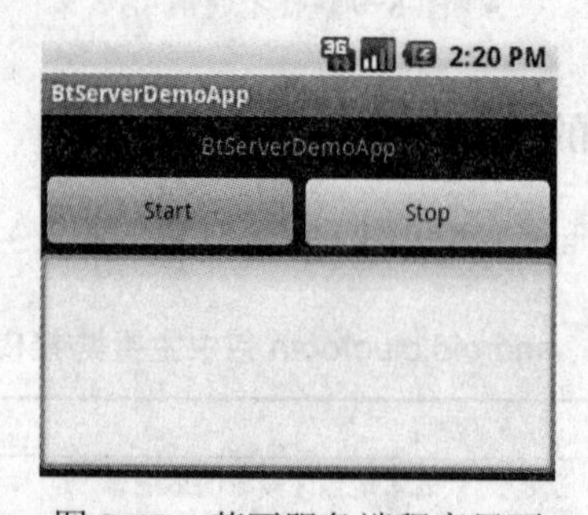

图 8-10　蓝牙服务端程序界面

（1）Activity 代码框架

代码 8-10 是蓝牙服务端程序 Activity 组件定义。

代码 8-10 蓝牙服务端程序 Activity 定义

文件名：BtServerDemoAct.java

```
1   public class BtServerDemoAct extends Activity implements OnClickListener {
2       ……
3       //蓝牙适配器
4       private BluetoothAdapter mAdapter = null;
5       //服务线程
6       private BtServerThread mServerThread = null;
7
8       @Override
9       public void onCreate(Bundle savedInstanceState) {
10          super.onCreate(savedInstanceState);
11          setContentView(R.layout.main);
12          //获取本地设备蓝牙适配器
13          BluetoothAdapter mAdapter = BluetoothAdapter.getDefaultAdapter();
14          if(mAdapter == null) {
15              Toast.makeText(this, "当前设备不支持蓝牙！",
16                                  Toast.LENGTH_LONG).show();
17              this.finish();
18              return;
19          }
20
21          //创建服务线程
22          mServerThread = new BtServerThread(mAdapter);
23          ……
24      }
25
26      //按钮点击事件回调函数
27      @Override
28      public void onClick(View v) {
29          switch(v.getId() ) {
30              case R.id.BTN_START: { //启动按钮
31                  try {
32                      doStart();
33                  } catch (IOException e) {
34                      e.printStackTrace();
35                  }
36                  break;
37              }
38              case R.id.BTN_STOP: { //停止按钮
39                  try {
40                      doStop();
41                  } catch (IOException e) {
42                      e.printStackTrace();
43                  }
```

```
44                        break;
45                    }
46                }
47        }
48        ……
49    };
```

代码 8-10 中，在 Activity 组件初始化环节，通过蓝牙适配器的“getDefaultAdapter”方法来获取代表本地蓝牙设备的适配器（第 13 行）。如果本地蓝牙设备适配器接口获取成功，则使用该适配器接口来创建服务线程（第 22 行）。

（2）启动蓝牙服务

代码 8-11 是启动蓝牙服务的主要代码。

代码 8-11　启动蓝牙服务

文件名：BtServerDemoAct.java

```
1    //启动蓝牙服务
2    private void doStart() throws IOException {
3        enableBt();
4        mServerThread.start();
5    }
6
7    //允许启动蓝牙功能
8    private void enableBt() {
9        if(!mAdapter.isEnabled() ) {
10           Intent enableIntent = new Intent(BluetoothAdapter.ACTION_REQUEST_ENABLE);
11           startActivityForResult(enableIntent, BtConfig.REQUEST_ENABLE_BT);
12       }
13   }
14
15   @Override
16   protected void onActivityResult(int requestCode, int resultCode, Intent data) {
17       if(requestCode == BtConfig.REQUEST_ENABLE_BT) {
18           if(resultCode != Activity.RESULT_OK) {
19               Toast.makeText(this, "蓝牙没有启动成功！", Toast.LENGTH_LONG).show();
20           }
21       }
22
23       super.onActivityResult(requestCode, resultCode, data);
24   }
```

代码 8-11 中，在启动服务线程之前，必须启动蓝牙功能（“enableBt”函数）。通过启动 Activity 组件的方式来调用系统的蓝牙功能启动界面（第 11 行）。读者可以通过“startActivityForResult”方法来启动被调用的 Activity 组件，这样就可以通过调用方 Activity 组件的“onActivityResult”方法（第 16 行）来获取调用结果。

（3）蓝牙服务线程

代码 8-12 是代码 8-11 中所提到的蓝牙服务线程的定义代码。

代码 8-12　蓝牙服务线程

文件名：BtServerThread.java

```
1    public class BtServerThread extends Thread {
2        //蓝牙服务套接字
3        private BluetoothServerSocket mServerSocket = null;
4        private boolean canRunning = true;
5
6        public BtServerThread(BluetoothAdapter adapter) {
7            //获取蓝牙服务套接字
8            try {
9                this.mServerSocket=
10                   adapter.listenUsingRfcommWithServiceRecord(BtConfig.BT_SDP,
11                                                               BtConfig.BT_UUID);
12           } catch (IOException e) {
13               e.printStackTrace();
14           }
15       }
16
17       public void setCanRunning(boolean canRunning) {
18           this.canRunning = canRunning;
19       }
20
21       @Override
22       public void run() {
23           try {
24               while(canRunning) {
25                   //等待客户端的连接
26                   BluetoothSocket socket = this.mServerSocket.accept();
27                   //与客户端进行通信
28                   talkVia(socket);
29                   //通信完毕，关闭连接
30                   socket.close();
31               }
32           } catch (IOException e) {
33               e.printStackTrace();
34           }
35           finally {
36               if(mServerSocket != null) {
37                   try {
38                       //关闭服务套接字
39                       mServerSocket.close();
40                   } catch (IOException e) {
41                       e.printStackTrace();
```

```
42                    }
43                }
44            }
45
46            super.run();
47        }
48    };
```

代码 8-12 中，通过本地蓝牙设备适配器来侦听指定 UUID 和服务名的蓝牙服务，并获取服务套接字接口（第 9 行）。通过该服务套接字接口就可以等待客户端的连接，并与客户端建立套接字连接（第 26 行），通过套接字连接接口来与客户端进行通信。

（4）与客户端进行通信

代码 8-13 是蓝牙服务端与客户端通过套接字连接接口进行通信的主要代码。

代码 8-13　蓝牙服务端与客户端通信

文件名：BtServerThread.java

```
1     //与客户端进行通信
2     private void talkVia(BluetoothSocket socket) throws IOException {
3         //获取套接字接口的输入输出流
4         InputStream is = socket.getInputStream();
5         OutputStream os = socket.getOutputStream();
6
7         BufferedReader br = new BufferedReader(new InputStreamReader(is));
8         String line = null;
9
10        //接收客户端输入
11        while( (line=br.readLine()) != null) {
12            Log.d(this.getClass().getSimpleName(), line);
13        }
14
15        //回复客户端
16        PrintWriter pw = new PrintWriter(os);
17        pw.println("There are Bluetooth Server.");
18        pw.flush();
19
20        pw.close();
21        br.close();
22    }
```

代码 8-13 中，读者可以看出，同流式套接字（参考第 7 章）通信方式一样，通过获取套接字接口的输入输出流（第 4 行和第 5 行），通信双方借助这些输入输出流来进行通信。通信完毕后，通过关闭该套接字接口来断开客户端与服务端的连接（代码 8-12 中第 30 行）。

（5）停止蓝牙服务

通过服务套接字的“close”方法（代码 8-12 中第 39 行）就可以关闭服务端的连接提供

接口。

2．蓝牙通信配置

代码 8-14 是蓝牙通信过程中的一些配置信息，包括：服务查找协议名、UUID 和查询请求代码等。

代码 8-14　数据报通信配置定义

文件名：BtConfig.java

```
1	package foolstudio.demo.bt;
2
3	import java.util.UUID;
4
5	public interface BtConfig {
6		//SDP（Service Discovery Protocol，服务查找协议）
7		public static final String BT_SDP = "FooBt";
8		//UUID(8-4-4-4-12)
9		public static final UUID BT_UUID =
10			UUID.fromString("98862500-A4ED-154B-EE4B-104BA9ADC2F5");
11
12		public static final int REQUEST_ENABLE_BT = 100;
13	};
```

代码 8-14 中，第 9 行的 UUID 采用的是“8-4-4-4-12”的形式，而不是“8-4-4-16”，读者可以借助 UUID 生成网页（“http://www.uuidgenerator.com”）来生成所需的 UUID。

3．客户端

图 8-11 是蓝牙客户端程序界面，该界面中通过“发送（Send message）”按钮发送文本框中的消息给服务端。

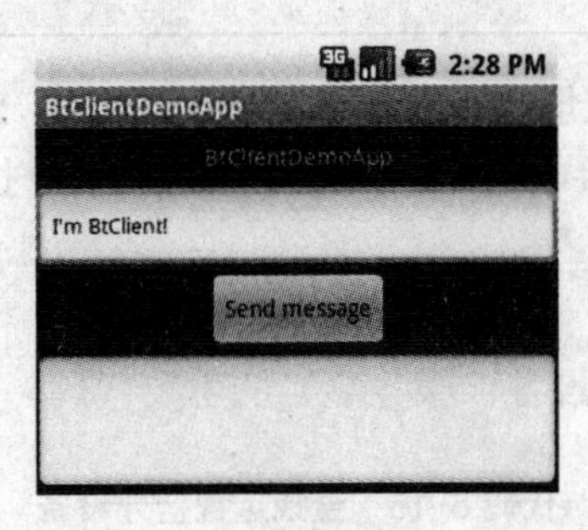

图 8-11　蓝牙通信客户端界面

（1）Activity 组件定义框架

代码 8-15 是蓝牙客户端 Activity 定义的主要代码。

代码 8-15　蓝牙客户端 Activity 定义

文件名：BtClientDemoAct

```
1	public class BtClientDemoAct extends Activity implements OnClickListener {
2		//蓝牙适配器
```

```
3            private BluetoothAdapter mAdapter = null;
4            //蓝牙查找结果消息接收器
5            private BtDiscoverReceiver mReceiver = null;
6            //意向过滤器
7            private IntentFilter mIntentFilter = null;
8            //服务端设备列表
9            private ArrayList<BluetoothDevice> mDevices = new ArrayList<BluetoothDevice>();
10
11       @Override
12       public void onCreate(Bundle savedInstanceState) {
13           super.onCreate(savedInstanceState);
14           setContentView(R.layout.main);
15           //获取本地蓝牙设备适配器
16           BluetoothAdapter mAdapter = BluetoothAdapter.getDefaultAdapter();
17           if(mAdapter == null) {
18               Toast.makeText(this, "当前设备不支持蓝牙！",
19                               Toast.LENGTH_LONG).show();
20               this.finish();
21               return;
22           }
23
24           //初始化接收器和意向过滤器
25           mReceiver = new BtDiscoverReceiver(mDevices);
26           mIntentFilter = new IntentFilter(BtDiscoverReceiver.class.getName() );
27           ……
28       }
29       ……
30   };
```

代码 8-15 中，首先也是获取本地蓝牙设备适配器（第 16 行），并且为查找远程蓝牙设备（服务端）设置了一个消息接收器和意向过滤器，用于对找到蓝牙设备的消息进行接收和处理（第 25 行和第 26 行）。

（2）查找远程蓝牙设备

代码 8-16 是查找远程蓝牙设备（服务端）的主要代码。

代码 8-16　查找远程蓝牙设备

文件名：BtClientDemoAct

```
1    //发送消息
2    private void doStart() throws IOException {
3        //启动蓝牙功能
4        enableBt();
5        //启动查找设备功能
6        enableDiscover();
7        //注册消息接收器
8        this.registerReceiver(mReceiver, mIntentFilter);
```

```
9         //开始查找远程蓝牙设备
10        mAdapter.startDiscovery();
11        //等待查找完毕
12        while(mAdapter.isDiscovering() ) {
13            try {
14                Thread.sleep(100);
15            } catch (InterruptedException e) {
16                e.printStackTrace();
17            }
18        }
19
20        if(this.mDevices.size() < 1) {
21            return;
22        }
23
24        //取消查找
25        mAdapter.cancelDiscovery();
26        //获取远程蓝牙设备
27        BluetoothDevice device = this.mDevices.get(0);
28        //建立 RFCOMM 通信连接套接字
29        BluetoothSocket socket =
30            device.createRfcommSocketToServiceRecord(BtConfig.BT_UUID);
31        //与服务端进行通信
32        talkVia(socket);
33        //关闭连接套接字
34        socket.close();
35    }
```

代码 8-16 中，通过本地蓝牙设备适配器的“startDiscovery”方法来启动对远程设备的查找（第 10 行），但是在查找之前需要 2 个重要的前提：启动蓝牙相关功能（启动蓝牙和启动查找功能，第 4 行和第 6 行）和注册蓝牙设备查找消息接收器（第 8 行）。

（3）启动蓝牙相关功能

代码 8-17 是启动蓝牙相关功能（启动蓝牙和启动查找设备功能）的主要代码。

代码 8-17　启动蓝牙相关功能

文件名：BtClientDemoAct

```
1    //允许启动蓝牙功能
2    private void enableBt() {
3        if(!mAdapter.isEnabled() ) {
4            Intent enableIntent =
5                        new Intent(BluetoothAdapter.ACTION_REQUEST_ENABLE);
6            startActivityForResult(enableIntent, BtConfig.REQUEST_ENABLE_BT);
7        }
8    }
9    //允许查找设备
```

```
10  private void enableDiscover() {
11          if(mAdapter.getScanMode() ==
12                  BluetoothAdapter.SCAN_MODE_CONNECTABLE_DISCOVERABLE) {
13                  Intent enableIntent =
14                          new Intent(BluetoothAdapter.ACTION_REQUEST_DISCOVERABLE);
15                  //设置查找超时时间
16                  enableIntent.putExtra(
17                                  BluetoothAdapter.EXTRA_DISCOVERABLE_DURATION,
18                                  180);
19                  startActivityForResult(enableIntent,
20                                          BtConfig.REQUEST_ENABLE_DISCOVER);
21          }
22  }
23
24  @Override
25  protected void onActivityResult(int requestCode, int resultCode, Intent data) {
26          if(requestCode == BtConfig.REQUEST_ENABLE_BT) {
27                  if(resultCode != Activity.RESULT_OK) {
28                          Toast.makeText(this, "蓝牙没有启动成功！",
29                                          Toast.LENGTH_LONG).show();
30                  }
31          }
32          else if(requestCode == BtConfig.REQUEST_ENABLE_DISCOVER) {
33                  if(resultCode != Activity.RESULT_OK) {
34                          Toast.makeText(this, "查找设备功能没有启动成功！",
35                                          Toast.LENGTH_LONG).show();
36                  }
37          }
38
39          super.onActivityResult(requestCode, resultCode, data);
40  }
```

代码 8-17 中，通过指定的行为来请求启动蓝牙（ACTION_REQUEST_ENABLE，第 5 行）和启动设备查找功能（ACTION_REQUEST_DISCOVERABLE，第 14 行）。这些请求都以调用系统 Activity 组件的方式来给用户提供选择是否启动该功能的界面。

通过“startActivityForResult”方法来调用 Activity 组件，其请求结果可以通过回调函数“onActivityResult”来获取（第 25 行）。

（4）蓝牙设备查找消息接收器

代码 8-18 是蓝牙设备查找消息接收器的定义代码。

代码 8-18　蓝牙设备查找消息接收器

文件名：BtDiscoverReceiver.java

```
1   public class BtDiscoverReceiver extends BroadcastReceiver {
2           //蓝牙设备容器
3           private ArrayList<BluetoothDevice> mDevices = null;
```

```
4
5           public BtDiscoverReceiver(ArrayList<BluetoothDevice> devices) {
6                   super();
7                   mDevices = devices;
8           }
9
10          @Override
11          public void onReceive(Context context, Intent intent) {
12                  //获取意向行为
13                  String action = intent.getAction();
14                  //判断意向行为是否为找到蓝牙设备
15                  if(!BluetoothDevice.ACTION_FOUND.equals(action) ) {
16                          return;
17                  }
18                  //从数据报中获取蓝牙设备实例
19                  BluetoothDevice device =
20                          intent.getParcelableExtra(BluetoothDevice.EXTRA_DEVICE);
21
22                  Log.d(this.getClass().getSimpleName(),
23                          device.getAddress() + ", " + device.getName() );
24                  //将蓝牙设备实例添加到数组中
25                  mDevices.add(device);
26          }
27  };
```

代码 8-18 中，利用广播接收器来接收找到蓝牙设备的事件，从而获取远程蓝牙设备对象接口（第 19 行）。通过远程蓝牙设备接口，可以建立与客户端的 RFCOMM（蓝牙协议栈的层）通信连接套接字（代码 8-16 第 29 行），客户端与服务端利用该套接字接口进行通信。

（5）与远程蓝牙设备通信

代码 8-19 是客户端与远程蓝牙设备通信的主要代码。

代码 8-19　客户端与远程蓝牙设备通信

文件名：BtClientDemoAct

```
1   //与服务端进行通信
2   private void talkVia(BluetoothSocket socket) throws IOException {
3           //获取套接字输入输出流
4           OutputStream os = socket.getOutputStream();
5           InputStream is = socket.getInputStream();
6
7           //发送请求内容
8           PrintWriter pw = new PrintWriter(os);
9           pw.println(mTxtMsg.getText().toString().trim() );
10          pw.flush();
11
12          BufferedReader br = new BufferedReader(new InputStreamReader(is) );
```

```
13          String line = null;
14          //读取服务端反馈
15          while((line=br.readLine()) != null) {
16              printText(line);
17          }
18
19          br.close();
20          pw.close();
21      }
```

代码 8-19 中，通过获取客户端和服务端的连接套接字的输入输出流来进行通信控制。由客户端首先向服务端发送请求（第 9 行），然后等待服务端的回复内容（第 15 行）。

4．使用许可

为了启动和访问蓝牙设备，必须在程序清单中添加访问蓝牙的使用许可，如下所示。

文件名：AndroidManifest.xml

```
<uses-permission android:name="android.permission.BLUETOOTH"/>
<use-permission android:name="android.permission.BLUETOOTH_ADMIN"/>
```

8.4 Wi-Fi 网络连接管理

8.4.1 Wi-Fi 介绍

Wi-Fi（Wireless Fidelity，无线相容性认证）是 IEEE 802.11b 的别称，是由一个名为无线以太网兼容性联盟（Wireless Ethernet Compatibility Alliance，WECA）的组织所发布的业界术语。它是一种短程无线传输技术，其最大优点就是传输速度较高，可以达到 11Mbit/s，另外它的有效距离也很长。

同蓝牙一样，Wi-Fi 也是在办公室和家庭中常用的短距离无线技术。虽然在数据安全性方面，Wi-Fi 比蓝牙要差一些；但是在通信的覆盖范围方面则要比蓝牙有优势，Wi-Fi 的通信覆盖范围可达 100m，因此 Wi-Fi 一直是企业实现无线局域网所青睐的技术。另外，与昂贵的 3G 企业网络相比，使用 Wi-Fi 方式的性价比似乎更有优势。

提示：随着 3G 网络和 3G 手机的逐步普及，读者可能越来越多地看到或听到产品介绍中提到，某手机支持 WAPI 和 Wi-Fi 无线上网。那么 WAPI 又是如何与 Wi-Fi 扯上关系的呢？WAPI 是 Wireless LAN Authentication and Privacy Infrastructure (无线局域网鉴别和保密基础结构)的缩写，也是一种无线局域网安全协议，同时也是中国无线局域网强制性标准中的安全机制。相比 Wi-Fi 技术，WAPI 的安全性要更胜一筹。特别是作为中国制定的标准，WAPI 标准可谓是历经艰难险阻，从 2004 年开始，直到 2009 年 6 月才获得国际标准化组织 ISO/IECJTC1/SC6 会议成员的一致同意。

按照目前工信部的最新政策，凡是加装 WAPI 功能的手机可入网检测并获进网许可证，原则是这类手机在有 WAPI 网络时可以使用 WAPI 接入，而搜索不到 WAPI 时，则可通过 Wi-Fi 进行无线网络接入，但只支持 Wi-Fi 的手机仍不能上市。

8.4.2 Android 平台对 Wi-Fi 的支持

Android 平台提供了 android.net.wifi 包用于 Wi-Fi 应用，表 8-4 是对该包中常用的类/接口的介绍。

表 8-4 android.net.wifi 包中主要类/接口说明

类/接口	说明
WifiManager	提供了管理所有 Wi-Fi 连接的 API
WifiInfo	描述了 Wi-Fi 连接状态
WifiConfiguration	代表了一个已配置的 Wi-Fi 网络，包括安全配置
ScanResult	用于描述探测到的存取点的信息

8.4.3 Wi-Fi 连接管理

Wi-Fi 管理器（WifiManager）提供了用于管理所有 Wi-Fi 连接的主要 API，其定义于 android.net.wifi 包中。图 8-12 所示的内容是通过 Wi-Fi 管理器获取 Wi-Fi 连接信息的实例界面。

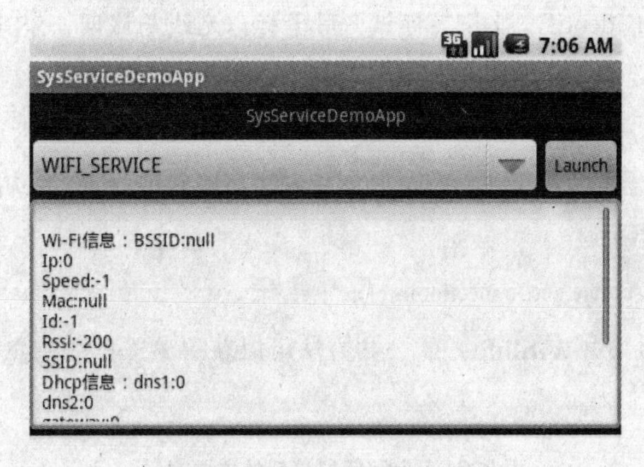

图 8-12 显示 Wi-Fi 连接信息

1. Wi-Fi 管理器

获取 Wi-Fi 管理器接口的代码如下所示。

```
WifiManager service = (WifiManager)
                (this.getSystemService(Context.WIFI_SERVICE) );
```

2. 使用许可

为了获取 Wi-Fi 网络的状态，必须在程序清单中添加访问的使用许可，如下所示。

文件名：AndroidManifest.xml

```
<uses-permission android:name="android.permission.ACCESS_WIFI_STATE"/>
```

3. 配置信息

通过 Wi-Fi 管理器的“getConfiguredNetworks”方法可以获取所有的 Wi-Fi 网络配置，其主要代码如下所示。

```
List<WifiConfiguration> networks = service.getConfiguredNetworks();
```

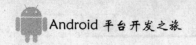

通过 Wi-Fi 配置接口（WifiConfiguration）的属性可以获得该配置的信息，表 8-5 是 Wi-Fi 配置接口的主要属性说明。

表 8-5　Wi-Fi 配置接口属性

属性	说明
BSSID	BSSID
networkId	网络标识
preSharedKey	使用 WPA-PSK 预先共享的密钥
SSID	SSID

提示：BSS（Basic Service Set，基本服务集）是一种特殊的 Ad-hoc（一种支持点对点访问的无线网络应用模式）局域网应用，一群计算机设定相同的 BSS 标识，就可以形成一个组。

WPA 是 Wi-Fi Protected Access（Wi-Fi 网络安全访问）的缩写，是一种保护无线网络（Wi-Fi）安全的系统标准；PSK 是 Pre-Shared Key（预先共享密钥）的缩写，是一种无线网络的安全认证模式。

SSID（Service Set Identif，服务集标识）用于标识无线局域网，SSID 不同的无线网络是无法进行互访的。

4．连接信息

通过 Wi-Fi 管理器的“getConnectionInfo”方法可以获取当前的 Wi-Fi 网络连接信息接口，其主要代码如下所示。

```
WifiInfo info = service.getConnectionInfo();
```

通过 Wi-Fi 信息接口（WifiInfo）的公共方法可以获得该连接的信息，表 8-6 是 Wi-Fi 信息接口的主要方法说明。

表 8-6　Wi-Fi 信息接口的主要方法

方法	说明
getBSSID()	获取 BSSID
getIpAddress()	获取 IP 地址
getLinkSpeed()	获取连接速度
getMacAddress()	获取 MAC 地址
getNetworkId()	获取网路 ID
getRssi()	获取 RSSI
getSSID()	获取 SSID

提示：RSSI 是 Received Signal Strength Indication（接收信号强度指示）的缩写，其用来判定连接质量，以及是否增大无线发送强度。

下面将要介绍的 DHCP 是 Dynamic Host Configuration Protocol（动态主机配置协议）的缩写，其主要用于给内部网络的主机自动分配 IP 地址。

5. DHCP 信息

通过 Wi-Fi 管理器的“getDhcpInfo”方法可以获取一个 DHCP 请求的结果，其主要代码如下所示。

```
DhcpInfo info = service.getDhcpInfo();
```

通过 DHCP 信息接口（DhcpInfo）的属性可以获得 IP 地址的信息，表 8-7 是 DHCP 信息接口的主要属性说明。

表 8-7 DHCP 信息接口属性

属性	说明
dns1	DNS（Domain Name Server，域名服务器）
dns2	备用 DNS
gateway	网关
ipAddress	IP 地址
serverAddress	服务器地址

6. 扫描结果

通过 Wi-Fi 管理器的“startScan”方法可以启动对访问点（Access Point，AP）的扫描操作，而通过管理器的“getScanResults”方法可以获取对最新的访问点进行扫描的结果，其主要代码如下所示。

```
List<ScanResult> results = service.getScanResults();
```

通过扫描结果接口（ScanResult）的属性可以获得所探测到的访问点的信息，表 8-8 是扫描结果接口的主要属性说明。

表 8-8 扫描结果接口属性

属性	说明
BSSID	访问点的地址
capabilities	该访问点对授权、密钥管理和加密模式的支持描述
frequency	频率（MHz）
level	信号等级（dBm）
SSID	网络名

7. 网络状态

通过 Wi-Fi 管理器的“isWifiEnabled”方法探测 Wi-Fi 网络是否可用，其示例代码如下所示。

```
if(service.isWifiEnabled() ) {
    printText("Wi-Fi 可用！");
}
else {
    printText("Wi-Fi 不可用！");
}
```

之后通过“getWifiState”方法可以获取当前 Wi-Fi 网络的状态，表 8-9 是 Wi-Fi 网络状态的说明。

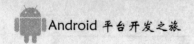

表 8-9　Wi-Fi 网络状态类型说明

类型标识	说明
WIFI_STATE_DISABLED	不可用
WIFI_STATE_DISABLING	停用中
WIFI_STATE_ENABLED	准备就绪
WIFI_STATE_ENABLING	启用中
WIFI_STATE_ UNKNOWN	未知状态

第 9 章　多媒体应用

本章将对 Android 平台所提供的多媒体应用方式进行实例说明，这些应用包括：音乐播放、录音、视频播放、摄像头视频采集、照相机应用、流媒体支持、媒体扫描等。并通过一个音乐盒工具的开发实例，介绍整合网页浏览器、视频播放器和音乐播放器的应用过程。

9.1　Android 平台对多媒体的支持

Android 平台提供了 android.media 包来管理各种音频和视频的媒体接口，该包中提供的 API 除了能够播放而且还能录制媒体文件。这些媒体包括音频（MP3 和其他音乐文件、响铃、游戏音效或 DTMF 响铃）和视频（从本地存储器中获取或经由网络的视频流）。在 android.hardware 包中提供了用于访问照相机服务的工具类，可以用于获取图片、控制照片拍摄过程等。表 9-1 和表 9-2 分别是 android.media 和 android.hardware 包中常用的类/接口介绍。

表 9-1　android.media 包中主要类/接口说明

类/接口	说明
AudioManager	音频管理器，用于管理音量和响应模式控制
AudioRecord	用于管理程序通过从音频输入设备所录制的音频信息
AsyncPlayer	异步播放器，用于播放一串音频资源标识
JetPlayer	用于存储 JET 内容的回放和控制
MediaPlayer	用于控制音频或视频文件和流的回放
MediaRecorder	用于录制音频和视频
RingtoneManager	用于访问响铃、通知和其他类型的声音
Ringtone	提供了一个快速播放响铃、通知或其他相同类型的声音
SoundPool	用于管理和播放应用程序的音频资源
ToneGenerator	用于播放 DTMF 响铃

表 9-2　android.hardware 包中主要类/接口说明

类/接口	说明
Camera	用于连接/断开摄像头服务，设置捕获设置，启动/停止预览，抓图等
Camera.PictureCallback	获得照片时回调
Camera.PreviewCallback	预览时回调
Camera.ShutterCallback	快门关闭时回调

另外，在 android.widget 包中还提供了一个名为 VideoView（视频视图）的组件用于显

示视频文件，通过该组件，读者可以将视频播放界面集成到自己的应用程序当中。表 9-3 是对该包中与视频播放有关的类/接口的说明。

表 9-3　android.widget 包中主要类/接口说明

类/接口	说明
VideoView	视频视图，用于播放一个视频文件
MediaController	媒体播放控制器面板

9.2　音频播放应用

9.2.1　音乐播放器

通过媒体播放器接口（MediaPlayer）提供的方法不仅可以播放音乐文件而且还能播放音乐资源。在播放控制方面，该接口提供了预备、开始、暂停、停止、重置等控制。

图 9-1 是一个音乐播放器实例界面，该界面中，提供了一个音乐资源列表，用户通过选择其中的项目来执行播放动作。

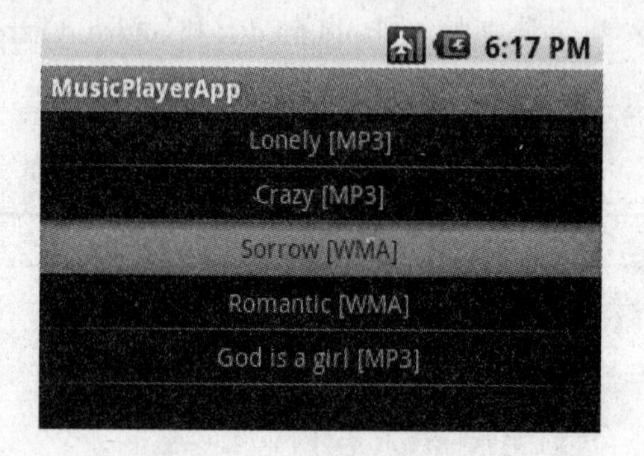

图 9-1　音乐播放器界面

1. 播放音乐文件

代码 9-1 是播放音乐文件的主要代码。

代码 9-1　播放音乐文件

文件名：

```
1   //初始化音乐播放器
2   private MediaPlayer mMusicPlayer = new MediaPlayer();
3   //播放指定路径的音乐
4   private boolean playMusic(String path) {
5       try {
6           //重置音乐播放器状态
7           mMusicPlayer.reset();
8           //设置音乐文件数据源
9           mMusicPlayer.setDataSource(path);
10          //准备播放
```

```
11              mMusicPlayer.prepare();
12              //启动播放
13              mMusicPlayer.start();
14          }
15          catch(IOException e) {
16              e.printStackTrace();
17              return(false);
18          }
19          return(true);
20      }
```

播放器接口的"setDataSource"方法用于指定音乐文件的路径（第 9 行），播放之前还必须通过"prepare"方法（第 11 行）来做预备工作，通过"start"方法就可以启动播放动作（第 13 行）。

2. 播放音乐资源

代码 9-2 是播放音乐资源的主要代码。

代码 9-2　播放音乐资源

文件名：

```
1   //播放背景音乐
2   private boolean playMusic() {
3       mMediaPlayer = MediaPlayer.create(this, R.raw.bkg_music);
4       mMediaPlayer.start();
5   }
```

代码 9-2 中，通过媒体播放器接口的"create"方法来获取播放器实例，采用这种方式，无需播放准备，直接通过"start"方法即可启动播放动作。

3. 暂停播放

通过播放器实例的"pause"方法可以暂停当前的播放行为。对于暂停播放状态，可以通过调用播放器实例的"start"方法来恢复播放。

4. 停止播放

通过播放器实例的"stop"方法可以停止当前的播放行为。对于停止播放状态是无法通过"start"方法来恢复的，而只能用"prepare"方法来重新"准备"播放。

通过播放器实例的"release"方法不仅可以停止当前的播放动作，而且还能够释放与播放器相关的资源。

代码 9-3 是停止播放动作的主要代码。

代码 9-3　停止播放行为

文件名：

```
1   private void doStop() {
2       //判断当前播放器是否在播放
3       if(mMusicPlayer.isPlaying() ) {
4           //停止播放
```

```
5             mMusicPlayer.stop();
6             //释放资源
7             mMusicPlayer.release();
8             mMusicPlayer = null;
9         }
10    }
```

9.2.2 播放 Jet 文件

1. Jet 文件

Jet 是一种被设计运行于小型嵌入式设备上的交互式音乐播放器引擎，该引擎借助 JetPlayer 类被继承到 Android 嵌入式平台，通过该接口，应用程序可以实时响应游戏播放事件和用户的交互。

Jet 文件是通过 Jet 生成器生成的，Jet 生成器通过收集所有的源数据（MIDI 文件），再添加 JET 实时信息，生成一个 Jet 文件（.jet）。通过 JetPlayer 类就可以访问 Jet 文件，并播放其中的音乐文件。

读者可以将 Jet 文件理解为存储音乐文件的媒体库，JetPlayer 类可以用来对该媒体库进行访问。

2. 播放 Jet 文件资源

代码 9-4 是播放 Jet 文件资源的主要代码。

代码 9-4　播放 Jet 文件资源

文件名：

```
1    //获取 Jet 播放器接口
2    private JetPlayer mJet = JetPlayer.getJetPlayer();
3
4    private void initPlayer() {
5        //清空队列
6        mJet.clearQueue();
7        //载入 Jet 文件资源
8        mJet.loadJetFile(mContext.getResources().openRawResourceFd(R.raw.test));
9
10       byte segId = 0;
11
12       //将指定的段插入到 JET 队列中
13       mJet.queueJetSegment(0, 0, 0, 0, 0, segId);
14       mJet.queueJetSegment(1, 0, 4, 0, 0, segId);
15       mJet.queueJetSegment(1, 0, 4, 1, 0, segId);
16   }
17
18   private void startPlay() {
19       mJet.play();
20   }
```

代码 9-4 中，通过“getJetPlayer”方法获取 Jet 播放器实例（第 2 行），然后对 Jet 播放器进行初始化，为播放做好准备。在 Jet 播放器的初始化过程，需要先清空播放队列（第 6 行的“clearQueue”方法），再通过“loadJetFile”方法从资源文件中加载 Jet 文件（第 8 行），最后借助“queueJetSegment”方法来设置播放片段的队列。“queueJetSegment”方法有 6 个参数：第 1 个参数是片段标识，第 2 个参数是片段相关的声音块索引，第 3 个参数是重复的次数，第 4 个参数是音调变换数量，取值为[−12，12]，正常播放为 0，第 5 个参数是静音标志，第 6 个参数是程序所指定的片段标识。

当播放队列设置完毕之后，就可以通过播放器实例的“play”方法来播放队列中定义的音乐片段（第 19 行）。

3. 播放 Jet 文件

代码 9-5 是播放 Jet 文件的关键代码。

代码 9-5 播放 Jet 文件

文件名：

```
1     //获取 Jet 播放器接口
2     private JetPlayer mJet = JetPlayer.getJetPlayer();
3
4     private void initPlayer() {
5         //清空队列
6         mJet.clearQueue();
7         //载入 Jet 原文件资源
8         mJet.loadJetFile("/sdcard/test.jet");
9         ……
10    }
```

代码 9-5 与代码 9-4 的使用方式是相同的，其区别主要在于载入 Jet 文件的方式。

9.2.3 录音

通过 MediaRecorder 类所提供的接口，读者可以使用音频输入设备（麦克风）来进行录音。代码 9-6 是通过录音设备来录制外部声音的主要代码。

代码 9-6 录制主要代码

文件名：

```
1     //获取媒体录音机接口
2     private MediaRecorder mRecorder = new MediaRecorder();
3
4     private void startRecord(String path) {
5         //设置音频源
6         mRecorder.setAudioSource(MediaRecorder.AudioSource.MIC);
7         //设置输出格式
8         mRecorder.setOutputFormat(MediaRecorder.OutputFormat.THREE_GPP);
9         //设置编码格式
10        mRecorder.setAudioEncoder(MediaRecorder.AudioEncoder.AMR_NB);
11        //设置输出文件路径
```

```
12                  mRecorder.setOutputFile(path);
13          //录制准备
14          mRecorder.prepare();
15          //开始录制
16          mRecorder.start();
17      }
18
19      private void stopRecord() {
20          //停止录制
21          mRecorder.stop();
22          //重置
23          mRecorder.reset();
24          //释放播放器有关资源
25          mRecorder.release();
26              }
```

通过代码 9-6，读者可以了解，在录音开始前，必须设置音频源、输出格式、音频编码方式以及输出路径（从第 6 行到第 10 行），当这些配置完成后，还需要通过“prepare”方法来执行准备操作（第 14 行），最后才能通过“start”方法来执行录制行动（第 16 行）。

表 9-4 是录音机接口所支持的音频源类型。

表 9-4　录音接口支持的音频源类型

类型标识	说明
DEFAULT	系统音频源
MIC	麦克风

表 9-5 是录音机接口所支持的音频编码方式类型。

表 9-5　录音机接口支持的编码方式

类/接口	说明
AMR_NB	AMR 窄带
DEFAULT	默认编码

表 9-6 是录音机接口所支持的音频输入格式类型。

表 9-6　录音接口支持的输出格式类型

类型标识	说明
DEFAULT	系统默认格式
MPEG_4	MPEG4 格式
RAW_AMR	原 AMR 格式文件
THREE_GPP	3gp 格式

9.3　视频播放应用

通过媒体播放器接口（MediaPlayer）提供的方法不仅可以实现对音频数据的播放，而且还可以播放视频数据。图 9-2 所示的界面就是通过媒体播放器接口播放 3gp 视频文件的实例效果。

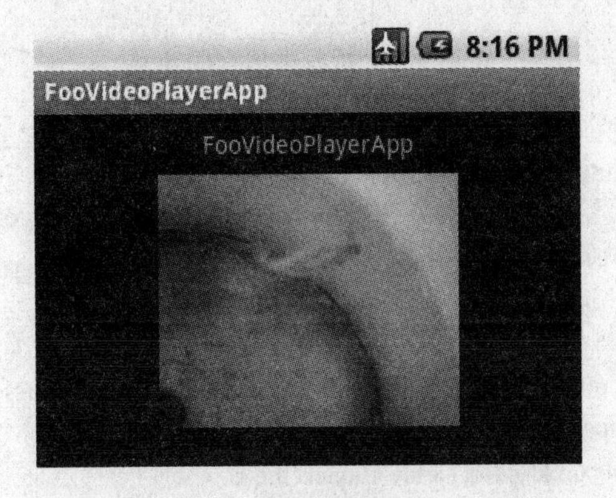

图 9-2 视频播放器界面

1. 播放视频文件

代码 9-7 是初始化视频播放器的主要代码。

代码 9-7 初始化视频播放器

文件名：FoolSurfaceView.java

```
1   //视频播放器
2   private MediaPlayer mVideoPlayer = null;
3
4   //初始化视频播放器
5   private void initPlayer() throws IllegalArgumentException,
6                                   IllegalStateException, IOException {
7       mVideoPlayer = new MediaPlayer();
8       mVideoPlayer.reset();
9       mVideoPlayer.setDataSource("/sdcard/fish.3gp");
10      mVideoPlayer.setDisplay(this.getHolder() );
11      mVideoPlayer.setAudioStreamType(AudioManager.STREAM_MUSIC);
12      //设置音量
13      mVideoPlayer.setVolume(80, 100);
14      //设置播放预备侦听器
15      mVideoPlayer.setOnPreparedListener(this);
16      //设置播放完成侦听器
17      mVideoPlayer.setOnCompletionListener(this);
18      mVideoPlayer.prepare();
19  }
```

通过播放器接口的“setDataSource”方法可以指定视频文件的路径（第 9 行），与播放音频数据不同的是，视频播放还要设置显示视频内容的承载体，代码中第 10 行中的“setDisplay”方法就是为当前播放器实例设置一个用于显示视频内容、代表屏幕描绘的控制器。

（1）视频内容承载视图

用于视频播放的播放承载体必须是实现了表面视图处理接口（SurfaceHolder）的视图组

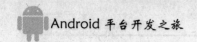

件，读者可以通过继承表面视图类（有关表面视图类的使用请参考第 5 章）自定义所需的视图组件。代码 9-8 是对视频播放提供承载的视图的定义代码。

代码 9-8　视频播放视图定义

文件名：FoolSurfaceView.java

```
1   public class FoolSurfaceView extends SurfaceView implements SurfaceHolder.Callback,
2                                   MediaPlayer.OnPreparedListener, OnCompletionListener {
3       //视频播放器
4       private MediaPlayer mVideoPlayer = null;
5
6       public FoolSurfaceView(Context context, AttributeSet attrs) {
7           super(context, attrs);
8           this.getHolder().addCallback(this);
9           this.getHolder().setType(SurfaceHolder.SURFACE_TYPE_PUSH_BUFFERS);
10      }
11
12      @Override
13      public void surfaceChanged(SurfaceHolder holder, int format, int w, int h) {
14      }
15
16      //表面创建完毕
17      @Override
18      public void surfaceCreated(SurfaceHolder holder) {
19          try {
20              initPlayer();
21          } catch (IllegalArgumentException e) {
22              e.printStackTrace();
23          } catch (IllegalStateException e) {
24              e.printStackTrace();
25          } catch (IOException e) {
26              e.printStackTrace();
27          }
28      }
29
30      @Override
31      public void surfaceDestroyed(SurfaceHolder holder) {
32      }
33
34      //播放已准备就绪
35      @Override
36      public void onPrepared(MediaPlayer mp) {
37          if(mVideoPlayer != null) {
38              mVideoPlayer.start();
39          }
40      }
41
```

```
42          //播放完毕
43          @Override
44          public void onCompletion(MediaPlayer mp) {
45                if(mVideoPlayer != null) {
46                      mVideoPlayer.stop();
47                      mVideoPlayer.release();
48                      mVideoPlayer = null;
49                }
50          }
51    };
```

代码 9-7 中，该视图类继承了 SurfaceView 类，并实现了三个接口：表面处理器回调（SurfaceHolder.Callback）、播放准备就绪事件侦听器（OnPreparedListener）和播放完成事件侦听器（OnCompletionListener）。

播放完成事件侦听器主要用于处理当前播放结束的事件（“onCompletion”方法就是实现于该接口）；播放准备就绪事件侦听器用于处理当播放器准备就绪后还要准备的其他内容（“onPrepared”方法就是实现于该接口）；而表面处理器回调接口主要用于处理表面事件的一些回调（例如：表面创建完成（第 18 行）、表面状态发生改变（第 13 行）等处理）。

代码中，在表面创建完成后初始化播放器（第 20 行），在播放器准备就绪后才开始播放（第 38 行），当此次播放完成则停止播放（第 46 行）。

（2）界面布局资源定义

代码 9-8 所定义的视图实际上就是一个表面视图的子类，所以其使用方法和表面视图一样，其组件可以在布局资源文件中定义。代码 9-9 是视频播放器程序的布局资源文件内容。

代码 9-9　视频播放器程序布局资源

文件名：main.xml

```
1     <?xml version="1.0" encoding="utf-8"?>
2     <LinearLayout xmlns:android="http://schemas.android.com/apk/res/android"
3           ……">
4           <TextView
5                 ……
6                 android:text="@string/app_name"/>
7           <foolstudio.demo.media.FoolSurfaceView
8                 android:layout_width="176px"
9                 android:layout_height="144px"
10                android:layout_gravity="center"/>
11    </LinearLayout>
```

2. 播放视频文件资源

播放视频资源和播放视频文件的方式相同，其主要差异还是在设置播放数据源的方式。借助视频播放器的接口“create”方法，通过指定的视频文件资源，可以创建一个视频播放器实例。代码 9-10 是播放视频资源的主要代码。

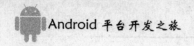

代码 9-10　播放视频资源

文件名：

```
1   //播放 Logo 视频
2   private boolean playVideo() {
3       mVideoPlayer = MediaPlayer.create(this, R.raw.logo_video);
4       mVideoPlayer.start();
5   }
```

3. 视频视图（VideoView）

如果读者觉得使用媒体播放器接口播放视频的控制过于繁琐，那么选择视频视图是一个不错的主意。通过 android.widget 包中提供的视频视图组件（VideoView），开发者可以简化对视频文件的播放过程。图 9-3 就是通过视频视图和媒体控制器组件播放 3gp 视频文件的实例效果。

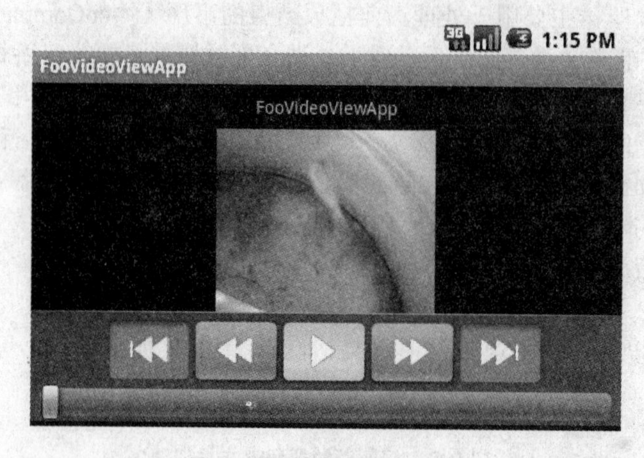

图 9-3　视频控制播放界面

（1）视频视图的定义

代码 9-11 是图 9-3 中所示界面布局的定义代码。

代码 9-11　视频播放器布局资源定义

文件名：main.xml

```
1   <?xml version="1.0" encoding="utf-8"?>
2   <LinearLayout xmlns:android="http://schemas.android.com/apk/res/android"
3       ……>
4       <TextView
5           ……
6           android:text="@string/app_name"/>
7       <VideoView android:id="@+id/VV_MAIN"
8           ……/>
9       <MediaController android:id="@+id/MC_MAIN"
10          ……/>
11  </LinearLayout>
```

代码 9-11 中，第 7 行使用“<VideoView>”标记定义视频视图组件，其对应的组件对象类型与标记名相同。第 9 行使用“<MediaController>”标记定义视频播放控制器组件，其对应的组件对象类型与标记名相同。

（2）视频视图的使用模式

作为视图组件，在 Activity 组件对布局资源填充完成后，就可以获取布局资源中定义的视频视图和播放控制器组件实例，然后可以通过设置视频视图的事件侦听器对播放事件进行侦听，最后指定要播放的视频文件的路径或 URI，就可以进行播放行为了。代码 9-12 是图 9-3 中所示程序的 Activity 组件的框架代码。

代码 9-12　视频播放控制代码

文件名：FooVideoViewAct.java

```
1    public class FooVideoViewAct extends Activity implements OnCompletionListener,
2                                                            OnPreparedListener {
3    //视频视图
4    private VideoView mVideoView = null;
5    //播放控制器
6        private MediaController mController = null;
7
8        @Override
9        public void onCreate(Bundle savedInstanceState) {
10           super.onCreate(savedInstanceState);
11           setContentView(R.layout.main);
12           //获取视频视图和播放控制器组件实例
13           mVideoView = (VideoView)findViewById(R.id.VV_MAIN);
14           mController = (MediaController)findViewById(R.id.MC_MAIN);
15
16           //设置播放完成事件和准备就绪侦听器
17           mVideoView.setOnCompletionListener(this);
18           mVideoView.setOnPreparedListener(this);
19           //设置视频路径
20           mVideoView.setVideoPath("/sdcard/fish.3gp");
21           //设置播放控制器
22           mVideoView.setMediaController(mController);
23       }
24
25       //播放完成时回调
26       @Override
27       public void onCompletion(MediaPlayer mp) {
28           mVideoView.stopPlayback();
29       }
30
31       //播放准备就绪时回调
32       @Override
33       public void onPrepared(MediaPlayer mp) {
```

```
34            //停止播放，已改用播放控制器控制
35            //mVideoView.start();
36        }
37    }
```

代码 9-11 中，视频视图实例通过“setVideoPath”方法来设置所要播放的视频文件路径（第 20 行）；通过“setOnCompletionListener”方法和“setOnPreparedListener”方法（第 17 行和第 18 行）来分别设置视频视图的播放完成事件和播放准备就绪事件的侦听器，用于处理播放状态，通过“setMediaController”方法来设置其播放控制器组件（第 22 行）。

当播放准备就绪，读者可以通过播放控制器界面来启动播放，也可以在播放准备就绪的回调函数中（第 33 行），调用视频视图的“start”方法来启动播放。当播放完成时，在播放完成回调函数中（第 27 行），调用视频视图的“stopPlayback”方法来停止回放行为。

9.4 摄像头视频采集

通过 MediaRecorder 类所提供的接口，读者可以使用视频输入设备（摄像头）录制视频。代码 9-13 是通过视频输入设备来录制视频的主要代码。

代码 9-13 录制主要代码

文件名：FooVideoViewAct.java

```
1   //获取摄像机接口
2   private MediaRecorder mRecorder = new MediaRecorder();
3
4   private void startRecord(String path) {
5       //设置视频源
6       mRecorder.setVideoSource(MediaRecorder.VideoSource.CAMERA);
7       mRecorder.setCamera(Camera.open() );
8       //设置输出格式
9       mRecorder.setOutputFormat(MediaRecorder.OutputFormat.THREE_GPP);
10      //设置帧速率
11      mRecorder.setVideoFrameRate(20)
12      //设定录制框架大小
13      mRecorder.setVideoSize(200,150);
14      //设置编码格式
15      mRecorder.setVideoEncoder(MediaRecorder.VideoEncoder.H263);
16      //设置输出文件路径
17      mRecorder.setOutputFile(path);
18      //录制准备
19      mRecorder.prepare();
20      //开始录制
21      mRecorder.start();
22  }
23
24  private void stopRecord() {
```

```
25        //停止录制
26        mRecorder.stop();
27        //重置
28        mRecorder.reset();
29        //释放播放器有关资源
30        mRecorder.release();
31    }
```

通过代码 9-13，读者可以了解，在摄像开始前，必须设置视频源、输出格式、帧速率、框架大小、视频编码方式以及输出路径（从第 6 行到第 17 行），当这些配置完成后，还需要通过“prepare”方法来执行准备操作（第 19 行），最后才能通过“start”方法来执行录制行动（第 21 行）。

表 9-7 是摄像机接口所支持的视频源类型。

表 9-7 录像机接口支持的视频源

类型标识	说明
CAMERA	照相机视频输入
DEFAULT	平台默认

表 9-8 是摄像机接口所支持的视频编码方式类型。

表 9-8 录像机接口支持的编码方式

类/接口	说明
DEFAULT	平台默认
H263	H.263 编码
H264	H.264 编码
MPEG_4_SP	MPEG4 编码

9.5 照相机

使用 Camera 类所提供的接口，读者可以获取当前设备中照相机服务的接口，通过该接口可以实现预览和拍照。

9.5.1 照片服务接口

通过 Camera 类的“open”方法可以获取一个照相机接口，示例代码如下。

```
Camera camera = Camera.open();
```

9.5.2 照片预览

通过照相机接口的“setPreviewDisplay”方法可以指定承载预览内容的视图组件，该用法与视频播放器中的“setDisplay”方法相同。通过“setPreviewCallback”方法可以设置对预览事件的回调处理。

当这些设置完成后，就可以通过照相机接口的“startPreview”和“stopPreview”来启动或停止对照片的预览。

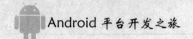

9.5.3 照片拍摄

使用照相机接口的“takePicture”方法可以异步地进行照片拍摄。该方法有 3 个参数：第 1 个参数是关闭快门事件的回调接口；第 2 个参数是获取照片事件的回调接口，第 3 个参数也是获取照片事件的回调接口。第 2 个参数与第 3 个参数的区别在于回调函数中传回的数据内容。第 2 个参数指定的回调函数中传回的数据内容是照片的原数据，而第 3 个参数指定的回调函数中传回的数据内容是已经按照 JPEG 格式进行编码的数据。

通过快门事件的回调接口，开发者可以处理快门关闭后的事件，例如发送通知或声音提示等。而通过获取照片事件的回调接口，开发者可以获取照相机所得到的图片数据，从而可以进行下一步的行动，例如保存到本地存储、进行数据压缩、通过可视组件显示。

9.5.4 停止使用照相机

通过照相机接口的“release”方法可以断开与照相机设备的连接，并释放与该照相机接口有关的资源，示例代码如下。

```
camera.release();
camera = null;
```

9.6 流媒体

媒体播放器类可以支持对流媒体的访问（通过 RTSP 协议），即在指定数据源时，指明流媒体资源的 URL 即可，示例代码如下。

```
private MediaPlayer mVideoPlayer = new MediaPlayer();
mVideoPlayer.setDataSource("rtsp://192.168.10.101/vod/h263.3gp");
```

9.7 媒体扫描和媒体库

当用户插入外部 SD 卡或者从网络下载音乐视频文件时，系统会启动一个媒体扫描的服务，会将新添加的媒体信息添加到系统的媒体库中，用户播放媒体文件时，就会从媒体库中获得最新的媒体信息。如图 9-4 所示的内容就是从媒体库中获取 SD 卡中的媒体文件路径信息。

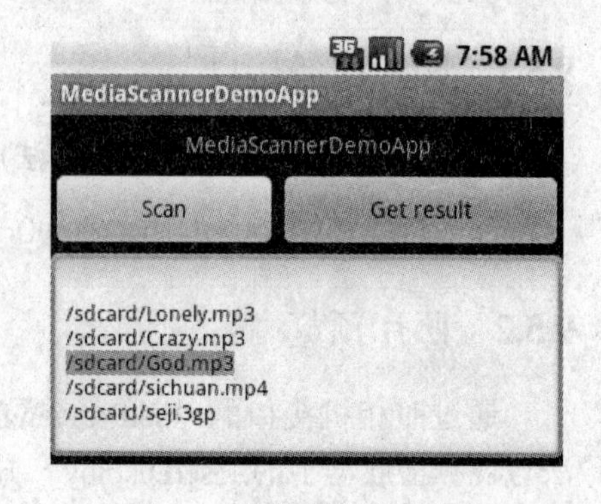

图 9-4 获取媒体库中信息

9.7.1 媒体文件的扫描

图 9-5 是启动媒体扫描的界面，当点击“扫描（Scan）”按钮时（左图），会调用选择扫描方式的界面

（右图），当用户选择“音乐（Music）”条目时将执行对媒体文件的查找。

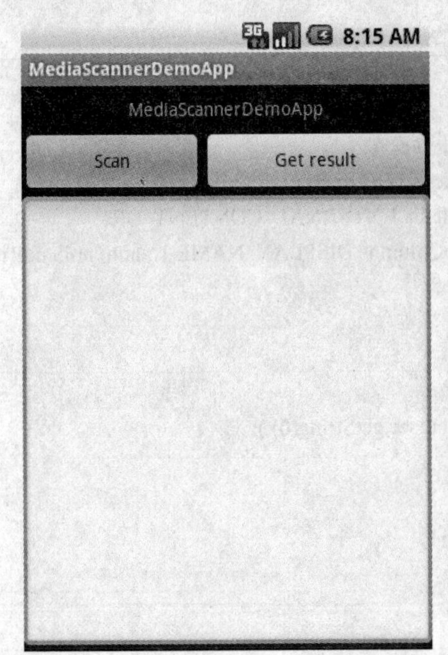

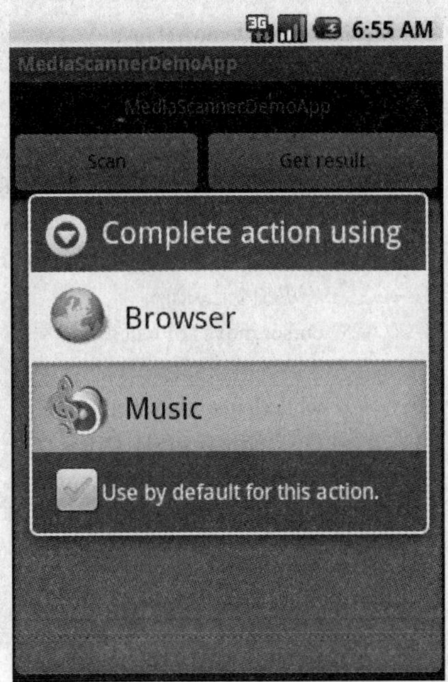

图 9-5　启动媒体搜索

代码 9-14 是执行媒体扫描的主要代码。

代码 9-14　扫描媒体

文件名：MediaScannerDemoAct.java

```
1    private static final String SD_DIR = "/sdcard";
2
3    //开始扫描
4    private void doScan() {
5        //通过媒体查找行动创建意向对象
6        Intent startScanner = new Intent(MediaStore.INTENT_ACTION_MEDIA_SEARCH);
7        //设置要查找的卷
8        startScanner.putExtra(MediaStore.MEDIA_SCANNER_VOLUME, SD_DIR);
9        startActivity(startScanner);
10   }
```

代码 9-14 中，通过媒体库类（MediaStore）所定义的查找媒体的行动来初始化意向对象（第 6 行），并通过附加内容指定所要扫描的卷（第 8 行），当启动 Activity 组件时就会调用如图 9-5 中右图所示的界面。

9.7.2　获取媒体文件信息

媒体文件信息的获取分为获取音频媒体和视频媒体两部分。

1. 获取音频媒体信息

代码 9-15 是获取音频媒体信息的主要代码。

代码 9-15　获取音频媒体信息

文件名：MediaScannerDemoAct.java

```
1   //获取音频媒体扫描结果
2   private void doGetAudioResult() {
3           //打开外部存储设备中音频媒体数据库
4           Cursor cursor = this.getContentResolver().query(
5                       MediaStore.Audio.Media.EXTERNAL_CONTENT_URI,
6                       new String[] { AudioColumns.DISPLAY_NAME } , null, null, null);
7           //初始化记录游标
8           cursor.moveToFirst();
9
10          while(!cursor.isAfterLast() ) {
11                  printText(SD_DIR + "/" + cursor.getString(0) );
12
13                  //下一条记录
14                  cursor.moveToNext();
15          }
16
17          //关闭游标
18          cursor.close();
19  }
```

代码 9-15 中，通过指定 URI（第 5 行）来打开外部存储设备（SD 卡）中视频媒体数据库，并指定所要选择的列（第 6 行），继而获取记录集游标。通过遍历记录集游标，输出记录中包含的音频媒体文件名，其内容如图 9-4 所示。

2. 获取视频媒体信息

代码 9-16 是获取视频媒体信息的主要代码。

代码 9-16　获取视频媒体信息

文件名：MediaScannerDemoAct.java

```
1   //获取视频媒体扫描结果
2   private void doGetVideoResult() {
3           //打开外部存储设备中视频媒体数据库
4           Cursor cursor = this.getContentResolver().query(
5                       MediaStore.Video.Media.EXTERNAL_CONTENT_URI,
6                       new String[] { VideoColumns.DISPLAY_NAME } , null, null, null);
7           //初始化记录游标
8           cursor.moveToFirst();
9
10          while(!cursor.isAfterLast() ) {
11                  printText(SD_DIR + "/" + cursor.getString(0) );
12
13                  //下一条记录
14                  cursor.moveToNext();
15          }
```

```
16
17          //关闭游标
18          cursor.close();
19  }
```

代码 9-16 中，通过指定 URI（第 5 行）来打开外部存储设备中视频媒体数据库，并指定所要选择的列（第 6 行），继而获取记录集游标。通过遍历记录集游标，输出记录中包含的视频媒体文件名，其内容如图 9-4 所示。

9.8 音乐盒工具

相信喜欢音乐的读者对音乐盒工具并不陌生，因为很多媒体资源网站都推出了各自的音乐盒工具。在没有使用音乐盒工具之前，读者必须挨个访问包含媒体资源的网站来听音乐。当搜索音乐时，必须转到搜索网站进行相关的查询，并且判断查询结果是否符合自己的要求，因为有些媒体资源网站可能没有提供搜索功能，或者包含资源有限。

而音乐盒工具对上述用户的操作进行了集成，其一般内建了网页显示组件，并采用 C/S 结构。当用户打开该音乐盒工具时，该工具会访问服务器，获取最新的音乐信息，而服务器会以网页的形式返回符合要求的结果，音乐盒工具使用其内建的网页显示组件来载入该网页文件，作为显示内容。当用户点击网页上的资源链接时，音乐盒工具会获取该链接的信息，通过网络连接的方式进行音乐播放。当用户通过音乐盒工具查询媒体时，由该工具向服务器转发请求，服务器进行查询后，将查询结果也以网页的形式返回给音乐盒工具用于加载显示。

这些音乐盒工具的实现要点在于其内建的网页显示组件，这些网页显示组件也可以加载网页内容，但其所提供的内容操作接口并不像普通浏览器那么丰富，用户只能通过点击链接来“告诉”音乐盒工具其所选的项目，并不能直接打开或下载链接资源，也不能利用浏览器的右键功能。

接下来作者将要介绍的 Android 音乐盒工具，也集成了网页显示组件，用户通过选择网页上的链接来调用音乐或视频播放功能。另外还能对本地媒体资源进行扫描，提供播放列表。该工具的运行效果如图 9-6 所示。

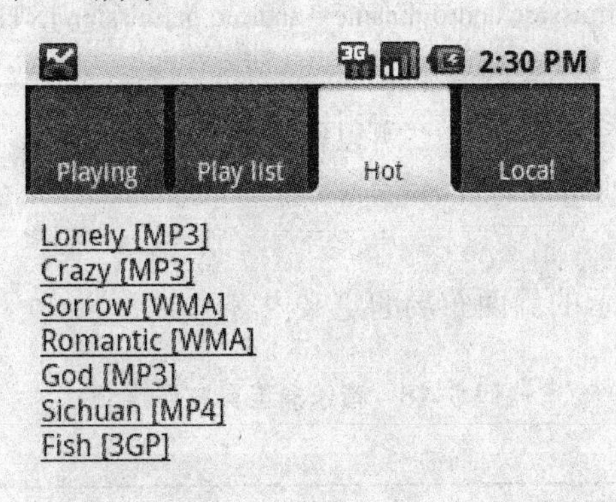

图 9-6　音乐盒程序界面

1. 功能说明

图 9-7 是该音乐盒工具的功能结构图，通过载入网页文件和扫描本地媒体库来提供音乐或视频的资源列表（网页的形式），当用户选择网页上的项目时，就会通过网页显示组件的后台获取该项目的资源信息，判断是音乐还是视频资源，继而进行播放，网页显示组件并不会直接打开链接内容。

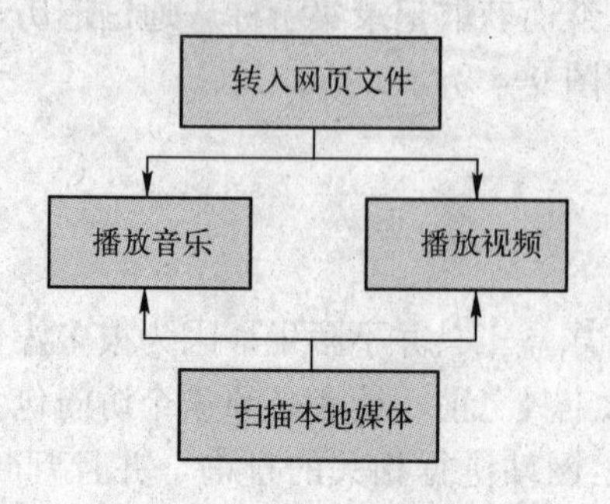

图 9-7　音乐盒工具功能结构

2. 程序清单

代码 9-17 是该工具的清单文件内容。

代码 9-17　音乐盒工具清单内容

文件名：AndroidManifest.xml

```
1   <?xml version="1.0" encoding="utf-8"?>
2   <manifest xmlns:android="http://schemas.android.com/apk/res/android"
3       ……>
4       <application android:icon="@drawable/icon" android:label="@string/app_name"
5           android:theme="@android:style/Theme.NoTitleBar">
6           <activity android:name=".MusicBoxAct" ……>
7               ……
8           </activity>
9       </application>
10      <uses-sdk android:minSdkVersion="3" />
11      <uses-permission android:name="android.permission.INTERNET"/>
12  </manifest>
```

因为该工具集成了网页显示组件，所以需要访问互联网的使用许可，所以在代码中第 11 行添加了访问互联网的使用许可。

3. 界面布局定义

代码 9-18 是图 9-6 所示的界面布局的定义内容。

代码 9-18　音乐盒工具布局定义

文件名：main.xml

```
1   <?xml version="1.0" encoding="utf-8"?>
2   <TabHost xmlns:android="http://schemas.android.com/apk/res/android"
3       android:id="@android:id/tabhost"
```

```
4           android:layout_width="fill_parent"
5           android:layout_height="fill_parent">
6           <LinearLayout
7               android:orientation="vertical"
8               android:layout_width="fill_parent"
9               android:layout_height="fill_parent">
10              <TabWidget android:id="@android:id/tabs"
11                  android:layout_width="fill_parent"
12                  android:layout_height="wrap_content" />
13              <FrameLayout android:id="@android:id/tabcontent"
14                  android:layout_width="fill_parent"
15                  android:layout_height="fill_parent">
16                  <VideoView android:id="@+id/videoView"
17                          android:layout_width="fill_parent"
18                      android:layout_height="fill_parent" />
19                  <ListView android:id="@+id/playListView"
20                      android:layout_width="fill_parent"
21                      android:layout_height="fill_parent" />
22                  <WebView android:id="@+id/webView"
23                      android:layout_width="fill_parent"
24                      android:layout_height="fill_parent" />
25                  <TextView android:id="@+id/localView"
26                      android:layout_width="fill_parent"
27                      android:layout_height="fill_parent"
28                      android:text="本地媒体资源列表" />
29              </FrameLayout>
30          </LinearLayout>
31      </TabHost>
```

通过代码 9-18，读者可以看出，该布局定义中使用了 2 个新的组件："TabHost"和"TabWidget"。TabHost 组件类似于 Windows 平台中的 TabControl 组件，它是一个可以包含多个带有标签的窗体的容器组件；而 TabWidget 组件用于显示 TabHost 容器中各个窗体的标签。

该界面中定义了 4 个标签窗体：第 1 个标签页是视频视图，用于播放视频；第 2 个标签页是列表视图，用于显示播放列表；第 3 个标签页是网页视图，用于加载网页文件；第 4 个标签页是文本视图，用于显示本地媒体资源列表。

4. Activity 组件定义框架

代码 9-19 是音乐盒工具的 Activity 组件的定义框架。

代码 9-19　音乐盒工具的 Activity 定义框架

文件名：MusicBoxAct.java

```
1       public class MusicBoxAct extends TabActivity implements OnItemClickListener {
2           //组件对象实例
3           private TabHost mTabHost = null;
4           private VideoView mVideoView = null;
5           private WebView mWebView = null;
```

```
6          //网页视图客户端
7          private MusicBoxWebViewClient mWebViewClient = null;
8          //数据容器
9          private ListView mListView = null;
10         private ArrayList<String> mItems = null;
11         //媒体播放器实例
12         private MediaPlayer mMusicPlayer = null;
13
14        @Override
15        public void onCreate(Bundle savedInstanceState) {
16             super.onCreate(savedInstanceState);
17             setContentView(R.layout.main);
18             //获取组件对象实例
19             mTabHost = getTabHost();
20             mVideoView = (VideoView)findViewById(R.id.videoView);
21             mListView = (ListView)findViewById(R.id.playListView);
22             mWebView = (WebView)findViewById(R.id.webView);
23
24             //初始化 TabHost
25             mTabHost.addTab(mTabHost.newTabSpec("tab1")
26                     .setIndicator("正在播放").setContent(R.id.videoView));
27             mTabHost.addTab(mTabHost.newTabSpec("tab2")
28                     .setIndicator("播放列表").setContent(R.id.playListView));
29             mTabHost.addTab(mTabHost.newTabSpec("tab3")
30                     .setIndicator("热门资源").setContent(R.id.webView));
31             mTabHost.addTab(mTabHost.newTabSpec("tab4")
32                     .setIndicator("本地资源").setContent(R.id.localView));
33             //设置序号为 2（基于 0）的标签页为当前标签页
34             mTabHost.setCurrentTab(2);
35
36             //初始化各个标签页
37             initList();
38             //初始化播放器
39             initPlayer();
40             //初始化网页视图
41             initWeb();
42        }
43
44         @Override
45         public void onItemClick(AdapterView<?> view, View v, int pos, long id) {
46              changeUrl(mItems.get(pos) );
47              v.setSelected(true);
48         }
49     };
```

5. 网页显示组件

网页显示组件用于装载并显示网页文件，图 9-6 中，当前的标签页正是网页显示组件的内容。代码 9-20 是初始化网页标签页的主要代码。

代码 9-20　网页标签页主要代码

文件名：MusicBoxAct.java

```
1   //初始化网页标签页
2   private void initWeb() {
3       //创建网页视图客户端
4       mWebViewClient = new MusicBoxWebViewClient(this);
5       //设置网页视图支持 JavaScript
6       mWebView.getSettings().setJavaScriptEnabled(true);
7       //设置网页视图客户端
8       mWebView.setWebViewClient(mWebViewClient);
9       //载入默认网页
10      mWebView.loadUrl("file:///sdcard/index.html");
11  }
12
13  //当资源 Url 改变时回调
14  //该方法只能由网页视图客户端和播放列表的项目点选回调函数调用
15  public void changeUrl(String url) {
16      //初始化播放状态
17      stopVideo();
18      stopAudio();
19
20      //判断资源标识符
21      if(url.endsWith(".mp4") || url.endsWith(".3gp") ) { //视频资源，则调用视频播放
22          playVideo(url);
23          mTabHost.setCurrentTab(0); //跳转到播放 Tab
24      }
25      else if(url.endsWith(".mp3") || url.endsWith(".wma") ) { //音频资源，则调用音频播放
26          playAudio(url);
27          mTabHost.setCurrentTab(1); //跳转到播放列表 Tab
28      }
29  }
```

代码 9-20 中，为网页视图组件设置了一个定制网页视图客户端类（第 4 行），通过该网页视图客户端来控制用户点击网页中链接时的动作。

当用户从网页中选取项目时，网页视图客户端会将资源 URL 发生改变的通知借助“changeUrl”接口（第 15 行）来告诉 Activity 组件，Activity 组件会解析新的 Url（第 21 行和第 25 行），判断其媒体类型，如果是视频则启动视频播放，并设置视频播放为当前标签页（第 22 行和第 23 行）；如果是音频则启动音频播放，并设置播放列表为当前标签页（第 26 行和第 27 行）。

有关网页视图组件的使用说明，请参见第 7 章中对浏览器的介绍。

6. 网页视图客户端

代码 9-21 是网页视图客户端的定义。

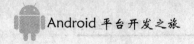

代码 9-21　网页视图客户端定义

文件名：MusicBoxWebViewClient.java

```
1   package foolstudio.demo;
2
3   import android.util.Log;
4   import android.webkit.WebView;
5   import android.webkit.WebViewClient;
6
7   public class MusicBoxWebViewClient extends WebViewClient {
8       private MusicBoxAct mMainAct = null;
9
10      public MusicBoxWebViewClient(MusicBoxAct act) {
11          mMainAct = act;
12      }
13
14      @Override
15      public boolean shouldOverrideUrlLoading(WebView view, String url) {
16          Log.d(getClass().getName(), "Load Url: " + url);
17          //通知 Url 改变
18          mMainAct.changeUrl(url);
19          //但不打开链接页面
20          //view.loadUrl(url);
21          return (true);
22      }
23  };
```

通过代码 9-21 可以看出，通过网页视图客户端可以控制用户对网页中链接的点击响应。"shouldOverrideUrlLoading"方法是当用户点击网页中链接时必须回调的函数，该函数中，并没有让网页视图继续打开用户所点击的链接的内容，而是告诉主 Activity 组件用户所选连接的 Url。

通常情况下，当用户点击网页中的链接时，浏览器会继续访问链接中的内容，如果链接内容是对象，则浏览器会提示是打开还是保存该文件，如图 9-8 和图 9-9 所示。

图 9-8　IE 浏览器显示网页

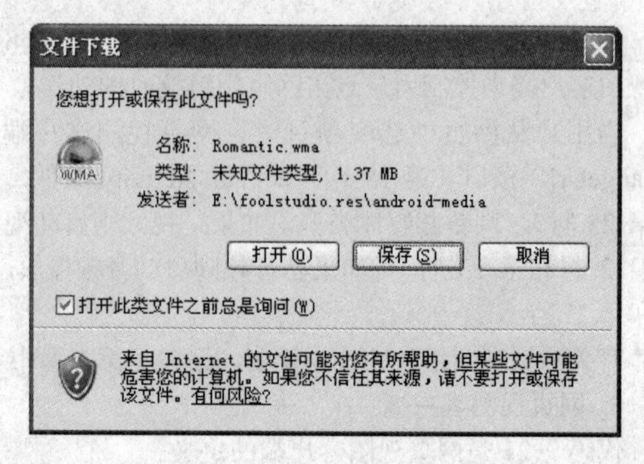

图 9-9　IE 浏览器中链接点击事件响应

7. 播放列表管理

当用户点击网页视图中的音频资源链接，Activity 组件会根据网页客户端的通知启动播放音频，并设置当前的标签页为播放列表标签，如图 9-10 和图 9-11 所示。

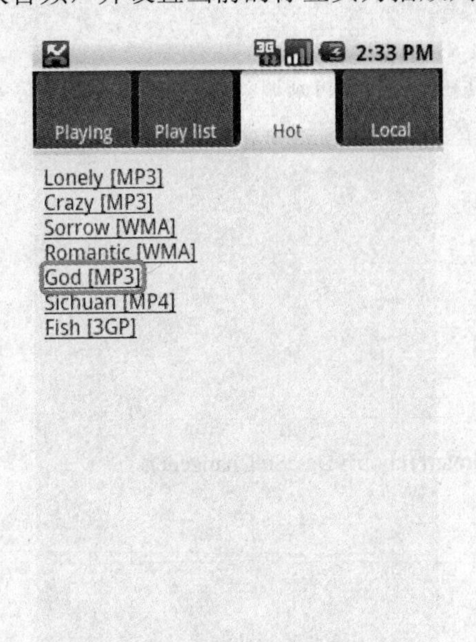

图 9-10 选择音乐资源

图 9-11 播放列表

实际上，在播放音频资源之前，播放列表视图更新了播放列表，并将新增的条目放置于列表首位。如果该资源已经存在于播放列表中，则将该条目的位置也移动到列表首位。代码 9-22 是对播放器列表进行管理的主要代码。

代码 9-22 管理播放列表

文件名：MusicBoxAct.java

```
1   //初始化播放列表
2   private void initList() {
3       mItems = new ArrayList<String>();
4       //创建列表适配器（其数据集为空）
5       ListAdapter adapter = new ArrayAdapter<String>(this,
6                   android.R.layout.simple_list_item_1, mItems);
7       mListView.setAdapter(adapter);
8
9       mListView.setOnItemClickListener(this);
10  }
11
12  //播放音频
13  @SuppressWarnings("unchecked")
14  private void playAudio(String url) {
15      //Url 检查（如果是本地文件则无需模式修饰符 file，支持 http 和 rtsp 修饰符）
16      String url2 = url.replaceFirst("file://", "");
```

```
17
18          //更新数据绑定
19          if(mItems.size() > 0) {
20              int index = mItems.indexOf(url2);
21
22              if(index != -1) { //如果该条目已经存在则先删除再添加（将其位置移动到首位）
23                  mItems.remove(index);
24              }
25              mItems.add(0, url2);
26          }
27          else {
28              mItems.add(url2);
29          }
30
31          //通知数据集改变
32          ((ArrayAdapter<String>)mListView.getAdapter()).notifyDataSetChanged();
33
34          //播放当前所选资源（代码 9-23）
35      }
36
37      @Override
38      public void onItemClick(AdapterView<?> view, View v, int pos, long id) {
39          //当点击列表中条目时，也必须对列表中条目位置进行调整
40          //将最近选择项目放置到首位
41          changeUrl(mItems.get(pos) );
42
43          v.setSelected(true);
44      }
```

代码 9-22 中，在初始化播放列表视图时，为其设置了一个适配器，该适配器的数据集为空。当用户通过网页选择播放资源条目后，该条目会被添加到数据集中，适配器会通知列表视图重新载入数据（第 32 行）。

在条目添加到数据集时，如果该条目内容已经存在于数据集中（第 22 行），则必须将该条目移动到列表首位，在数据集的操作中，采取的是“先删除再添加”的方式来调整列表显示顺序。

当用户点击播放列表的旧条目时，也需要更新条目位置（第 38 行）。

8. 音频播放控制

代码 9-23 是对音频资源进行播放控制的代码。

代码 9-23　音频播放控制代码

文件名：MusicBoxAct.java

```
1   //初始化播放器
2   private void initPlayer() {
3       mMusicPlayer = new MediaPlayer();
4   }
```

```
5
6   //播放音频
7   @SuppressWarnings("unchecked")
8   private void playAudio(String url) {
9       //Url 检查（如果是本地文件则无需模式修饰符 file，支持 http 和 rtsp 修饰符）
10      String url2 = url.replaceFirst("file://", "");
11      ……
12      try {
13          mMusicPlayer.reset();
14          mMusicPlayer.setDataSource(url2);
15          mMusicPlayer.prepare();
16          mMusicPlayer.start();
17      }
18      catch(IOException e) {
19          e.printStackTrace();
20      }
21  }
22
23  //停止播放音频
24  private void stopAudio() {
25      if(mMusicPlayer.isPlaying() ) {
26          mMusicPlayer.stop();
27      }
28  }
```

9. 视频播放控制

当用户点击网页视图中的视频资源链接，Activity 组件会根据网页客户端的通知启动播放视频，并设置当前的标签页为视频播放标签，如图 9-12 和图 9-13 所示。

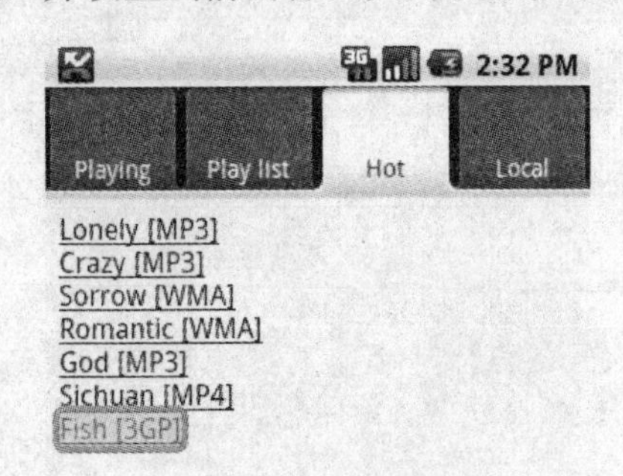

图 9-12　选择视频资源

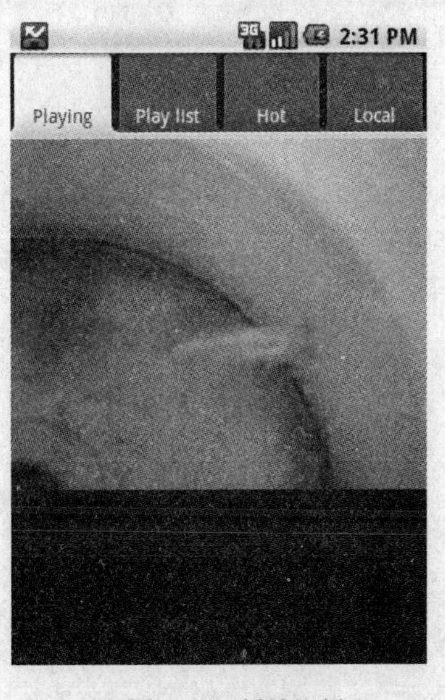

图 9-13　播放视频

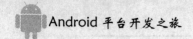

对于视频资源，Activity 组件并没有使用播放列表进行管理，而是通过视频视图依据网页视图客户端传递过来的 URL 进行播放，代码 9-24 是视频视图播放视频资源的主要代码。

代码 9-24　视频播放代码

文件名：MusicBoxAct.java

```
1   //播放视频
2   private void playVideo(String url) {
3       mVideoView.setVideoPath(url); //设置视频路径
4       mVideoView.start();
5   }
6
7   //停止播放视频
8   private void stopVideo() {
9       if(mVideoView.isPlaying() ) {
10          mVideoView.stopPlayback();
11      }
12  }
```

10. 本地媒体扫描

通过 9.7 节介绍的媒体扫描方式可以从媒体信息库中获取本地存储设备中的媒体信息。另外，通过文件系统，程序可以扫描本地存储器中的有关媒体资源，并将其以列表视图的形式提供给用户用于播放。相关信息可以参考第 6 章。

第 10 章　个人信息管理

本章介绍 Android 支持的个人信息管理内容，通过实际的开发案例，讲解如何获取联系人信息、电话号码、公司信息等与个人有关的内容。并对比 Android 平台的不同版本（1.5 和 2.1）对个人信息管理的支持方式。

10.1　个人信息管理

手机平台存在很多重要的个人信息，常见的有联系信息、事件提醒等。这些信息至关重要，一般作为手机系统文件进行管理，不为用户所见，用户必须通过手机系统提供的 API 才能实现对这些信息的访问。

10.2　Android 对个人信息管理的支持

Android 平台提供了 android.provider.Contacts 类用于对个人联系信息的管理，该类包含多个子类，表 10-1 是 1.5 版本对该类及其子类功能的介绍。

表 10-1　个人联系信息相关类说明

类/接口	说明
Contacts	用于提供联系有关的所有信息（2.1 中被废除）
Contacts.ContactMethods	联系人的非电话联系方式（2.1 中被废除）
Contacts.Organizations	联系人的组织机构（公司、团体等）信息（2.1 中被废除）
Contacts.People	联系人信息（2.1 中被废除）
Contacts.Phones	电话号码信息（2.1 中被废除）
Contacts.Photos	联系人图片信息（2.1 中被废除）
Contacts.Settings	联系人设置信息（2.1 中被废除）

表 10-2 是 2.1 版本中对 1.5 版本中联系信息类进行调整后的类/接口的介绍。

表 10-2　个人联系信息相关类说明(2.1)

类/接口	说明
ContactsContract	代表联系信息提供器与应用程序之间的接口
ContactsContract.Data	包含各种个人信息：电话号码、电子邮件地址等
ContactsContract.RawContacts	原联系表，包含每个同步源的基本联系信息
ContactsContract.Contacts	联系表，包含每一个人的联系信息集合

表 10-3 是 2.1 版本中对表 10-2 中的联系信息所定义的数据类型的说明。

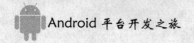

表 10-3　个人联系信息数据类型说明(2.1)

类/接口	说明
ContactsContract.CommonDataKinds	数据类型
ContactsContract.CommonDataKinds.Email	电子邮件
ContactsContract.CommonDataKinds.Event	事件（生日、周年纪念等）
ContactsContract.CommonDataKinds.Note	备注类型
ContactsContract.CommonDataKinds.Organization	组织（公司）
ContactsContract.CommonDataKinds.Phone	电话
ContactsContract.CommonDataKinds.Photo	图片
ContactsContract.CommonDataKinds.Relation	关系（父母、夫妻、兄弟、朋友等）
ContactsContract.CommonDataKinds.StructuredName	姓名
ContactsContract.CommonDataKinds.StructuredPostal	邮政编码
ContactsContract.CommonDataKinds.Website	网站信息

10.3　联系信息

如表 10-1 和 10-3 所示，联系信息包含了很多内容，一般有：联系人姓名、照片、联系号码、公司职位信息，此外还有电子邮件地址、网址信息、生日信息等。

在 Android 平台中，可以使用系统提供的联系信息管理工具（Contacts）来添加联系信息，该工具既可以通过桌面快捷方式也可以从应用程序库中（如图 10-1 所示）启动。

通过程序的上下文菜单中的“添加联系信息（New contact）”菜单项可启动新建联系信息窗体，在新建联系人窗体中，用户可以设置联系人的详细联系信息（姓名、手机号码、电子邮件、组织、备注、地址、地址等），如图 10-2 所示。

图 10-1　联系信息管理工具

图 10-2　联系信息

10.4 联系人信息

Android 平台所定义的联系人信息包括：显示姓名、最后联系时间、联系人姓名、备注、联系次数以及定制铃声（可以为每个人定制铃声）。

1. 获取联系人信息（1.5 版本）

图 10-3 中所示的内容就是通过联系信息管理工具所添加的联系人信息。

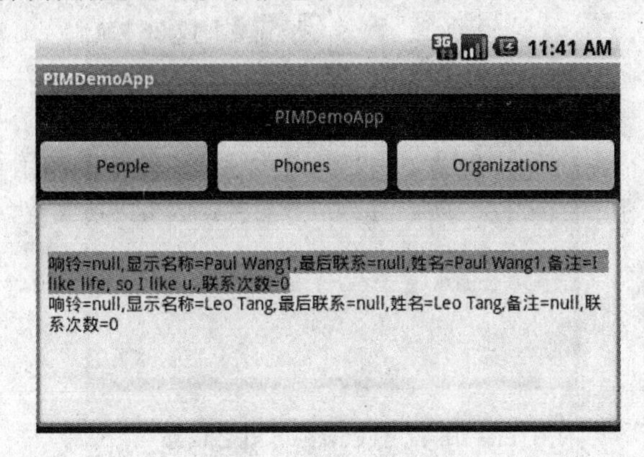

图 10-3 获取联系人信息

代码 10-1 是获取图 10-3 中联系人信息的主要代码。

代码 10-1 获取联系人信息

文件名：PeopleUtil.java

```
1   public class PeopleUtil {
2       public static String getInfo(ContentResolver contentResolver) {
3           String[] columns = new String[] {
4                   Contacts.PeopleColumns.CUSTOM_RINGTONE, //响铃
5                   Contacts.PeopleColumns.DISPLAY_NAME, //显示名称
6                   Contacts.PeopleColumns.LAST_TIME_CONTACTED, //最后联系
7                   Contacts.PeopleColumns.NAME, //姓名
8                   Contacts.PeopleColumns.NOTES, //备注
9                   Contacts.PeopleColumns.TIMES_CONTACTED //联系次数
10          };
11          String[] titles = new String[] {
12                  "响铃", "显示名称", "最后联系", "姓名", "备注", "联系次数"
13          };
14          //打开联系人信息数据表
15          Cursor cursor = contentResolver.query(People.CONTENT_URI, columns,
16                                                null, null, null);
17          //获取游标结果
18          return(SysUtil.getResult(cursor, titles));
19      }
20  };
```

代码 10-1 中，通过 Activity 组件关联的内容解决者接口查询联系人信息接口所提供的URI，以此访问联系人信息数据库，并获取包含联系人信息的记录游标（第 15 行）。通过游标操作，可以读取所有的联系人信息（有关游标的使用请参考第 12 章）。

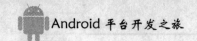

2. Android 2.1 对联系人信息的支持

图 10-4 中的内容是使用 Android 2.1 提供的联系信息接口（ContactsContract）得到的联系人姓名信息。

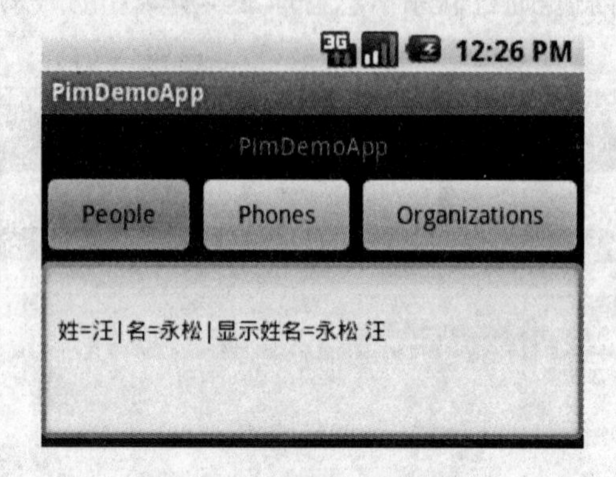

图 10-4　获取联系人姓名信息

代码 10-2 是获取如图 10-4 中联系人信息的主要代码。

代码 10-2　获取联系人姓名信息

文件名：PeopleUtil.java

```
1   public class PeopleUtil {
2       public static String getInfo(ContentResolver contentResolver) {
3           String[] titles = {
4                       "姓", "名", "显示姓名"
5           };
6
7           String[] columns = {
8                   StructuredName.FAMILY_NAME,
9                   StructuredName.GIVEN_NAME,
10                  StructuredName.DISPLAY_NAME
11          };
12
13          //获取联系数据中姓名信息
14          Cursor c = contentResolver.query(ContactsContract.Data.CONTENT_URI,
15                                                  columns,
16                      Data.MIMETYPE+"='"+StructuredName.CONTENT_ITEM_TYPE+"'",
17                                                  null, null);
18          //获取游标记录集结果
19          return(PimUtil.getResult(c, titles));
20      }
21  };
```

代码 10-2 中，获取联系人姓名的方式大致与 1.5 版本相同，但是记录信息存储的数据表形式存在区别：在 1.5 版本中，所有联系人姓名的信息存在联系人信息接口（People）所指定的表中（无需过滤条件）；而在 2.1 版本中，联系人姓名存在复合表中，需要通过过滤条件（第 16 行，指定目标记录的类型是姓名）才能获取符合的记录。

3．使用许可

为了读取联系信息，应用程序必须在程序清单中添加读取联系信息的使用许可，其代码如下所示。

文件名：AndroidManifest.xml

```
<uses-permission android:name="android.permission.READ_CONTACTS"/>
```

10.5 电话号码信息

Android 平台所定义的电话号码信息不仅包括号码内容，而且还定义了多种号码类型，例如：工作号码、家庭号码、移动号码、工作传真号码等。

1. 获取电话号码信息（1.5 版本）

图 10-5 中所示的内容就是通过联系信息管理工具所添加的电话信息。

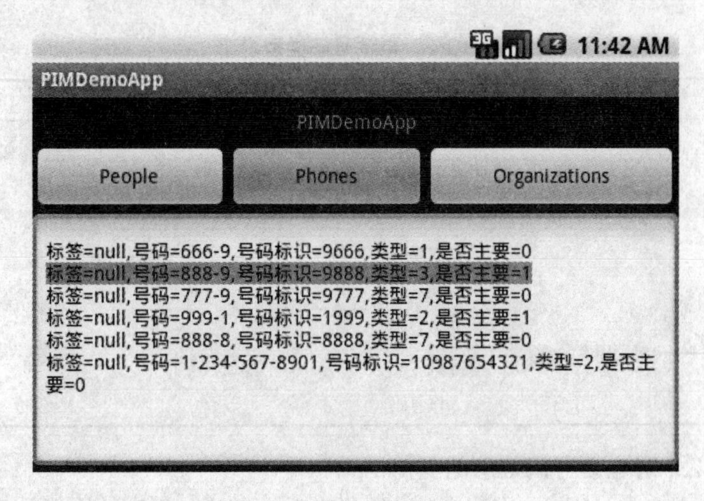

图 10-5 获取电话号码信息

代码 10-3 是获取图 10-5 中电话号码信息的主要代码。

代码 10-3 获取电话号码信息

文件名：PhonesUtil.java

```
1    public class PhonesUtil {
2        public static String getInfo(ContentResolver contentResolver) {
3            String[] columns = new String[] {
4                    Contacts.PhonesColumns.LABEL, //标签
5                    Contacts.PhonesColumns.NUMBER, //号码
6                    Contacts.PhonesColumns.NUMBER_KEY, //号码标识
7                    Contacts.PhonesColumns.TYPE, //类型
```

```
8                   Contacts.PhonesColumns.ISPRIMARY //是否主要
9           };
10          String[] titles = new String[] {
11                  "标签", "号码", "号码标识", "类型", "是否主要"
12          };
13          //打开电话号码信息数据表
14          Cursor cursor = contentResolver.query(Phones.CONTENT_URI, columns,
15                                                  null, null, null);
16          //获取游标结果
17          return(SysUtil.getResult(cursor, titles));
18      }
19  };
```

代码 10-3 中，通过 Activity 组件关联的内容解决者接口来查询电话号码信息接口所提供的 URI 来访问电话号码数据库，并获取包含电话号码的记录游标（第 14 行）。通过游标操作，可以读取所有的电话号码。

表 10-2 是对电话号码分类的说明，图 10-6 是联系信息管理工具中对各种类型的号码进行编辑的界面。

表 10-2　电话号码类型说明

类型标识	说明
TYPE_CUSTOM	定制
TYPE_FAX_HOME	家庭传真
TYPE_FAX_WORK	工作传真
TYPE_HOME	家庭号码
TYPE_MOBILE	移动号码
TYPE_OTHER	其他号码
TYPE_PAGER	呼机号码
TYPE_WORK	工作号码

2. Android 2.1 对电话号码信息的支持

图 10-7 中的内容是使用 Android 2.1 提供的联系信息接口得到的电话号码信息。

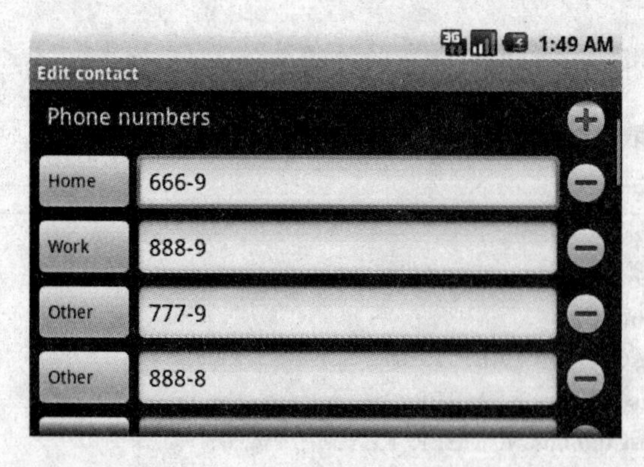

图 10-6　电话号码类型

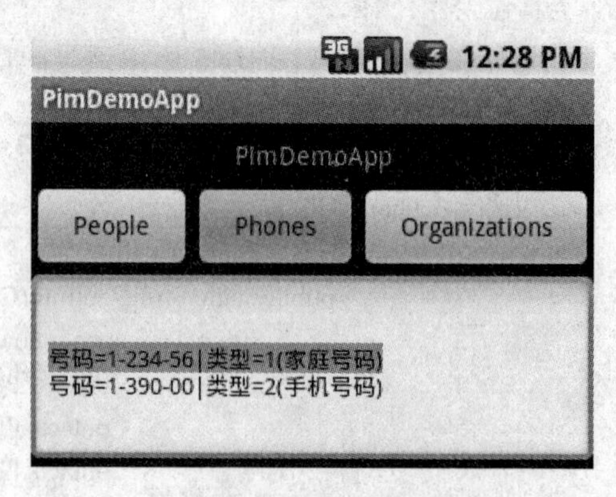

图 10-7　获取电话号码信息

代码10-4是获取图10-7中联系人信息的主要代码。

代码10-4　获取电话号码信息

文件名：PhonesUtil.java

```
1	public class PhonesUtil {
2		public static String getInfo(ContentResolver contentResolver) {
3			String[] titles = {
4					"号码", "类型"
5			};
6
7			String[] columns = {
8				Phone.NUMBER,
9				Phone.TYPE
10			};
11
12			//获取联系数据中电话信息
13			Cursor c = contentResolver.query(ContactsContract.Data.CONTENT_URI,
14								columns,
15					Data.MIMETYPE+"='"+Phone.CONTENT_ITEM_TYPE+"'",
16								null, null);
17			//获取游标记录集结果
18			return(PimUtil.getResult(c, titles));
19		}
20	};
```

代码10-4中，通过电话数据类型过滤条件（第15行）获取符合的记录。

10.6　组织（公司）信息

组织信息是指联系人所在的组织（公司）名称、任职职位等信息。图10-8是联系信息工具对组织信息的编辑界面。

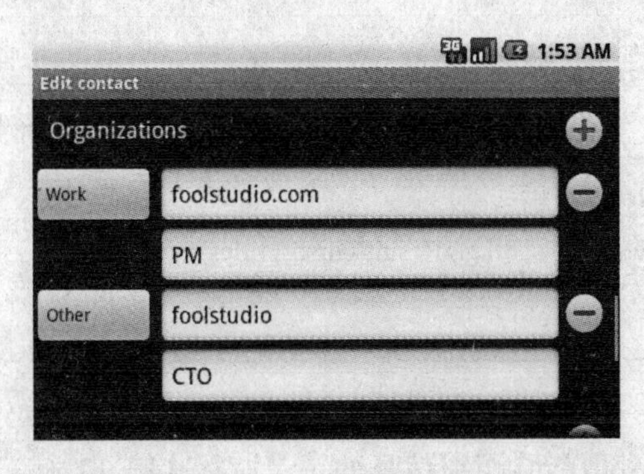

图10-8　组织（公司）信息

1. 获取组织信息（1.5版本）

图10-9中所示的内容就是通过联系信息管理工具所添加的组织（公司）信息。

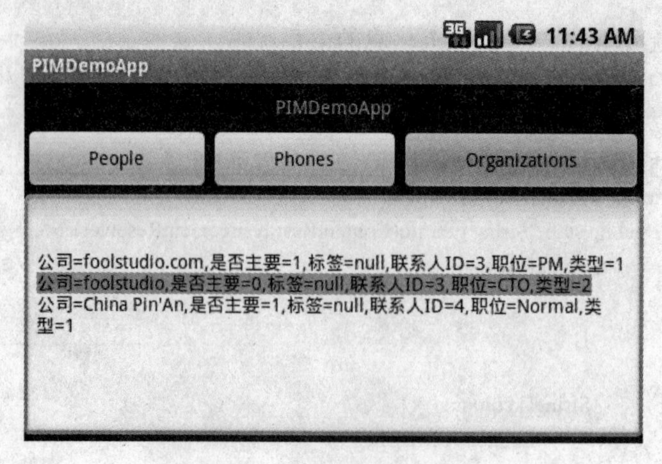

图 10-9 获取电话号码信息

代码 10-5 是获取图 10-9 中组织信息的主要代码。

代码 10-5 获取组织信息

文件名：OrganizationsUtil.java（1.5 版本）

```
1   public class OrgnazationsUtil {
2       public static String getInfo(ContentResolver contentResolver) {
3           // 记录行的列名集合
4           final String[] columns = new String[] {
5                   Contacts.OrganizationColumns.COMPANY, //公司
6                   Contacts.OrganizationColumns.ISPRIMARY, //是否主要
7                   Contacts.OrganizationColumns.LABEL, //标签
8                   Contacts.OrganizationColumns.PERSON_ID,
9                   Contacts.OrganizationColumns.TITLE, //职位
10                  Contacts.OrganizationColumns.TYPE //类型
11          };
12          String[] titles = new String[] {
13                  "公司", "是否主要", "标签", "联系人 ID", "职位", "类型"
14          };
15          //打开组织信息数据表
16          Cursor cursor = contentResolver.query(Contacts.Organizations.CONTENT_URI,
17                                                              columns, null, null, null);
18          //获取游标结果
19          return(SysUtil.getResult(cursor, titles));
20      }
21  };
```

代码 10-5 中，通过 Activity 组件关联的内容解决者接口查询组织信息接口提供的 URI 访问组织信息数据库，并获取包含组织信息的记录游标（第 12 行）。通过游标操作，可以读取所有的组织信息。

表 10-3 是对组织分类的说明。

表 10-3　组织类型说明

类型标识	说明
TYPE_CUSTOM	定制单位
TYPE_OTHER	其他单位
TYPE_WORK	工作单位

2. Android 2.1 对组织信息的支持

图 10-10 中的内容是使用 Android 2.1 提供的联系信息接口得到的组织信息。

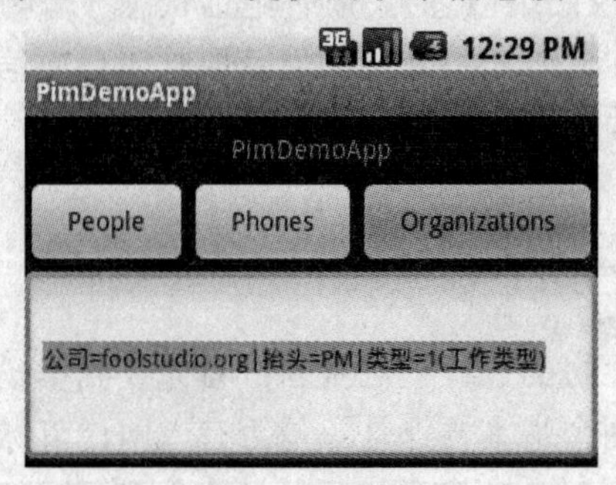

图 10-10　获取组织信息

代码 10-6 是获取图 10-10 中组织信息的主要代码。

代码 10-6　获取组织信息

文件名：OrganizationsUtil.java（2.1 版本）

```
1   public class OrgnazationsUtil {
2       public static String getInfo(ContentResolver contentResolver) {
3           String[] titles = {
4                   "公司", "抬头", "类型"
5           };
6
7           String[] columns = {
8               Organization.COMPANY,
9               Organization.TITLE,
10              Organization.TYPE
11          };
12
13          //获取联系数据中公司信息
14          Cursor c = contentResolver.query(ContactsContract.Data.CONTENT_URI,
15                                  columns,
16                  Data.MIMETYPE+"='"+Organization.CONTENT_ITEM_TYPE+"'",
17                                  null, null);
18          //获取游标记录集结果
19          return(PimUtil.getResult(c, titles));
20      }
21  };
```

代码 10-6 中，通过组织数据类型过滤条件（第 16 行）获取符合的记录。

第 11 章　电话信息系统管理

本章介绍 Android 平台提供的电话信息系统管理功能。这些功能主要包括：获取电话信息（设备信息、SIM 信息以及网络信息）、侦听电话状态（呼叫状态、服务状态、信号强度状态等）和调用电话拨号器。此外还将介绍如何获取呼叫日志信息。由此读者可以全面地掌握 Android 平台所提供的电话信息系统相关的管理应用。

11.1　电话信息系统

不知读者是否还对购买手机的过程记忆犹新：首先要到卖场挑选一部自己喜欢的手机，在挑选过程中，需要关注的两个基本要点是：是否有入网许可标志以及网络是否适合读者需要（例如 GSM 或 CDMA 网络）。买完手机后，还必须到手机能够支持的网络运营商（例如中国移动、中国联通或中国电信）的柜台去申请一张 SIM（Subscriber Identity Module，客户识别模块）卡，该 SIM 卡绑定了一个唯一的号码。正确安装 SIM 卡后，读者就可以利用手机通话了。

上述的这些步骤对于手机的系统而言都是必不可少的，当读者给朋友打电话时，手机会按照设备所支持的网络类型（GSM 或 CDMA）和频段（例如 GSM 有 900MHz 和 1800MHz 等频段）来搜索运营商提供的网络，当连接到指定网络后，网络通过其入网标志信息判断该设备是否合法，继而会通过 SIM 卡中的验证信息来获取该号码相关的服务信息（例如是否欠费、是否支持漫游），等这些过程都正常时，手机网络就会根据所拨号码来"告诉"目标的手机有电话呼入发生，然后对方的手机就会以响铃或者振动的形式提醒主人。

就在这个电话的呼出过程中，手机必须知道很多的相关信息，而这些信息也正是手机的电话信息系统不可缺少的部分。需要注意的是，这里的电话信息系统有别于电话控制系统，暂时不包括对电话行为进行控制，例如自动接收呼入、转接等。

提示：实际上，在 J2SE 平台中，很早就定义了电话功能的接口规范，即 JTAPI（Java Telephony API），该规范支持电话控制，被设计用于计算机和电话集成（CTI）的呼叫控制系统。时下流行的呼叫中心（Call Center），其核心就是 CTI 技术。

通过 CTI 技术，PBX（Private Branch Exchange，专用分组交换机）可以自动将呼入的连接进行排队和分配，自动地进行语音提示，在接通之后还可以进行转接。

JTAPI 的技术主页是 http://java.sun.com/products/jtapi/，其最新的规范是 JTAPI 1.4 版本。

本章中介绍的电话信息系统包括电话设备信息（例如 SIM 卡信息、电话类型、支持的网络信息等）、电话状态信息（例如有呼叫、空闲、正在通话中等）。另外还会介绍如何使用系统定义的接口调用拨号功能以及获取通话记录。

11.2 Android 平台对电话信息系统的支持

Android 平台提供了 android.telephony 包用于对电话信息的支持，表 11-1 是该包中常用的类/接口介绍。

表 11-1 android.telephony 包中主要类/接口说明

类/接口	说明
TelephonyManager	电话信息服务信息访问接口
PhoneStateListener	电话状态侦听器
ServiceState	电话状态以及有关服务信息
PhoneNumberUtils	电话号码工具类

11.3 电话信息

电话信息主要包括设备信息、SIM 信息和网络信息等。图 11-1 所示的界面中显示的就是电话信息。

图 11-1 电话信息显示界面

1. 电话设备信息

代码 11-1 是获取电话设备信息的主要代码，该信息包括：IMEI（International Mobile Equipment Identity number，国际移动设备识别码）、IMSI（International Mobile Subscriber Identity，国际移动客户标识）、软件版本、电话号码信息和电话类型。

代码 11-1　电话设备信息

文件名：TelephonyDemoAct.java

```
1   //获取电话服务接口
2   TelephonyManager man =
3       (TelephonyManager)getSystemService(Context.TELEPHONY_SERVICE);
4
5   //获取设备标识（IMEI）
6   printText("IMEI：" + man.getDeviceId() );
7   //获取客户标识（IMSI）
8   printText("IMEI：" + man.getSubscriberId() );
9   //设备软件版本
10  printText("设备软件版本：" + man.getDeviceSoftwareVersion() );
11  //线路 1 的电话号码
12  printText("Line1Number: " + man.getLine1Number() );
13  //电话类型
14  printText("电话类型：" + getPhoneTypeDesc(man.getPhoneType() ) );
```

代码 11-1 中，要获取电话设备的信息，必须先获取电话服务接口（第 2 行），所有电话相关的信息，都必须通过电话服务接口来获取。

第 14 行，通过电话服务接口的“getPhoneType”方法来获取电话类型，表 11-2 是对电话类型的定义说明，所有类型在 TelephonyManager 类中定义。

表 11-2　电话类型说明

类型标识	说明
PHONE_TYPE_GSM	GSM 手机
PHONE_TYPE_NONE	未知
PHONE_TYPE_CDMA	CDMA 手机（2.1 版本）

2. SIM 卡信息

代码 11-2 是获取电话 SIM 卡信息的主要代码，该信息包括：国家 ISO 代码、移动国家代码和移动网络代码、服务提供商姓名、SIM 卡序列号和 SIM 状态。

代码 11-2　获取电话 SIM 卡信息

文件名：TelephonyDemoAct.java

```
1   //获取 SIM 卡中国家 ISO 代码
2   printText("国家 ISO 代码：" + man.getSimCountryIso() );
3   //获取 SIM 移动国家代码（MCC）和移动网络代码（MNC）
4   printText("MCC+MNC：" + man.getSimOperator() );
5   //获取服务提供商姓名（中国移动、中国联通等）
6   printText("服务提供商姓名：" + man.getSimOperatorName() );
7   //SIM 卡序列号
8   printText("SIM 卡序列号：" + man.getSimSerialNumber() );
9   printText("SIM 卡状态：" + getSimStateDesc(man.getSimState() ) );
```

代码 11-2 第 9 行，通过电话服务接口的“getSimState”方法来获取 SIM 卡状态，表 11-3 是对 SIM 卡状态类型的定义说明，所有类型在 TelephonyManager 类中定义。

表 11-3 SIM 卡状态类型说明

类型标识	说明
SIM_STATE_ABSENT	未插卡
SIM_STATE_NETWORK_LOCKED	网络被锁定，需要网络 PIN 解锁
SIM_STATE_PIN_REQUIRED	需要 PIN 码，需要 SIM PIN 码解锁
SIM_STATE_PUK_REQUIRED	需要 PUK 码，需要 SIM 卡 PUK 码解锁
SIM_STATE_READY	准备就绪
SIM_STATE_UNKNOWN	未知状态

提示： PIN 是 Personal Identity Number（个人识别码）的缩写，该信息保存在 SIM 卡里，用于识别当前手机用户的身份。PUK 是 Personal Unblocking Key（个人解锁码）的缩写，当由于 PIN 原因被锁定时，需要通过 PUK 来解锁。PIN 和 PUK 的信息，在用户购买 SIM 卡的产品信息中提供。

3. 网络信息

代码 11-3 是获取网络信息的主要代码，该信息包括：国家 ISO 代码、移动国家代码和移动网络代码、服务提供商名称和网络类型。

代码 11-3 获取手机网络信息

文件名：TelephonyDemoAct.java

```
1  //获取网络的国家 ISO 代码
2  printText("国家 ISO 代码：" + man.getNetworkCountryIso() );
3  //获取 SIM 移动国家代码（MCC）和移动网络代码（MNC）
4  printText("MCC+MNC：" + man.getNetworkOperator() );
5  //获取服务提供商姓名（中国移动、中国联通等）
6  printText("服务提供商姓名：" + man.getNetworkOperatorName() );
7  //获取网络类型
8  printText("NetworkType: " + getNetworkTypeDesc(man.getNetworkType() ) );
```

代码 11-3 第 8 行，通过电话服务接口的“getNetworkType”方法来获取网络类型，表 11-3 是对网络类型的定义说明，所有类型在 TelephonyManager 类中定义。

表 11-4 网络类型说明

类型标识	说明
NETWORK_TYPE_EDGE	GSM 增强数据率演进（2.75G）
NETWORK_TYPE_GPRS	通用分组无线服务（2.5G）
NETWORK_TYPE_UMTS	全球移动通信系统（3G）
NETWORK_TYPE_UNKNOWN	未知网络
NETWORK_TYPE_CDMA	CDMA 网络（2.1 版本）
NETWORK_TYPE_EVDO_0	CDMA2000 EV-DO 版本 0（2.1 版本）
NETWORK_TYPE_EVDO_A	CDMA2000 EV-DO 版本 A（2.1 版本）
NETWORK_TYPE_1xRTT	CDMA2000 1xRTT（2.1 版本）

提示：EDGE 是 Enhanced Data rates for GSM Evolution（GSM 增强数据率演进）的缩写，是一种数字移动电话技术，作为 2G 和 2.5G（GPRS）的延伸技术，有时也称为 2.75G，这项技术工作在 TDMA 和 GSM 网络中。GPRS 是 General Packet Radio Service（通用分组无线服务）的缩写，是 GSM 移动电话用户可用的一种移动数据业务。UMTS 是 Universal Mobile Telecommunications System（全球通用移动通信系统）的缩写，是当前最广泛采用的一种 3G 移动电话技术，它的无线接口使用 WCDMA 技术。UMTS 分组交换系统是由 GPRS 系统演进而来。

11.4 电话状态

电话状态包括：呼叫状态、服务状态、信号强度、数据连接状态等。图 11-2 所示的界面中显示的就是对电话呼叫状态的监测信息。

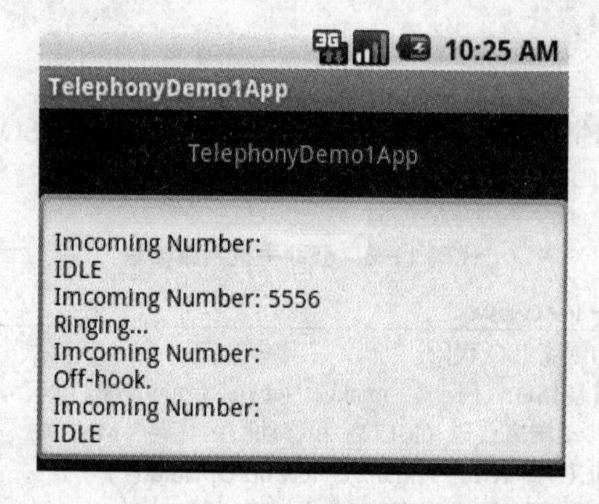

图 11-2 电话呼叫状态侦听

1. 侦听电话状态

代码 11-4 是侦听电话状态的主要代码。

代码 11-4 侦听电话状态

文件名：TelephonyDemo1Act.java

```
1  //初始化电话服务
2  private void init() {
3        //获取电话管理服务接口
4        TelephonyManager man =
5              (TelephonyManager)getSystemService(Context.TELEPHONY_SERVICE);
6        //侦听呼叫状态
7        man.listen(new FoolPhoneStateListener(), PhoneStateListener.LISTEN_CALL_STATE);
8  }
```

代码 11-4 中，通过电话管理服务接口的“listen”方法来侦听电话的呼叫状态。表 11-5

是电话管理服务接口支持的侦听类型的说明，所有类型在 PhoneStateListener 类中定义。

表 11-5 电话侦听事件类型说明

类型标识	说明
LISTEN_CALL_FORWARDING_INDICATOR	侦听呼叫转移指示器改变事件
LISTEN_CALL_STATE	侦听呼叫状态改变事件
LISTEN_CELL_LOCATION	侦听设备位置改变事件
LISTEN_DATA_ACTIVITY	侦听数据连接的流向改变事件
LISTEN_DATA_CONNECTION_STATE	侦听数据连接状态改变事件
LISTEN_MESSAGE_WAITING_INDICATOR	侦听消息等待指示器改变事件
LISTEN_NONE	停止侦听
LISTEN_SERVICE_STATE	侦听网络服务状态
LISTEN_SIGNAL_STRENGTH	侦听网络信号强度

2. 电话呼叫状态侦听器

代码 11-5 是代码 11-4 中所定义的电话呼叫状态侦听器的定义。

代码 11-5 电话呼叫状态侦听器定义

文件名：TelephonyDemo1Act.java

```
1   //电话状态侦听
2   class FoolPhoneStateListener extends PhoneStateListener {
3       @Override
4       public void onCallStateChanged(int state, String incomingNumber) {
5           printText("呼入号码：" + incomingNumber);
6
7           switch(state) {
8               case TelephonyManager.CALL_STATE_IDLE: { //空闲
9                   printText("空闲");
10                  break;
11              }
12              case TelephonyManager.CALL_STATE_OFFHOOK: { //摘机
13                  printText("摘机");
14                  break;
15              }
16              case TelephonyManager.CALL_STATE_RINGING : { //响铃
17                  printText("响铃");
18                  break;
19              }
20          }
21
22          super.onCallStateChanged(state, incomingNumber);
23      }
24  };
```

代码 11-5 中，通过重载电话状态侦听器（PhoneStateListener）的“onCallStateChanged”方法来处理侦测到的电话呼叫状态的改变事件。通过该回调函数，可以获取来电号码，而且可以获取电话呼叫状态。表 11-6 中是电话呼叫状态类型的说明，所有类型定义在 TelephonyManager 类中。

表 11-6　电话呼叫状态类型说明

类型标识	说明
CALL_STATE_IDLE	空闲（无呼入或已挂机）
CALL_STATE_RINGING	响铃（有呼入）
CALL_STATE_OFFHOOK	摘机（接听中）

图 11-3 所示的界面是电话 555-6 呼叫电话 555-4，则电话 555-4 监听到的呼叫状态就是“响铃”，并获知来电号码是 555-6；当电话 555-4 接听电话，则电话 555-4 的呼叫状态变为“摘机”，当电话 555-6 挂断电话（如图 11-4 所示）时，则电话 555-4 的呼叫状态变为“空闲”。其状态输入如图 11-2 所示。

图 11-3　呼入界面

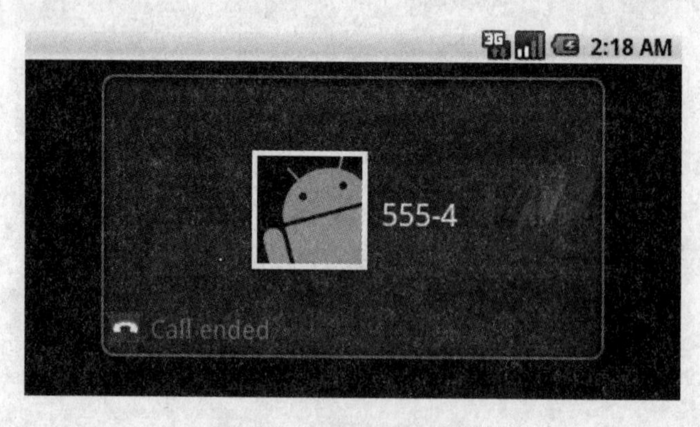

图 11-4　取消呼入

3. 电话服务状态侦听

代码 11-6 是电话服务状态侦听器定义的主要代码。

代码 11-6 电话服务状态侦听器定义

文件名：TelephonyDemo1Act.java

```
1    //电话状态侦听
2    class FoolPhoneStateListener extends PhoneStateListener {
3        @Override
4        public void onServiceStateChanged (ServiceState serviceState) {
5            switch(serviceState .getState()) {
6                ……
7            }
8            super.onServiceStateChanged (serviceState);
9        }
10   };
```

代码 11-6 中，通过重载电话状态侦听器的“onServiceStateChanged”方法来处理侦测到的服务状态的改变事件。通过该回调函数，可以获取服务状态信息。表 11-7 中是电话服务状态类型的说明，所有类型定义在 ServiceState 类中。

表 11-7 电话服务状态类型说明

类型标识	说明
STATE_EMERGENCY_ONLY	仅限紧急呼叫
STATE_IN_SERVICE	在服务区
STATE_OUT_OF_SERVICE	不在服务器
STATE_POWER_OFF	关机

通过服务状态信息（ServiceState）实例的“getRoaming”方法可以获知当前是否为漫游状态。

4. 信号强度侦听

代码 11-7 是电话信号强度侦听器定义的主要代码。

代码 11-7 电话信号强度侦听器定义

文件名：TelephonyDemo1Act.java

```
1    //电话状态侦听
2    class FoolPhoneStateListener extends PhoneStateListener {
3        @Override
4        public void onSignalStrengthChanged (int asu) {
5            switch(asu) {
6                ……
7            }
8
9            super.onSignalStrengthChanged (asu);
10       }
11   };
```

代码 11-7 中，通过重载电话状态侦听器的“onSignalStrengthChanged”方法来处理侦测到的信号强度的改变事件。通过该回调函数，可以获取信号强度类型。有关电话信号强度类型的说明，请参见表 11-7。

5. 数据连接状态

代码 11-8 是电话数据连接状态侦听器定义的主要代码。

代码 11-8　电话数据连接状态侦听器定义

文件名：TelephonyDemo1Act.java

```
1  class FoolPhoneStateListener extends PhoneStateListener {
2      @Override
3      public void onDataConnectionStateChanged (int state) {
4          switch(state) {
5              ……
6          }
7          super. onDataConnectionStateChanged (state);
8      }
9  };
```

代码 11-8 中，通过重载电话状态侦听器的“onDataConnectionStateChanged”方法来处理侦测到的数据连接状态的改变事件。通过该回调函数，可以获取数据连接状态信息。表 11-8 中是电话数据连接状态类型的说明，所有类型定义在 TelephonyManager 类中。

表 11-8　电话数据连接状态类型说明

类型标识	说明
DATA_DISCONNECTED	断开
DATA_CONNECTING	正在连接
DATA_CONNECTED	已连接
DATA_SUSPENDED	已暂停

6. 数据活动状态

代码 11-9 是电话数据活动状态侦听器定义的主要代码。

代码 11-9　电话数据活动状态侦听器定义

文件名：TelephonyDemo1Act.java

```
1  class FoolPhoneStateListener extends PhoneStateListener {
2      @Override
3      public void onDataActivity (int direction) {
4          switch(direction) {
5              ……
6          }
7          super. onDataActivity (direction);
8      }
9  };
```

代码 11-9 中，通过重载电话状态侦听器的“onDataActivity”方法来处理侦测到的数据活动状态的改变事件。通过该回调函数，可以获取数据活动状态信息。表 11-9 中是电话数据活动状态类型的说明，所有类型定义在 TelephonyManager 类中。

表 11-9　电话数据活动状态类型说明

类型标识	说明
DATA_ACTIVITY_NONE	无数据流动
DATA_ACTIVITY_IN	数据流入
DATA_ACTIVITY_OUT	数据流出
DATA_ACTIVITY_INOUT	数据交互
DATA_ACTIVITY_DORMANT	睡眠模式（2.1 版本）

11.5　电话拨号

通过电话管理服务接口虽然可以侦听电话状态，但是不能提供拨号功能。而利用 Android 平台提供的意向组件可以实现在用户程序中对系统的拨号界面进行调用。图 11-5 就是一款简单的拨号程序界面。

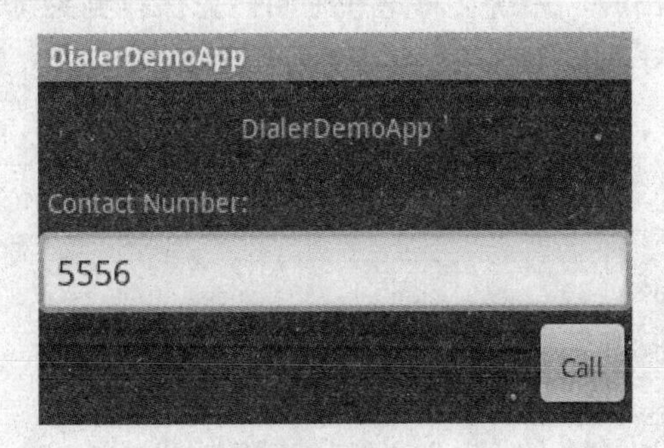

图 11-5　拨号程序界面

代码 11-10 是图 11-5 中拨号按钮的处理代码。

代码 11-10　拨号按钮处理

文件名：DialerDemoAct.java

```
1   private void doCall() {
2       //通过界面组件中的电话号码信息生成 Uri
3       Uri uri = Uri.parse("tel:"+mTxtContents.getText().toString().trim() );
4       //使用系统所定义的拨号行为定义来创建意向对象
5       Intent dialIntent = new Intent(Intent.ACTION_DIAL, uri);
6       //通过意向对象启动系统拨号界面
7       startActivity(dialIntent);
8   }
```

代码 11-10 中，程序通过平台所定义的标准的拨号行为（第 5 行“ACTION_DIAL”）来调用系统的拨号界面，如图 11-6 所示。

图 11-6　拨号器界面

11.6　呼叫日志

当电话接收呼入或呼出时，系统会将这些呼叫日志保存到系统数据库中，用户通过内容提供者接口可以获得这些呼叫日志。

1. 获取呼叫日志

图 11-7 中所示的内容是本机的呼叫日志。

```
date=2009-11-30 22:08:22,number=5554,type=1,duration=0
date=2009-11-30 22:09:27,number=5554,type=1,duration=0
date=2009-11-30 22:11:52,number=5554,type=1,duration=0
date=2009-11-30 22:12:40,number=5554,type=1,duration=0
date=2009-11-30 22:17:19,number=5554,type=2,duration=0
date=2009-11-30 22:20:37,number=5554,type=2,duration=0
date=2009-12-09 22:45:01,number=5556,type=2,duration=0
date=2009-12-09 22:46:05,number=5559,type=2,duration=81
```

图 11-7　获取呼叫日志信息

代码 11-11 是获取呼叫日志的主要代码。

代码 11-11　获取呼叫日志

文件名：CallsLogUtil.java

```
1   package foolstudio.demo.pim;
2
3   import foolstudio.demo.SysUtil;
4   import android.content.ContentResolver;
5   import android.database.Cursor;
6   import android.provider.CallLog.Calls;
7
8   public class CallsLogUtil {
9       public static String getCallsLog(ContentResolver contentResolver) {
```

```
10              String[] columns = new String[] {
11                      Calls._ID, //记录 ID
12                      Calls.DATE, //呼叫事件
13                      Calls.NUMBER, //相关号码
14                      Calls.TYPE, //呼叫类型
15                      Calls.DURATION //持续时间
16              };
17              //打开呼叫日志表数据表
18              Cursor cursor = contentResolver.query(Calls.CONTENT_URI, columns,
19                                                      null, null, null);
20              //初始化记录游标
21              cursor.moveToFirst();
22              //字符串缓冲器
23              StringBuffer sb = new StringBuffer();
24              //遍历记录集，将记录信息添加到缓冲器
25              while(!cursor.isAfterLast() ) {
26                  for(int i = 1; i < columns.length; ++i) {
27                      sb.append(columns[i]+'=');
28                      if(i == 1) { //将日期戳转换成字符串
29                          sb.append(SysUtil.unixTimestamp2Str(cursor.getLong(i)) );
30                      }
31                      else {
32                          sb.append(cursor.getString(i) );
33                      }
34
35                      if(i < (columns.length-1) ) {
36                          sb.append(',');
37                      }
38                  }
39                  sb.append('\n');
40
41                  //下一条记录
42                  cursor.moveToNext();
43              }
44              //关闭游标
45              cursor.close();
46              return (sb.toString() );
47          }
48  };
```

代码 11-11 中，通过 Activity 组件关联的内容解决者接口查询呼叫日志管理接口（Calls）所提供的 URI，以此访问呼叫日志数据库，并获取包含呼叫日志的记录游标（第 18 行）。通过游标操作，可以读取所有的呼叫记录（有关游标的使用请参考第 12 章）。

需要注意的是，呼叫记录的时间戳是 UNIX 格式的（即从 1970 年 1 月 1 日开始的秒数），所以在第 29 行将该数值转换成符合用户阅读习惯的“YYYY-MM-DD HH:MM:SS”格

式。代码 11-12 是将 UNIX 时间戳转换成日期事件字符串的工具函数。

代码 11-12　将 UNIX 时间戳转换成日期时间字符串

文件名：SysUtil.java

```
1   //将 UNIX 时间戳转换成日期时间字符串
2   public static String unixTimestamp2Str(long epoch) {
3         SimpleDateFormat sdf = new SimpleDateFormat("yyyy-MM-dd HH:mm:ss");
4         sdf.setTimeZone(TimeZone.getTimeZone("GMT+08:00") );
5         Date theDate = new Date(epoch);
6         return (sdf.format(theDate) );
7   }
```

2. 呼叫操作

图 11-8 中的拨号界面是电话 555-4 给电话 555-9 拨号的界面，该呼叫操作的记录如图 11-7 中末行内容所示。相关的号码是 555-9，呼叫类型为 2，表示为呼出。表 11-10 是电话呼叫日志中呼叫类型的说明。

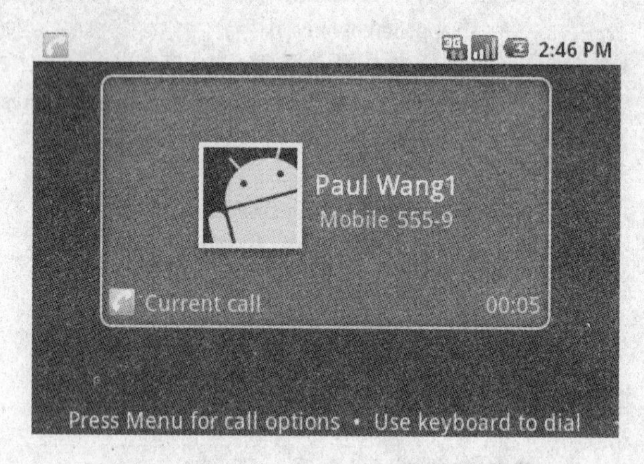

图 11-8　呼叫界面

表 11-10　电话呼叫日志中呼叫类型

类型标识	说明
INCOMING_TYPE	呼入类型
OUTGOING_TYPE	呼出类型
MISSED_TYPE	未接类型

11.7 使用许可

为了获取电话的状态信息，必须在程序清单中添加允许获取电话状态信息的使用许可，其代码如下所示。

文件名：AndroidManifest.xml

```
<uses-permission android:name="android.permission.READ_PHONE_STATE"/>
```

第 12 章　数据库应用

本章借助实际的开发案例对 Android 平台支持的数据库类型进行详细介绍。主要内容包括：SQLite 数据库、JDBC API 和 Db4o 数据库。对于每一种应用方式的介绍都是按照先介绍使用模式，再通过一个日记账工具的开发过程来对该数据库的具体使用进行全面介绍，这样不仅让读者掌握该数据库的使用方式，而且还能对比分析不同数据库的使用模式。

12.1　SQLite 数据库

12.1.1　SQLite 数据库介绍

从名称分析，SQLite 是指一款精简（Lite）的 SQL 工具。SQLite 数据库的设计目标正是对系统资源的占用存在严格制约的嵌入式系统，而且目前已经用于很多嵌入式产品中。除了占用较小的系统资源外，SQLite 数据库对 SQL 规范的支持很全面，它能够支持大多数标准的 SQL 语言。SQLite 数据库摒弃了 SQL 语言中的一些复杂特性（如右连接、外连接等能耗较大的操作），同时添加了一些自己的新特性。

表 12-1 中列举的是 SQLite 所支持的 SQL 语句。

表 12-1　SQLite 提供的 SQL 支持

SQL 语法	说明
CREATE/DROP TABLE	创建/删除数据表
CREATE/DROP VIEW	创建/删除视图
CREATE/DROP INDEX	创建/删除索引
CREATE/DROP TRIGGER	创建/删除触发器
CREATE VIRTUAL TABLE	创建虚拟表
DELETE	删除记录
INSERT	插入记录
UPDATE	更新记录
ALTER TABLE	改变表定义
SELECT	选取
ATTACH DATABASE	绑定数据库文件
DETACH DATABASE	分离数据库文件
BEGIN TRANSACTION	开始事务
END TRANSACTION	结束事务
COMMIT TRANSACTION	提交事务
ROLLBACK TRANSACTION	回滚事务
RELEASE SAVEPOINT	释放保存点
SAVEPOINT	创建保存点
REINDEX	重建索引

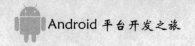

除此之外，SQLite 还定义了 SQL 规范所要求的聚合函数、日期时间函数，同时它也定义了一套自己的核心函数。

通过表 12-1，读者可以看出 SQLite 提供了对事务处理的完整支持，而实际上，SQLite 也是一款遵守 ACID 要求的关系型数据库引擎，其官方网站是 http://www.sqlite.org/。

提示：ACID 是 Atomicity（原子性，即支持事务处理，每一个事务都是原子操作，不能再被切分）、Consistency（一致性，事务开始前后，数据库的完整性约束一致）、Isolation（隔离性，事务之间是隔离的，互不干扰）和 Durability（持久性，事务完成之后，操作结果将持久地保存于数据库中）的简称。

12.1.2 Android 平台对 SQLite 数据库的支持

Android 平台提供了 android.database 和 android.database.sqlite 这两个包用于 SQLite 数据库应用，表 12-2 和表 12-3 分别是这两个包中常用的类/接口介绍。

表 12-2 android.database 包中主要类/接口说明

类/接口	说明
Cursor	结果集游标
CursorWindow	游标窗口（缓冲区）
DatabaseUtils	处理数据库和游标的工具类
DatabaseUtils.InsertHelper	用于批量插入记录的工具类，通过其方法，只需编译一次插入语句，可以提高效率
SQLException	异常定义接口

表 12-3 android.database.sqlite 包中主要类/接口说明

类/接口	说明
SQLiteDatabase	用于管理 SQLite 数据库的接口
SQLiteCursor	SQLite 数据库的结果集游标
SQLiteQuery	表示用于查询 SQLite 数据库的接口
SQLiteQueryBuilder	查询构建类
SQLiteOpenHelper	用于管理数据库创建和版本的工具类
SQLiteStatement	与 SQLite 数据有关的预编译语句

12.1.3 SQLite 数据库应用模式

在 Android 平台中，SQLite 数据库是系统用来发布系统信息的主要途径，在系统的数据文件夹（“/data”）中，在其子文件夹“app”中存放着用户所安装的程序的安装文件（apk 文件），而子文件夹“data”中存放的是与系统和用户的程序相关的数据文件，各程序的数据文件按照包名设立子文件夹进行存放，如图 12-1 所示。

在这些数据文件夹中，读者可以发现很多 SQLite 数据库文件（db 文件）。图 12-2 所示的内容是系统设置程序的数据库文件路径信息。

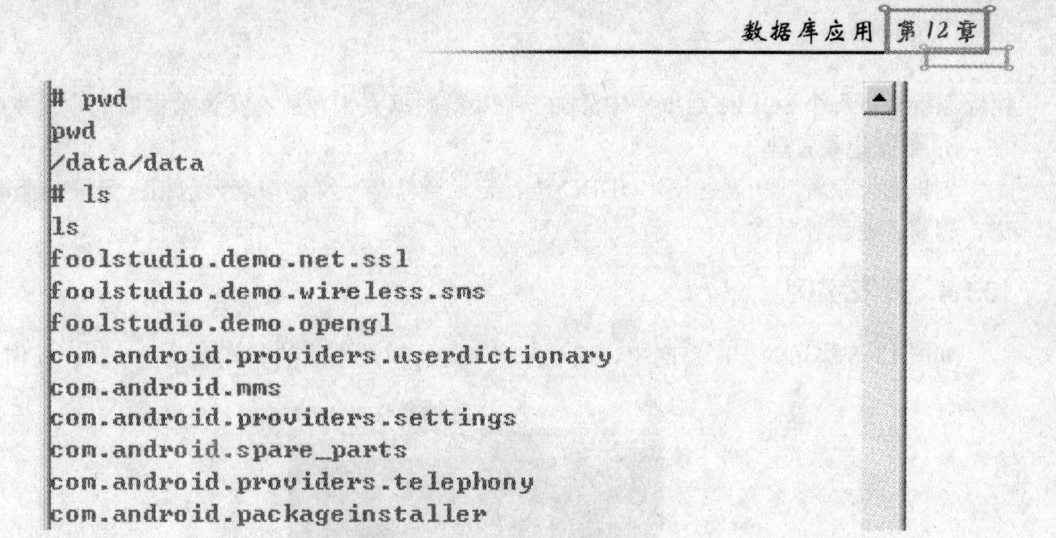

图 12-1　系统数据文件夹中的内容

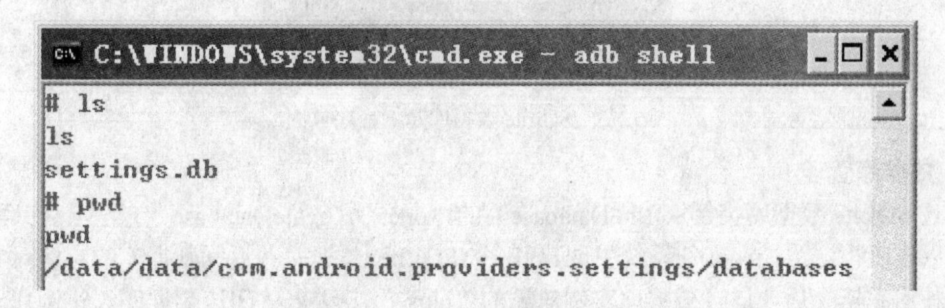

图 12-2　系统数据库文件

介绍到这里，读者应该能够感受到 SQLite 数据库在 Android 平台中的应用可谓无处不在。开发者通过系统提供的一些信息接口所访问的与系统有关的信息，都是通过 SQLite API 从 SQLite 数据库文件中读取，然后再转给用户程序。也就是说，如果用户具有一定的访问权限，可以直接通过 SQLite API 去访问系统的数据库文件，这样用户获取系统信息的方式可以更加灵活。

基于以上的介绍，SQLite 数据库的应用模式可以分为三个层面：对数据库文件的管理、对数据库模式的管理和数据记录的管理。

1. 数据库管理

因为 SQLite 数据库是基于数据文件的数据库系统，所以对其数据库的管理可以视为对文件的管理。如库文件的删除、移动或复制等。

注意：创建库文件需要在 SD 卡上创建文件或文件夹，所以需要在工程清单文件（AndroidManifest.xml）中声明允许写外部存储器（SD 卡）的许可。如以下代码所示：

```
<uses-permission android:name="android.permission.WRITE_EXTERNAL_STORAGE"/>
```

2. 数据库模式管理

这里“模式”的概念是指 SQLite 数据库中的有关定义规则，如数据表的定义信息、字段的类型信息。实际上，在 SQLite API 中并没有提供模式相关的管理接口，但是 SQLite 数据库系统会在每个 SQLite 数据库中添加一些系统数据表来存放有关该数据库的定义规则。

3. 数据记录管理

这里的记录管理和读者使用 JDBC 进行记录操作是一样的概念，包括：记录的查询、添加、删除、更新等操作。

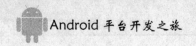

12.1.4 开发实例

如图 13-3 所示的程序界面中，通过按钮来进行对数据库的管理以及登录验证操作。

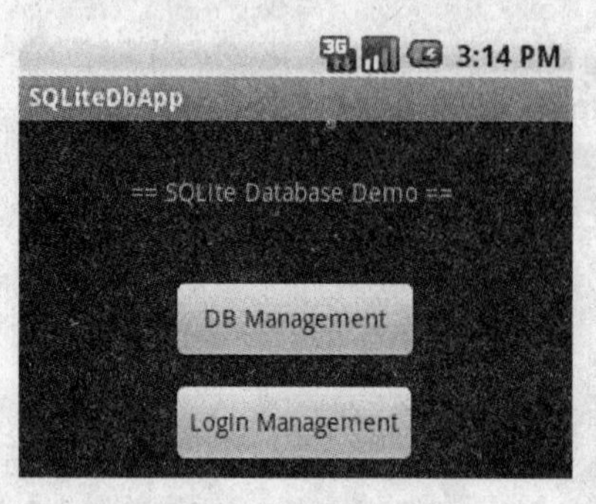

图 12-3 SQLite 数据库示例程序界面

1. 数据库管理

通过 SQLite 数据库类（SQLiteDatabase）的“openOrCreateDatabase”方法（公共静态方法）可以按照指定路径在文件系统中创建 1 个 SQLite 数据库并返回数据库的实例对象；当数据库使用完毕之后，通过数据库实例对象的“close”方法来关闭该数据库。实例代码如下所示。

```
public static final String DB_NAME="/sdcard/FOOLSTUDIO.DB";
//创建数据库
private SQLiteDatabase mDB = SQLiteDatabase.openOrCreateDatabase(DB_NAME, null);
//关闭数据库
mDB.close();
```

只有当数据库未被使用时才能被移动或删除，这与读者删除已经打开的文档时被提示无法进行删除的道理相同。

注意：在使用完毕 SQLite 数据库之后，一定要及时关闭数据库，否则会收到存在内存泄露的警告信息，其内容如下所示：

```
ERROR/Database(752): Leak found
ERROR/Database(752): java.lang.IllegalStateException: /sdcard/FOOLSTUDIO.DB
                                        SQLiteDatabase created and never closed
```

2. 数据库模式管理

数据库的模式管理包括创建或删除其中的数据表条目，以及获取数据库中数据表的模式信息。

（1）创建或删除数据表

图 12-4 中的界面内容是依据用户对字段的设置（字段名和类型）来创建一个数据表。

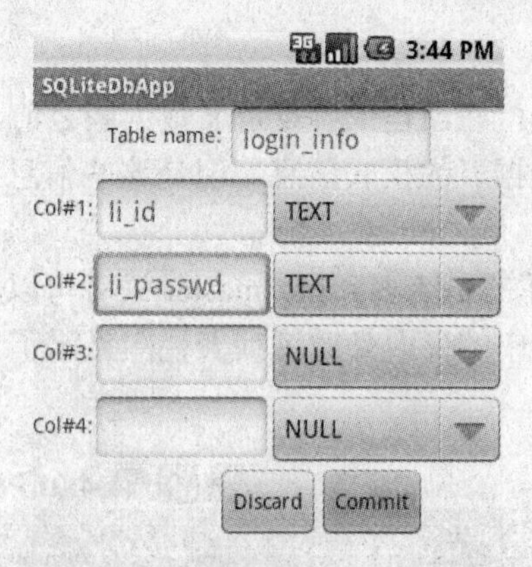

图 12-4　创建数据表的界面

代码 12-1 是创建数据表的主要代码。

代码 12-1　创建数据表

文件名：TableCreatorAct.java

```
1    private void execCreateTableSQL() {
2            String sql = "CREATE TABLE " + tableName + "(_id INTEGER PRIMARY KEY,";
3            //根据用户输入生成创建表格的 sql 语句
4            ……
5            //以读/写的方式打开数据库
6            SQLiteDatabase db = SQLiteDatabase. openDatabase(SQLiteDBAct.DB_NAME, null,
7                                                SQLiteDatabase.OPEN_READWRITE);
8            //执行 SQL 语句
9            db.execSQL(sql);
10           //关闭数据库
11           db.close();
12   }
```

代码 12-1 的意图十分明显，通过“CREATE TABLE”SQL 语句来创建数据表（第 2 行）。首先需要通过界面中用户对数据表名以及字段的设定来构造完整的“CREATE TABLE”SQL 语句；然后调用 SQLite 数据库对象实例的“execSQL”方法来执行该 SQL 语句（第 9 行），实现数据表的创建。同样地，使用“DROP TABLE”SQL 语句就可以删除指定名称的数据表。

代码 12-1 中第 9 行，使用 SQLite 数据对象实例的“openDatabase”方法以读/写的方式打开数据库。如同访问文件一样，该方法有多种访问标识。表 12-4 中是对 SQLite 数据库的打开标识的说明。

表 12-4　SQLite 数据库的打开标识

标识类型	说明
CREATE_IF_NECESSARY	设置如果有需要（如数据库文件不存在）是否创建数据库
NO_LOCALIZED_COLLATORS	不使用本地化校对
OPEN_READONLY	以只读模式打开
OPEN_READWRITE	以读/写方式打开

（2）获取数据表模式

读者可能会遇到以下情形，在创建或者重定义数据表之前，读者不仅需要判断指定数据表是否存在，而且还要获取数据表的模式信息，但是这些信息都是无法通过 SQLite 所提供的 API 来进行获取的。

然而，通过 SQLite 数据库的系统表 sqlite_master 读者可以知道该数据库中有哪些表，每个表的模式是什么。图 12-5 中的界面是通过列表视图显示了一个数据表的模式信息，包括字段顺序、字段名和类型。

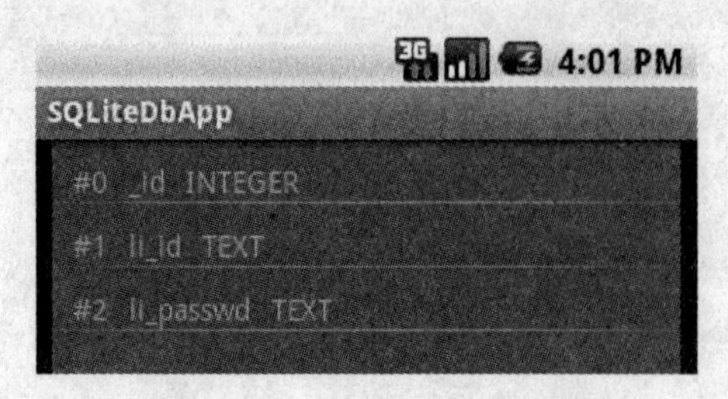

图 12-5　数据表模式信息

代码 12-2 是获取 SQLite 数据表模式信息的关键代码。

代码 12-2　获取 SQL 数据表模式信息

文件名：TableSchemaViewerAct.java

```
1   //初始化列表项目
2   private void initList(String table_name) {
3       String[] columnNames = {"sql"};
4       //以只读方式打开数据库
5       SQLiteDatabase db = QLiteDatabase.openDatabase(SQLiteDBAct.DB_NAME, null,
6                                               SQLiteDatabase.OPEN_READONLY);
7       //按照指定条件查询数据表【sqlite_master】中的指定列内容
8       Cursor cursor = db.query("sqlite_master", columnNames,
9                       "(tbl_name='"+table_name+"')", null, null, null, null);
10      if(cursor.getCount() == 1) {
11          //一定要游标复位，否则后续读取会抛出异常
12          cursor.moveToFirst();
13         //获取用于创建数据表的 SQL 语句
14          String sql = cursor.getString(0);
15          //通过表名获取数据表的列名
16          String[] allColumnNames = getTableColumnNames(db, table_name);
17          //解析 SQL 语句
18          List<String> sqlParts = parseSQL(sql);
19
20          for(int i = 0; i < allColumnNames.length; ++i) {
21              //获取各列的类型名
22              String type= getColumnTypeByName(sqlParts, allColumnNames[i]);
23              ……
24          }
```

```
25        }
26
27        //关闭游标
28        cursor.close();
29        //一定要及时关闭数据库，否则会提示内存泄露
30        db.close();
31    }
32
33    //获取指定表名的全部列名
34    private String[] getTableColumnNames(SQLiteDatabase db, final String tableName) {
35        Cursor cursor = db.query(tableName, null, "(0>1)", null, null, null, null);
36        String[] columnNames = cursor.getColumnNames();
37        cursor.close();
38
39        return(columnNames);
40    }
41
42    //解析 SQL 语句
43    private List<String> parseSQL(final String sql) {
44        Pattern p = Pattern.compile("[A-Za-z0-9_]+");
45        Matcher m = p.matcher(sql);
46        List<String> sqlParts = new ArrayList<String>();
47
48        while(m.find() ) {
49            sqlParts.add(m.group() );
50        }
51
52        return (sqlParts);
53    }
54
55    //获取指定列的类型
56    private String getColumnTypeByName(List<String> items, String columnName) {
57        int index = indexOf(items, columnName);
58
59        if(index == -1) {
60            return("");
61        }
62
63        String type = items.get(index+1).toString();
64        if(type.toUpperCase().indexOf("CHAR") != -1) { //VARCHAR 或 CHAR 的情形
65            type += ("(" + items.get(index+2)+")");
66        }
67
68        return (type);
69    }
```

代码 12-2 中，主要的内容有以下 4 部分：

（1）通过数据表名从系统表 sqlite_master 中获取指定表的 SQL 定义（第 8 行和第 9 行），其 SQL 定义如下所示。

```
CREATE TABLE login_info(_id INTEGER PRIMARY KEY,li_id TEXT,li_passwd TEXT)
```

表 12-5 是系统表 sqlite_master 的模式定义。

表 12-5　系统表 sqlite_master 模式定义

序号	列名	类型	说明
1	type	TEXT	对象类型，例如：表的类型是“table”，索引的类型是“index”
2	name	TEXT	对象名称，如表名或索引名
3	tbl_name	TEXT	该对象关联的表名
4	rootpage	INTEGER	根的页索引
5	sql	TEXT	对应的 SQL 定义（DDL）

（2）对指定的表进行空查询（第 35 行），通过结果集游标的“getColumnNames”方法获得该表的列名串（第 36 行）。

（3）使用正则表达式 API 对 SQL 语句进行解析（第 44 行和第 45 行），提取其中的字段名和字段类型信息，并存入到数组容器中（第 49 行）。该数组容器的第 1 项是第 1 列的名称，第 2 项是第 1 列的类型，第 3 项是第 2 列的名称，第 4 项是第 2 列的类型，依此类推。

（4）通过（3）中的容器，可以依据列名来获取其类型信息（第 56 行方法），从而完全掌握该表的模式信息。

表 12-6 中是 SQLite 数据库（第 3 版）所定义的数据类型说明。

表 12-6　SQLite 所定义的数据类型

类型标识	说明
NULL	空值
INTEGER	有符号整数
REAL	浮点数
TEXT	文本字符串
BLOB	数据块

实际上，SQLite 也支持 SQL 标准类型，如 VARCHAR、CHAR、SMALLINT、BIGINT 等。

3. 登录操作

一般而言，登录操作的过程是：程序通过登录界面接收用户输入的标识信息（用户名和密码），然后依据标识信息到后台数据库进行查询操作，判断用户信息是否有效；如果用户合法则进入系统，否则不允许进入系统，并提示标识信息错误。

SQLite 数据库的查询操作通过 SQLite 数据库对象实例的“query”方法来执行，该方法有多种形式，以代码 12-2 为例（第 8 行和第 9 行），该“query”方法有 7 个参数，下面是对各个参数的说明。

参数顺序	说明
1	目的数据表
2	要选择的列名列表，为空表示选择所有列（相当于*标识）
3	记录过滤条件，相当于 SQL WHERE 子句，可以在条件中使用通配符？，
4	条件参数值， 如果条件中使用了通配符“？”，那么用该参数中内容替换
5	分组条件，相当于 SQL GROUP BY 子句
6	分组过滤条件，相当于 SQL HAVING 子句
7	排序方式，相当于 SQL ORDER BY 子句

查询动作正确完成之后，“query”方法会返回一个游标接口（Cursor），通过该接口可以对结果集进行访问。代码 12-2 中，第 12 行的“moveToFirst”方法用于移动游标位置到开头，第 14 行的“getString”方法用户获取当前记录行中指定列的值，更多的方法可以参考 Android SDK 文档。同数据库使用一样，当游标使用完毕之后，需要及时调用其“close”方法关闭之。

图 12-6 就是一个常见的用户登录界面。

图 12-6　用户登录界面

代码 12-3 是验证用户输入的标识信息是否合法的主要代码。

代码 12-3　验证用户标识信息是否合法

文件名：LoginAct.java

```
1    //登录行为
2    private void doLogin() {
3        String txtID =
4            ((EditText)findViewById(R.id.txtLoginID)).getText().toString().trim();
5        String txtPassword =
6            ((EditText)findViewById(R.id.txtPassword)).getText().toString().trim();
7
8        if(txtID.length() < 1 || txtPassword.length() < 1) {
9            SQLiteDBAct.showMessage(this, "ID or password can't empty!!");
10           return;
11       }
12
13       if(checkUser(txtID, txtPassword) ) { //登录通过
14           ……
```

```
15          }
16          else { //登录失败
17               ……
18          }
19     }
20
21     //检查用户标识信息
22     private boolean checkUser(String ID, String password) {
23          //根据标识信息生成条件子句
24          String condition = "(li_id='" + ID + "' and li_passwd='"+password+"')";
25          SQLiteDatabase db = SQLiteDatabase.openDatabase(SQLiteDBAct.DB_NAME, null,
26                                        SQLiteDatabase.OPEN_READONLY);
27          //根据条件查询登录信息表
28          Cursor cursor = db.query("login_info", null, condition, null, null, null, null);
29          //通过结果集的记录数量来判断是否合法
30          boolean isValid = (cursor.getCount() == 1);
31
32          //关闭游标
33          cursor.close();
34          //一定要及时关闭数据库，否则会提示内存泄露
35          db.close();
36
37          return (isValid);
38     }
```

代码 12-3 的功能是：首先接收用户的输入（第 3 行到第 6 行），并对输入的有效性进行初步判断（第 8 行），然后进行用户的合法性判断（第 13 行）。

在判断过程中，首先根据用户的输入构建条件子句（第 24 行），然后使用条件子句对登录信息表中的记录进行查询操作（第 28 行），如果存在结果集则表示该信息合法（第 30 行，通过游标接口的“getCount”方法来获取当前结果集的记录数）。

当用户标识信息不合法时，程序会要求用户再次输入或者进行注册操作，如图 12-7 所示。

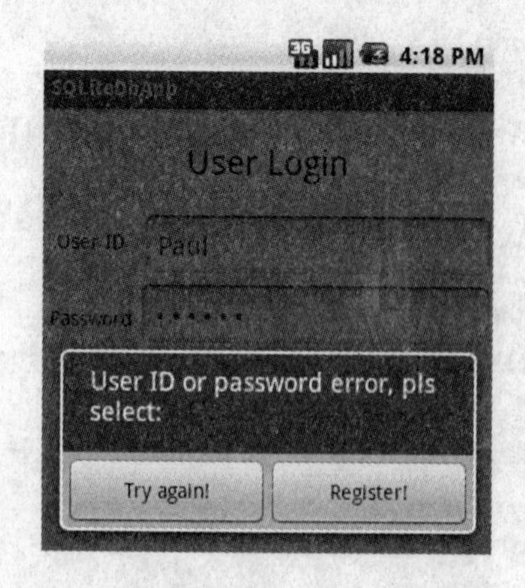

图 12-7　用户标识信息不合法的提示

4. 注册操作

如果说上面的登录过程主要是对 SQLite 数据进行查询，那么下面的注册操作主要是对数据库进行记录插入操作。其实质是通过“INSERT INTO” SQL 语句向数据表中插入用户输入的记录信息。

图 12-8 是用户注册的实例界面。

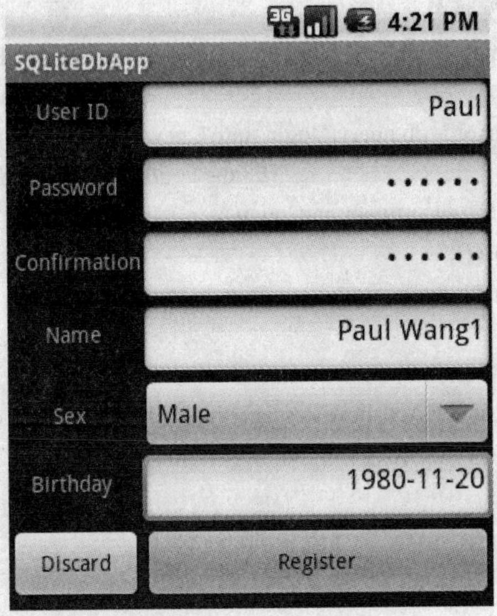

图 12-8 用户注册界面

在图 12-8 所示的程序中，需要将用户填入的信息拆分成 2 部分，分别插入到用户登录信息表和用户信息表中。为了保证这 2 个数据表中的新增记录的关联性，所以必须将 2 个表的插入行为作为 1 个事务。

代码 12-4 是进行用户信息注册的关键代码。

代码 12-4 注册用户信息

文件名：RegisterAct.java

```
1    private void _doRegister() {
2        if(checkForm() ) {
3            doRegister();
4        }
5    }
6
7    //检查表单
8    private boolean checkForm() {
9        //获取输入信息
10       String id =
11           ((EditText)findViewById(R.id.txtRegisterUserID)).getText().toString().trim();
12       String passwd =
13           ((EditText)findViewById(R.id.txtRegisterPassword)). getText().toString().trim();
```

```
14          ……
15          if(id.length() < 1) {
16                SQLiteDBAct.showMessage(this, "User ID can't empty!");
17                return (false);
18          }
19          ……
20          //判断主键是否存在重复
21          SQLiteDatabase db = SQLiteDatabase.openDatabase(SQLiteDBAct.DB_NAME, null,
22                                                        SQLiteDatabase.OPEN_READWRITE);
23          Cursor cursor = db.query("login_info", new String[] {"li_id"},
24                                        "(li_id='" + id +"')", null, null, null, null, null);
25          int recordCount = cursor.getCount();
26          cursor.close();
27          db.close();
28
29          if(recordCount > 0) {
30                SQLiteDBAct.showMessage(this, "This ID already exists!");
31                return(false);
32          }
33
34          return (true);
35    }
36
37    //注册行为
38    private void doRegister() {
39          String id =
40                ((EditText)findViewById(R.id.txtRegisterUserID)). getText().toString().trim();
41          String passwd =
42                ((EditText)findViewById(R.id.txtRegisterPassword)). getText().toString().trim();
43          ……
44          String sql1 = "INSERT INTO login_info(li_id, li_passwd) values('" +
45                      id +"','" + passwd+"')";
46          String sql2 = "INSERT INTO user_info(ui_id, ui_name, ui_sex, ui_birthday) values('" +
47                      id +"','" + name +"','" + sex+ "','" + birthday+"')";
48          //以读写方式打开 SQLite 数据库
49          SQLiteDatabase db = SQLiteDatabase.openDatabase(SQLiteDBAct.DB_NAME, null,
50                                                        SQLiteDatabase.OPEN_READWRITE);
51          //开始事务
52          db.beginTransaction();
53
54          try {
55                db.execSQL(sql1);
56                db.execSQL(sql2);
57                //事务成功
58                db.setTransactionSuccessful();
```

```
59          }
60          catch(SQLException e) {
61                e.printStackTrace();
62          }
63          finally { //终止事务
64                db.endTransaction();
65          }
66          db.close();
67    }
```

代码 12-4 中，主要的动作有两部分：

（1）对表单内容进行检查

第 8 行的“checkForm”用于对表单内容的检查，包括：必要内容是否为空（第 15 行）、填写的标识信息是否已经存在于数据表中（第 21 行到第 27 行）。

只有当表单内容被检查通过时才能进行后续的注册行为。

（2）执行注册行为

依据用户输入的内容，生成 2 条插入记录的 SQL 语句（第 44 行和第 46 行），然后以读写的方式打开数据库（49 行），并通过数据库对象实例的“beginTransaction”方法来启动一个事务操作（第 52 行）。

在该事务处理中，包含了 2 个记录插入的操作（第 55 行和第 56 行）。如果全部操作都正常，则通过数据库对象实例的“setTransactionSuccessful”方法（第 58 行）来“告诉”数据库系统此事务成功（否则为失败）。最后，通过数据库对象实例的“endTransaction”来结束事务（第 64 行），此时，如果数据库系统被“告知”事务成功则在这里进行事务提交，否则将自动进行事务回滚。

5. 显示记录内容

当用户登录正常或者注册成功，程序会显示该用户的有关信息。该过程也属于数据表的查询操作，不再赘述。图 12-9 是使用列表视图（请参考第 4 章）显示用户信息的界面。

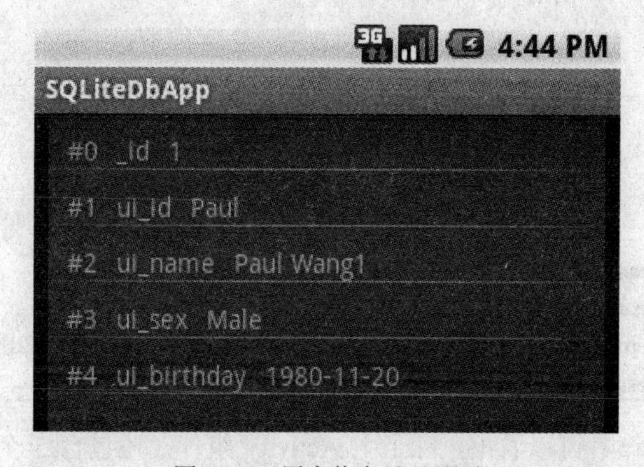

图 12-9 用户信息显示界面

12.1.5 基于 SQLite 的日记账工具

相信通过前面的介绍，读者对 SQLite 数据库的使用模式应该有了一定的了解。接下来作者将介绍一款基于 SQLite 数据库的日记账工具，让读者能够借此巩固对 SQLite 数据库的应用理解。图 12-10 是该日记账工具的实例界面。

Journal Book

Copyright (C) 2009 Fool studio
All rights reserved

图 12-10 日记账工具界面

1. 程序清单

代码 12-5 是该程序的清单文件（AndroidManifest.xml）的内容。

代码 12-5 基于 SQLite 数据库日记账工具程序清单

文件名：AndroidManifest.xml

```
1   <?xml version="1.0" encoding="utf-8"?>
2   <manifest xmlns:android="http://schemas.android.com/apk/res/android"
3       ……>
4       <application android:icon="@drawable/icon" android:label="@string/app_name">
5           <activity android:name=".SQLiteDBJournalBookAct" ……>
6               ……
7           </activity>
8           <activity android:name=".DBConfigAct"></activity>
9           <activity android:name=".AppendRecAct"></activity>
10          <activity android:name=".ReviewRecAct"></activity>
11          <activity android:name=".LookupRecAct"></activity>
12          <activity android:name=".ReportRecAct"></activity>
13      </application>
14      <uses-sdk android:minSdkVersion="3" />
15  <uses-permission android:name="android.permission.WRITE_EXTERNAL_STORAGE"/>
16  </manifest>
```

通过代码 12-5，读者可以看出，除了主 Activity 组件，还包含 5 个 Activity 组件（第 8 行到第 12 行）。图 12-11 是该应用程序的功能框架。

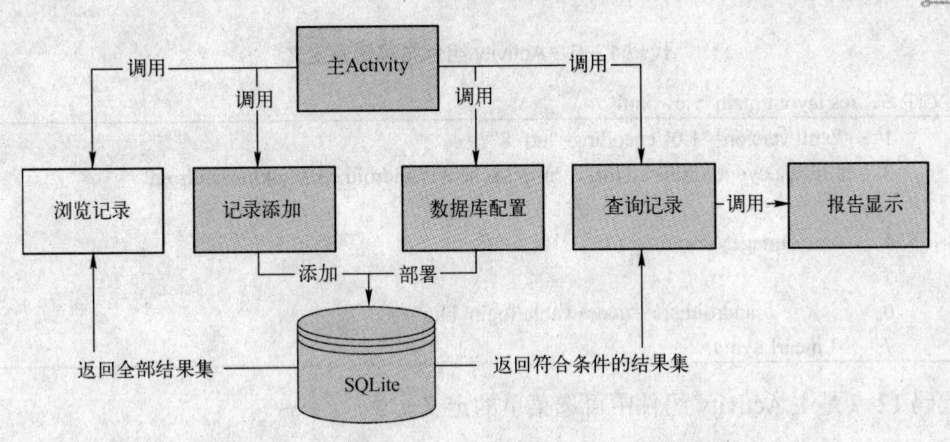

图 12-11　基于 SQLite 数据库的日记账工具功能框架

图 12-11 中，主 Activity 与其他 4 个 Activity 组件之间只是调用关系，通过调用这些 Activity 组件来对 SQLite 数据库进行操作，包括：数据库管理、添加记录和查询记录，再通过这些 Activity 组件的界面对操作结果进行显示。

2. 用户界面

在程序中，主 Activity 调用功能 Activity 通过选项菜单的方式来实现，程序的选项菜单内容如图 12-12 所示。

图 12-12　菜单内容可选

代码 12-6 是主 Activity 组件的布局资源定义。

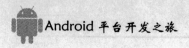

代码 12-6 Activity 组件布局资源定义

文件名：res/layout/main_view.xml

```
1  <?xml version="1.0" encoding="utf-8"?>
2  <LinearLayout xmlns:android="http://schemas.android.com/apk/res/android"
3      ……>
4      <ImageView
5          ……
6          android:src="@drawable/login_bkg" />
7  </LinearLayout>
```

代码 12-7 是主 Activity 组件中可选菜单的定义。

代码 12-7 Activity 组件选项菜单定义

文件名：res/menu/options_menu.xml

```
1   <menu xmlns:android="http://schemas.android.com/apk/res/android">
2       <group>
3           <item android:title="Database"
4               android:orderInCategory="0"
5               android:icon="@drawable/db"
6               android:id="@+id/MI_CONFIG">
7           </item>
8       </group>
9       <group>
10          <item android:id="@+id/MI_APPEND"
11              android:title="Append"
12              android:orderInCategory="0"
13              android:icon="@drawable/append">
14          </item>
15          <item android:id="@+id/MI_REVIEW"
16              android:title="Review"
17              android:orderInCategory="1"
18              android:icon="@drawable/preview">
19          </item>
20          <item android:id="@+id/MI_LOOKUP"
21              android:title="Lookup"
22              android:orderInCategory="2"
23              android:icon="@drawable/lookup">
24          </item>
25      </group>
26      <group>
27          <item android:id="@+id/MI_ABOUT"
28              android:title="About"
29              android:orderInCategory="3"
30              android:icon="@drawable/about">
31          </item>
```

```
32                  <item android:id="@+id/MI_QUIT"
33                        android:title="Quit"
34                        android:orderInCategory="4"
35                        android:icon="@drawable/quit">
36                  </item>
37            </group>
38    </menu>
```

3. 主 Activity 代码框架

代码 12-8 是程序的主 Activity 代码框架，在该框架中，主 Activity 对功能 Activity 进行调用。

代码 12-8　主 Activity 组件代码框架

文件名：SQLiteDBJournalBookAct.java

```
1    public class SQLiteDBJournalBookAct extends Activity {
2            //退出和关于对话框 ID
3            static final int QUIT_DLG = 0;
4            static final int ABOUT_DLG = 1;
5            //退出和关于对话框组件
6            private AlertDialog mQuitDlg = null;
7            private Dialog mAboutDlg = null;
8
9          @Override
10         public void onCreate(Bundle savedInstanceState) {
11             super.onCreate(savedInstanceState);
12             setContentView(R.layout.main_view);
13         }
14
15         @Override
16         public boolean onCreateOptionsMenu(Menu menu) {
17             //充实菜单
18             MenuInflater inflater = getMenuInflater();
19             inflater.inflate(R.menu.options_menu, menu);
20             //设置菜单意向
21             menu.findItem(R.id.MI_CONFIG).setIntent(new Intent(this, DBConfigAct.class) );
22             menu.findItem(R.id.MI_APPEND).setIntent(new Intent(this, AppendRecAct.class) );
23             menu.findItem(R.id.MI_REVIEW).setIntent(new Intent(this, ReviewRecAct.class) );
24             menu.findItem(R.id.MI_LOOKUP).setIntent(new Intent(this, LookupRecAct.class) );
25             //注意：必须调用超类的方法，否则无法实现意向回调
26             return (super.onCreateOptionsMenu(menu) );
27         }
28
29          //初始化对话框
30          protected Dialog onCreateDialog(int id) {
31              switch(id) {
32                  case QUIT_DLG:
```

```
33                  return (initQuitDlg() );
34              case ABOUT_DLG:
35                  return (initAboutDlg() );
36              default:
37                  return null;
38          }
39      }
40
41      @Override
42      public boolean onOptionsItemSelected(MenuItem item) {
43          switch(item.getItemId() ) {
44              case R.id.MI_ABOUT: {
45                  doAbout();
46                  break;
47              }
48              case R.id.MI_QUIT: {
49                  doQuit();
50                  break;
51              }
52          }
53
54          return (super.onOptionsItemSelected(item) );
55      }
56  };
```

代码 12-8 中，在创建可选菜单的回调方法（“onCreateOptionsMenu”）中（第 16 行），通过 Activity 所关联的菜单填充器（MenuInflater）来“填充”可选菜单资源（第 19 行），然后通过菜单项实例的“setIntent”方法来设置菜单项所绑定的 Activity 组件（第 21 行到第 24 行）。其中退出菜单项和关于菜单项没有与 Activity 组件绑定。

另一方面，Activity 组件通过创建对话框的回调方法（“onCreateDialog”）（第 30 行）来初始化退出对话框和关于对话框（第 33 行和第 35 行）。在可选菜单项目被选取事件的回调方法（“onOptionsItemSelected”）中（第 42 行），通过判断菜单项的标识（第 44 行和第 48 行）来处理关于菜单项或退出菜单项的选择事件。

提示：在代码 12-8 中出现了 2 种菜单项的绑定方式：第 1 种方式是在初始化可选菜单时，直接通过菜单项对象实例的“setIntent”方法将该项目与 Activity 组件进行绑定；第 2 种方式是通过可选菜单项选择事件的回调函数设置指定菜单项的响应函数。

如果说第 2 种方式是处理菜单项选择事件的传统方式，那么对于第 1 种方式，可以理解为 Android 平台专门为菜单项提供的一种用于调用 Activity 组件的简洁方式，因为大多数场合下，开发者都利用菜单来启动其他的 Activity 组件。

也就是说，通过第 2 种方式也是可以调用 Activity 组件的，只不过需要开发者显式地通过意向对象来启动 Activity 组件（通过“startActivity”方法）。

4．配置信息接口

为了方便对程序中配置信息的管理，作者将配置信息定义到配置信息接口中。代码 12-9

就是配置信息接口的定义。

代码 12-9 配置信息接口的定义

文件名：Config.java

```
1 public interface Config {
2       //数据库路径
3       public static final String DATABASE_NAME = "/sdcard/JournalBook.db";
4       //数据表名
5       public static final String TABLE_PAYOUT = "Payout";
6 };
```

5. SQLite 数据库工具类

为了统一对 SQLite 数据库的使用，笔者将一些 SQLite 数据库的常用操作（例如：打开/关闭数据库、执行 SQL 语句、执行查询获取结果集、游标移动、获取列内容等）封装成工具类。代码 12-10 就是该 SQLite 工具类的定义。

代码 12-10 SQLite 工具类定义

文件名：SQLiteUtil.java

```
1  public class SQLiteUtil {
2       //SQLite 主数据库名
3       public static final String SQLite_MASTER_TABLE = "sqlite_master";
4       //使用单例模式提供接口
5       private static SQLiteUtil mInstance = new SQLiteUtil();
6
7       private SQLiteUtil() {
8       }
9
10      //单例接口
11      public static SQLiteUtil getInstance() {
12           return (mInstance);
13      }
14
15      //打开数据库
16      private SQLiteDatabase openDB(String dbName) {
17           File file = new File(dbName);
18
19           if(file.exists() == true) { //库文件存在则打开数据库
20                return (SQLiteDatabase.openDatabase(dbName, null,
21                                          SQLiteDatabase.OPEN_READWRITE) );
22           }
23           else { //如果不存在则初始化
24                return(SQLiteDatabase.openOrCreateDatabase(dbName, null) );
25           }
26      }
27      //关闭数据库
```

```
28          private void closeDB(SQLiteDatabase db) {
29                db.close();
30          }
31
32          //删除数据库
33          public boolean deleteDB(String dbName) {
34                File file = new File(dbName);
35
36                if(file.exists() == true) { //库文件存在则删除
37                      return (file.delete() );
38                }
39                return (true);
40          }
41
42          //在指定数据库中执行指定 SQL 语句
43          public void execQuery(String dbName, String sql) {
44                SQLiteDatabase db = openDB(dbName);
45                db.execSQL(sql);
46                closeDB(db);
47          }
48
49          //打开查询，获取结果集游标
50          public Cursor openQuery(String dbName, String tableName, String condStr) {
51                SQLiteDatabase db = openDB(dbName);
52                Cursor cursor = db.query(tableName, null, condStr, null, null, null, null);
53                //游标复位
54                cursor.moveToFirst();
55                //关闭文件
56                closeDB(db);
57                return (cursor);
58          }
59
60          //获取结果集记录行数
61          public int getRowsCount(Cursor cursor) {
62                return(cursor.getCount() );
63          }
64
65          //获取结果集中列数
66          public int getColumnsCount(Cursor cursor) {
67                return(cursor.getColumnCount() );
68          }
69          //通过列索引获取列名
70          public String getColumnNameBy(Cursor cursor, int index) {
71                return(cursor.getColumnName(index) );
72          }
73
```

```
74          //判断是否游标头部
75          public boolean isBOF(Cursor cursor) {
76                  return(cursor.isBeforeFirst());
77          }
78
79          //判断是否游标尾部
80          public boolean isEOF(Cursor cursor) {
81                  return(cursor.isAfterLast() );
82          }
83
84          //移动到下一条记录
85          public boolean moveNext(Cursor cursor) {
86                  return(cursor.moveToNext() );
87          }
88
89          //获取记录游标的当前行指定位置的列的内容
90          public String getField(Cursor cursor, int index) {
91                  return(cursor.getString(index) );
92          }
93
94          //关闭结果集
95          public void closeQuery(Cursor cursor) {
96                  cursor.close();
97          }
98
99          //判断指定数据库中的数据表是否存在
100         public boolean isTableExists(String dbName, String tableName) {
101                 Cursor cursor = openQuery(dbName, SQLite_MASTER_TABLE,
102                                         "(tbl_name='"+tableName+"')");
103                 int recordCount = cursor.getCount();
104                 cursor.close();
105
106                 return(recordCount > 0);
107         }
108     };
```

6. 配置数据库

配置数据库包括初始化数据库和删除数据库，其界面如图 12-13 所示。

图 12-13 数据库配置界面

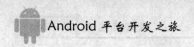

代码 12-11 是初始化数据库的主要代码。

代码 12-11　初始化数据库的主要代码

文件名：DBConfigAct.java

```
1    private void doInit() {
2        //首先判断数据表是否存在
3        if(SQLiteUtil.getInstance().isTableExists(Config.DATABASE_NAME,
4                                    Config.TABLE_PAYOUT) == false) {
5            //通过“CREATE TABLE”语句来建表
6            String sql = "create table " + Config.TABLE_PAYOUT +
7                "(Timestamp TEXT primary key, Comments TEXT, Money TABLE_PAYOUT)";
8            //通过指定数据库名来执行查询
9            SQLiteUtil.getInstance().execQuery(Config.DATABASE_NAME, sql);
10
11           FoolUtil.showMsg(this, "创建数据表【" + Config.TABLE_PAYOUT + "】成功！");
12       }
13       else {
14           FoolUtil.showMsg(this, "数据表【" + Config.TABLE_PAYOUT + "】已经存在！");
15       }
16   }
```

代码 12-11 中，首先判断业务数据表是否存在（第 3 行），如果目标数据表不存在则通过执行“CREATE TABLE”SQL 语句来创建数据表，创建完毕则提示数据表创建成功的消息，如图 12-14a 所示。

如果数据库不存在，则程序在创建数据表之前还会自动创建数据库（调用了代码 12-10 中 16 行的“openDB”方法），该数据库文件会在指定路径找到，如图 12-14b 所示。

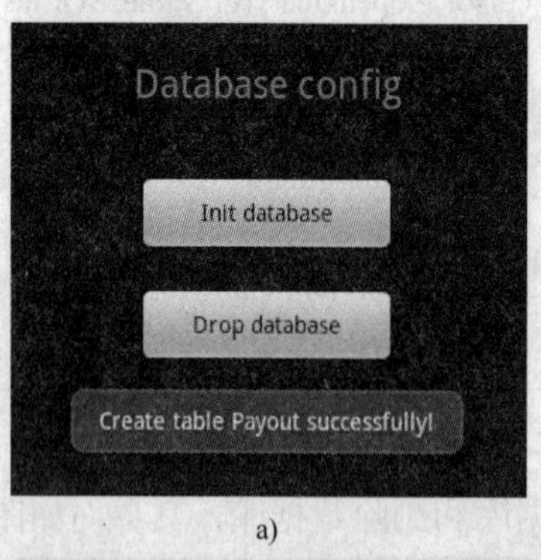

a)

```
D:\android-sdk-windows-1.5_r3\tools\adb.exe
# ls /sdcard/*.db
ls /sdcard/*.db
/sdcard/JournalBook.db
#
```

b)

图 12-14　初始化数据库

a) 成功创建数据表　b) 数据库文件路径信息

代码 12-12 是删除数据库的主要代码。

代码 12-12 删除数据库的主要代码

文件名：DBConfigAct.java

```
1  private void doDrop() {
2      if(SQLiteUtil.getInstance().deleteDB(Config.DATABASE_NAME) ) {
3          FoolUtil.showMsg(this, "删除数据库成功！");
4      }
5      else {
6          FoolUtil.showMsg(this, "数据库不存在！");
7      }
8  }
```

代码 12-12 中，如果删除数据库成功则提示数据表删除成功的消息，如图 12-15 所示。

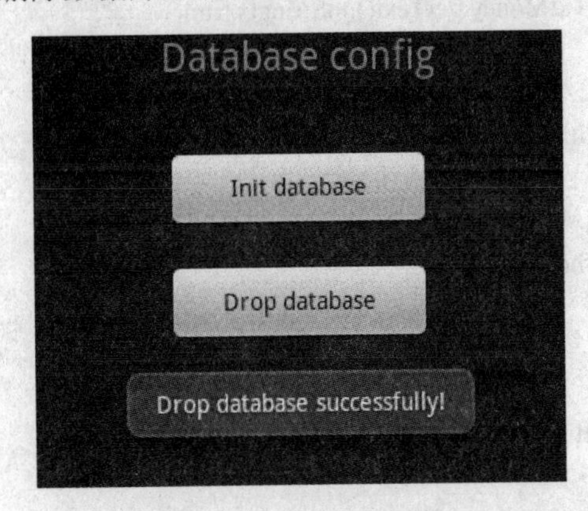

图 12-15 成功删除数据表

7. 添加日记账记录

图 12-16 是通过选择图 12-11 中的添加菜单项（“Append “）所启动的记录添加 Activity 组件的界面。

图 12-16 添加日记账记录的界面

代码 12-13 是添加日记账记录的主要代码。

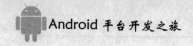

代码 12-13　添加日记账记录

文件名：AppendRecAct.java

```
1   //提交记录
2   private void doSubmit() {
3       if(submitCheck() == false) { //提交检查
4           return;
5       }
6
7       //构建 INSERT INTO SQL 语句
8       String sql = "insert into " + Config.TABLE_PAYOUT +
9           "(timestamp,comments,money) values('" +
10          mTxtTimestamp.getText().toString().trim() + "','" +
11          mTxtComments.getText().toString().trim() + "','" +
12          mTxtMoney.getText().toString().trim() + "')";
13
14      //执行插入语句
15      SQLiteUtil.getInstance().execQuery(Config.DATABASE_NAME, sql);
16
17      FoolUtil.showMsg(this, "添加记录成功！");
18      this.finish();
19  }
20
21  //提交检查
22  private boolean submitCheck() {
23      ……
24  }
```

在代码 12-13 中，依据用户的输入内容构建“INSERT INTO”SQL 语句，然后利用 SQLite 工具类的执行 SQL 的方法（“execQuery”）来执行该语句，实现记录的插入（第 15 行）。当记录添加成功，Activity 组件会显示提示信息（第 17 行），并且结束本次运行（第 18 行），界面将返回到主 Activity，如图 12-17 所示。

Journal Book

Copyright (C) 2009 Fool studio
All rights reserved

Store record successfully!

图 12-17　记录添加成功后提示

8. 查看日记账记录

图 12-18 是通过选择图 12-11 中的查看菜单项（“Review “）所启动的记录查看 Activity 组件的界面。

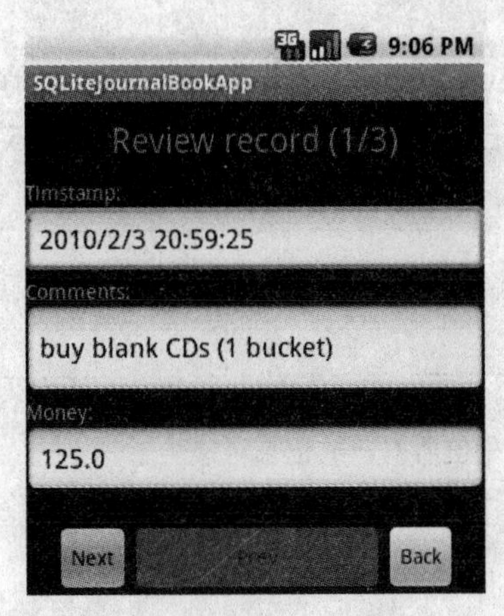

图 12-18 记录查看

代码 12-14 是获取日记账记录的主要代码。

代码 12-14 获取记录内容

文件名：ReviewRecAct.java

```
1   //记录数量
2   private int mRecordCount = 0;
3   //记录对象容器
4   private ArrayList<Payout> mRecordSet = null;
5
6   //初始化数据集
7   private void initDataSet() {
8       Cursor cursor = SQLiteUtil.getInstance().openQuery(Config.DATABASE_NAME,
9                                                    Config.TABLE_PAYOUT, null);
10      mRecordCount = cursor.getCount();
11
12      if(mRecordCount > 0) {
13          mRecordSet = new ArrayList<Payout>(mRecordCount);
14
15          while(!cursor.isAfterLast()) { //遍历结果集
16              Payout payout = new Payout(cursor.getString(0),
17                                         cursor.getString(1),
18                                         cursor.getDouble(2) );
19              mRecordSet.add(payout);
20              cursor.moveToNext();
21          }
22      }
23      cursor.close();
24  }
```

代码 12-14 中，通过 SQLite 工具类的"openQuery"方法获取日记账数据表中的所有记录（第 9 行，条件参数为 null）。通过遍历结果集游标，获取各行的列内容，并通过每一行的列内容来构造一个支出对象（第 16 行 Payout），这些结果集都会添加到记录对象容器中（第 19 行）。

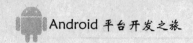

用户通过"Next"和"Prev"按钮改变当前记录的索引值，就可以从记录对象容器中获取对应的记录对象，并显示该记录对象的内容示。代码 12-15 是显示记录对象容器中当前索引位置的记录对象的主要代码。

代码 12-15　显示记录对象

文件名：ReviewRecAct.java

```
1   private void showRecord() {
2         //获取当前索引值所对应的记录对象
3         Payout payout = mRecordSet.get(mRecordIndex);
4
5         //设置抬头
6         mPrevieTitle.setText("记录（" + (mRecordIndex+1) + "/" + mRecordCount + "）");
7
8         //设置界面组件的文本内容
9         mTxtTimestamp.setText(payout.getTimestamp() );
10        mTxtComments.setText(payout.getComments() );
11        mTxtMoney.setText(String.valueOf(payout.getMoney()) );
12  }
```

如果当前记录索引是最后一条记录时，则"Next"按钮将不可用；如果当前记录是第 1 条记录时，则"Prev"按钮将不可用；只有当前记录在中间时，"Next"和"Prev"按钮才都可以使用，如图 12-19 所示。

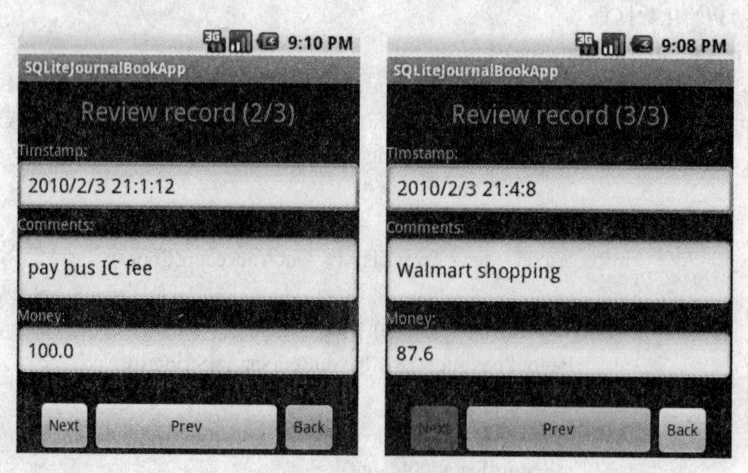

图 12-19　通过向前和向后按钮控制记录显示

9. 记录对象定义

在代码 12-14 中，作者将结果集中的每一行与一个对象进行了对应（第 16 行），而该过程可以视为 ORM（Object Relational Mapping，对象关系映射）的逆过程，即通过数据库中的持久信息来构建对象实例。而在代码 12-15 中，又将记录对象的属性与可视组件进行绑定，实现对象的显示（第 9 行到第 11 行）。

代码 12-16 就是日记账数据表中记录所对应的对象类型的定义。

代码 12-16 数据表记录对象定义

文件名：Payout.java

```
1   public class Payout implements Parcelable {
2       //属性信息
3       ……
4       //必须有一个名为 CREATOR 的成员对象，否则无法进行 Parcelable 对象通信
5       public static final Parcelable.Creator<Payout> CREATOR = new
6         Parcelable.Creator<Payout>() {
7           public Payout createFromParcel(Parcel in) {
8               return new Payout(in);
9           }
10
11          public Payout[] newArray(int size) {
12              return new Payout[size];
13          }
14      };
15
16      public Payout(String timestamp, String comments, double money) {
17          mTimestamp = timestamp;
18          mComments = comments;
19          mMoney = money;
20      }
21
22      //属性的设置/获取方法
23      ……
24
25      //实现 Parcelable 接口
26      public Payout(Parcel in) {
27          this.mTimestamp = in.readString();
28          this.mComments = in.readString();
29          this.mMoney = in.readDouble();
30      }
31
32      //实现 Parcelable 接口
33      @Override
34      public void writeToParcel(Parcel dest, int flags) {
35          dest.writeString(this.mTimestamp);
36          dest.writeString(this.mComments);
37          dest.writeDouble(this.mMoney);
38      }
39  };
```

代码 12-16 中，由于该记录对象需要在 Activity 组件之间进行传递，所以该对象必须实现 Parcelable 接口（第 1 行）。有关 Parcelable 接口的介绍可以参见第 3 章。

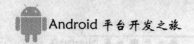

10. 查询日记账记录

图 12-20 是通过选择图 12-11 中的查询菜单项（“Lookup”）所启动的记录查询 Activity 组件的界面。

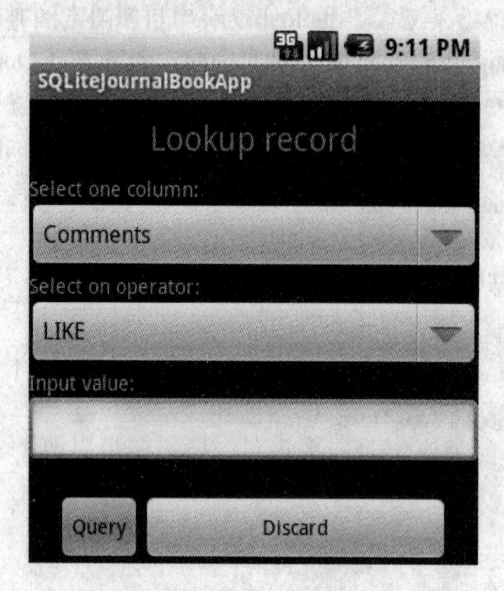

图 12-20　记录查询界面

代码 12-17 是查询日记账记录的主要代码。

代码 12-17　查询日记账记录的主要代码

文件名：LookupRecAct.java

```
1   //执行查询动作
2   private void doQuery() {
3       //生成查询条件字符串
4       String condStr = makeConditonStr();
5       //打开查询
6       Cursor cursor = SQLiteUtil.getInstance().openQuery(Config.DATABASE_NAME,
7                                                   Config.TABLE_PAYOUT, condStr);
8       int recordCount = cursor.getCount();
9
10      if(recordCount  > 0) {
11          ArrayList<Payout> recordSet = new ArrayList<Payout>(recordCount);
12
13          while(!cursor.isAfterLast()) { //遍历结果集
14              Payout payout = new Payout(cursor.getString(0),
15                                      cursor.getString(1),
16                                      cursor.getDouble(2) );
17              recordSet.add(payout);
18              cursor.moveToNext();
```

```
19          }
20          cursor.close();
21
22          //启动报告记录的 Activity 组件
23          Intent reportRecIntent = new Intent(this, ReportRecAct.class);
24          reportRecIntent.putParcelableArrayListExtra(EXTRA_NAME, recordSet);
25          this.startActivity(reportRecIntent);
26      }
27      else {
28          FoolUtil.showMsg(this, "查询结果为空，请重试或检查！");
29          return;
30      }
31  }
32
33  //生成条件字符串
34  private String makeConditonStr() {
35      //获取列名
36      String columnName = mSpnColumns.getSelectedItem().toString();
37      //获取操作名
38      String operator = mSpnOperators.getSelectedItem().toString();
39      //获取参考值
40      String value = mTxtValue.getText().toString().trim();
41
42      StringBuffer sb = new StringBuffer(columnName);
43      sb.append(' '+operator+' ');
44
45      //字符串变量需要使用引号
46      if(   (columnName.compareToIgnoreCase("Timestamp") == 0) ||
47            (columnName.compareToIgnoreCase("Comments") == 0) ) {
48            if(operator.compareToIgnoreCase("=") == 0) { //精确比较
49                sb.append('\''+value+'\'');
50            }
51            else if(operator.compareToIgnoreCase("LIKE") == 0) { //支持模糊查询
52                sb.append("\'%"+value+"%\'");
53            }
54      }
55      else { //金额变量无需使用引号
56            sb.append(value);
57      }
58
59      return (sb.toString() );
60  }
```

代码 12-17 与代码 12-14 都包含了对数据库的查询操作，不同的是，代码 12-14 中的查询条件为空，而代码 12-17 中允许用户自定义查询条件，程序会依据用户的选择来生成查询条件（第 4 行）。

构建查询条件的方法（“makeConditionStr”）中通过列名、操作符和参考值这 3 个要素来构建条件字符串（第 35 行到第 40 行）。其中列名和操作符的内容通过数组资源的方式进行定义，其定义代码如下所示。

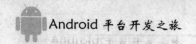

文件名：res\value\arrays.xml

```
1    <resources>
2        <string-array name="columns"> <!—比较列名-->
3            <item>Comments</item>
4            <item>Timestamp</item>
5            <item>Money</item>
6        </string-array>
7        <string-array name="operators">
8            <item>LIKE</item> <!—模糊比较操作符-->
9            <item>=</item>
10           <item>&gt;</item> <!—大于-->
11           <item>&lt;</item> <!—小于-->
12       </string-array>
13   </resources>
```

当查询完毕之后，程序将会启动一个以列表的方式查看记录的 Activity 组件来显示查询结果（代码 12-17 中第 25 行），记录查询 Activity 还会将查询所返回的结果集通过意向对象的附加空间传递给列表查看 Activity 组件（第 24 行），图 12-21 是该列表查看记录的 Activity 组件的界面。

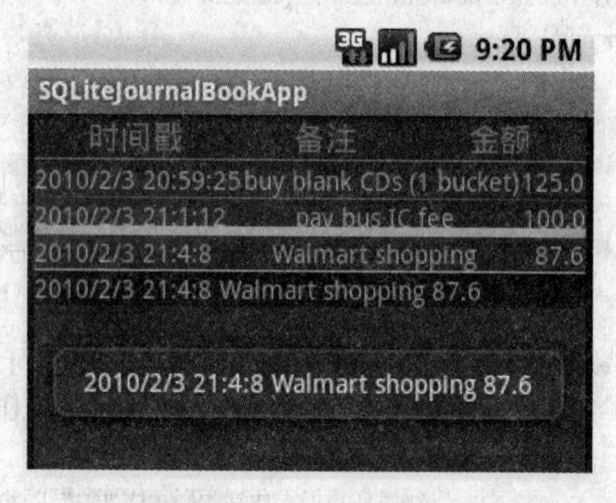

图 12-21　列表显示查询结果

11. 日记账记录列表

图 12-21 中所示的使用列表方式显示查询结果的 Activity 实际上是一个 ListActivity 组件，用列表视图来显示通过意向对象空间传递过来的记录容器中的内容。有关列表视图（ListView）的使用请参考第 4 章，不再赘述。

12. 关于对话框

图 12-22 是通过选择图 12-11 中的关于菜单项（“About”）所显示的对话框界面。

图 12-22 日记账工具关于对话框

代码 12-18 是调用图 12-22 所示的对话框的主要代码。

代码 12-18 显示关于对话框

文件名：SQLiteDBJournalBookAct.java

```
1    public class SQLiteDBJournalBookAct extends Activity {
2            //关于对话框 ID
3            static final int ABOUT_DLG = 1;
4            //关于对话框组件
5            private Dialog mAboutDlg = null;
6
7            //初始化对话框
8            protected Dialog onCreateDialog(int id) {
9                switch(id) {
10                   case ABOUT_DLG:
11                           return (initAboutDlg() );
12                   ……
13               }
14           }
15
16           //初始化关于对话框
17           private Dialog initAboutDlg() {
18               mAboutDlg = new Dialog(this);
19               mAboutDlg.setContentView(R.layout.about_view);
20               mAboutDlg.setTitle("About JournalBook");
21
22               return (mAboutDlg);
23           }
24
25           @Override
26           public boolean onOptionsItemSelected(MenuItem item) {
27               switch(item.getItemId() ) {
28                   case R.id.MI_ABOUT: { //显示关于对话框
29                           showDialog(ABOUT_DLG);
30                           break;
31                   }
```

```
32              ……
33          }
34
35          return (super.onOptionsItemSelected(item) );
36      }
37  };
```

代码 12-18，读者可以了解使用关于对话框的两个时机：初始化和显示调用。初始化时所做的“工作”有：构造对话框对象实例（第 18 行）、设置内容视图（第 19 行）和设置抬头（第 20 行），总之都是为显示做准备。对话框的显示是通过菜单项进行调用，调用代码中只需通过本 Activity 组件的“showDialog”方法就可以实现对话框的显示。

13. 退出对话框

图 12-23 是通过选择图 12-11 中的退出菜单项（“Quit”）所启动的对话框界面。

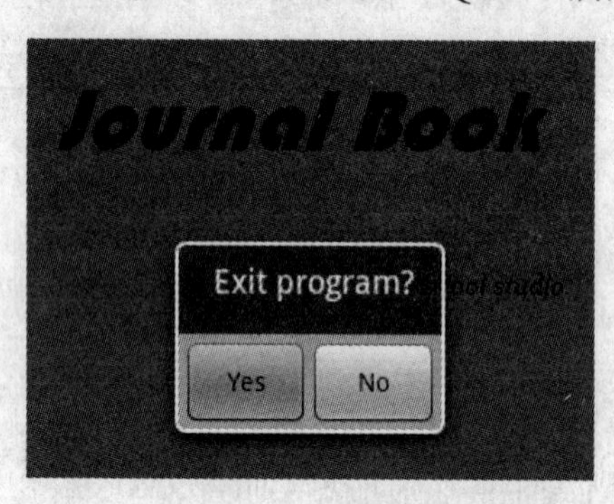

图 12-23　退出对话框

由于退出对话框的用法和关于对话框是相同的，所以代码 12-19 中主要介绍退出对话框的初始化过程。

代码 12-19　初始化退出对话框

文件名：SQLiteDBJournalBookAct.java

```
1   private Dialog initQuitDlg() {
2       AlertDialog.Builder builder = new AlertDialog.Builder(this);
3       //提示信息
4       builder.setMessage("Exit program?");
5       builder.setCancelable(false);
6       //是按钮
7       builder.setPositiveButton("Yes", new DialogInterface.OnClickListener() {
8           @Override
9           public void onClick(DialogInterface dialog, int which) {
10              SQLiteDBJournalBookAct.this.finish();
11          }
12      });
13      //否按钮
14      builder.setNegativeButton("No", new DialogInterface.OnClickListener() {
15          @Override
```

```
16              public void onClick(DialogInterface dialog, int which) {
17                  dialog.cancel();
18              }
19
20          });
21
22          mQuitDlg = builder.create();
23          return (mQuitDlg);
24  }
```

在代码 12-19 中，通过提示对话框的构建类（Builder）为该对话框添加了两个按钮组件（第 7 行和第 14 行）用于确认用户是否退出系统。有关提示对话框的详细用法请参考第 4 章。

12.2 JDBC API

JDBC API 是作为 Java 平台的核心功能，相信具有 Java 平台开发经验的读者，对它的应用应该是十分熟悉的。所以作者在这里只对 JDBC 进行简单介绍，因为本节即将介绍的内容就是在 Android 平台中使用 JDBC API 的应用。

JDBC 是 Java Database Connectivity（Java 数据库连接）的缩写，JDBC API 是用于对 Java 编程语言和 SQL 数据库之间进行数据库无关性连接的工业规范，它为基于 SQL 的数据库访问提供了所有层次的 API，也就是说在 Java 编程语言中借助 JDBC API 可以访问如 Oracle、MySQL、SQL Server、DB2 等主流的关系型数据库。

通过 JDBC API，Java 应用程序可以访问企业数据库、桌面数据库甚至嵌入式数据库。其前提是只要这些数据库遵照 JDBC 规范。图 12-24 是 JDBC 的应用示意图。

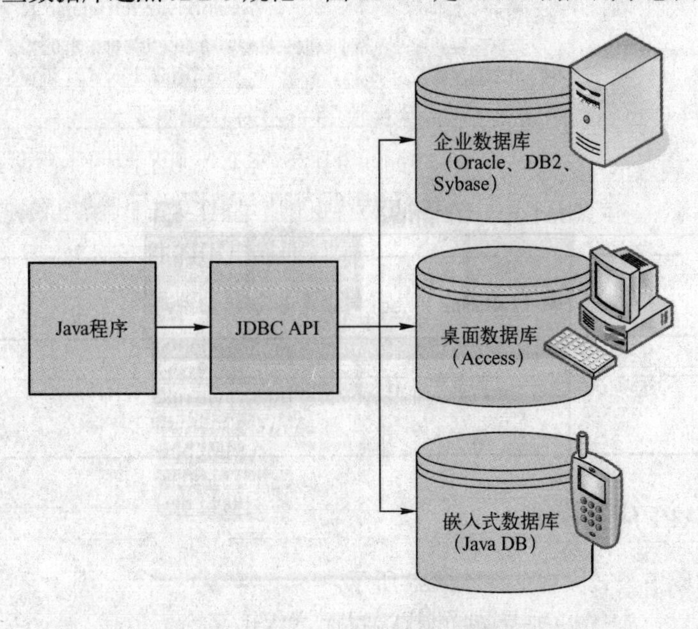

图 12-24　JDBC 应用示意图

JDBC API 的功能主要通过 SQL 语句来实现。SQL 是 Structured Query Language（结构性查询语言）的缩写，是一种用于访问数据库的标准（ANSI 标准）语言。从功能上，SQL 又分为数据定义语言（缩写为 DDL，用于定义数据库模式）和数据操作语言（缩写为 DML，用于数据库操作）。表 12-7 是标准 SQL 常用语法的说明。

表 12-7　标准 SQL 常用语法说明

语法	功能
SELECT	DML，用于从数据库中提取数据
UPDATE	DML，更新数据库中的数据
DELETE	DML，从数据库中删除数据
INSERT INTO	DML，插入新数据到数据库中
CREATE DATABASE	DDL，创建一个新的数据库
ALTER DATABASE	DDL，修改一个数据库
CREATE/DROP TABLE	DDL，创建或删除一个数据表
ALTER TABLE	DDL，修改一个数据表
CREATE/DROP INDEX	DDL，创建或删除一个索引

12.2.1　Android 平台对 JDBC API 的支持

Android 平台提供了 java.sql 和 javax.sql 这两个主要的包用于 JDBC API 应用，表 12-8 和表 12-9 分别是这两个包中常用的类/接口介绍。

表 12-8　java.sql 包中主要类/接口说明

类/接口	说明
Driver	代表一个 JDBC 驱动
DriverManager	数据库驱动管理，用于获取数据库驱动的相关信息和建立连接
DatabaseMetaData	用于获取数据库元数据，例如：是否支持某些 SQL 规范等
Connection	代表数据库连接接口，用于创建 SQL 语句对象
Statement	SQL 语句对象，用于执行 SQL 语句
ResultSet	结果集对象，代表查询语句执行后所获取的记录集合
ResultSetMetaData	结果集的元信息，例如：字段数量和类型等

表 12-9　javax.sql 包中主要类/接口说明

类/接口	说明
DataSource	数据源类，抽象地表示数据来源
ConnectionPoolDataSource	基于连接池的数据源

12.2.2　JDBC API 应用模式

JDBC API 的应用模式流程如图 12-25 所示。

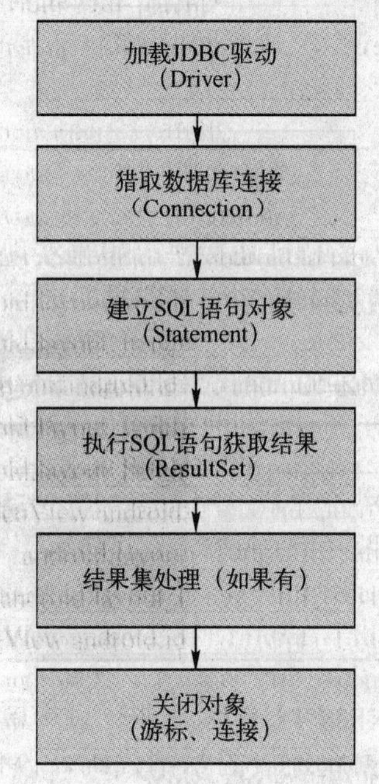

图 12-25 JDBC API 应用模式

1. 加载 JDBC 驱动

读者可以将这里的 JDBC 驱动理解为某种数据库与 JDBC API 之间的接口定义，驱动用于“告诉”JDBC API 如何访问该数据库。

依据 JDBC 规范定义，支持 JDBC 的数据库所提供的 JDBC 驱动必须实现 Driver 接口。表 12-9 是常用的一些数据库驱动。

表 12-9 常用数据库驱动

数据库	数据库驱动
ODBC	sun.jdbc.odbc.JdbcOdbcDriver
Oracle	oracle.jdbc.driver.OracleDriver
MySQL	com.mysql.jdbc.Driver
Derby	org.apache.derby.jdbc.EmbeddedDriver

在使用某种数据库之前，不仅要保证该数据库驱动的包文件存放在程序可以“发现”的文件夹之中（例如：当前文件夹或系统文件夹），而且还要在代码中通过 Class 类的“forName”方法来显式地加载指定的 JDBC 驱动类，示例代码如下所示。

```
1    //判断是否找到 ODBC 数据库驱动
2    public static boolean isFoundOdbcDriver() {
3        try    {
4            Class.forName("sun.jdbc.odbc.JdbcOdbcDriver");
5            return (true);
6        }
7        catch(ClassNotFoundException e) {
8            e.printStackTrace();
```

```
9                return (false);
10           }
11      }
```

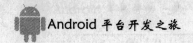

2. 获取数据库连接

JDBC API 与数据库的连接需要通过连接字符串来实现，不同的数据库的连接字符串的格式是不同的。表 12-10 是常见数据库的连接字符串。

表 12-10 常用数据库连接字符串

数据库	数据库连接字符串
SQL Server	jdbc:odbc:Driver={SQL Server};Server=.;Database=master;UID=**;PWD=**
Oracle	jdbc:oracle:thin:@WBS:1521/oracle088
MySQL	jdbc:mysql://localhost/phome
Derby	jdbc:derby:FoolDB

数据库驱动管理器（DriverManager）依据连接字符串就可以获取与目标数据库的连接接口（Connection）。以下是获取数据库连接的示例代码，该代码中通过数据库驱动管理器的"getConnection"方法来获取数据库连接接口（第 4 行）。

```
1   //获取到指定数据库的连接
2   public static Connection openDB(String url, String user, String passwd) {
3           try   {
4                   return (DriverManager.getConnection(url, user, passwd) );
5           }
6           catch (SQLException e) {
7                   e.printStackTrace();
8                   return (null);
9           }
10  }
```

3. 建立 SQL 语句对象

SQL 语句对象用于执行静态的 SQL 语句来获取查询结果。借助数据库连接的"createStatement"方法可以创建 SQL 语句对象（Statement）。

SQL 语句对象按照其目标功能可分为查询用和执行用两种：其中查询用 SQL 语句对象在执行查询动作后会返回结果集，例如"SELECT"语句；执行用 SQL 语句对象在完成操作后，不返回结果集，例如"DELETE"、"UPDATE"等语句。代码 12-20 是创建查询用语句对象的主要代码。

代码 12-20 创建查询用 SQL 语句对象

```
1   //创建查询用 SQL 语句对象
2   public static Statement getQueryStat(Connection conn) {
3           try   {
4                   return (conn.createStatement(ResultSet.TYPE_SCROLL_SENSITIVE,
5                                                    ResultSet.CONCUR_READ_ONLY) );
```

```
6       }
7       catch(SQLException e) {
8           e.printStackTrace();
9
10          return (null);
11      }
12  }
```

代码 12-21 是创建执行用 SQL 语句对象的主要代码。

代码 12-21　创建执行用 SQL 语句对象

```
1   //创建执行用 SQL 语句对象
2   public static Statement getExecStat(Connection conn) {
3       try   {
4           return (conn.createStatement(ResultSet.TYPE_SCROLL_SENSITIVE,
5                                       ResultSet.CONCUR_UPDATABLE) );
6       }
7       catch(SQLException e) {
8           e.printStackTrace();
9
10          return (null);
11      }
12  }
```

通过代码 12-20 和代码 12-21 的比较，读者可以了解：创建查询用语句对象与执行用语句对象的主要区别在于其创建的参数不同。代码 12-20 中的并发标志为只读（第 5 行），代码 12-21 中的并发标识为可更新（第 5 行）。

4. 执行 SQL 语句获取结果

通过 SQL 语句对象接口可以执行 SQL 语句，不同类型的 SQL 语句对象的执行结果也有不同。查询用 SQL 语句对象返回的是结果集（ResultSet）；而执行用 SQL 语句对象返回的是执行状态（是否成功，或影响的记录数量）。

代码 12-22 是借助查询用 SQL 语句对象的查询方法（“executeQuery”）来执行 SQL 查询的主要代码。

代码 12-22　查询用语句对象执行 SQL 语句

```
1   //查询 SQL 语句，获取结果集
2   public static ResultSet openQuery(Statement stat, String sql) {
3       try   {
4           return (stat.executeQuery(sql) );
5       }
6       catch(SQLException e) {
7           e.printStackTrace();
8           return (null);
9       }
10  }
```

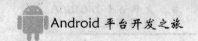

代码 12-23 是借助执行用 SQL 语句对象的更新的方法（“executeUpdate”）来执行 SQL 更新的主要代码。

代码 12-23　执行用语句对象执行 SQL 语句

```
1   //执行 SQL 语句，获取执行结果
2   public static int execQuery(Statement stat, String sql) {
3       try   {
4           return (stat.executeUpdate(sql) );
5       }
6       catch(SQLException e) {
7           e.printStackTrace();
8
9           return (INVALID_RETURNS);
10      }
11  }
```

5. 结果集处理

通过查询用语句对象执行“SELECT”语句就会得到一个结果集接口（ResultSet），通过该接口的方法可以实现对结果集的遍历、获取每一条结果的列内容；通过结果集的元数据（MetaData）信息接口可以获取结果集中每一条结果的列数和列名。

（1）结果集的遍历

通过结果集接口的“next”方法就可以遍历整个结果集，示例代码如下所示：

```
ResetSet rs = openQuery(stat, sql);

while(rs.next() ) {
    ......
}
```

（2）获取每一条结果的列内容

通过结果集接口的“getObject”方法就可以获取当前结果的列内容，该方法既可以依据列的索引顺序来获取指定列的内容，也可以依据列名来获取，其示例代码如下所示：

```
String name = rs.getObject(1).toString();
String name = rs.getObject("_name").toString()
```

（3）获取结果集的列数和列名

通过结果集接口的原数据信息接口（ResultSetMetaData）的“getColumnCount”方法和“getColumnName”方法可以分别获取结果集中记录的列数和列名，其示例代码如下所示：

```
//获取结果集接口的原数据信息接口
ResultSetMetaData rsmd = rs.getMetaData();
//获取列数
int columnCount = rsmd.getColumnCount();
//获取索引为 1 的列的名称
String col = rsmd.getColumnName(1);
```

6. 关闭对象

对于结果集、语句对象和数据库连接，在操作完毕之后都需要及时进行关闭。借助它们的“close”方法（三者都有该方法）就可以关闭本体句柄。

12.2.3 开发实例

在图 12-26 所示的界面中，程序通过按钮调用 JDBC API 访问嵌入式数据库 Derby（也称为 Java DB）。

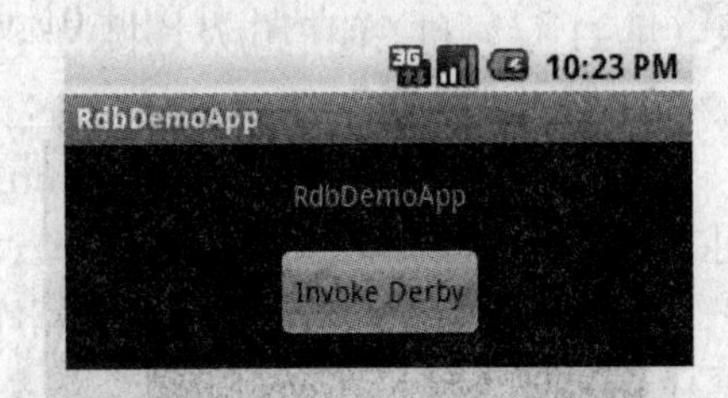

图 12-26 通过 JDBC API 访问数据库的界面

1. Activity 组件主要代码

代码 12-24 是通过 JDBC API 访问嵌入式数据库的主要代码。

代码 12-24 通过 JDBC API 访问嵌入式数据库

文件名：RdbDemoAct.java

```
1   public static final String TABLE_LOGIN_INFO = "LOGIN_INFO";
2
3   //按钮点击处理
4   public void onClick(View v) {
5       DerbyDB derbyDB = new DerbyDB();
6       //获取数据库连接
7       Connection conn = derbyDB.openDB();
8       //获取查询用语句对象
9       Statement stat = derbyDB.getQueryStat(conn);
10      //获取执行用语句对象
11      Statement stat2 = derbyDB.getExecStat(conn);
12
13      //通过查询用语句来判断数据表是否存在
14      if(derbyDB.isTableExists(stat, TABLE_LOGIN_INFO) != true) {
15          String args = "(li_id varchar(64) primary key, li_passwd varchar(64) )";
16          //通过执行用语句创建表
17          derbyDB.createTable(stat2, TABLE_LOGIN_INFO, args);
18      }
19
20      //通过执行用语句插入记录
21      derbyDB.insertTable(stat2, TABLE_LOGIN_INFO,
22                              "(li_id, li_passwd) values('Paul', '123456')");
23      derbyDB.insertTable(stat2, TABLE_LOGIN_INFO,
24                              "(li_id, li_passwd) values('Leo', '123456')");
25      //关闭对象
26      derbyDB.closeStat(stat2);
27      derbyDB.closeStat(stat);
28      derbyDB.closeDB(conn);
29  }
```

通过程序 12-24，读者可以看出该程序中使用的是 Derby 数据库，并且使用了一个 Derby 数据库工具类（第 5 行的 DerbyDB）来完成获取数据库连接（第 7 行）、获取语句对象（第 8 到第 11 行）、判断指定表是否存在（第 14 行）、创建数据表（第 17 行）、插入表记录（第 21 行）和关闭语句及连接的处理（第 26 行）。

2. 嵌入式数据库 Derby

Derby 数据库（http://db.apache.org/derby）是一款基于 Java 和 SQL 的关系型数据库，使用 Java 语言开发。由于是纯 Java 开发，所以能够无缝地融入 Java 应用平台。

Derby 提供了小巧、标准的数据库引擎，支持入门级 SQL-92 标准（SQL-92 标准的子集），能够嵌入到各种 Java 平台。服务器引擎支持 J2SE 和 J2EE 平台，嵌入式引擎可以支持 J2ME CDC 平台。

Derby 数据库的嵌入式引擎遵从 JDBC3.0 规范，允许应用程序通过 JDBC API 访问其数据库。作为嵌入式数据库引擎，Derby 数据库也提供了一些特有的实现方式来支持 JDBC API。

Derby 数据库实现的 JDBC 规范定义于 org.apache.derby.jdbc 包中，表 12-11 是该包中常用的类/接口介绍。

表 12-11　org.apache.derby.jdbc 包中主要类/接口说明

类/接口	说明
EmbeddedSimpleDataSource	该类实现了 javax.sql 包中的 DataSource 接口，用于支持 JSR-169（J2ME CDC）和 JDBC 3.0
EmbeddedDataSource	该类实现了 javax.sql 包中的 DataSource 接口，用于支持 JDBC 3.0

为了在代码中使用 Derby 数据库提供的 API，必须将其包纳入 Android 程序工程的参考库中，如图 12-27 所示。

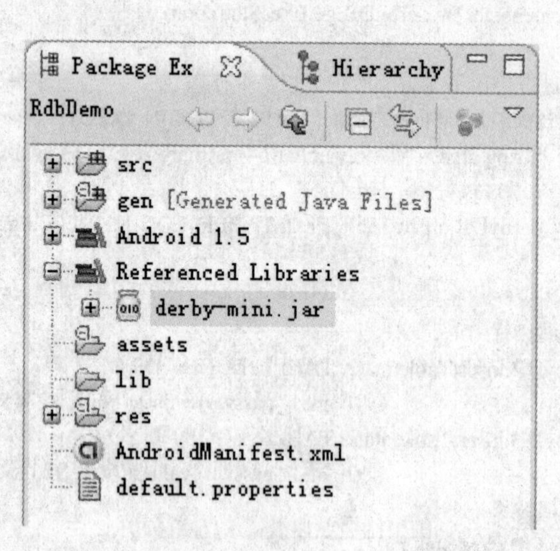

图 12-27　添加 Derby API 包

需要注意的是，Derby 数据库的包文件最终需要添加到程序的安装文件（apk）中，所以必须将该包文件放入程序项目文件夹中的“lib”文件夹中，如图 12-28 所示。

图 12-28　Derby 数据库包的路径

对于包文件的引入，作者建议通过直接修改工程文件夹中的“.classpath”文件来设定所要参考的包文件（如图 12-29 所示），因为使用 Eclipse 工具所指明的参考库文件是绝对路径。

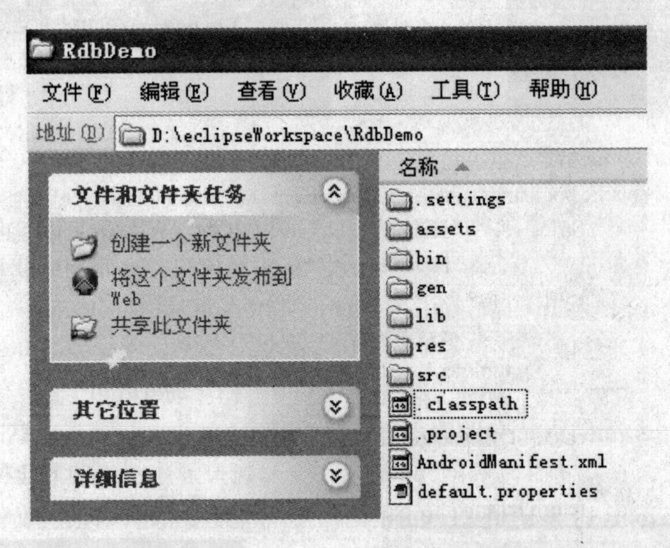

图 12-29　Android 程序项目文件夹内容

以下内容是设置引入 Derby 数据库的包之后的“.classpath”文件中的内容，其中第 6 行就是将 Derby 数据库包文件设置为程序所要参考的包。

```
1   <?xml version="1.0" encoding="UTF-8"?>
2   <classpath>
3       <classpathentry kind="src" path="src"/>
4       <classpathentry kind="src" path="gen"/>
5   <classpathentry kind="con" path="com.android.ide.eclipse.adt.ANDROID_FRAMEWORK"/>
6       <classpathentry kind="lib" path="lib/derby-mini.jar"/>
7       <classpathentry kind="output" path="bin"/>
8   </classpath>
```

3．Derby 数据库工具类

代码 12-25 是代码 12-24 中所用到的 DerbyDB 工具类（第 5 行）的定义。

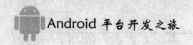

代码 12-25　数据库工具类

文件名：DerbyDB.java

```
1    public class DerbyDB implements IDerbyDbUtil{
2        //获取数据源
3        private static EmbeddedSimpleDataSource mDS =
4            EmbeddedDataSource.getInstance().getDataSource();
5
6        //打开数据库连接
7        public Connection openDB() {
8            try {
9                return(mDS.getConnection() );
10           }
11           catch(SQLException e) {
12           }
13           return (null);
14       }
15
16       //判断指定数据表是否存在
17       public boolean isTableExists(Statement stat, String tableName) {
18           String sql = ("SELECT tablename FROM sys.systables WHERE tablename='" +
19                   tableName + "'");
20           try {
21               ResultSet rs = stat.executeQuery(sql);
22               return(getRowsCount(rs) > 0);
23           }
24           catch(SQLException e) {
25           }
26           return false;
27       }
28
29       //关闭数据库连接
30       public boolean closeDB(Connection conn) {
31           try {
32               if(conn != null) {
33                   conn.close();
34               }
35               mDS.setShutdownDatabase("shutdown");
36               return (true);
37           }
38           catch(SQLException e) {
39           }
40           return (true);
41       }
42
43       //关闭数据集
```

```
44          public boolean closeQuery(ResultSet rs) {
45              try {
46                  rs.close();
47              } catch (SQLException e) {
48              }
49              return false;
50          }
51
52          //关闭语句对象
53          public boolean closeStat(Statement stat) {
54              try {
55                  stat.close();
56              } catch (SQLException e) {
57              }
58              return false;
59          }
60
61          //获取执行用语句对象
62          public Statement getExecStat(Connection conn) {
63              try {
64                  return(conn.createStatement(ResultSet.TYPE_SCROLL_SENSITIVE,
65                                  ResultSet.CONCUR_UPDATABLE) );
66              } catch (SQLException e) {
67              }
68              return (null);
69          }
70          //获取查询用语句对象
71          public Statement getQueryStat(Connection conn) {
72              try {
73                  return(conn.createStatement(ResultSet.TYPE_SCROLL_SENSITIVE,
74                                  ResultSet.CONCUR_READ_ONLY) );
75              } catch (SQLException e) {
76              }
77              return (null);
78          }
79
80          //打开查询获取数据集
81          public ResultSet openQuery(Statement stat, String sql) {
82              try {
83                  return(stat.executeQuery(sql) );
84              } catch (SQLException e) {
85              }
86              return (null);
87          }
88
89          //执行查询
```

```
90        public boolean execQuery(Statement stat, String sql) {
91            try {
92                stat.execute(sql);
93                return (true);
94            } catch (SQLException e) {
95            }
96            return false;
97        }
98
99        //创建指定数据表
100       public boolean createTable(Statement stat, String tableName, String args) {
101           try {
102               stat.execute("CREATE TABLE "+tableName+args);
103           } catch (SQLException e) {
104           }
105           return false;
106       }
107
108       //插入记录到数据表
109       public boolean insertTable(Statement stat, String tableName, String args) {
110           try {
111               stat.execute("INSERT INTO "+tableName+args);
112           } catch (SQLException e) {
113           }
114           return false;
115       }
116   };
```

代码 12-25 中，数据库的打开操作（第 7 行）和关闭操作（第 30 行）可能与读者使用 JDBC API 的方式存在一定区别。对于数据库的打开操作，代码 12-25 中使用了数据源接口来获取与数据库的连接（第 9 行），而没有使用驱动管理器（DriverManger）的方式；如果说该方式类似于 J2EE 平台的 JNDI（Java Naming and Directory Interface，Java 命名与目录服务接口，该接口规范中可以使用资源名称来获取数据源接口），但 Android 平台没有提供 JDNI 方面的支持（也没有必要）。所以，Derby 数据库这种获取与数据库连接的方式可以认为是其特有属性。

对于数据库的关闭，除了关闭数据库连接之外（第 33 行），还调用了该数据源接口的“setShutdownDatabase("shutdown")”方法。

4. 数据库工具类接口

代码 12-26 是代码 12-25 中实现的 Derby 数据库工具类接口的定义。

代码 12-26　Derby 数据库工具类接口

文件名：IDerbyDbUtil.java

```
1   public interface IDerbyDbUtil {
2       //打开数据库连接
```

```
3           public Connection openDB();
4           //获取查询用语句对象
5           public Statement getQueryStat(Connection conn);
6           //获取执行用语句对象
7           public Statement getExecStat(Connection conn);
8           //打开查询返回结果集
9           public ResultSet openQuery(Statement stat, String sql);
10          //执行查询
11          public boolean execQuery(Statement stat, String sql);
12          //获取结果集行数
13          public int getRowsCount(ResultSet rs);
14          //判断指定数据表是否存在
15          public boolean isTableExists(Statement stat, String tableName);
16          //创建指定数据表
17          public boolean createTable(Statement stat, String tableName, String args);
18          //插入记录到指定表
19          public boolean insertTable(Statement stat, String tableName, String args);
20          //更新记录指定表
21          public boolean updateTable(Statement stat, String tableName, String args);
22          //删除数据表
23          public boolean dropTable(Statement stat, String tableName);
24          //关闭查询
25          public boolean closeQuery(ResultSet rs);
26          //关闭语句
27          public boolean closeStat(Statement stat);
28          //关闭数据库连接
29          public boolean closeDB(Connection conn);
30      };
```

通过代码 12-26，读者可以发现该接口的定义完全可以作为通用的数据库 JDBC API。

5. 数据源工具类

代码 12-27 是代码 12-25 中所用到的数据源类的定义。

代码 12-27　嵌入式数据源类定义

文件名：EmbeddedDataSource.java

```
1       public class EmbeddedDataSource {
2           //数据库名
3           public final String TEST_DB_NAME = "FOOL_DB";
4           private static EmbeddedDataSource mInstance = new EmbeddedDataSource();
5           private static EmbeddedSimpleDataSource mDS = null;
6
7           //单例模式（构造器禁止外部调用）
8           private EmbeddedDataSource() {
9           }
10
11          //获取类实例
```

```
12          public static EmbeddedDataSource getInstance() {
13                return (mInstance);
14          }
15
16          //获取数据源
17          public EmbeddedSimpleDataSource getDataSource() {
18                if(mDS == null) {
19                      mDS = new EmbeddedSimpleDataSource();
20                      mDS.setDatabaseName(TEST_DB_NAME);
21                      //创建或启动指定的数据库
22                      mDS.setCreateDatabase("create");
23                }
24
25                return (mDS);
26          }
27    };
```

在代码 27 中，EmbeddedSimpleDataSource 接口的“setDatabaseName”指定要创建或启动的数据库（第 20 行），通过“setCreateDatabase（"create"）”方法来初始化数据库（第 22 行）。至此，读者应该很清楚该接口的用途：通过指定数据库名来初始化数据库，并且提供 JDBC API 用以访问的数据库连接。

当数据库创建成功后，应用程序会在程序所在目录创建一个以数据库名称命名的文件夹，该文件夹中存放该数据库的所有数据，如图 12-30 所示。

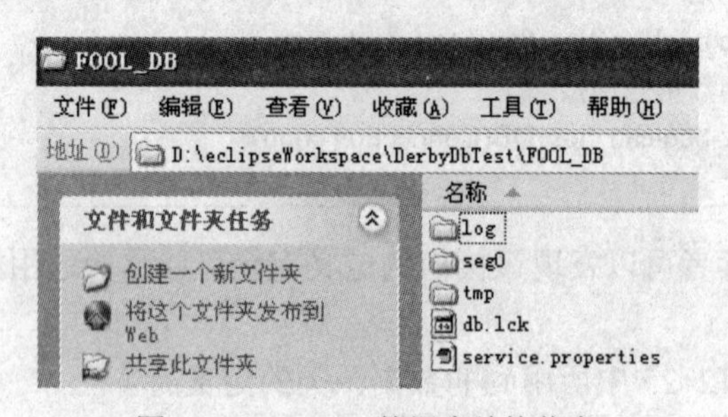

图 12-30　Derby 数据库结构信息

同样，创建 Derby 数据库文件和文件夹也需要在工程清单文件中声明允许写外部存储器的许可。

12.3　对象数据库 Db4o

Db4o（http://www.db4o.com/）是 Database for Objects 的缩写，其内容是基于对象的数据库。Db4o 支持 Java 和 C#两种语言，通过其官方网站可以获得最新的开发包。

Db4o 在嵌入式和移动平台的应用十分广泛。例如：通过 Db4o 数据库来记忆车辆的状态和用户的喜好设置，在换购新的车辆时可以导入 Db4o 数据库来迅速获取用户的偏好设置；通过 Db4o 数据库来实现移动公文包（Offline Briefcase）：当用户不在办公室的时候将数据直接保存到手机或 PDA 上的 Db4o 数据库中，等到回到办公室可以连接到中心数据库时，再将移动设备中Db4o数据库中的记录导入到中心数据库。

Db4o 封装了对象的存储、检索和更新等细节，所以开发者无需再为这些操作而劳心费神，而只需要关注业务逻辑。另外，Db4o 提供了多个子集版本，方便应用系统的选择。例如：对Java平台的支持版本有1.5、1.2（1.2～1.4）和1.1版本，对于Android平台可以选择1.5版本，如图12-31所示。

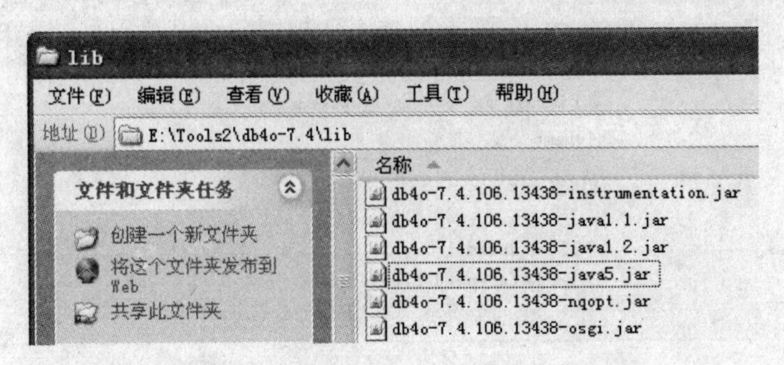

图12-31 Db4o对Java平台的支持版本

12.3.1 Db4o对Android平台的支持

Db4o提供的支持Java 5的API能够很好地兼容Android平台，本书使用的Db4o的开发包是Db4o 7.4版本（当前已经升级至7.12版本）。

12.3.2 Db4o API

Db4o API提供了多达24个API包，作者这里只是简要地介绍几个重要的包。

表12-12是对核心包com.db4o中的主要类/接口的说明。

表12-12 com.db4o包中主要类/接口说明

类/接口	说明
Db4o	开始Db4o数据库引擎的工厂类
ObjectContainer	一个独立的Db4o数据库接口
ObjectSet	查询结果集接口

表12-13是对查询包com.db4o.query中的主要类/接口的说明。

表12-13 com.db4o.query包中主要类/接口说明

类/接口	说明
Predicate	用于本地查询的谓词类

表12-14是对配置包com.db4o.config中主要类/接口的说明。

表12-14 com.db4o.config包中主要类/接口说明

类/接口	说明
Configuration	配置接口

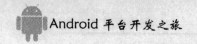

读者如要获取更为详细的内容，可以查阅 Db4o 开发包的开发文档。

12.3.3 Db4o 数据库应用

1. 部署 Db4o API 包文件

和部署 Derby 数据库的包文件一样，Db4o API 包文件也要作为参考包的形式添加到最后的安装文件中。图 12-32 是将 Db4o 库文件纳入该程序的参考包之后的工程结构内容。

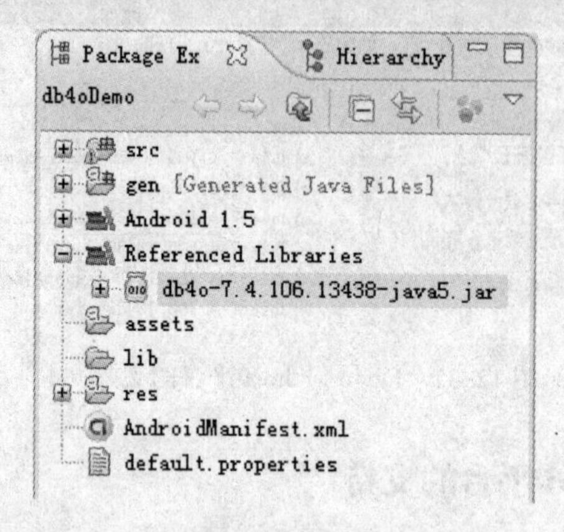

图 12-32 引入 Db4o 包文件

图 12-33 是该包文件在工程文件夹中的部署路径信息。

图 12-33 Db4o 包文件的路径

以下内容是设置引入 Db4o 开发包之后的“.classpath”文件中的内容，其中第 4 行就是将 DbFo 包文件设置为程序所要参考的包。

```
1    <?xml version="1.0" encoding="UTF-8"?>
2    <classpath>
3        ......
4        <classpathentry kind="lib" path="lib/db4o-7.4.106.13438-java5.jar"/>
5        <classpathentry kind="output" path="bin"/>
6    </classpath>
```

2. 数据库操作

（1）创建或打开数据库

使用 Db4o 类的“openFile”方法可以创建或打开指定数据库，如果该数据库文件不存在则会自动创建。

注意：Db4o 类提供了 2 种“openFile”方法，其区别在于：一种方法需要指定配置，而另一种无需指定配置。通过指定可以引用本地化的配置，如果不指定，则采用 Db4o 的国际化配置。对于 Db4o 7.4 版本，在 Android 平台使用不指定配置的“openFile”方法打开已经存在的数据库时会抛出“转换到 GenericObject 类”的异常信息，如下所示。

```
java.lang.ClassCastException: com.db4o.reflect.generic.GenericObject
```

为了避免该异常的出现，程序中必须指定使用本地化的配置来打开数据库文件，并显式地设置该配置的反射器（Reflector）。代码 12-28 是打开 Db4o 数据库的方法定义。

代码 12-28　打开 Db4o 数据库的方法

文件名：OdbUtil.java

```
1   //打开数据库文件
2   private ObjectContainer openDBFile(final String odbName) {
3           //创建一个新的配置实例
4           Configuration config = Db4o.newConfiguration();
5           //为配置指定特定的反射器
6           config.reflectWith(new JdkReflector(this.getClass().getClassLoader() ) );
7
8           //使用指定的配置打开数据库
9           //如不使用指定的配置，在第二次打开数据库文件时会提示有关反射的运行时错误
10          return (Db4o.openFile(config, odbName) );
11  }
```

代码 12-28 中，创建了一个配置实例（第 4 行），并为其设置了一个以当前类的类载入器（ClassLoader）进行反射处理的反射器（第 6 行），最后在“openFile”方法中指定以该配置打开指定数据库。

当数据库创建成功，程序会在指定的路径生成 Db4o 数据库的库文件，该文件的扩展名一般为“.yap”。

注意：同 SQLite 数据库，创建 Db4o 数据库文件需要在 SD 卡上创建文件或文件夹，所以也需要在工程清单文件中声明允许写外部存储器（SD 卡）的许可。

（2）数据库关闭

通过 Db4o 类实例的“close”方法可以关闭数据库。

（3）数据库删除

数据库的删除与普通文件的删除没有什么区别，只是需要数据库处于关闭状态。

3. 对象集操作

对象集（ObjectSet）的操作都必须建立在数据库已经打开的基础上，为了保证对象集操作的安全性，操作完毕应该及时关闭数据库。

（1）存储对象

通过 ObjectContainer 实例的“store”方法可以实现将对象实体存储到数据库中。图 12-34 所示的界面中，通过点击“Store”按钮将一条支出信息作为对象存入到数据库中。

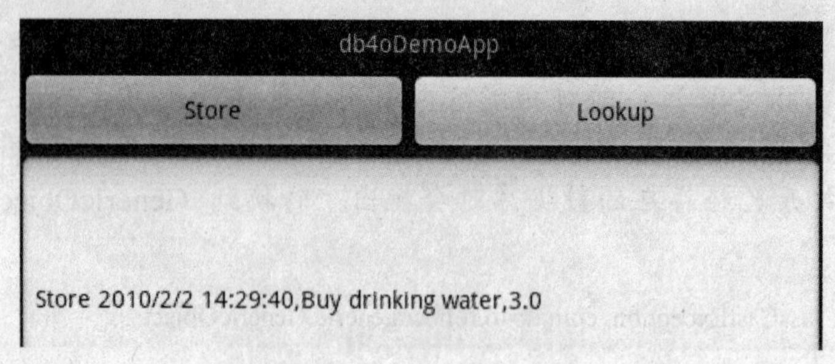

图 12-34　存储记录对象的 Db4o 数据库

代码 12-29 是存储对象到 Db4o 数据库中的主要代码。

代码 12-29　将对象添加到 Db4o 数据库

文件名：OdbUtil.java

```
1  public void appendObject(final String odbName, Object obj) {
2          //打开数据库
3          ObjectContainer odb = openDB(odbName);
4          //存储对象
5          odb.store(obj);
6          //关闭数据库
7          closeDB(odb);
8  }
```

（2）遍历对象

通过 ObjectContainer 实例的查询方法可以获取 Db4o 数据库中符合条件的对象的集合，该对象集合的接口类似于枚举（Enumeration），通过其“hasNext”和“next”方法可以遍历该集合内所有对象记录。

图 12-35 所示的界面中，通过“Lookup”按钮获取 Db4o 数据库中所有的记录并进行显示。

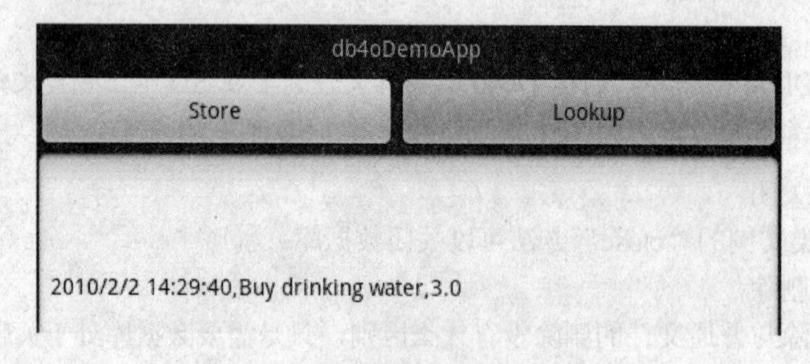

图 12-35　从 Db4o 数据库中读取对象记录

代码 12-30 是从 Db4o 数据库中读取对象记录的主要代码。

代码 12-30　从 Db4o 数据库中读取对象记录

文件名：db4oDemoAct.java

```
1    Payout proto = new Payout(null, null, 0.0D);
```

```
2
3   //获取数据库中指定条件的所有对象(Query By Example)
4   public Vector getObjects(final String odbName, Object proto) {
5           //打开数据库
6           ObjectContainer odb = openDB(odbName);
7           //查询获得对象集
8           ObjectSet objectSet = odb.queryByExample(proto);
9           //对象容器
10          Vector objectDB = new Vector();
11
12          while(objectSet.hasNext() ) { //遍历对象集合
13                  objectDB.addElement(objectSet.next() );
14          }
15
16          //关闭数据库
17          closeDB(odb);
18          return (objectDB);
19  }
```

代码 12-30 中，对象容器接口通过“queryByExample”方法对数据库中的记录进行案例查询，获取对象集（第 8 行）。该方法需要预先定义一个对象原型（第 1 行）。

（3）查询对象

查询对象是 Db4o 的特性，这是其区别于 SQLite 的最突出的方面。在 SQLite 应用中，记录的插入、查询和删除都可以通过 SQL 语句来统一执行，而 Db4o 却无法做到这一点。

Db4o 提供了三种不同的查询模式，分别是：按例查询（Query-By-Example，QBE）（代码 12-30 中使用该方式）、本地查询(Native Query，NQ)和 SODA API 方式，这三种查询的使用技巧可以参考 Db4o 文档。

代码 12-31 是从 Db4o 数据库中读取对象记录的主要代码，其中使用的是本地查询方式。

代码 12-31 从 Db4o 数据库中查询对象记录

文件名：db4oDemoAct.java

```
1   //获取数据库中指定条件的所有对象(Native Query)
2   public Vector queryObjects(final String odbName, Predicate predicate) {
3           //打开数据库
4           ObjectContainer odb = openDB(odbName);
5           //查询获得对象集
6           ObjectSet objectSet = odb.query(predicate);
7           //对象容器
8           Vector objectDB = new Vector();
9
10          while(objectSet.hasNext() ) { //遍历对象集合
11                  objectDB.addElement(objectSet.next() );
12          }
```

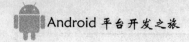

```
13
14          //关闭数据库
15          closeDB(odb);
16
17          return (objectDB);
18      }
```

4. Db4o 数据库工具类

为了统一对 Db4o 数据库的使用，笔者将一些 Db4o 数据库的常用操作（例如：数据库的打开、关闭和删除、对象记录的存储、查询等）封装成工具类。代码 12-32 就是该 Db4o 数据库工具类的定义。

代码 12-32　Db4o 数据库工具类定义

文件名：OdbUtil.java

```
1   public class OdbUtil { //对象数据库公共函数库
2       public OdbUtil() {
3       }
4
5       //打开数据库
6       public ObjectContainer openDB(final String odbName) {
7           File file = new File(odbName);
8
9           if(file.exists() == true) { //库文件存在则打开数据库
10              return (openDBFile(odbName) );
11          }
12          else { //如果不存在则初始化
13              return(initDB(odbName) );
14          }
15      }
16
17      //打开数据库文件
18      private ObjectContainer openDBFile(final String odbName) {
19          //创建一个新的配置实例
20          Configuration config = Db4o.newConfiguration();
21          //为配置指定特定的反射
22          config.reflectWith(new JdkReflector(this.getClass().getClassLoader() ) );
23
24          //使用指定的配置打开数据库
25          //如不使用指定的配置，在第二次打开数据库文件时会提示有关反射的运行时错误
26          return (Db4o.openFile(config, odbName) );
27      }
28
29      //初始化数据库
30      private ObjectContainer initDB(final String odbName) {
31          File file = new File(odbName);
32
```

```
33              if(file.exists() == true) { //库文件已经存在则删除
34                  if(file.delete() == false) { //删除失败
35                      return (null);
36                  }
37              }
38              return (openDBFile(odbName) );
39          }
40
41          //关闭数据库
42          public void closeDB(ObjectContainer odb) {
43              odb.close();
44          }
45
46          //删除数据库
47          public boolean deleteDB(final String odbName) {
48              File file = new File(odbName);
49
50              if(file.exists() == true) { //库文件存在则删除
51                  return (file.delete() );
52              }
53              return (true);
54          }
55
56          //添加对象
57          public void appendObject(final String odbName, Object obj) {
58              //打开数据库
59              ObjectContainer odb = openDB(odbName);
60              //存储对象
61              odb.store(obj);
62              //关闭数据库
63              closeDB(odb);
64          }
65
66          //获取数据库中指定条件的所有对象(Query By Example)
67          public Vector getObjects(final String odbName, Object proto) {
68              //打开数据库
69              ObjectContainer odb = openDB(odbName);
70              //查询获得对象集
71              ObjectSet objectSet = odb.queryByExample(proto);
72              //对象容器
73              Vector objectDB = new Vector();
74
75              while(objectSet.hasNext() ) { //遍历对象集合
76                  objectDB.addElement(objectSet.next() );
77              }
78              //关闭数据库
```

```
79            closeDB(odb);
80            return (objectDB);
81        }
82
83        //获取数据库中指定条件的所有对象(Native Query)
84        public Vector queryObjects(final String odbName, Predicate predicate) {
85            //打开数据库
86            ObjectContainer odb = openDB(odbName);
87            //查询获得对象集
88            ObjectSet objectSet = odb.query(predicate);
89            //对象容器
90            Vector objectDB = new Vector();
91
92            while(objectSet.hasNext() ) { //遍历对象集合
93                objectDB.addElement(objectSet.next() );
94            }
95            //关闭数据库
96            closeDB(odb);
97            return (objectDB);
98        }
99    };
```

12.3.4 基于 Db4o 的日记账工具

和 SQLite 的介绍方式一样，下面作者将介绍一款基于 Db4o 数据库的日记账工具，让读者能够借此巩固对 Db4o 数据库的应用理解，并体会 Db4o 与 SQLite 的应用差异，其界面定义基本与 SQLite 数据库的日记账本工具相同。

1. 程序清单

代码 12-33 是该程序的清单文件（AndroidManifest.xml）的内容。

代码 12-33 基于 Db4o 日记账工具程序清单

文件名：AndroidManifest.xml

```
1    <application android:icon="@drawable/icon" android:label="@string/app_name">
2        <activity android:name=".db4oJournalBookAct" ……>
3            ……
4        </activity>
5        <activity android:name=".AppendRecAct"></activity>
6        <activity android:name=".ReviewRecAct"></activity>
7        <activity android:name=".LookupRecAct"></activity>
8        <activity android:name=".ReportRecAct"></activity>
9        <uses-permission android:name="android.permission.WRITE_EXTERNAL_STORAGE"/>
10   </application>
```

通过代码 12-33，读者可以看出，除了主 Activity 组件，还包含 4 个 Activity 组件（第 9 行到第 12 行）。图 12-36 是该应用程序的功能框架。

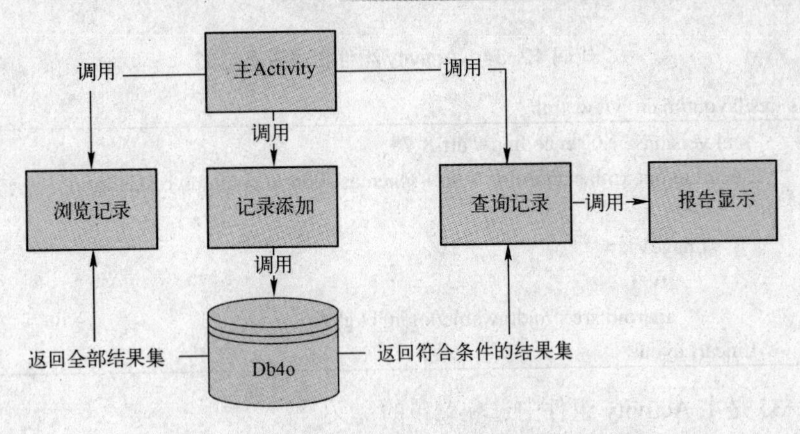

图 12-36　基于 Db4o 数据库的日记账工具功能框架

图 12-36 中，主 Activity 与其他 4 个 Activity 组件之间只是调用关系，通过调用这些 Activity 组件来对 Db4o 数据库进行操作，包括：添加记录和查询记录，再通过这些 Activity 组件的界面对操作结果进行显示。

2. 用户界面

在程序中，主 Activity 调用功能 Activity 是通过选项菜单的方式实现的，程序的选项菜单内容如图 12-37 所示。

图 12-37　基于 Db4o 数据库的日记账本工具

代码 12-34 是主 Activity 组件的布局资源定义。

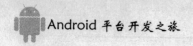

代码 12-34　Activity 组件布局资源定义

文件名：res/layout/main_view.xml

```
1   <?xml version="1.0" encoding="utf-8"?>
2   <LinearLayout xmlns:android="http://schemas.android.com/apk/res/android"
3       ......>
4       <ImageView
5           ......
6           android:src="@drawable/login_bkg" />
7   </LinearLayout>
```

代码 12-35 是主 Activity 组件中选项菜单的定义。

代码 12-35　Activity 组件选项菜单定义

文件名：res/menu/options_menu.xml

```
1   <menu xmlns:android="http://schemas.android.com/apk/res/android">
2       <group>
3           <item android:id="@+id/MI_APPEND"
4               android:title="Append"
5               android:icon="@drawable/append">
6           </item>
7           <item android:id="@+id/MI_REVIEW"
8               android:title="Review"
9               android:icon="@drawable/review">
10          </item>
11          <item android:id="@+id/MI_LOOKUP"
12              android:title="Lookup"
13              android:icon="@drawable/lookup">
14          </item>
15      </group>
16      <group>
17          <item android:id="@+id/MI_ABOUT"
18              android:title="About"
19              android:icon="@drawable/about">
20          </item>
21          <item android:id="@+id/MI_QUIT"
22              android:title="Exit"
23              android:icon="@drawable/quit">
24          </item>
25      </group>
26  </menu>
```

3. 主 Activity 代码框架

代码 12-36 是程序的主 Activity 代码框架，在该框架中，主 Activity 对功能 Activity 进行调用。

代码 12-36 主 Activity 代码框架

文件名：db4oJournalBookAct.java

```
1    public class db4oJournalBookAct extends Activity {
2        //Db4 数据库路径
3        public static final String DATABASE_NAME = "/sdcard/JournalBook.yap";
4
5        @Override
6        public void onCreate(Bundle savedInstanceState) {
7            super.onCreate(savedInstanceState);
8            setContentView(R.layout.main_view);
9        }
10
11       @Override
12       public boolean onCreateOptionsMenu(Menu menu) {
13           //充实菜单
14           MenuInflater inflater = getMenuInflater();
15           inflater.inflate(R.menu.options_menu, menu);
16
17           //设置菜单意向
18           menu.findItem(R.id.MI_APPEND).setIntent(new Intent(this, AppendRecAct.class) );
19           menu.findItem(R.id.MI_REVIEW).setIntent(new Intent(this, ReviewRecAct.class) );
20           menu.findItem(R.id.MI_LOOKUP).setIntent(new Intent(this, LookupRecAct.class) );
21           //注意：必须调用超类的方法，否则无法实现意向回调
22           return (super.onCreateOptionsMenu(menu) );
23       }
24
25       @Override
26       public boolean onOptionsItemSelected(MenuItem item) {
27           switch(item.getItemId() ) {
28               case R.id.MI_ABOUT: {
29                   doAbout();
30                   break;
31               }
32               case R.id.MI_QUIT: {
33                   doQuit();
34                   break;
35               }
36           }
37           return (super.onOptionsItemSelected(item) );
38       }
39
40       private void doAbout() {
41           this.finish();
42       }
43
```

```
44        private void doQuit() {
45            this.finish();
46        }
47    };
```

代码 12-36 中，对于可选菜单项的 Activity 组件绑定以及对话框的初始化和 SQLite 数据库日记账工具相同。

4. 记录对象定义

支付记录对象的定义也和 SQLite 数据库日记账工具相同。

5. 添加日记账记录

添加日记账记录的界面 SQLite 数据库日记账工具相同。代码 12-37 是其添加日记账记录的主要代码。

代码 12-37　添加日记账记录代码

文件名：AppendRecAct.java

```
1    private void doSubmit() {
2        if(submitCheck() == false) {
3            return;
4        }
5        Payout payout = new Payout(mTxtTimestamp.getText().toString().trim(),
6                mTxtComments.getText().toString().trim(),
7                Double.parseDouble(mTxtMoney.getText().toString().trim()) );
8        OdbUtil.getInstance().appendObject(db4oJournalBookAct.DATABASE_NAME, payout);
9
10       FoolUtil.showMsg(this, "存储记录成功！");
11       this.finish();
12   }
```

6. 查看日记账记录

查看日记账记录的界面 SQLite 数据库日记账工具相同。代码 12-38 是其获取日记账记录的主要代码。

代码 12-38　获取日记账记录

文件名：ReviewRecAct.java

```
1    private void initDataSet() {
2        Payout proto = new Payout(null, null, 0.0D);
3        mRecordSet = OdbUtil.getInstance().getObjects(db4oJournalBookAct.DATABASE_NAME,
4                proto);
5        mRecordCount = mRecordSet.size();
6    }
```

7. 查询日记账记录

查看日记账记录的界面与 SQLite 数据库日记账工具相同。代码 12-39 是其获取日记账记录的主要代码。

代码 12-39 查询日记账记录

文件名：LookupRecAct.java

```
1   private void doQuery() {
2       //获取列名
3       String columnName = mSpnColumns.getSelectedItem().toString();
4       //获取操作名
5       String operator = mSpnOperators.getSelectedItem().toString();
6       //获取参考值
7       String value = mTxtValue.getText().toString().trim();
8
9       //创建查询谓词实例
10      Predicate<Payout> predicate =
11                      new JournalBookPredicate(columnName, operator, value);
12      //执行查询操作
13      ArrayList recordSet =
14          OdbUtil.getInstance().queryObjects(db4oJournalBookAct.DATABASE_NAME,
15                                                  predicate);
16      if(recordSet.size() > 0) {
17          Intent reportRecIntent = new Intent(this, ReportRecAct.class);
18          reportRecIntent.putParcelableArrayListExtra(EXTRA_NAME, recordSet);
19          this.startActivity(reportRecIntent);
20      }
21      else {
22          FoolUtil.showMsg(this, "结果集为空，请检查查询条件！");
23          return;
24      }
25  }
```

代码 12-39 中，查询界面并不像 SQLite 工具那样依据用户输入内容来生成 SQL 查询条件（因为 Db4o 不是基于 SQL 的数据库），而是依据输入内容生成了一个谓词对象（第 10 行），继而通过这个谓词对象来进行查询动作（第 14 行和第 15 行），并获取对象记录集合。

如果读者对数据库有一定研究，应该知道在数据库技术中，也有谓词的概念。例如 SQL 语法所定义的 EXISTS（是否存在）、IN（是否在之内）和 LIKE（模式匹配）就是开发者常用的 SQL 谓词。这些谓词包含了对集合中记录进行过滤的过滤规则，从这个角度而言，Db4o 所定义的谓词，就是用于创建对象记录的过滤规则，通过这些规则，Db4o 查询引擎可以知道哪些对象记录符合条件，而哪些该过滤掉。

8. 谓词对象定义

代码 12-40 是代码 12-39 中用于记录查询的谓词定义。

代码 12-40 Db4o 查询谓词的定义

文件名：JournalBookPredicate.java

```
1       package foolstudio.demo;
2
3       import com.db4o.query.Predicate;
```

```
4
5   import foolstudio.util.Payout;
6
7   public class JournalBookPredicate extends Predicate<Payout> {
8       private static final long serialVersionUID = 1L;
9
10      private String mColumnName = null;
11      private String mOperator = null;
12      private String mValue = null;
13
14      public JournalBookPredicate(String columnName, String operator, String value) {
15          mValue = value;
16          mOperator = operator;
17          mColumnName = columnName;
18      }
19
20      //匹配规则
21      @Override
22      public boolean match(Payout payout) {
23          if(mColumnName.compareToIgnoreCase("Timestamp") == 0) {
24              if(mOperator.compareToIgnoreCase("=") == 0) {
25                  return (payout.getTimestamp().equals(mValue) );
26              }
27              else if(mOperator.compareToIgnoreCase("LIKE") == 0) {
28                  return (payout.getTimestamp().indexOf(mValue) != -1);
29              }
30          }
31          else if(mColumnName.compareToIgnoreCase("Comments") == 0) {
32              if(mOperator.compareToIgnoreCase("=") == 0) {
33                  return (payout.getComments().equals(mValue) );
34              }
35              else if(mOperator.compareToIgnoreCase("LIKE") == 0) {
36                  return (payout.getComments().indexOf(mValue) != -1);
37              }
38          }
39          else { //Money
40              if(mOperator.compareToIgnoreCase("=") == 0) {
41                  return (payout.getMoney() == Double.parseDouble(mValue) );
42              }
43              else if(mOperator.compareToIgnoreCase(">") == 0) {
44                  return (payout.getMoney() > Double.parseDouble(mValue) );
45              }
46              else if(mOperator.compareToIgnoreCase("<") == 0) {
47                  return (payout.getMoney() < Double.parseDouble(mValue) );
48              }
49          }
```

```
50
52            return (false);
53        }
54    };
```

代码 12-40 中，重载于 Db4o 的谓词类（Predicate）的“match”方法（第 22 行）就是用于建立对象记录的匹配规则。在 Db4o 依据谓词对象进行对象查询的时候，会将数据库中每一条对象记录都使用该谓词类定义的匹配规制来进行检查，如果当前记录满足匹配条件则将其放入到结果集中，否则将抛弃。

9. 日记账记录报表

使用列表查看日记账记录的界面与 SQLite 数据库日记账工具相同。

12.4 数据库开发总结

本章介绍了三种具有一定代表性的嵌入式数据库在 Android 平台的应用方式，并以同一款工具作为实例讲解，希望这样可以帮助读者理解这三种类型的数据库的应用特点。

从数据处理机制而言，SQLite 数据库和 JDBC API 都基于 SQL 引擎，数据的最小单位是记录；而 Db4o 是基于对象存储技术，数据的最小单位是对象。在内存中，数据记录多以对象容器的形式进行存储。

从数据库的组织形式而言，SQLite 数据库和 Db4o 数据库都是单个文件，而 Derby 数据库表现为一组文件（一个文件夹）。对于 SQLite 数据库和 Db4o 数据库而言，数据库的管理就是对数据库文件的管理。

作为嵌入式平台应用，SQLite 和 Derby 数据库的 JDBC API 都对标准的 JDBC 规范进行了调整，可以理解为标准 JDBC 的精简版本。但 Android 平台对 SQLite 进行了封装，用户不用过多考虑对数据库连接以及 SQL 语句的管理，所以 SQLite 的使用比 JDBC API 方式容易一些。但是 Db4o 数据比 SQLite 更简洁，对于对象存储的管理比记录游标的管理更容易让开发者理解。

但是 Db4o 在数据查询方面就稍显复杂，需要用户来定义对象的比较规则（谓词对象），而对于 SQL 方式，数据操作的模式都是统一的。

第 13 章 XML 应用

本章对 Android 平台所支持的 XML 应用方式进行全面说明，主要内容包括：SAX 解析方式、DOM 解析方式、XML Pull API 以及资源解析过程分析。在开发案例中，介绍了每一种应用方式的特性，并且通过对比其他的方式，让读者能够清晰地理解各种 XML 应用方式的适用性。

13.1 Android 平台对 XML 应用的支持

不知读者在编写第一个 Android 程序时，是否已经惊叹过布局资源文件定义的高深莫测？开发者只需在布局资源文件中添加一个“<Button>”标记块，程序界面中就会多出一个按钮组件。从寥寥几行的 XML 标记到一个“活生生”的按钮组件实例，读者可以想象出 Android 平台根据这几行 XML 标记做了多少事情！

如同资源文件是程序的基石，XML 技术是 Android 平台的应用基础。Android 平台主要提供了 4 种使用 XML 的方式：SAX、DOM、XMLPull API 和 XML 资源解析。就像《孔乙己》中“我”对孔乙己说茴香豆的“茴”字有 4 种写法感到迂腐一样，可能有读者认为只需介绍一种解析 XML 的方式就够了，但实际上，这 4 种 XML 使用方式有各自的适用性和局限，希望读者仔细体会。

13.2 SAX 解析方式

SAX 是 Simple API for XML（XML 简单 API）的缩写，顾名思义，SAX 方式提供了一组简单的 API 用于处理 XML 标记。在 SAX 方式中，在处理 XML 文档之前，SAX 解析器（Parser）会指定一个解析事件处理器（Handler）。当解析开始，SAX API 会对 XML 文档进行简单的顺序扫描，当扫描到文档（Document）的开始与结束以及元素（Element）的开始与结束标记（Tag）时会给之前指定的解析事件处理器发送消息，由处理器来处理相应的事件。当 XML 文档扫描完毕，则意味着解析过程完成。

SAX 虽然不是 W3C 的规范，但是它已经成为业界流行的使用方式。SAX 目前有两个主版本，即 SAX 1.0 和 SAX 2.0，两者存在多处的不兼容。读者可以访问其项目官方网站（http://sax.sourceforge.net/）来了解更多有关 SAX 的信息。

13.2.1 SAX 使用模式

SAX 的使用模式大致如下：

（1）获取 SAX 解析器工厂（SAXParserFactory）实例。

（2）借助工厂实例创建一个 SAX 解析器（SAXParser）。

（3）定制一个 SAX 的事件处理器（DefaultHandler）。

（4）通过 SAX 解析器的解析方法（parser）对指定的 XML 文档进行解析。

（5）解析过程中发生的事件都在事件处理器的回调函数中处理。

（6）解析得到的结果可以通过容器传递的方式提供给可视界面进行展示。

13.2.2 Android 平台中对 SAX 的支持

Android 平台提供了 javax.xml.parsers、org.xml.sax 和 org.xml.sax.helpers 这三个主要的包用于 SAX 应用，表 13-1、表 13-2 和表 13-3 分别是这三个包中常用的类/接口介绍。

表 13-1 javax.xml.parsers 包中主要类/接口说明

类/接口	说明
SAXParserFactory	SAX 解析器工厂，用于获取 SAX 解析器实例
SAXParser	SAX 解析器，用于对 XML 文档进行解析
ParserConfigurationException	解析器配置异常

表 13-2 org.xml.sax 包中主要类/接口说明

类/接口	说明
Attributes	用于获取 XML 元素的属性值的接口
SAXException	封装了一个通用的 SAX 错误或警告

表 13-3 org.xml.sax.helpers 包中主要类/接口说明

类/接口	说明
DefaultHandler	SAX 解析事件处理器

13.2.3 SAX 应用实例

在接下来介绍的 SAX 应用实例中，使用 SAX 方式解析 1 个包含国家、省和城市信息的 XML 文档，然后将其中的记录通过复选框组件进行显示，其界面效果如图 13-1 所示。代码 13-1 是该 XML 文档的片段内容。

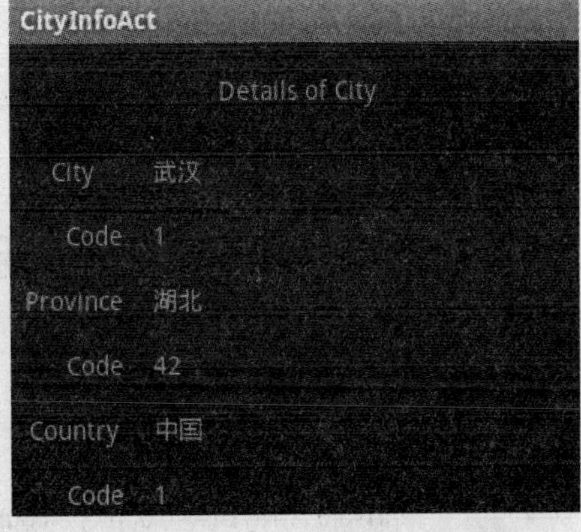

图 13-1 SAX 方式使用示例程序界面

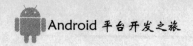

代码 13-1　XML 文档内容

文件名：cities.xml

```
1    <?xml version="1.0" encoding="utf-8"?>
2    <Location>
3        <CountryRegion Name="阿尔巴尼亚" Code="ALB">
4            <State>
5                <City Name="爱尔巴桑" Code="EL"/>
6                ……
7            </State>
8        </CountryRegion>
9        ……
10       <CountryRegion Name="中国" Code="1">
11           <State Name="安徽" Code="34">
12               <City Name="安庆" Code="8"/>
13               ……
14           </State>
15           <State Name="澳门" Code="82"/>
16           <State Name="北京" Code="11"/>
17           ……
18           <State Name="重庆" Code="50"/>
19       </CountryRegion>
20   </Location>
```

在代码 13-1 中，该文档内容的节点层次为：位置（Location）→国家（CountryRegion）→州/省（State）→城市（City）。位置节点为根节点，只有 1 个，其包含多个国家节点；国家节点又包含多个州/省节点，而州/省节点又包含多个城市节点，由此读者可以看出，该文档中的记录是按照树状形式进行组织的。

在图 13-1 中，分别使用了 3 个下拉框组件（Spinner）来显示国家、州/省和城市的记录条目，而复选框组件是一个适配器视图，其需要绑定一个数据集（有关适配器视图的概念可以参考第 4 章）。既然要用到数据集，就可以考虑将 XML 中的节点映射为对应的记录对象，在解析过程中根据节点类型来创建记录对象并添加到记录容器中。另外，如果需要在 Activity 组件之间传递记录对象，则必须将记录对象实现 Parcelable 接口。

1. XML 节点对象定义

（1）位置节点对象

代码 13-2 是位置节点的对象定义代码。

代码 13-2　位置节点的对象定义

文件名：Location.java

```
1    public class Location {
2        public static final String TAG_NAME = "Location";
3        //国家节点记录列表
4        private ArrayList<Country> countries = null;
5
```

```
6          public Location () {
7                this.countries = new ArrayList<Country>();
8          }
9          //添加国家对象
10         public void addCountry(Country country) {
11               this.countries.add(country);
12         }
13         //获取国家对象列表
14         public ArrayList<Country> getCountries() {
15               return this.countries;
16         }
17    };
```

（2）国家节点对象

代码 13-3 是国家节点的对象定义代码。

代码 13-3　国家节点对象定义

文件名：Country.java

```
1     public class Country implements Parcelable {
2           public static final String TAG_NAME = "CountryRegion";
3           //属性
4           private String name = null;
5           private String code = null;
6           //州/省节点对象列表
7           private ArrayList<State> states = null;
8
9           //必须有一个名为 CREATOR 的成员对象，否则无法进行 Parcelable 对象通信
10          public static final Parcelable.Creator<Country> CREATOR =
11            new Parcelable.Creator<Country>() {
12                public Country createFromParcel(Parcel in) {
13                      return new Country(in);
14                }
15                public Country[] newArray(int size) {
16                      return new Country[size];
17                }
18          };
19
20          //实现 Parcelable 接口
21          public Country(Parcel in) {
22                this.name = in.readString();
23                this.code = in.readString();
24          }
25
26          public Country(String name, String code) {
27                this.name = name;
28                this.code = code;
```

```
29              this.states = new ArrayList<State>();
30          }
31          ……
32          //添加州/省节点对象
33          public void addState(State state) {
34              this.states.add(state);
35          }
36          //获取州列表
37          public ArrayList<State> getStates() {
38              return this.states;
39          }
40          ……
41          @Override
42          public void writeToParcel(Parcel dest, int flags) {
43              dest.writeString(this.name);
44              dest.writeString(this.code);
45          }
46      };
```

在代码 13-2 中，因为国家节点对象会通过主 Activity 传递给显示城市详细信息的 Activity，所以国家节点对象必须实现 Parcelable 接口，其必须定义"CREATOR"属性（第 17 行）和"writeToParcel"方法（第 42 行），有关 Parcelable 接口的实现机制请参考第 3 章。

（3）州/省节点对象

代码 13-4 是州/省节点的对象定义。

代码 13-4　州/省节点的对象定义

文件名：State.java

```
1   public class State implements Parcelable {
2       public static final String TAG_NAME = "State";
3
4       private String name = null;
5       private String code = null;
6       //城市节点对象列表
7       private ArrayList<City> cities = null;
8
9       //必须有一个名为 CREATOR 的成员对象，否则无法进行 Parcelable 对象通信
10      public static final Parcelable.Creator<State> CREATOR =
11      new Parcelable.Creator<State>() {
12          public State createFromParcel(Parcel in) {
13              return new State(in);
14          }
15          public State[] newArray(int size) {
16              return new State[size];
17          }
18      };
```

```
19
20          //实现 Parcelable 接口
21          public State(Parcel in) {
22              this.name = in.readString();
23              this.code = in.readString();
24          }
25
26          public State(String name, String code) {
27              this.name = name;
28              this.code = code;
29              cities = new ArrayList<City>();
30          }
31          ……
32          public void addCity(City city) {
33              this.cities.add(city);
34          }
35
36          public ArrayList<City> getCities() {
37              return this.cities;
38          }
39          ……
40          @Override
41          public void writeToParcel(Parcel dest, int flags) {
42              dest.writeString(this.name);
43              dest.writeString(this.code);
44          }
45      };
```

（4）城市节点对象

代码 13-5 是城市节点对象的定义代码。

代码 13-5 城市节点对象定义

文件名：City.java

```
1       public class City implements Parcelable {
2           public static final String TAG_NAME = "City";
3
4           private String name = null;
5           private String code = null;
6
7           //必须有一个名为 CREATOR 的成员对象，否则无法进行 Parcelable 对象通信
8           public static final Parcelable.Creator<City> CREATOR =
9           new Parcelable.Creator<City>() {
10              public City createFromParcel(Parcel in) {
11                  return new City(in);
12              }
13
```

```
14              public City[] newArray(int size) {
15                  return new City[size];
16              }
17          };
18
19          //实现 Parcelable 接口
20          public City(Parcel in) {
21              this.name = in.readString();
22              this.code = in.readString();
23          }
24
25          public City(final String __name, final String __code) {
26              this.name = __name;
27              this.code = __code;
28          }
29          ……
30          @Override
31          public void writeToParcel(Parcel dest, int flags) {
32              dest.writeString(this.name);
33              dest.writeString(this.code);
34          }
35      };
```

2．XML 解析

在示例程序中，作者将 SAX 的解析过程封装成工具类，同时定制了一个事件处理器。

（1）SAX 解析工具类

代码 13-6 是 SAX 解析工具类的定义。

代码 13-6　SAX 解析工具类的定义

文件名：SAXUtil.java

```
1   public class SAXUtil {
2       private static SAXUtil mInstance = new SAXUtil();
3       //单例模式中，构造函数无需对外提供
4       private SAXUtil() {
5       }
6
7       public static SAXUtil getInstance() {
8           return (mInstance);
9       }
10
11      public void parse(InputStream is, Location location) throws SAXException,
12                                          ParserConfigurationException, IOException {
13          //获取解析工厂实例和 SAX 解析实例
14          SAXParserFactory factory = SAXParserFactory.newInstance();
15
16          SAXParser parser = factory.newSAXParser();
```

```
17            parser.parse(is, new ParseHandler(location) );
18        }
19    };
```

在代码 13-6 中，通过 SAX 解析器工厂的“newInstance”方法就可以获得一个解析工厂实例（第 14 行），继而通过工厂实例的“newSAXParser”方法创建一个新的 SAX 解析器（第 16 行），通过解析器的“parse”方法就可以启动对 XML 文档的解析，“parse”方法指明了 XML 输入流和解析事件处理器（第 17 行）。需要注意的是，创建事件处理器的同时，将位置节点对象接口（Location）传递给处理器，该接口用于作为记录对象容器。

（2）解析事件处理器

代码 13-7 是定制的 SAX 解析事件处理器定义。

代码 13-7　定制 SAX 事件处理器定义

文件名：ParseHandler.java

```
1    public class ParseHandler extends DefaultHandler {
2        private Location mLocation = null;
3        private Country mCurCountry = null;
4        private State mCurState = null;
5
6        public ParseHandler(Location location) {
7            this.mLocation = location;
8        }
9
10       @Override
11       public void startElement(String uri, String localName, String name,
12                                Attributes attributes) throws SAXException {
13           super.startElement(uri, localName, name, attributes);
14
15           //当前元素有关国家/区域
16           if(localName.equalsIgnoreCase(Country.TAG_NAME) ) {
17               String countryName = attributes.getValue("Name");
18               String code = attributes.getValue("Code");
19
20               Country country = new Country(countryName, code);
21               mLocation.addCountry(country);
22
23               mCurCountry = country; //记录当前国家/区域
24           }
25           else if(localName.equals(State.TAG_NAME) ) { //当前元素有关州/省
26               String stateName = attributes.getValue("Name");
27               String code = attributes.getValue("Code");
28
29               //如果其从属的国家/区域不为空则添加其国家/区域的州/省列表
30               if(mCurCountry != null) {
```

```
31                  State state = new State(stateName, code);
32                  mCurCountry.addState(state);
33
34                  mCurState = state; //记录当前州/省
35              }
36          }
37          else if(localName.equals(City.TAG_NAME) ) { //当前元素有关城市
38              String cityName = attributes.getValue("Name");
39              String code = attributes.getValue("Code");
40
41              //如果其从属的州/省不为空则添加其州/省的城市列表
42              if(mCurState != null) {
43                  City city = new City(cityName, code);
44                  mCurState.addCity(city);
45              }
46          }
47      }
48  };
```

在代码 13-7 中，在定制的 SAX 事件处理器的“startElement”回调函数中对发生解析事件的文档元素标记进行判断（第 16 行、第 25 行和第 37 行），并据此来生成标记对应的记录对象。生成的记录对象都将添加到由可视组件传递过来的记录容器接口（mLocation）中。

3. 对象记录与可视组件的绑定

通过记录容器就可以创建适配器视图的适配器（Adapter），从而实现从对象列表到可视组件（本示例中是复选框）的绑定。代码 13-8 是将代码 13-7 中解析得到的城市对象列表绑定到复选框组件的框架代码。

代码 13-8　将 XML 解析得到的对象列表绑定到复选框组件

文件名：SAXDemoAct.java

```
1   public class SAXDemoAct extends Activity implements OnItemSelectedListener {
2       //城市记录条目的名称标识（用于从意向对象附加空间获取记录）
3       public static final String EXTRA_NAME1 = "City";
4       //视图组件
5       private Spinner mSpnCities = null;
6       //根节点对象（用于存储下层记录对象）
7       private Location mLocation = null;
8       //适配器容器
9       private ArrayList<City> mCities = new ArrayList<City>();
10
11      @Override
12      public void onCreate(Bundle savedInstanceState) {
13          super.onCreate(savedInstanceState);
14          setContentView(R.layout.main_view);
15          //获取城市记录显示组件
```

```
16              this.mSpnCities = (Spinner)findViewById(R.id.SPN_CITY);
17              //创建适配器
18              ArrayAdapter<City> adapter = new ArrayAdapter<City>(this,
19                                              android.R.layout.simple_spinner_item,
20                                              mCities);
21              //设置组件点击下拉视图组件
22          adapter.setDropDownViewResource(android.R.layout.simple_spinner_dropdown_item);
23              //设置适配器
24              this.mSpnCities.setAdapter(adapter);
25              //设置条目选择事件侦听器
26              this.mSpnCities.setOnItemSelectedListener(this);
27              //初始化位置节点对象
28              mLocation = new Location();
29              //初始化界面
30              init();
31          }
32
33          //初始化界面
34          private void init() {
35              //通过 SAX 工具类解析 XML 文件并提供数据容器接口
36              SAXUtil.getInstance().parse(
37                      this.getResources().openRawResource(R.raw.cities), mLocation);
38              //清除数据集
39              mCities.clear();
40              //初始化数据集
41              mCities.addAll(mLocation.getCountries().get(0).getStates().get(0).getCities() );
42              //通知数据集改变
43              ((ArrayAdapter)this.mSpnCities.getAdapter()).notifyDataSetChanged();
44          }
45      };
```

在代码 13-8 中，首先通过资源 ID 来获取对应的复选框组件实例（第 16 行），然后创建一个数组适配器（第 18 行），再将该适配器设置为复选框组件的适配器（第 24 行）。需要读者注意的是，此时用于创建适配器的数据容器是空的，所以该复选组件也不会显示任何记录。所以还必须通过解析 XML 文件来获取对象记录，即调用第 30 行的“init”方法。

在初始化方法中，程序首先通过 SAX 工具类来解析 XML 文件，并使用解析结果填充数据容器（即第 37 行中 mLocation），然后通过数据容器中的记录再返回设置对应的视图适配器的数据容器（即第 41 行的 mCities），并由复选框组件对应的适配器来“告诉”视图组件其数据集发生了改变，让其重新进行绘制。

4. 记录条目选择改变事件

当用户改变国家复选框中的条目，则省复选框组件中的内容也要随着更新；当省复选框的条目发生改变，则城市复选框组件中的内容也要更新。复选框组件的内容更新层次如图 13-2 所示。

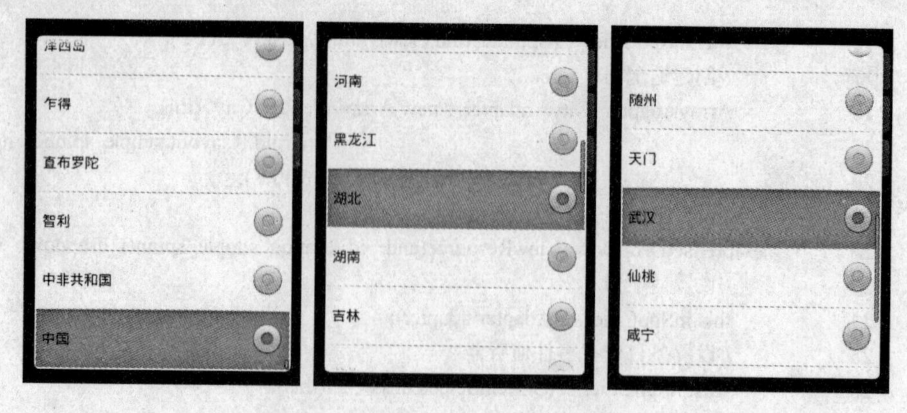

图 13-2　复选框组件内容更新界面

通过复选框视图的“setOnItemSelectedListener”方法可以设置对条目选择事件的侦听。代码 13-9 是示例程序中对复选框条目改变事件的侦听代码。

代码 13-9　对复选框条目改变事件进行侦听

文件名：SAXDemoAct.java

```
1    public class SAXDemoAct extends Activity implements OnItemSelectedListener {
2        ……
3        @Override
4        public void onCreate(Bundle savedInstanceState) {
5            ……
6            //设置条目选择事件侦听器
7            this.mSpnCities.setOnItemSelectedListener(this);
8            ……
9        }
10       @Override
11       public void onItemSelected(AdapterView<?> parent, View view, int pos, long id) {
12           switch(parent.getId() ) {
13               case R.id.SPN_CITY: {
14                   doCitySelected(pos);
15                   break;
16               }
17           }
18       }
19
20       //选择城市
21       private void doCitySelected(int position) {
22           //获取国家记录的位置
23           int countryPosition = this.mSpnCountries.getSelectedItemPosition();
24           //获取州/省记录的位置
25           int statePosition = this.mSpnProvinces.getSelectedItemPosition();
26           //获取国家记录对象
27           Country country =   mLocation.getCountries().get(countryPosition);
```

```
28              //获取州/省记录对象
29              State state = country.getStates().get(statePosition);
30              //获取城市记录对象
31              City city = state.getCities().get(position);
32              //启动查看城市详情的 Activity 组件
33              Intent intentStart = new Intent(this, CityInfoAct.class);
34                  intentStart.putExtra(EXTRA_NAME1, city);
35                  intentStart.putExtra(EXTRA_NAME2, state);
36                  intentStart.putExtra(EXTRA_NAME3, country);
37              this.startActivity(intentStart);
38          }
39
40          @Override
41          public void onNothingSelected(AdapterView<?> parent) {
42          }
43      };
```

代码 13-9 中，第 7 行通过复选框组件对象的“setOnItemSelectedListener”设置其条目选择事件的侦听器为当前 Activity 组件，因为该 Activity 组件实现了条目选择侦听器接口（OnItemSelectedListener）。

在侦听器接口的“onItemSelected”方法中，开发者可以对条目选择事件进行处理。在代码 13-9 中，当城市记录复选框的条目发生改变时，在事件回调函数中会启动查看城市详情的 Activity 组件（第 37 行），主 Activity 会将该城市的国家对象、省对象和城市对象通过意向对象附加空间传递给新的 Activity 组件。

在查看城市详情的 Activity 组件中，将会从源意向对象的附加空间中获取国家、省和城市记录对象，并显示其内容，如图 13-3 所示。

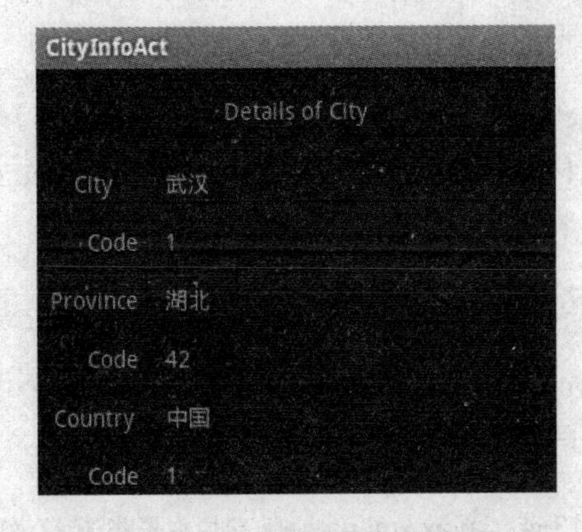

图 13-3　城市详情界面

13.3　DOM 解析方式

DOM 是 Document Object Model（文档对象模型）的缩写，其属于 W3C 规范。根据

W3C DOM 规范定义，DOM 提供了一套用于存取 XML 与 HTML 的 API。在解析 XML 文档的过程中，DOM 会将按照 XML 定义的标记块来创建对象实例，并设置相应的属性，而且还可以按照标记块的层次结构来构建对象的层次结构。

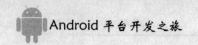

在 SAX 方式中，开发者需要自行定义解析事件处理器；在分析完 XML 标记后开发者还需要自行定义容器来存放 XML 标记对应的记录对象，因为 SAX 没有提供用于存储 XML 标记内容的容器。

SAX 解析方式就像猴子掰玉米，一路上边掰边扔（SAX 按照文件顺序解析 XML），并不把玉米放在兜里（并不对标记内容进行保存）。相比之下，DOM 方式是带了“网兜”的，提供了用于存储 XML 标记内容的空间，并不像 SAX 那样“猴子掰玉米”，而是提供了“一揽子”的解析过程。

13.3.1 DOM 使用模式

DOM 的使用模式有两种。

（1）读取模式：通过 DOM API 解析 XML 文档自动构建该文档的 DOM 模型，再依据该模型的结构层次来读取 XML 文档中的内容。

（2）写入模式：先根据已有数据的结构层次生成 DOM 模型，再将 DOM 模型导出成 XML 文档。

1. 读取模式

（1）获取文档构造工厂（DocumentBuilderFactory）实例。

（2）借助工厂实例创建一个文档构造器（DocumentBuilder）。

（3）使用文档构造器解析 XML 文档，获得该文档的实体接口（Document）。

（4）根据文档模型中节点的结构层次就可以遍历获取全部文档的内容

（5）解析得到的结果可以直接提供给可视界面进行展示。

2. 写入模式

（1）获取文档构造工厂（DocumentBuilderFactory）实例。

（2）借助工厂实例创建一个文档构造器（DocumentBuilder）。

（3）根据已有数据的结构层次构建一个文档实体接口（Document）。

（4）将文档模型中的内容导出到 XML 文档中。

13.3.2 Android 平台中对 DOM 的支持

Android 平台提供了 javax.xml.parsers 和 org.w3c.dom 这两个主要的包用于 DOM 应用，表 13-4 和表 13-5 分别是这两个包中常用的类/接口介绍。

表 13-4 javax.xml.parsers 包中主要类/接口说明

类/接口	说明
DocumentBuilder	文档构造器，用于构造文档实体接口（Document）
DocumentBuilderFactory	文档构造器工厂，用于创建文件构造器
ParserConfigurationException	解析器配置异常接口

表 13-5　org.w3c.dom 包中主要类/接口说明

类/接口	说明
Document	文档实体接口
Comment	代表文档的注释实体
Element	代表文档的一个元素
Node	代表 DOM 模型中的实体的主要数据类型（节点既可以是元素也可以是属性项）
NodeList	节点列表
NamedNodeMap	表示了一个可以通过名称获取节点条目的容器（属性存储）

13.3.3　DOM 应用实例

在接下来即将介绍的 DOM 应用实例中，使用 DOM 方式解析 1 个包含表空间信息的 XML 文档，然后将其中记录进行重新组合后输出，其界面效果如图 13-4 所示。

图 13-4　使用 DOM 解析 XML 的程序界面

代码 13-10 是该 XML 文档的定义内容。

代码 13-10　XML 文档定义内容

文件名：TS.xml

```
1    <?xml version="1.0" encoding="utf-8"?>
2    <!--Copyright (C) 2009 Fool studio. All rights reserved.-->
3    <TableSpace>
4        <!--User infomation table-->
5        <Table FIELD_COUNT="4" NAME="user_info" PRIMARY_KEY="ui_id">
```

```
6            <Field DEFAULT="0" MAX_SIZE="32" NAME="ui_id" NULL="NOT"
7                   SEPARATOR=""/>
8            <Field DEFAULT="pt950" MAX_SIZE="32" NAME="ui_password" NULL="NOT"
9                   SEPARATOR=""/>
10           <Field DEFAULT="Male" MAX_SIZE="8" NAME="ui_sex" NULL="NOT"
11                  SEPARATOR=""/>
12           <Field DEFAULT="RESERVED" MAX_SIZE="200" NAME="ui_hobby" NULL=""
13                  SEPARATOR="|"/>
14       </Table>
15       <!--Duty information table-->
16       <Table FIELD_COUNT="3" NAME="duty_info" PRIMARY_KEY="di_id" >
17           <Field DEFAULT="0" MAX_SIZE="4" NAME="di_id" NULL="NOT"
18                  SEPARATOR=""/>
19           <Field DEFAULT="0" MAX_SIZE="4" NAME="di_class" NULL="NOT"
20                  SEPARATOR=""/>
21           <Field DEFAULT="RESERVED" MAX_SIZE="128" NAME="di_desc" NULL="NOT"
22                  SEPARATOR=""/>
23       </Table>
24   </TableSpace>
```

代码 13-10 中，该文档内容的节点层次为：表空间（TableSpace）→数据表（Table）→字段（Field）。表空间是根节点，该节点包含 2 个数据表的节点（user_info 和 duty_info），每个数据表又包含若干个字段节点，每个字段又包含若干个属性，该 XML 文档中的内容信息构成了明显的树形结构。

图 13-5 是在浏览器中显示该文档的结构层次的界面，其中前面标注减号（“-”）的条目，表示其包含子条目且已经全部展开显示；没有标注减号的条目，表示该节点没有子条目。

```
  <?xml version="1.0" encoding="utf-8" ?>
  <!-- Copyright (C) 2009 Fool studio. All rights reserved. -->
- <TableSpace>
    <!-- User infomation table -->
  - <Table NAME="user_info" FIELD_COUNT="4" PRIMARY_KEY="ui_id">
      <Field NAME="ui_id" MAX_SIZE="32" NULL="NOT" DEFAULT="0" SEPARATOR="" />
      <Field NAME="ui_password" MAX_SIZE="32" NULL="NOT" DEFAULT="pt950" SEPARATOR="" />
      <Field NAME="ui_sex" MAX_SIZE="8" NULL="NOT" DEFAULT="Male" SEPARATOR="" />
      <Field NAME="ui_hobby" MAX_SIZE="200" NULL="" DEFAULT="RESERVED" SEPARATOR="|" />
    </Table>
    <!-- Duty information table -->
  - <Table NAME="duty_info" FIELD_COUNT="3" PRIMARY_KEY="di_id">
      <Field NAME="di_id" MAX_SIZE="4" NULL="NOT" DEFAULT="0" SEPARATOR="" />
      <Field NAME="di_class" MAX_SIZE="4" NULL="NOT" DEFAULT="0" SEPARATOR="" />
      <Field NAME="di_desc" MAX_SIZE="128" NULL="NOT" DEFAULT="RESERVED" SEPARATOR="" />
    </Table>
  </TableSpace>
```

图 13-5 XML 文档结构层次显示界面

1. XML 节点对象定义

为了方便对 XML 节点对象的使用，作者还是参考 SAX 应用，将 XML 标记映射成节点对象进行定义。

（1）数据表节点对象

代码 13-11 是 XML 中数据表节点对象的定义。

代码 13-11　数据表节点对象定义

文件名：TableSpec.java

```
1   public class TableSpec {
2       //属性
3       private String name = null;
4       private int fieldCount = 0;
5       private String primaryKey = null;
6       //字段定义列表
7       private ArrayList<FieldSpec> fields = new ArrayList<FieldSpec>();
8
9       public TableSpec() {
10      }
11
12      public TableSpec(String name, int fieldCount, String primaryKey) {
13          this.name = name;
14          this.fieldCount = fieldCount;
15          this.primaryKey = primaryKey;
16      }
17      ……
18      //获得字段信息列表
19      public ArrayList<FieldSpec> getFields() {
20          return fields;
21      }
22      //添加字段信息
23      public void addField(FieldSpec field) {
24          this.fields.add(field);
25      }
26
27      @Override
28      public String toString() {
29          return ("Table:"+ this.name +",FieldCount:" + this.fieldCount +
30              ",PrimaryKey:"+ this.primaryKey);
31      }
32  };
```

（2）字段节点对象

代码 13-12 是 XML 字段节点对象定义。

代码 13-12　字段节点对象定义

文件名：FieldSpec.java

```
1   public class FieldSpec {
2       //属性值
3       private String name = null;
```

```
4        private int maxSize = 256;
5        private boolean isAllowNull = true;
6        private String defaulVal = null;
7        private String separator = null;
8
9        public FieldSpec() {
10       }
11
12       public FieldSpec(String name, int maxSize, boolean isAllowNull,
13               String defaulVal, String separator) {
14           this.name = name;
15           this.maxSize = maxSize;
16           this.isAllowNull = isAllowNull;
17           this.defaulVal = defaulVal;
18           this.separator = separator;
19       }
20       ……
21       @Override
22       public String toString() {
23           return ("Field:"+this.name+",MaxSize:"+this.maxSize+
24                   ",IsAllowNull:"+this.isAllowNull+",DefaulVal:"+this.defaulVal+
25                   ",Separator:"+this.separator);
26       }
27   };
```

2. 解析 XML 文件

代码 13-13 是通过 DOM 方式解析存在于本地文件系统中的 XML 的解析过程代码。

代码 13-13　DOM 方式解析代码

文件名：DOMDemoAct.java

```
1    private static final String XML_FILE_PATH = "/sdcard/TS.xml";
2
3    //通过 DOM 方式解析 XML 文件
4    private void parseXml(InputStream is) throws ParserConfigurationException,
5                                                  SAXException, IOException {
6        //获取文件输入流
7        FileInputStream is = new FileInputStream(XML_FILE_PATH);
8        //获取文档构造器工厂实例
9        DocumentBuilderFactory factory = DocumentBuilderFactory.newInstance();
10       //获取文件构造器
11       DocumentBuilder builder = factory.newDocumentBuilder();
12       //解析并获取文档模型
13       Document document = builder.parse(is);
14       ……//代码 13-14
15       is.close();
16   }
```

代码 13-13 中，通过文档构造器的“parse”方法就可以对 XML 文件流进行解析（第 13 行），该方法无需指定 SAX 方式下的解析事件处理器，但它会返回文档实体接口。通过该接口可以访问 XML 文档中的内容及结构层次信息。

3. 读取解析结果

解析结果的读取都通是过文档实体接口提供的方法来进行，代码 13-14 是代码 13-13 中对解析得到的文档实体接口进行访问的代码。

代码 13-14　读取 DOM 方式解析结果

文件名：DOMDemoAct.java

```
1   //通过 DOM 方式解析 XML 文件
2   private void parseXml(InputStream is) throws ParserConfigurationException,
3                                                  SAXException, IOException {
4       ……
5       //获取文档实体接口中所有节点
6       NodeList elements = document.getElementsByTagName("*");
7       //表节点对象容器
8       ArrayList<TableSpec> tables = new ArrayList<TableSpec>();
9       //遍历所有节点
10      for(int i = 0; i < elements.getLength(); ++i) {
11          Element element = (Element)elements.item(i);
12          String tagName = element.getTagName();
13          //通过标签名来判断节点类型
14          if(tagName.equalsIgnoreCase("Table") ) { //遇到表定义
15              //添加表定义（表字段未设置）
16              TableSpec tableSpec = new TableSpec();
17      //设置表节点对象属性
18      tableSpec.setName(element.getAttribute("NAME") );
19      tableSpec.setFieldCount(Integer.parseInt(element.getAttribute("FIELD_COUNT")) );
20      tableSpec.setPrimaryKey(element.getAttribute("PRIMARY_KEY") );
21              添加到表节点对象容器
22              tables.add(tableSpec);
23          }
24          else if(tagName.equalsIgnoreCase("Field") ) { //遇到字段定义
25              FieldSpec fieldSpec = new FieldSpec();
26      //设置字段节点对象属性
27      fieldSpec.setName(element.getAttribute("NAME") );
28      fieldSpec.setMaxSize(Integer.parseInt(element.getAttribute("MAX_SIZE") ) );
29      fieldSpec.setAllowNull(element.getAttribute("NULL").equalsIgnoreCase("TRUE") );
30      fieldSpec.setDefaulVal(element.getAttribute("DEFAULT") );
31      fieldSpec.setSeparator(element.getAttribute("SEPARATOR") );
32              //将字段定义添加到表对象的字段列表中
33              tables.get(tables.size()-1).addField(fieldSpec);
34          }
35      }
36      //输出表节点对象列表中所有元素
```

```
37      for(int j = 0; j < tables.size(); ++j) {
38          TableSpec tableSpec = tables.get(j);
39          printText(tableSpec.toString() );
40          //打印表节点中所包含的字段节点信息
41          for(int k = 0; k < tableSpec.getFields().size(); ++k) {
42              printText(tableSpec.getFields().get(k).toString() );
43          }
44      }
45  }
```

代码 13-14 中，通过文档实体接口的“getElementsByTagName”方法可以获取符合条件的 XML 节点元素对象（第 6 行），然后通过遍历所有节点元素（第 10 行），提取节点元素中与数据表和字段的定义相关的内容。

第 11 行中的元素（Element），实际上对应 XML 文件中的一个标记块，它具有标记（Tag）属性和其他属性。通过元素接口的“getTagName”方法可以获取其标记信息，通过“getAttribute”方法可以获取指定属性名称的属性值。

4. 生成 XML 文件

在 J2SE 平台，借助 XSLT（Extensible Style sheet Language Transformations，扩展样式表单语言转换）API 可以方便地实现将 DOM 模型转换成 XML 文件（XSLT 是 W3C 标准，详细内容请参见 XSLT 相关参考）。遗憾的是，Android 平台并没有提供 XSLT API，所以开发者必须自己实现将 DOM 模型导出到 XML 文件。

注意：导出 XML 文件到 SD 卡需要在工程清单文件（AndroidManifest.xml）中声明允许写外部存储器（SD 卡）的许可。如以下代码所示：

```
<uses-permission android:name="android.permission.WRITE_EXTERNAL_STORAGE"/>
```

（1）生成 DOM 模型

要将已有数据导出成 XML 文件，需要先生成 DOM 模型，代码 13-15 是生成 DOM 模型的框架代码。

代码 13-15　生成 DOM 模型框架并导出

文件名：XmlUtil.java

```
1   public void saveToFile(String file_path) throws Exception {
2       //获取一个 DocumentBuilderFactory 实例
3       DocumentBuilderFactory factory = DocumentBuilderFactory.newInstance();
4       //创建一个 DocumentBuilder 实例
5       DocumentBuilder builder = factory.newDocumentBuilder();
6       //获取一个用于构建 DOM 树的文档实体接口
7       Document document = builder.newDocument();
8
9       //创建一个注释节点
10      Comment comment = document.createComment(
11              "Copyright (C) 2009 Fool studio. All rights reserved.");
```

```
12          document.appendChild(comment);
13
14          //创建根节点
15          Element root = document.createElement("TableSpace");
16          //添加根节点
17          document.appendChild(root);
18
19          //定义表结构
20          defineUserInfoTable(document, root);
21          ……
22          //保存到 XML 文件
23          dumpToFile(document, file_path);
24      }
25
26      //定义表【用户信息】结构
27      private void defineUserInfoTable(Document doc, Element root) {
28          //定义表节点
29          Element table = defineTable(doc, root, "user_info", "4", "ui_id");
30
31          //定义表字段
32          defineField(doc, table, "ui_id", 32, false, "0", ""); //Id
33          defineField(doc, table, "ui_password", 32, false, "pt950", ""); //密码
34          defineField(doc, table, "ui_sex", 8, true, "Male", ""); //性别
35          defineField(doc, table, "ui_hobby", 200, true, "RESERVED", "|"); //爱好
36
37          //添加注释
38          Comment comment = doc.createComment("User infomation table");
39          root.insertBefore(comment, table);
40      }
41
42      //定义数据表
43      private Element defineTable(Document doc, Element root, String name,
44                                  String fieldCount, String primaryKey) {
45          //添加表元素
46          Element table = doc.createElement("Table");
47          root.appendChild(table);
48
49          //添加表属性
50          table.setAttribute("NAME", name);
51          table.setAttribute("FIELD_COUNT", fieldCount);
52          table.setAttribute("PRIMARY_KEY", primaryKey);
53
54          return (table);
55      }
56
57      //定义数据表字段
```

```
58  private void defineField(Document doc, Element table, String name, int maxSize,
59                           boolean isAllowNull, String defaultVal, String separator) {
60      //创建字段元素
61      Element field = doc.createElement("Field");
62      table.appendChild(field);
63      //添加字段属性
64      field.setAttribute("NAME", name);
65      field.setAttribute("MAX_SIZE", String.valueOf(maxSize) );
66      field.setAttribute("NULL", String.valueOf(isAllowNull) );
67      field.setAttribute("DEFAULT", defaultVal);
68      field.setAttribute("SEPARATOR", separator);
69  }
```

代码 13-15 中，也要生成文档实体接口，但是与 XML 解析不同的是，生成 DOM 模型用的文档实体接口是通过文档构造器的“newDocument”方法来获取，该方法用于返回一个空的文档实体。

通过空的文档实体的“createComment”方法（第 10 行）和“createElement”方法（第 15 行）创建注释节点和元素节点，再通过“appendChild”方法将根节点和根节点的注释节点添加到文档实体中（第 12 行和第 17 行）。

然后通过根节点的“appendChild”方法添加根节点的子节点（第 47 行），其子节点再通过“appendChild”方法添加子节点的子节点（第 62 行），这样就构成了内容的树形结构。再通过节点的“setAttribute”方法就可以设置节点的属性信息，这样整个节点树的内容就丰满了。

（2）DOM 模型导出到 XML 文档

代码 13-16 是将 DOM 模型导出到 XML 文档的核心代码。

代码 13-16　将 DOM 模型导出到 XML 文档

文件名：XmlUtil.java

```
1   //将 DOM 树中的内容存储到 XML 文件
2   public void dumpToFile(Document doc, String filePath) throws FileNotFoundException {
3       //创建输出流
4       PrintWriter out = new PrintWriter(new FileOutputStream(filePath) );
5
6       //写 XML 文件头
7       out.println("<?xml version=\"1.0\" encoding=\"utf-8\"?>");
8       //导出所有子节点
9       NodeList elements = doc.getChildNodes();
10      for(int i = 0; i < elements.getLength(); ++i) {
11          Node node = elements.item(i);
12          dumpNode(node, out);
13      }
14
15      //关闭输出流
16      out.close();
17  }
18
```

```
19  //导出节点内容
20  private void dumpNode(Node node, PrintWriter out) {
21          if(node.getNodeType() == Element.COMMENT_NODE) { //导出注释节点
22                  Comment comment = (Comment)node;
23                  out.println("<!--"+comment.getData()+"-->");
24          }
25          else {
26                  Element element = (Element)node;
27                  dumpElement(element, out);
28          }
29  }
30
31  //导出元素
32  private void dumpElement(Element item, PrintWriter out) {
33          StringBuffer sb = new StringBuffer();
34          //头标记
35          sb.append("<"+item.getTagName()+' ');
36          //属性值
37          NamedNodeMap attrs = item.getAttributes();
38          for(int i = 0; i < attrs.getLength(); ++i) {
39              sb.append(attrs.item(i).getNodeName()+"=\""+attrs.item(i).getNodeValue() +"\" ");
40          }
41
42          //子节点
43          NodeList childElements = item.getChildNodes();
44          if(childElements.getLength() < 1) { //无子节点，则添加节点行结束标记
45                  sb.append("/>");
46          }
47          else { //有子节点
48                  sb.append('>');
49                  out.println(sb.toString() );
50
51                  //子节点
52                  for(int j = 0; j < childElements.getLength(); ++j) {
53                          Node node = childElements.item(j);
54                          dumpNode(node, out);
55                  }
56
57                  //清空
58                  sb.delete(0, sb.length() );
59                  //添加节点块结束标记
60                  sb.append("</"+item.getTagName()+'>');
61          }
62
63          out.println(sb.toString() );
64  }
```

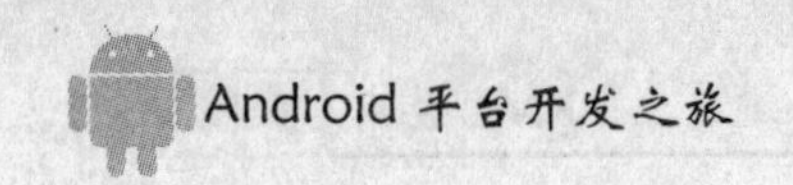

在代码 13-16 中，读者可以看出，DOM 模型导出的主要内容是节点，导出的节点分为注释和元素（有属性或子节点）（第 20 行的“dumpNode”方法）。元素节点的导出，实际上是一个递归过程，在“dumpElement”方法中，对子节点的导出调用了“dumpNode”方法，而该方法调用了“dumpElement”方法。

图 13-6 所示的就是通过 DOM 方式生成 XML 文档的实例界面。

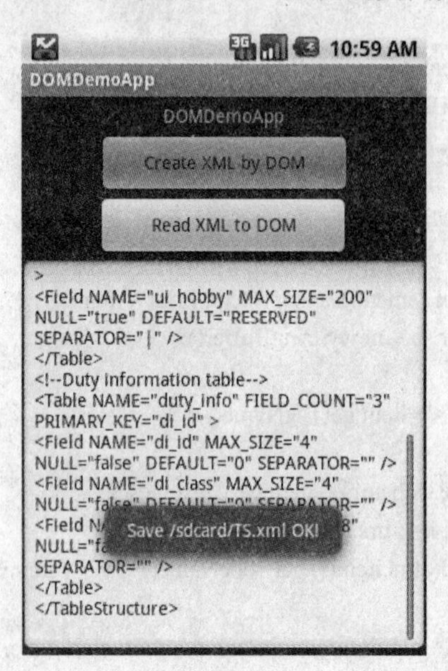

图 13-6　通过 DOM 方式生成 XML 的界面

13.4　XML Pull API

XML Pull 解析器是一款高效、易用的 XML 解析器，足以与 DOM 和 SAX 媲美。SAX 采用的是一种“推”的解析方式（通过解析事件来推动解析动作），而 XML Pull 采用的是“拔”的方式，从 XML 流（文件流或字符流）中拔出标记内容。XML Pull API 的官方网站是 http://www.xmlpull.org/。

13.4.1　XML Pull API 使用模式

XML Pull API 的使用模式大致如下：

（1）获取 XML Pull 解析器工厂（XmlPullParserFactory）实例。

（2）借助工厂实例创建一个 XML Pull 解析器（XmlPullParser）。

（3）设置 XML Pull 解析器的输入内容。

（4）通过 XML Pull 解析器的有关方法进行解析。

（5）解析得到的结果可以直接提供给可视界面进行展示。

13.4.2　Android 平台中对 XML Pull API 的支持

Android 平台提供了 org.xmlpull.v1 包用于 XML Pull 解析应用，表 13-6 是该包中常用的

类/接口介绍。

表 13-6 org.xmlpull.v1 包中主要类/接口说明

类/接口	说明
XmlPullParserFactory	解析器工程，用于创建解析器
XmlPullParser	解析器，用于对 XML 文档进行解析
XmlPullParserException	解析器异常接口

13.4.3 XML Pull API 应用实例

XML Pull API 示例程序使用的 XML 文档与 DOM 方式相同（即代码 13-10 所示），其内容也是解析 XML 文档，然后将其中的记录信息进行重新组合后输出，其界面效果如图 13-7 所示。

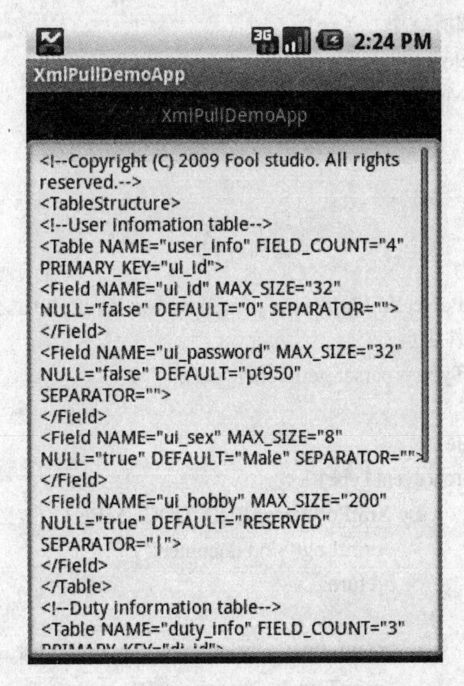

图 13-7 使用 XML Pull API 解析 XML 文档

1. XML 节点对象定义

在 XML Pull API 示例程序中的 XML 节点对象定义与使用 DOM 方式相同。

2. 解析 XML 文件

代码 13-17 是使用 XML Pull API 解析 XML 文档的关键代码。

代码 13-17 使用 XML Pull API 解析 XML 文档

文件名：XmlPullDemoAct.java

```
1   //XML 文档路径
2   private static final String XML_FILE_PATH = "/sdcard/TS.xml";
3
```

```
4    private void init() {
5        try {
6            //获取 XML Pull 解析器工厂
7            XmlPullParserFactory factory = XmlPullParserFactory.newInstance();
8            //设置命名空间敏感
9            factory.setNamespaceAware(true);
10           //获取 XML Pull 解析器
11           XmlPullParser parser = factory.newPullParser();
12           //创建文件输入流
13           FileInputStream is = new FileInputStream(XML_FILE_PATH);
14           //设置解析器内容和编码
15           parser.setInput(is, "utf-8");
16           //启动解析
17           doParse(parser);
18           //解析完毕，关闭输入流
19           is.close();
20       } catch (XmlPullParserException e) {
21           ......
22       }
23   }
24
25   //执行解析行为
26   private void doParse(XmlPullParser parser) throws XmlPullParserException, IOException {
27       //获取事件类型
28       int eventType = parser.getEventType();
29
30       while (true) {
31           switch(eventType) {
32               case XmlPullParser.END_DOCUMENT: { //文档结束事件
33                   printLog("End document");
34                   return;
35               }
36               case XmlPullParser.END_TAG: { //标记结束事件
37                   printText("</"+parser.getName()+">");
38                   break;
39               }
40               case XmlPullParser.START_DOCUMENT: { //开始文档事件
41                   printLog("Start document");
42                   break;
43               }
44               case XmlPullParser.START_TAG: { //开始标记事件
45                   parserTag(parser);
46                   break;
47               }
48               case XmlPullParser.COMMENT: { //注释事件
49                   parseComment(parser);
```

```
50                    break;
51                }
52                case XmlPullParser.TEXT: { //文本事件
53                    if(parser.isWhitespace() ) { //略过空白
54                        break;
55                    }
56                    else {
57                        printText(parser.getText() );
58                    }
59                    break;
60                }
61            }
62            //进行下一项解析
63            eventType = parser.nextToken();
64        }
65    }
```

代码 13-17 中，通过解析器的“setInput”方法来指定解析的内容和编码方式（第 15 行）。在解析过程中，首先要通过解析器的“getEventType”方法来获取解析当前内容所发生的事件类型（第 28 行），并以此来判断当前内容类型，对于不同的内容类型采用不同的分解方法（从第 31 行到第 61 行）。当前项分析完毕之后，再通过解析器的“nextToken”方法来进行下一项的解析，直至文档结束（第 34 行是退出语句）。

通过代码 13-17，读者应该可以看出，XML Pull API 的解析方式融合了 SAX 和 DOM 方式，主要体现在以下三点。

（1）XML Pull API 和 DOM 方式一样，都无需单独制定解析事件处理器，调用模块可以直接获取解析结果。

（2）XML Pull API 也有解析事件的概念（第 28 行），但其中解析事件不是用于推送解析动作，而是用于分析当前获取的内容的类型。

（3）XML Pull API 也是采用与 SAX 相同的“猴子掰玉米”的方式，按照文件顺序进行扫描分析，无需对标记内容进行存储和管理。

所以，XML Pull API 在易用性方面要比 SAX 方式有所提高；在执行效率方面又要比 DOM 方式有优势。

代码 13-18 是 XML Pull 解析器对不同类型的内容进行解析的关键代码。

代码 13-18　XML Pull 解析器对不同类型的内容进行解析

文件名：XmlPullDemoAct.java

```
1   //解析注释
2   private void parseComment(XmlPullParser parser) {
3       printText("<!--"+parser.getText() +"-->");
4   }
5
6   //解析标记
7   private void parserTag(XmlPullParser parser) {
```

```
8          StringBuffer sb = new StringBuffer();
9
10         sb.append('<'+parser.getName() );
11         //解析属性
12         int attrsCount = parser.getAttributeCount();
13         for(int i = 0; i < attrsCount; ++i) {
14            sb.append(' '+parser.getAttributeName(i)+"=\""+parser.getAttributeValue(i)+"\"");
15         }
16         sb.append('>');
17         printText(sb.toString() );
18   }
```

代码 13-18 中，可以直接使用解析器的“getText”来获取注释标记的文本。对于标记节点，通过“getName”方法来获取标记名称；通过“getAttributeName”方法来获取标记所包含的属性名；通过“getAttributeValue”方法来获取标记所包含的属性值。

13.5 XML 资源解析

这里所谓的 XML 资源解析是指在 Android 平台，系统为 XML 资源提供了多种解析方式。常见的 XML 资源类型包括：XML 定义的布局资源、XML 原文件资源和普通 XML 资源。实际上，这三种 XML 资源的形式是相同的，都是符合 XML 规范的 XML 文档；它们主要的区别在于功能的角色：布局资源文件是用于定义界面布局的，存放于“layout”文件夹中，原文件资源将被理解为无格式的文档，存放于“raw”文件夹中；XML 资源被认为是普通的 XML 文件，存放于“xml”文件夹中。

图 13-8 中就有 3 个名称相同但文件夹不同的 XML 资源文件（sample.xml）。

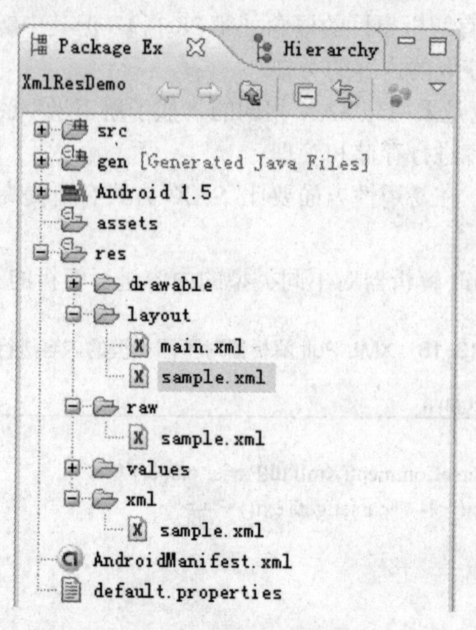

图 13-8　各种类型的 XML 资源文件

13.5.1 解析 XML 布局资源

图 13-9 所示的界面是程序动态解析 XML 布局资源文件，并生成相应的可视界面进行显示的效果。

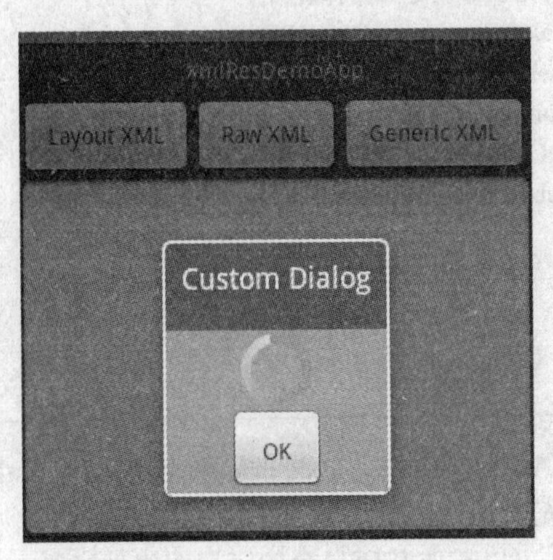

图 13-9 解析 XML 布局资源

1. XML 布局资源文件定义

代码 13-19 是该 XML 布局资源文件的内容。

代码 13-19 XML 布局资源文件内容

文件名：res/layout/sample.xml

```
1    <?xml version="1.0" encoding="utf-8"?>
2    <LinearLayout xmlns:android="http://schemas.android.com/apk/res/android"
3        ……>
4        <ProgressBar
5            ……
6            android:max="100"
7            android:progress="0"/>
8        <Button android:id="@+id/BTN_ACTION"
9            ……
10           android:text="OK"/>
11   </LinearLayout>
```

2. XML 布局资源的解析

代码 13-20 是对代码 13-19 中资源文件进行解析并填充的主要代码。

代码 13-20 解析布局资源并填充

文件名：XmlResDemoAct.java

```
1    //执行布局 XML 文件操作
2    private void doLayoutXml() {
3        //通过布局填充器来充实所定义的布局 XML
```

文件名：XmlResDemoAct.java

```
4           View v = this.getLayoutInflater().inflate(R.layout.sample, null);
5           //获取布局定义组件
6           Button btnAction = (Button)v.findViewById(R.id.BTN_ACTION);
7           //创建对话框并设定其内容视图
8           final Dialog dlg = createDialogBy(v);
9           //添加按钮的点击事件侦听器
10          btnAction.setOnClickListener(new OnClickListener() {
11                  @Override
12                  public void onClick(View v) {
13                          dlg.dismiss();
14                  }
15          });
16          dlg.show();
17      }
```

代码 13-20 中，通过 Activity 组件关联的布局填充器（LayoutInflator）的“inflate”方法实现对布局资源文件的填充，从而得到所定义的根视图组件的实例（第 4 行），再根据父视图的“findViewById”方法可以获取其所包含的子视图组件（第 6 行中的按钮组件）。

13.5.2 解析 XML 原文件资源

图 13-10 所示的内容是应用程序解析 XML 原文件资源并将其内容输出到文本框。

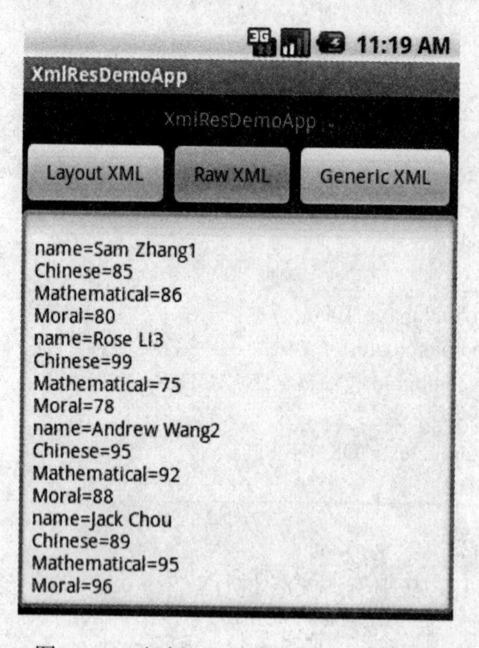

图 13-10　解析 XML 原文件资源局界面

1. XML 原文件资源定义

代码 13-21 是图 13-10 所示的界面中所用到的 XML 原文件资源定义。

代码 13-21 XML 原文件资源定义

文件名：res/raw/sample.xml

```
1  <?xml version="1.0" encoding="utf-8"?>
2  <Scores>
3      <Score name="Sam Zhang1" Chinese="85" Mathematical="86" Moral="80"/>
4      <Score name="Rose Li3" Chinese="99" Mathematical="75" Moral="78"/>
5      <Score name="Andrew Wang2" Chinese="95" Mathematical="92" Moral="88"/>
6      <Score name="Jack Chou" Chinese="89" Mathematical="95" Moral="96"/>
7  </Scores>
```

2. XML 原资源文件的解析

代码 13-22 是对代码 13-21 所示的 XML 文档进行解析的主要代码。

代码 13-22 对 XML 原资源文件进行解析

文件名：XmlResDemoAct.java

```
1   private void doRawXml() {
2       //打开原文件资源的输入流
3       InputStream is = this.getResources().openRawResource(R.raw.sample);
4       try {
5           //通过指定的内容处理器来解析 XML
6           Xml.parse(is, Xml.Encoding.UTF_8, new FooContentHandler(mHandler));
7           is.close();
8       } catch (IOException e) {
9           ……
10      }
11  }
```

代码 13-22 中，首先借助 Activity 组件所关联的资源管理器接口（Resources）的“openRawResource”方法来打开 XML 原文件资源的输入流（第 3 行）。然后通过 Xml 工具类的“parse”方法来指定内容处理器并启动解析，该方式类似于 SAX 方式。

3. XML 内容处理器定义

代码 13-23 是 XML 内容处理器的主要定义。

代码 13-23 XML 内容处理器主要定义

文件名：FooContentHandler.java

```
1   public class FooContentHandler implements ContentHandler {
2       //主线程消息队列处理器接口
3       private Handler mHandler = null;
4
5       public FooContentHandler(Handler handler) {
6           this.mHandler = handler;
7       }
8       ……
9       @Override
```

```
10          public void startElement(String uri, String localName, String name, Attributes atts)
11                                                                      throws SAXException {
12                  if(!localName.equalsIgnoreCase("Score") ) { //过滤节点
13                          return;
14                  }
15
16                  //输出分数信息
17                  for(int i = 0; i < atts.getLength(); ++i) {
18                          sendMsg(atts.getLocalName(i)+"="+atts.getValue(i) );
19                  }
20          }
21          ……
22  };
```

在代码 13-23 中，通过实现内容处理器（ContentHandler）来定制 XML 的内容处理器（第 1 行）。在重载的“startElement”方法中(第 10 行)，对 XML 文档内容进行解析并输出。

13.5.3 解析 XML 资源

图 13-11 所示的内容是应用程序解析 XML 资源文件，然后将解析内容输入到界面文本框中。

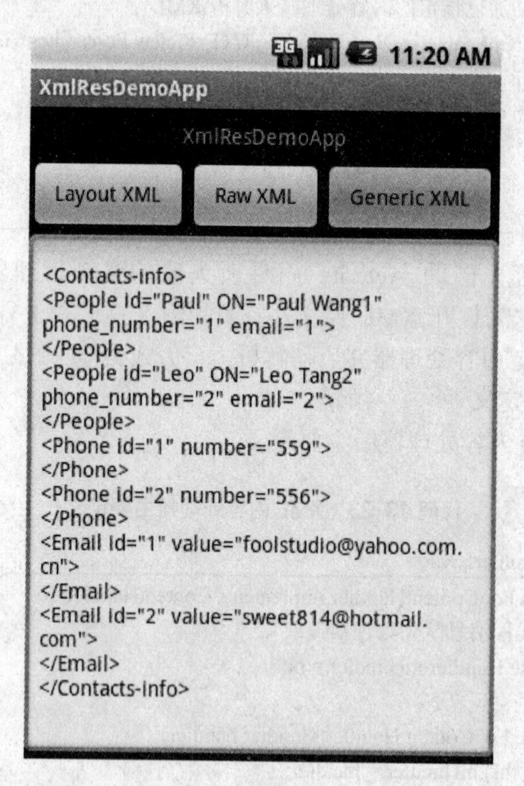

图 13-11　解析并输出 XML 资源文件

1. XML 资源文件定义

代码 13-24 是图 13-11 中所示的 XML 资源文件的定义内容。

代码 13-24　XML 资源文件内容

文件名：res/xml/sample.xml

```
1    <?xml version="1.0" encoding="utf-8"?>
2    <Contacts-info>
3        <!-- People information -->
4        <People id="Paul" ON="Paul Wang1" phone_number="1" email="1" />
5        <People id="Leo" ON="Leo Tang2" phone_number="2" email="2" />
6        <!-- Contact number information -->
7        <Phone id="1" number="559" />
8        <Phone id="2" number="556" />
9        <!-- Email information -->
10       <Email id="1" value="foolstudio@yahoo.com.cn" />
11       <Email id="2" value="sweet814@hotmail.com" />
12   </Contacts-info>
```

代码 13-24 中，定义了 2 个联系人信息、2 条电话号码信息和 2 条电子邮件信息，电话号码和电子邮件与联系人通过 ID 来进行关联。

2. XML 资源文件的解析

代码 13-25 是解析代码 13-24 中所示的 XML 资源文件的主要代码。

代码 13-25　解析 XML 资源文件的代码

文件名：XmlResDemoAct.java

```
1    //处理通常 XML 资源
2    private void doGenericXml() {
3        //获取 Xml 资源解析器
4        XmlResourceParser parser = this.getResources().getXml(R.xml.sample);
5        try {
6            new FooXmlParser(parser, mHandler).parse();
7        } catch (XmlPullParserException e) {
8            ……
9        }
10   }
```

代码 13-25 中，通过 Activity 组件的资源管理器接口的“getXml”方法可以获取 XML 资源文件的解析器接口（第 4 行），然后通过定制的工具类来驱动该解析器接口的解析过程。

代码 13-26 是定制的工具类（FooXmlParser）的定义内容。

代码 13-26　解析工具类的定义

文件名：FooXmlParser.java

```
1    public class FooXmlParser {
```

```
2        //Xml 资源解析器
3        private XmlResourceParser mParser = null;
4        //主线程消息队列处理器接口
5        private Handler mHandler = null;
6
7        public FooXmlParser(XmlResourceParser parser, Handler handler) {
8              this.mHandler = handler;
9              this.mParser = parser;
10       }
11
12       public void parse() throws XmlPullParserException, IOException {
13             //获取解析事件类型
14           int eventType = mParser.getEventType();
15
16           while (true) {
17             switch(eventType) { //分发解析事件
18                   case XmlPullParser.END_DOCUMENT: {
19                         return;
20                   }
21                   case XmlPullParser.END_TAG: {
22                         sendMsg("</"+mParser.getName()+">");
23                         break;
24                   }
25                   case XmlPullParser.START_DOCUMENT: {
26                         break;
27                   }
28                   case XmlPullParser.START_TAG: {
29                         parserTag(mParser);
30                         break;
31                   }
32                   case XmlPullParser.COMMENT: {
33                         parseComment(mParser);
34                         break;
35                   }
36                   case XmlPullParser.TEXT: {
37                         if(mParser.isWhitespace() ) { //掠过空白
38                               break;
39                         }
40                         else {
41                               sendMsg(mParser.getText() );
42                         }
43                         break;
44                   }
45             }
46
47             eventType = mParser.nextToken();
```

```
48            }
49        }
50        ……
51    };
```

通过代码 13-26，读者可以发现，XML 资源解析器是使用 XML Pull API 来对资源文件进行解析的。

13.6 Android 平台 XML 使用小结

XML 技术是 Android 平台的应用基础，系统提供了多种 XML 的处理方式，不仅有遵循 W3C 规范的方式（DOM），也有业界主流方式（SAX 和 XML Pull API），而且平台本身还内建了多种对 XML 资源文件的解析方式。

其中 DOM 解析方式会根据 XML 文档的内容和层次结构自动生成面向树状结构的对象模型。该方式的主要特点是使用简单，开发者无需关注其解析过程，但最大的弊端就是需要占用较大的内存，特别是当 XML 文档比较大时。所以该方式一般不会在内存资源相对宝贵的嵌入式系统中应用（例如 J2ME 平台就只定义了 SAX 而没有定义 DOM）。

SAX 方式和 XML Pull API 在解析过程中都不会占用较大的内存，它们依照文件的顺序进行扫描解析，因为无需保存标记内容和生成结构层次，所以它们的执行效率要较 DOM 方式高。对于 SAX 方式，是通过解析事件的“推送”方式来进行解析，不断通过标记的解析事件的推送来完成全部的解析过程。SAX 方式需要定义定制的解析事件处理器（Handler），解析的处理在其定义的事件回调函数中进行，所以其使用方法相对 DOM 方式而言是比较复杂的。

XMLPull API 走的是“中庸之道”，它融合了 DOM 和 SAX 的使用优势。XMLPull API 使用的是基于流的“拔取”方式来进行解析，通过对标记内容的依次拔取来完成全部的解析过程。XMLPull API 无需指定解析事件处理器，其解析过程直接在调用端完成，所以其使用方式比 SAX 直观和简单。而其解析效率比 DOM 高。

XMLPull API 也是 Android 平台进行 XML 解析的使用基础，Android 平台通过 XML Pull API 内建了一些 XML 解析模式，包括对 XML 布局资源的填充和对 XML 资源文件的解析，进一步简化了开发。

第 14 章　地图应用

本章对 Android 平台所提供的地图 API 的功能进行详细的阐述，并通过开发实例详细介绍如何控制地图以及添加地图叠加图等常用功能，同时还对地图视图的使用模式和缩放控制进行了小结。

14.1　地图应用概述

相信很多读者对 Google Earth 和 Google 地图耳熟能详，因为这些工具和平台在生活中的应用实在是太普遍了。读者通过 Google Earth 可以很直观地定位到自己所在的城市、街道和小区的位置，甚至可以很清楚地看到小区的喷泉和行驶在街道上的车辆。如果说 Google Earth 的主要表现是在影像，而通过 Google 地图平台，读者可以检索到更多信息。

Google 地图的中文官方网址是“http://ditu.google.cn/”（其中“ditu”就是汉字“地图”的拼音），英文官方网址是“http://maps.google.com/”。图 14-1 所示的内容是地图应用的使用界面。

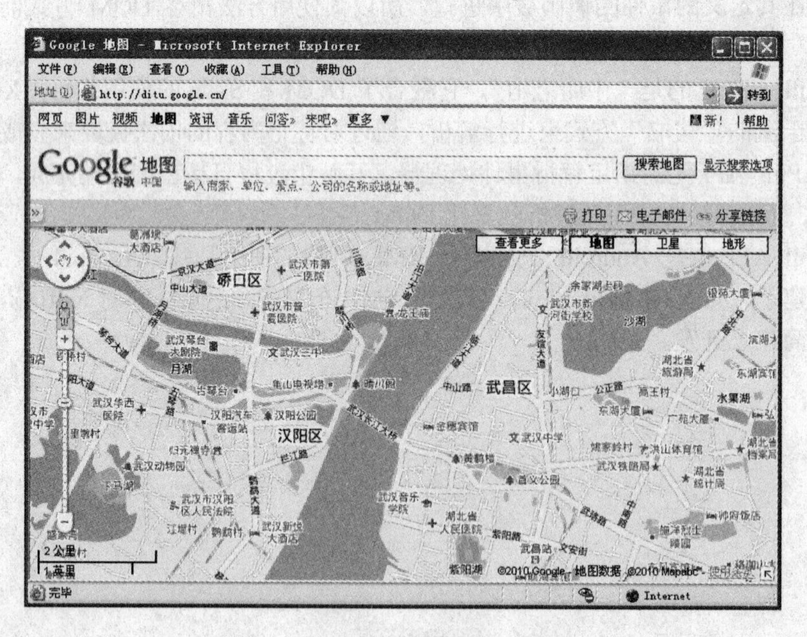

图 14-1　地图界面

Google 地图可以理解为一个基于地图数据的位置服务平台，该平台通过 Google 公司的地图服务器获取地图数据，并进行展现；用户通过该平台提供的视图模式可以定位自己的住所以及附近 POI（Point of Interest，兴趣点）的位置信息，并根据目标地点的位置进行路线规划。

14.2 Android平台对地图应用的支持

目前为止，Google 公司提供了在 Windows Mobile 和 Symbian S60（第三版）系统上应用的 Google 地图。Android 平台也当仁不让地将 Google 地图纳入到其应用框架之中，在 com.google.android.maps 包中提供了允许应用程序显示和控制 Google 地图的接口。表 14-1 是对该包中常用的类/接口的说明。

表 14-1 com.google.android.maps 包中主要类/接口说明

类/接口	说明
GeoPoint	表示地理位置坐标点（经度和纬度）
ItemizedOverlay	由一串叠加项目组成的叠加图
MapActivity	用于管理地图视图（MapView）显示的 Activity 组件
MapController	用于管理地图偏移和缩放的工具类
MapView	用于显示地图的视图组件
Overlay	表示一块可以在地图上显示的叠加图
OverlayItem	重叠项目，是组成 ItemizedOverlay 的基本单元

14.3 地图视图（MapView）应用

Android 平台提供的地图显示组件就是 MapView（地图视图），该视图用于显示 Google 地图内容，当然，这些地图数据需要从 Google 地图服务那里获取。

地图视图可以通过自动获取用户的按键或触摸手势来水平移动和缩放地图，通过程序代码也可以控制地图视图，而且还能在地图上绘制一些覆盖图。

图 14-2 中所示的内容就是通过地图视图显示北美区域的地图信息。

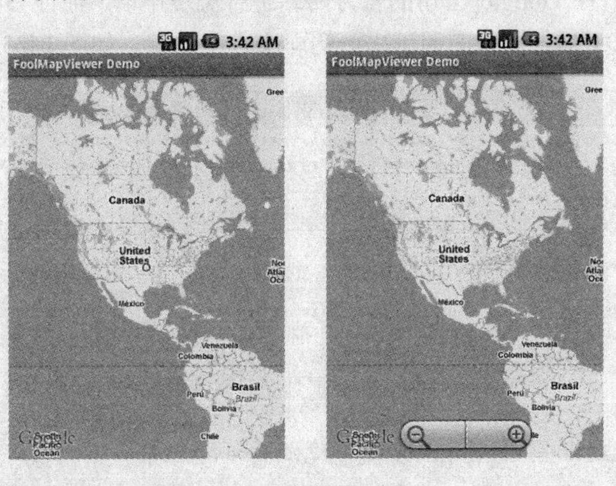

图 14-2 使用地图视图显示地图

14.3.1 地图视图组件的定义

地图视图组件的定义方式与一般视图组件基本相同，可以在应用程序的布局资源中进行定义。代码 14-1 是图 14-2 所示的界面中的布局定义。

代码 14-1 地图视图界面布局定义

文件名：main.xml

```
1  <?xml version="1.0" encoding="utf-8"?>
2  <RelativeLayout xmlns:android="http://schemas.android.com/apk/res/android"
3       ……>
4       <com.google.android.maps.MapView
5            android:id="@+id/MV_MAIN"
6            android:layout_width="fill_parent"
7            android:layout_height="fill_parent"
8            android:clickable="true"
9            android:apiKey="0z_s1QxO7W0ofExcVFqYBWU4c2Sod0TIumSNEcQ" />
10 </RelativeLayout>
```

代码 14-1 中，通过“<com.google.android.maps.MapView >”标记来定义地图视图组件，其形式与定制视图组件的定义一样，必须指定该组件定义类的完整名称。

为了在地图视图组件中显示 Google 地图数据，开发者必须通过在 Google 地图服务中心进行注册来获取地图的 API 的使用密钥。第 9 行的“android:apiKey”属性的内容就是当前地图视图用于访问 Google 地图服务的密钥。

14.3.2 获取地图 API 使用密钥

获取地图 API 使用密钥需要同时满足两个条件：

（1）拥有一个 Google 账号。

（2）提供证书的 MD5 指纹。

Google 账号可以在 Google 公司的官方网站进行免费申请，而证书的 MD5 指纹需要通过 keytool 工具从 ADT 插件提供的调试用密钥库文件中抽取，如图 14-3 所示。

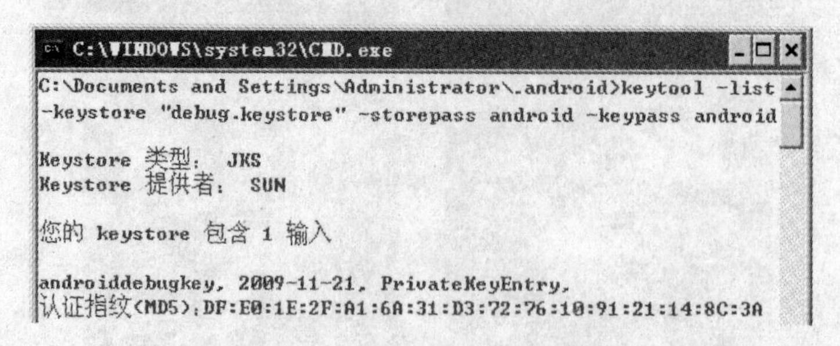

图 14-3 使用 keytool 工具提取调试用 MD5 指纹

提示：当读者成功配置 Android 开发环境之后（请参考第 2 章），在当前用户的工作文件夹的“.android”子文件夹中有一个名为“debug.keystore”的文件，该文件就是 ADT 插件所提供的调试用密钥库文件。

keytool 工具的用法请参考第 16 章。

当获取证书的 MD5 指纹之后，读者需要登录到 Google 公司的 Android 平台地图 API 的签名页面（http://code.google.com/intl/zh-CN/android/maps-api-signup.html），通过 MD5 指纹得到 API 密钥，如图 14-4 所示。

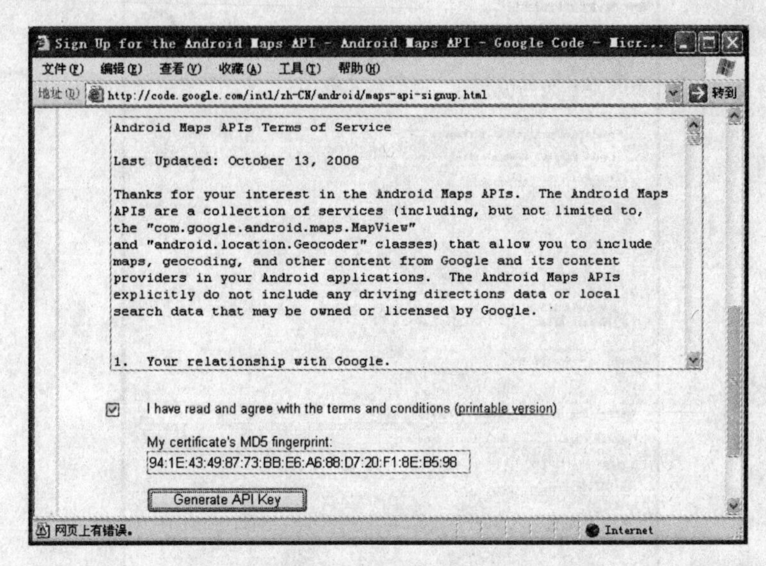

图 14-4　对 Android 平台地图 API 进行签名

当读者点击“Generate API Key”（生成 API 密钥）按钮，就会转入用户登录界面，此时需要输入 Google 账号信息。当用户登录成功之后，浏览器将会跳转到 API 密钥的显示页面，如图 14-5 所示。

读者可以按照该页的提示说明，将 API 密钥文本添加到自己的应用程序的布局资源定义文件中，类似于代码 14-1 所示。

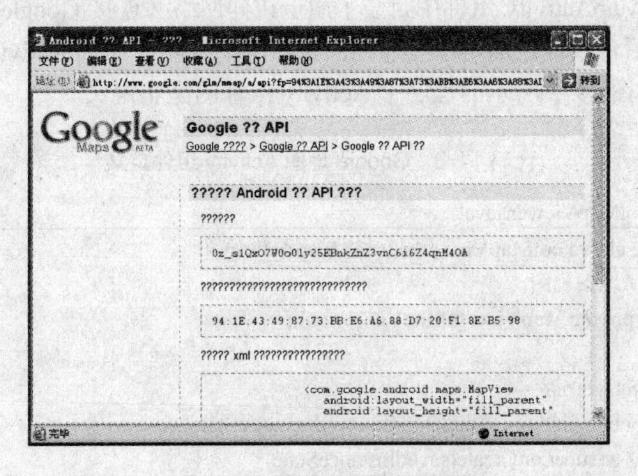

图 14-5　API 密钥显示页面

14.3.3 工程设置

在创建与 Google 地图应用有关的工程时，需要将“Google APIs”作为工程的构建目标，如图 14-6 所示。

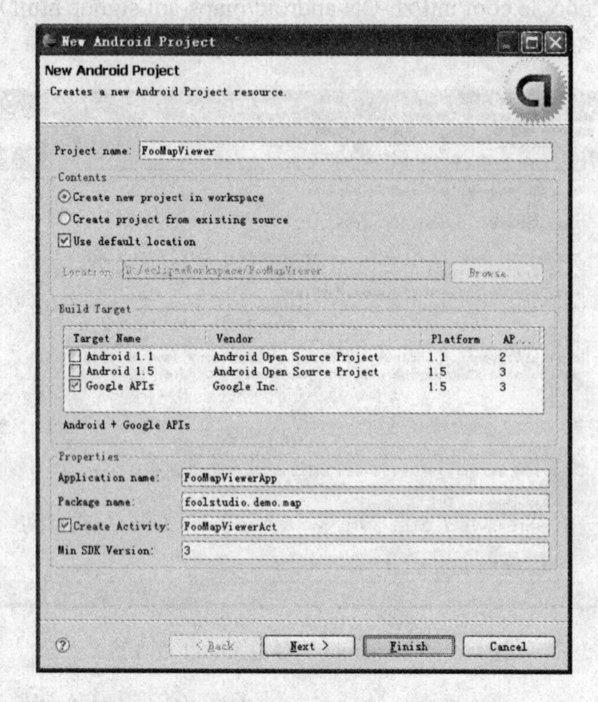

图 14-6　新建 Google 地图工程的设置

14.3.4 Activity 组件框架

为了正常显示地图视图，用户定义的 Activity 组件还必须是一个 MapActivity 实例，因为 Android 平台在 MapActivity 组件中封装了用于访问网络（连接 Google 地图服务）和文件系统（缓存区）的后台线程，而对这些线程的生命周期只能在 MapActivity 组件框架中进行管理。代码 14-2 是图 14-2 所示的程序中 Activity 组件的完整定义。

代码 14-2　Google 地图 Activity 组件定义

文件名：FoolMapViewer.java

```
1    public class FoolMapViewer extends MapActivity {
2        //地图视图
3        private MapView mMapView = null;
4
5        @Override
6        public void onCreate(Bundle savedInstanceState) {
7            super.onCreate(savedInstanceState);
8            setContentView(R.layout.main);
9            //获取地图视图组件实例
```

```
10              mMapView = (MapView) findViewById(R.id.MV_MAIN);
11              //显示内建的缩放控制
12              mMapView.setBuiltInZoomControls(true);
13          }
14          @Override
15          public boolean isRouteDisplayed() {
16              return (false);
17          }
18      };
```

14.3.5 地图 API 库设置

由于 Google 地图 API 是 Android SDK 的附加功能，运行时其 API 库文件不会自动被系统引入，所以开发者必须通过程序清单显式地“告诉”系统安装程序引入 Google 地图 API 库，相关的设置如下所示。

文件名：AndroidManifest.xml

```
<application ……>
    <activity ……>
        ……
    </activity>
    <uses-library android:name="com.google.android.maps" />
</application>
```

14.3.6 地图 API 使用许可

由于 Google 地图 API 中内嵌了网络访问，所以还必须在程序清单中添加允许访问互联网的使用许可，其内容如下所示。

文件名：AndroidManifest.xml

```
<uses-permission android:name="android.permission.INTERNET"/>
```

14.4 地图 API 应用

正如之前介绍的，Google 地图是一个基于地图数据的位置服务平台，所以读者对于 Google 地图 API 的应用应该围绕位置服务的功能特性来开展。

而这里所谓的位置服务就是当前最为流行的 LBS（Location Based Service）应用。在常见的应用模式中，用户通过移动设备的定位模块（GPS 模块或者蜂窝网络通信模块）来获取设备所在的地理位置信息（经纬度、海拔等信息），再将这些地理位置信息与电子地图数据进行匹配，从而确定移动设备或用户的环境位置信息（所在城市、街道等）。图 14-7 是手机定位方法的示意图。

在确定主体在电子地图中的位置后，用户就可以通过电子地图的空间相对信息来获取主体附近的 POI（超市、银行、饭店等）的位置信息。电子地图应用系统根据本体位置到目标位置的道路连通信息可以为用户规划出最佳的路线。

在这种应用模式中，开发者不仅要处理电子地图数据的读取和展示，而且还要控制地图的平移和缩放；更繁琐的是，开发者还要处理通过定位模块得到的地理信息进行电子地图的位置匹配以及线路规划。值得庆幸的是，通过 Google 地图 API，开发者无需考虑地图数据的访问和展示，无需处理通过定位模块获取的地理信息与地图的匹配，也无需编程处理线路规划。对于地图的平移和缩放控制，通过地图视图的内建控件就可以方便地实现。

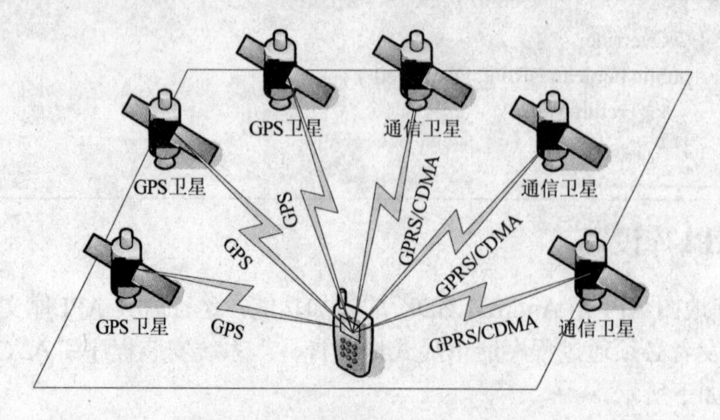

图 14-7　手机定位方式示意图

通过 Google 地图 API，开发者只需要“告诉”地图视图你要去到哪里，地图视图就会自动 “前往”目的地。图 14-8 所示的内容是通过地图视图自动定位到武汉市东湖所在的位置，并在该点“插上”一面红旗。

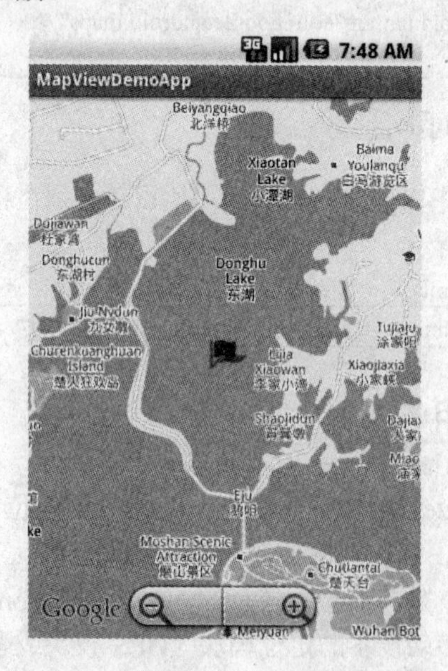

图 14-8　在地图视图上定位并叠加图片

14.4.1　界面布局定义

图 14-8 所示的应用程序的界面布局定义即为代码 14-1。

14.4.2　地图 Activity 组件框架

代码 14-3 是图 14-8 所示的程序的地图 Activity 组件的定义代码。

代码 14-3 地图 Activity 组件定义

文件名：MapViewDemoAct.java

```
1   public class MapViewDemoAct extends MapActivity {
2       //地图视图
3       private MapView mMapView = null;
4       //叠加条目列表
5       private List<Overlay> mOverlays = null;
6       //叠加条目图标
7       private Drawable mDrawable = null;
8
9       @Override
10      public void onCreate(Bundle savedInstanceState) {
11          super.onCreate(savedInstanceState);
12          setContentView(R.layout.main);
13
14          //设置地图视图
15          mMapView = (MapView) findViewById(R.id.MV_MAIN);
16          //设置缩放控件
17          mMapView.setBuiltInZoomControls(true);
18          //设置视图模式
19          //mMapView.setSatellite(true);
20          //mMapView.setTraffic(true);
21          mMapView.setStreetView(true);
22
23          //获取叠加接口
24          mOverlays = mMapView.getOverlays();
25          mDrawable = this.getResources().getDrawable(R.drawable.flag_red);
26          //添加叠加项
27          ……
28          //移动到中心点
29          mMapView.getController().animateTo(point);
30          //放大等级为[1，21]
31          mMapView.getController().setZoom(21);
32      }
33      ……
34      //创建选项菜单
35      @Override
36      public boolean onCreateOptionsMenu(Menu menu) {
37          //填充选项菜单资源
38          this.getMenuInflater().inflate(R.menu.opt_menu, menu);
39
40          return super.onCreateOptionsMenu(menu);
41      }
42      //选项菜单项选择响应
43      @Override
```

```
44          public boolean onOptionsItemSelected(MenuItem item) {
45                switch(item.getItemId() ) {
46                      case R.id.MI_GET_POINT: { //获取当前地点位置菜单项
47                            getPoint();
48                            break;
49                      }
50                      case R.id.MI_ADD_POINT: { //添加地点菜单项
51                            addPoint();
52                            break;
53                      }
54                }
55
56                return super.onOptionsItemSelected(item);
57          }
58          ……
59    };
```

代码 14-3 中，首先通过地图视图资源 ID 来获取地图视图组件对象实例（第 15 行），然后设置该对象实例的缩放控件，设置视图模式，接着获取叠加项接口并添加叠加图标，最后将地图移动至添加叠加图标的位置，并设置地图的放大等级。

图 14-9 地图视图的缩放控件

1．地图缩放控件

代码 14-3 中第 17 行，通过地图视图的“setBuiltInZoomControls”方法来设置显示内建的缩放控件，如图 14-9 所示。

2．视图模式

第 21 行，通过地图视图的“setStreetView”方法来设置视图的显示模式为街道。地图视图还有另外两种模式：卫星模式（通过“setSatellite”方法设定）和交通模式（通过“setTraffic”方法设定）。这 3 种视图模式的显示效果如图 14-10、图 14-11 和图 14-12 所示。

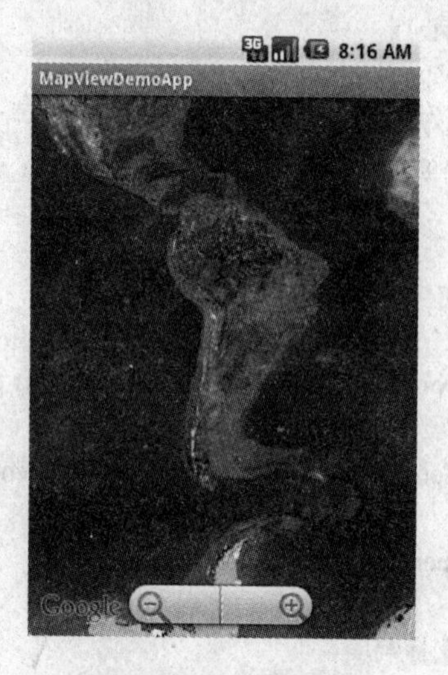

图 14-10　卫星模式

图 14-11 交通模式　　　　图 14-12 街道模式

通过图 14-11 和图 14-12 读者可以看出，街道模式比交通模式会多显示蓝色轮廓线。

3．地图叠加图

叠加图（Overlay）表示为可以在地图表面进行叠加显示的小图标。代码 14-3 中，地图视图提供了“getOverlays”方法来获取对地图视图中叠加图列表进行管理的容器（第 24 行的 List 容器）。

4．地图控制

地图的移动和缩放都不是通过地图视图来控制，而是地图控制器接口（MapController）来实现。通过地图视图的“getController”方法（第 29 行）可以获取该地图的地图控制器接口，通过该接口可以实现对地图的移动和缩放的控制。

代码 14-3 中，通过地图控制器的“animateTo”方法启动地图视图滚动到指定的地点（第 29 行），通过“setZoom”方法（第 31 行）放大地图。

14.4.3 获取地图当前位置

图 14-13 所示的内容是通过选项菜单调用获取地图当前位置的提示消息。

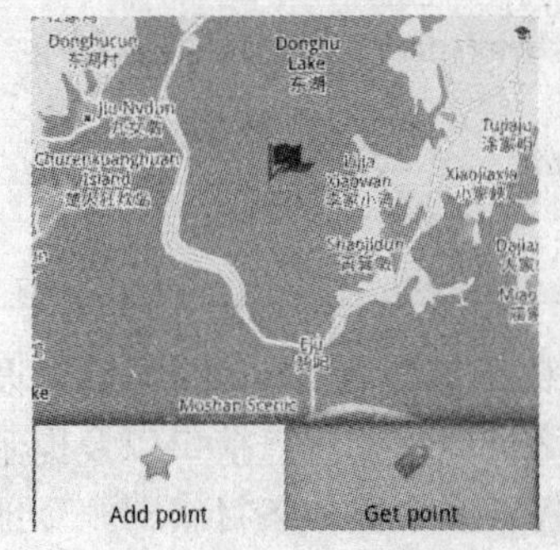

图 14-13 获取地图当前位置

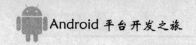

代码 14-4 是获取地图当前位置的主要代码。

代码 14-4　获取地图当前位置

文件名：MapViewDemoAct.java

```
1  //获取当前地图中心位置
2  private void getPoint() {
3          GeoPoint point = mMapView.getMapCenter();
4          Toast.makeText(this, "当前位置：纬度："+point.getLatitudeE6()+
5                  "\n                经度："+ point.getLongitudeE6(),
6                  Toast.LENGTH_LONG).show();
7  }
```

代码 14-4 中，通过地图视图实例的“getMapCenter”方法就可以获取当前地图的中心位置接口（第 3 行），再通过该接口的“getLatitudeE6”方法和“getLongitudeE6”方法就可以获得当前位置的纬度和经度信息，该经纬度值应该是经过加密处理之后的数值。

14.4.4　地图叠加图管理

实际上，对地图叠加图的管理就是对地图视图所关联的叠加图容器（List<Overlay>容器）进行的管理，其内容包括添加叠加图或删除叠加图。地图视图中并不是通过叠加类（Overlay）来直接表示地图上的一个叠加图，而是通过条目化叠加图类（ItemizedOverlay）来代表一个具体的叠加图。条目化叠加图类可以包含多个叠加条目（OverlayItem），其中每一个叠加条目具有详细的地理位置信息和主题信息。

1．在指定地理位置添加叠加图

代码 14-5 是在指定地理位置的点上添加叠加图的主要代码。

代码 14-5　在指定地理位置添加叠加图

文件名：MapViewDemoAct.java

```
1   //通过图标来创建一个条目化叠加项
2   FooItemizedOverlay itemizedOverlay = new FooItemizedOverlay(mDrawable);
3   //通过经度纬度信息创建地理位置点接口
4   GeoPoint point = new GeoPoint(30574925,114404350);
5   //通过地理位置点创建叠加条目
6   OverlayItem overlayitem = new OverlayItem(point, "东湖", "武汉东湖");
7   //添加叠加项
8   itemizedOverlay.addOverlay(overlayitem);
9   //添加条目化叠加图
10  mOverlays.add(itemizedOverlay);
```

代码 14-5 中，通过指定图标（读者可以根据该位置 POI 的类型来设置不同类型的图标）来创建一个条目化叠加项（第 2 行）；再通过地理位置点接口以及提示文字来创建一个叠加条目（第 6 行）。一个条目化叠加项可以包含多个叠加条目（即一个地点可以放置多个叠加图，例如，一栋大楼上有多个 POI），最后该条目化叠加项将添加到地图视图的叠加项列表中（第 10 行）。

2．添加当前地理位置叠加项

除了可以在指定地理位置点上添加叠加项，还可以在地图浏览过程中，添加叠加项。图 14-14 中的内容就是在当前地图的位置点上添加叠加项。

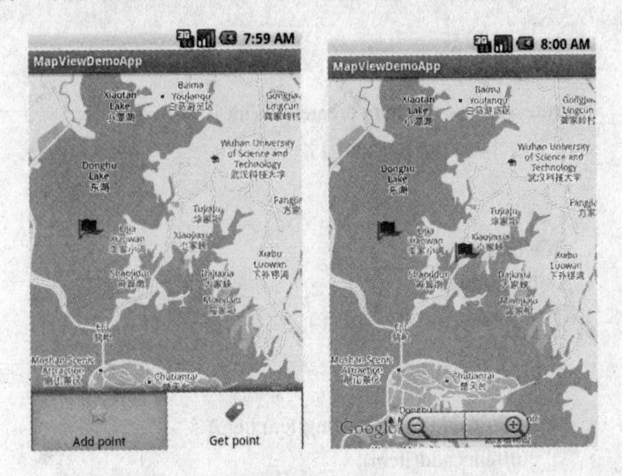

图 14-14　在地图当前位置添加叠加项

代码 14-6 是在地图当前位置添加叠加项的主要代码。

代码 14-6　在地图当前位置添加叠加项

文件名：MapViewDemoAct.java

```
1    //添加叠加点
2    private void addPoint() {
3            //获取地图当前地理位置
4            GeoPoint point = mMapView.getMapCenter();
5            //添加条目化叠加项
6            FooItemizedOverlay itemizedOverlay = new FooItemizedOverlay(mDrawable);
7            OverlayItem overlayitem = new OverlayItem(point, "抬头", "简介");
8            //添加叠加项
9            itemizedOverlay.addOverlay(overlayitem);
10           mOverlays.add(itemizedOverlay);
11   }
```

代码 14-6 中，通过获取地图当前地理位置信息来创建叠加条目（第 7 行），并添加到条目化叠加项中（第 9 行），最后添加到地图视图的叠加项列表中（第 10 行）。

3．叠加条目定义

代码 14-7 是代码 14-3 中所提到的条目化叠加项的定义代码。

代码 14-7　条目化叠加项定义

文件名：FooItemizedOverlay.java

```
1    public class FooItemizedOverlay extends ItemizedOverlay<OverlayItem> {
2            //定义叠加明细列表
3            private ArrayList<OverlayItem> mItems = new ArrayList<OverlayItem>();
```

```
4
5           public FooItemizedOverlay(Drawable defaultMarker) {
6                   super(boundCenterBottom(defaultMarker) );
7           }
8
9           @Override
10          protected OverlayItem createItem(int i) {
11                  return (mItems.get(i) );
12          }
13
14          @Override
15          public int size() {
16                  return (mItems.size() );
17          }
18
19          public void addItem(OverlayItem item) {
20                  mItems.add(item);
21                  populate();
22          }
23      };
```

在代码 14-7 中，提供了自定义的公共方法“addItem”（第 19 行）来添加叠加条目到条目列表中（第 20 行），而通过重载的“createItem”方法（第 10 行）来向地图视图提供条目化列表中的记录（第 11）行。

14.4.5 地图 API 使用小结

1. 地图视图的使用模式

通过上述对 Google 地图 API 的实例介绍，相信读者一定感受到了地图视图的功能强大和使用简便。对于地图视图的使用模式，读者可以借助 MVC（Model—View—Controller）模式来理解：地图视图就是用于地图展示的视图对象；地图控制器用于对视图的控制；而叠加图所包含的是应用的逻辑模型（例如，POI 的分类管理、详细信息管理等）。图 14-15 中描述的就是地图视图的使用模式。

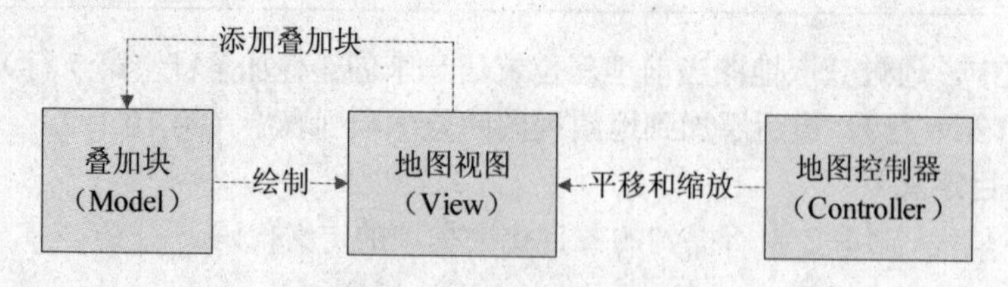

图 14-15　地图视图的使用模式

2. 地图缩放控制

对于地图的缩放，地图控制器定义了 21 个等级，其中等级 1 表示将地图缩小到极限，而等级 21 表示将地图放大到极限。图 14-16 和图 14-17 分别是缩放等级设置为 21 和 1 时的地图显示效果。

在图 14-16 中，地图已经放大到极限，所以缩放控件中的放大按钮将不再可用；同样，在图 14-17 中，地图已经缩小到极限，缩小按钮也不再可用。

图 14-16　放大到极限的显示效果

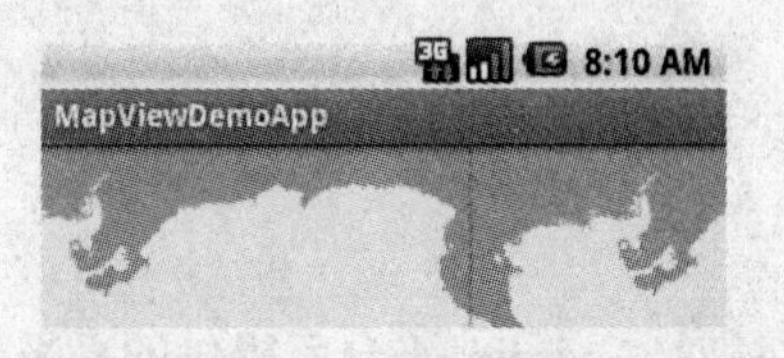

图 14-17　缩小到极限的显示效果

第 15 章　系统信息管理

本章对 Android 平台所提供的系统信息管理接口进行全面介绍，包括对各个系统服务接口（Activity 管理、警报管理、通知管理等）以及用于获取系统信息的几个工具类的使用方式。通过这些接口和工具类，读者几乎可以获取所有的系统信息。

15.1　系统服务

这里的系统服务和读者平常理解的服务程序有所不同。这里的系统服务不仅指服务组件，而且还包括 Android 系统提供的服务功能。所以它们的使用方式不能与服务组件的调用一概而论，而必须使用系统提供的特定方式来获取希望得到的服务功能接口，通过这些接口与系统的核心组件“打交道”。这些核心组件有：对系统中所有 Activity 组件进行管理的管理器、音量管理器、电源管理器、系统剪贴板管理器……

总而言之，通过上述的系统服务接口，开发者就可以方便地获取系统信息，对系统功能进行应用集成。

15.1.1　Android 系统服务介绍

从 1.5 版本开始，Android SDK 将所有的服务接口都统一成由上下文类（Context）来提供。通过上下文类的“getSystemService”方法，开发者就可以通过指定的服务字符串标识来获取对应的服务接口。表 15-1 是 Android 平台所定义的服务字符串标识说明。

表 15-1　服务字符串标识说明

服务字符串标识	说明
ACTIVITY_SERVICE	对系统所有 Activity 组件进行管理的服务接口
ALARM_SERVICE	警报服务（闹钟）接口
AUDIO_SERVICE	音量控制服务接口
CLIPBOARD_SERVICE	剪贴板服务接口
CONNECTIVITY_SERVICE	连接管理服务接口
INPUT_METHOD_SERVICE	输入法服务接口
KEYGUARD_SERVICE	键盘锁定服务接口
LAYOUT_INFLATER_SERVICE	布局填充服务接口
LOCATION_SERVICE	定位服务接口
NOTIFICATION_SERVICE	通知服务接口
POWER_SERVICE	电源管理服务接口
SEARCH_SERVICE	搜索服务接口
SENSOR_SERVICE	传感器服务接口
TELEPHONY_SERVICE	电话信息服务接口
VIBRATOR_SERVICE	振动器服务接口
WALLPAPER_SERVICE	墙纸服务接口
WIFI_SERVICE	Wi-Fi 服务接口
WINDOW_SERVICE	窗体管理服务接口

15.1.2 Activity 管理

Activity 管理器（ActivityManager）用于对所有运行中的 Activity 组件进行管理，其定义于 android.app 包中。通过 Activity 管理器可以获取当前设备的配置信息、内存信息、进程错误状态、近期任务、运行中进程、运行中服务和运行中任务信息。

图 15-1 是通过 Activity 管理器获取 Activity 组件相关信息的程序界面。

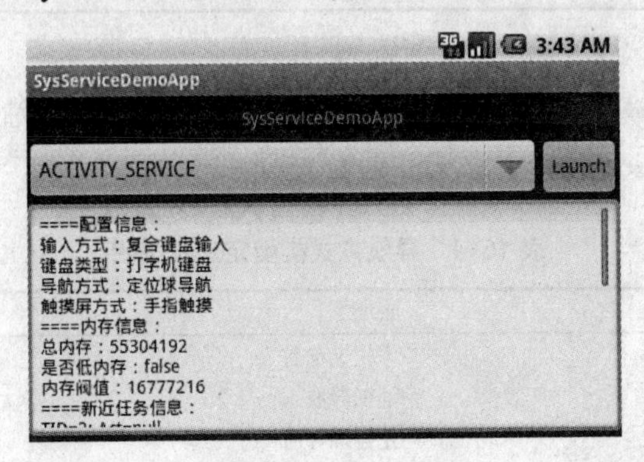

图 15-1　Activity 信息

1．Activity 管理器接口

获取 Activity 管理器接口的代码如下所示。

```
ActivityManager service =
        (ActivityManager)(this.getSystemService(Context.ACTIVITY_SERVICE) );
```

2．获取配置信息接口

通过 Activity 管理器接口的“getDeviceConfigurationInfo”方法可以获取当前设备的配置信息接口（ConfigurationInfo），代码如下所示。

```
ConfigurationInfo cfgInfo = service.getDeviceConfigurationInfo();
```

（1）输入方式类型

通过设备配置信息接口的“reqInputFeatures”属性就可以获知当前设备的输入方式，输入方式的类型在 ConfigurationInfo 接口中定义，见表 15-2。

表 15-2　输入方式类型定义及说明

类型定义	说明
INPUT_FEATURE_FIVE_WAY_NAV	五向导航键输入
INPUT_FEATURE_HARD_KEYBOARD	硬键盘输入

（2）键盘类型

通过设备配置信息接口的“reqKeyboardType”属性就可以获知当前设备的键盘类型，键盘类型在 Configuration 接口中定义，见表 15-3。

表 15-3　键盘类型定义及说明

类型定义	说明
KEYBOARD_UNDEFINED	未定义键盘
KEYBOARD_NOKEYS	无键键盘
KEYBOARD_QWERTY	打字机键盘
KEYBOARD_12KEY	十二键盘

（3）导航方式类型

通过设备配置信息接口的“reqNavigation”属性就可以获知当前设备的导航方式，导航方式的类型在 Configuration 接口中定义，见表 15-4。

表 15-4　导航方式类型定义及说明

类型定义	说明
NAVIGATION_UNDEFINED	未定义导航
NAVIGATION_DPAD	面板导航
NAVIGATION_TRACKBALL	定位球导航
NAVIGATION_WHEEL	滚轮导航

（4）触摸屏方式类型

通过设备配置信息接口的“reqTouchScreen”属性就可以获知当前设备的触摸屏方式，触摸屏方式的类型在 Configuration 接口中定义，见表 15-5。

表 15-5　触摸屏方式类型定义及说明

类型定义	说明
TOUCHSCREEN_NOTOUCH	不支持触摸屏
TOUCHSCREEN_STYLUS	触摸笔
TOUCHSCREEN_FINGER	手指触摸

3. 获取内存信息

通过 Activity 管理器接口的“getMemoryInfo”方法可以获取系统的内存信息接口（MemoryInfo），代码如下所示。

```
ActivityManager.MemoryInfo memInfo = new ActivityManager.MemoryInfo ();
service.getMemoryInfo(memInfo);
```

通过内存信息接口的公共属性就可以获取当前的内存信息，表 15-6 是内存信息接口的属性说明。

表 15-6　内存信息接口属性

属性	说明
availMem	可用内存
lowMemory	是否低内存
threshold	内存阈值

4．进程错误信息

通过 Activity 管理器接口的“getProcessesInErrorState”方法可以获取系统进程的错误状态信息（ProcessErrorStateInfo）接口，代码如下所示。

```
List<ActivityManager.ProcessErrorStateInfo > states = service.getProcessesInErrorState();
for(int i = 0; i < states.size(); ++i) {
    ProcessErrorStateInfo info = states.get(i);
}
```

通过进程错误状态信息接口的公共属性就可以获取进程的错误状态信息，表 15-7 是进程错误状态信息接口的属性说明。

表 15-7 进程错误状态信息接口的属性说明

属性	说明
pid	进程 ID
longMsg	消息
shortMsg	消息
Tag	标记

5．近期任务

通过 Activity 管理器接口的“getRecentTasks”方法可以获取系统的近期任务信息接口（RecentTaskInfo），代码如下所示。

```
List<ActivityManager.RecentTaskInfo> recentTasks =
service.getRecentTasks(Integer.MAX_VALUE, ActivityManager.RECENT_WITH_EXCLUDED);
for(int i = 0; i < recentTasks.size(); ++i) {
    RecentTaskInfo info = recentTasks.get(i);
}
```

通过系统近期任务信息接口的公共属性就可以获取系统的近期任务信息，表 15-8 是系统近期任务信息接口的属性说明。

表 15-8 系统近期任务信息接口的属性说明

属性	说明
id	任务 ID
baseIntent.getAction()	任务的行动（Action）标识

注意：为了获取任务信息，必须在程序清单中添加获取任务的使用许可，如下所示。

文件名：AndroidManifest.xml

```
<uses-permission android:name="android.permission.GET_TASKS"/>
```

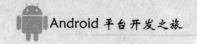

6.运行中应用程序进程信息

通过 Activity 管理器接口的“getRunningAppProcesses”方法可以获取系统中正在运行的应用程序的进程信息接口（RunningAppProcessInfo），代码如下所示。

```
List<ActivityManager.RunningAppProcessInfo> processes =
                                        service.getRunningAppProcesses();
for(int i = 0; i < processes.size(); ++i) {
    RunningAppProcessInfo info = processes.get(i);
}
```

通过运行中应用程序的进程信息接口的公共属性就可以获取当前正在运行的应用程序的进程信息，表 15-9 是正在运行的应用程序的进程信息接口的属性说明。

表 15-9　运行中应用程序进程信息接口的属性说明

属性	说明
Pid	进程 ID
ProcessName	进程名
Importance	重要性等级

进程的重要性等级，在 ActivityManager.RunningAppProcessInfo 接口中定义，表 15-10 是对进程的重要性等级的定义说明。

表 15-10　进程重要性等级的定义说明

标识	说明
IMPORTANCE_FOREGROUND	前台进程
IMPORTANCE_VISIBLE	可见进程
IMPORTANCE_SERVICE	服务进程
IMPORTANCE_BACKGROUND	后台进程
IMPORTANCE_EMPTY	空置

7. 运行中服务

通过 Activity 管理器接口的“getRunningServices”方法可以获取系统中正在运行的服务信息接口（RunningServiceInfo），代码如下所示。

```
List<ActivityManager.RunningServiceInfo> services =
                    service.getRunningServices(Integer.MAX_VALUE);
for(int i = 0; i < services.size(); ++i) {
    RunningServiceInfo info = services.get(i);
}
```

通过运行中服务信息接口的公共属性就可以获取当前正在运行的服务的信息，表 15-11 是正在运行的服务信息接口的属性说明。

表 15-11　正在运行的服务信息接口的属性说明

属性	说明
pid	服务进程
process	进程名
service.getShortClassName()	服务类名

8．运行中任务

通过 Activity 管理器接口的“getRunningTasks”方法可以获取系统中正在运行的任务信息接口（RunningTaskInfo），代码如下所示。

```
List<ActivityManager.RunningTaskInfo> runningTasks =
            service.getRunningTasks(Integer.MAX_VALUE);
for(int i = 0; i < runningTasks.size(); ++i) {
    RunningTaskInfo info = runningTasks.get(i);
}
```

通过正运行任务信息接口的公共属性就可以获取系统中正在运行的任务信息，表 15-12 是正在运行任务信息接口的属性说明。

表 15-12　正在运行任务信息接口的属性说明

属性	说明
id	任务 ID
baseIntent.getAction()	任务的行动标识

15.1.3　警报管理

警报管理器（AlarmManager）用于访问系统的警报服务，定义于 android.app 包中。警报管理器允许用户预定自定义应用程序的运行时点，如定时程序。

1．警报管理器接口

获取警报管理器接口的代码如下所示。为了保证警报计时正确，还需要设置警报管理器的时区信息。代码如下所示：

```
//获取系统警报管理器
AlarmManager mManager = (AlarmManager) getSystemService(Context.ALARM_SERVICE);
//设置该警报管理器的时区
mManager.setTimeZone("GMT+08:00");
```

2．设置警报

（1）一次性警报

图 15-2 就是设置一次性警报的报警界面，该提示框只会出现一次。

通过警报管理器接口的“set”方法来确定一个警报时间。该方法包含 3 个参数：第 1 个参数是时间标志，用以确定警报的计时和报警方式，表 15-13 中是该参数的定义类型说明。

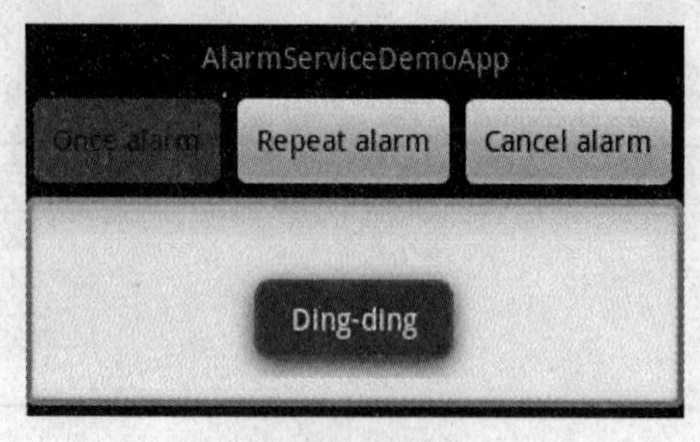

图 15-2　一次性警报

表 15-13　警报时间类型说明

属性	说明
ELAPSED_REALTIME	从系统启动开始计时（包括休眠时间）
ELAPSED_REALTIME_WAKEUP	从系统启动开始计时（包括休眠时间）并唤醒系统
RTC	以系统当前的时间戳计时（UTC 格式）
RTC_WAKEUP	以系统当前的时间戳计时（UTC 格式）并唤醒系统

第 2 个参数是警报触发的时间点；第 3 个参数是一个未决意向（PendingIntent），用于指明警报的处理方式。代码 15-1 是设置一次性警报的实例代码。

代码 15-1　设置一次性报警

文件名：Alarm ServiceDemoAct.java

```
1   //设置一次性警报
2   private void doSetOnce() {
3       //定义侦听警报事件的侦听器
4       Intent intent = new Intent(this, AlarmListener.class);
5       //获取未决意向对象
6       PendingIntent mPendingIntent = PendingIntent.getBroadcast(this, 0, intent, 0);
7       //设置警报时间
8       mManager.set(AlarmManager.RTC_WAKEUP,
9               System.currentTimeMillis() + (5*1000), //触发事件（5s 之后）
10              mPendingIntent);
11  }
```

在代码 15-1 中，定义了一个在设定时刻 5s 之后唤醒系统的警报。该警报的预期处理由驱动未决意向对象的意向对象所指明的“AlarmListener”类（第 4 行）来完成。

说明：如果说意向对象的调用方式是“说到做到”，那么未决意向的调用目的是“未雨绸缪”，它一般用来执行预期的事情，但并不保证该行为一定会发生。例如，用户定义了一个 10min 后将要执行的未决行为，但是在过去 5min 的时候可能取消了该行为。

但是，在定义时，未决意向和意向对象同样要确定行为的执行者（无论是直接指定类名还是按照条件过滤）。Android 平台可以通过意向对象来定义未决意向对象（代码 15-1 中第 6 行），这样既确定了未决意向的执行者，又指明了该对象的执行特性。

(2）周期性警报

图 15-3 就是设置周期性警报的报警界面，该提示框会按照指定间隔重复出现。

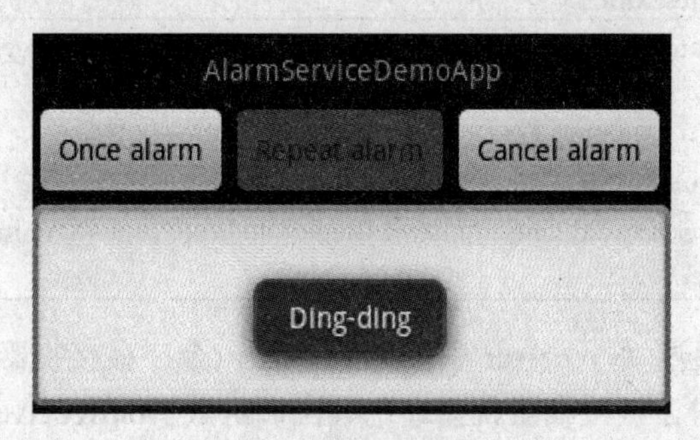

图 15-3 周期性警报

周期性警报是通过警报管理器接口的“setRepeating”方法来设置，该方法包含了 4 个参数，较“set”方法，其多了一个警报时间的触发间隔时间参数（第 3 个参数），以下是设置周期性警报的实例代码。

```
//设置周期性警报
private void doSetRepeat() {
    mManager.setRepeating(AlarmManager.RTC_WAKEUP,
                    System.currentTimeMillis() + (5*1000),
                    (5*1000), //间隔
                    mPendingIntent);
}
```

3．警报事件侦听

代码 15-2 是代码 15-1 中所提到的警报数据侦听类的定义。

代码 15-2 警报事件侦听类定义

文件名：AlarmListener.java

```
1   public class AlarmListener extends BroadcastReceiver {
2       @Override
3       public void onReceive(Context context, Intent intent) {
4           //事件响应
5           ......
6       }
7   };
```

通过代码 15-2，读者可以看出所谓的“警报事件侦听器”实际上是一个广播接收器。对于广播接收器组件的使用，需要先进行注册，这样才能让安装程序“知道”该安装包中有广播接收器组件。广播接收器组件的注册有两种情况（请参考第 3 章），在警报事件侦听器中选择的是在程序清单文件中进行声明。代码 15-3 是在程序清单中声明警报事件侦听器的关键代码。

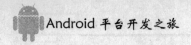

代码 15-3　声明警报事件侦听器

文件名：AndroidManifest.xml

```
1  <application android:icon="@drawable/icon" android:label="@string/app_name">
2      <activity ……>
3          ……
4      </activity>
5      <receiver android:label="AlarmListener" android:name=".AlarmListener"/>
6  </application>
```

在代码 15-3 中，通过“<receiver>”标记定义了一个广播接收器组件来侦听警报事件，当警报预期的条件发生时，该接收器就会通过其回调函数“onReceive”对事件进行处理。

4．取消警报

通过警报管理器实例的“cancel”方法就可以取消警报设置，该方法仅有的 1 个参数就是未决意向对象，用以“告诉”系统：预定行动取消！其代码如下所示。

```
mManager.cancel(mPendingIntent);
```

5．使用许可

对于设置警报管理器的时区，必须在程序清单中添加设置时区的使用许可，如下所示。

文件名：AndroidManifest.xml

```
<uses-permission android:name="android.permission.SET_TIME_ZONE"/>
```

15.1.4　音频管理

音频管理器（AudioManager）提供了访问音量和响铃模式的控制，定义在 android.media 包中。图 15-4 是一个通过音频管理器获取和设置音频音量的程序界面。

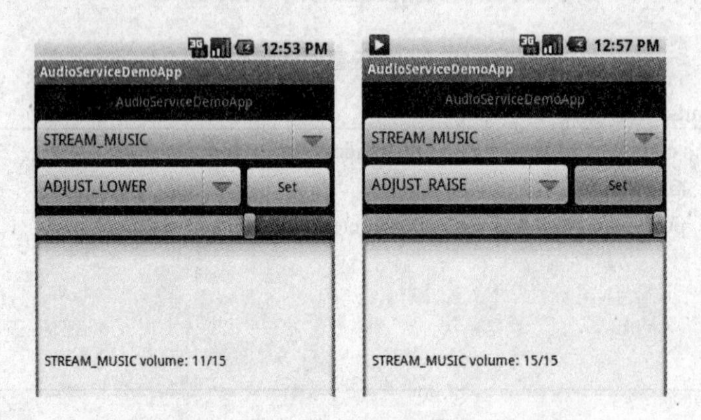

图 15-4　音量管理

1．音量管理器

获取音量管理器接口的代码如下所示。

```
AudioManager mService = (AudioManager)
        (this.getSystemService(Context.AUDIO_SERVICE) );
```

2．获取音量设置

获取音量设置包括两种类型：获取系统最大音量和获取当前音量值。

（1）获取最大音量

通过音量管理器接口的“getStreamMaxVolume”方法就可以获得指定音频流的音量最大值。该方法仅有的1个参数就是音频流类型，表15-14是所有音频流类型的说明。

表15-14 音频流类型

音频流类型标识	说明
STREAM_VOICE_CALL	呼叫声音
STREAM_SYSTEM	系统声音
STREAM_RING	用于响铃的音频流
STREAM_MUSIC	用于音乐的音频流
STREAM_ALARM	用于警报的音频流

图15-5是对音频流类型进行选择的实例界面。

图15-5 音频流类型

代码15-4是获取呼叫声音最大音量并通过音量值设置滑动条的实例代码。

代码15-4 获取音频流最大音量

文件名：AudioServiceDemoAct.java

```
1  SeekBar mBarVolume = (SeekBar)findViewById(R.id.BAR_VOLUME);
2  ……
3  int max = mService.getStreamMaxVolume(AudioManager.STREAM_VOICE_CALL);
4  mBarVolume.setMax(max);
5  mBarVolume.setProgress(max);
```

（2）获取当前音量

通过音量管理器接口的“getStreamVolume”方法就可以获得指定音频流的当前音量设定值。以下代码是获取音乐播放的音量值的实例代码。

```
int volume = mService.getStreamVolume(AudioManager.STREAM_MUSIC);
mBarVolume.setProgress(volume);
```

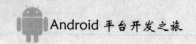

3．调整音量设置

通过音量管理器接口的“adjustStreamVolume”方法就可以调整指定音频流的当前音量设定值。该方法有 3 个参数：第 1 个参数是音频流的类型；第 2 个参数是音量调节的方向（是调高还是调低）；第 3 个参数是控制标志。

表 15-15 是音量调节方向的定义说明。

表 15-15　音量调节方向类型

类型标识	说明
ADJUST_LOWER	调低
ADJUST_RAISE	调高
ADJUST_SAME	不调整（主要用于调用系统音量调整条的显示）

表 15-16 是调整音量设置的控制标志的定义说明。

表 15-16　音量调整控制标志

标志标识	说明
FLAG_ALLOW_RINGER_MODES	是否包含响铃模式选项
FLAG_PLAY_SOUND	当改变音量的时候是否播放声音
FLAG_REMOVE_SOUND_AND_VIBRATE	是否移除队列中的任何声音或震动
FLAG_SHOW_UI	是否显示音量调节滑动条
FLAG_VIBRATE	是否进入震动响铃模式

代码 15-5 是调整响铃音量的实例代码，该代码中，将响铃音量调高（第 2 行），并移除调整音量相关的声音或震动（第 3 行），再读取音量值并借助滑动条进行显示（第 4 行和第 5 行）。

代码 15-5　调整响铃音量

文件名：AudioServiceDemoAct.java

```
1  mService.adjustStreamVolume(AudioManager.STREAM_RING,
2                              AudioManager.ADJUST_RAISE,
3                              AudioManager.FLAG_REMOVE_SOUND_AND_VIBRATE);
4  int volume = mService.getStreamVolume(AudioManager.STREAM_RING);
5  mBarVolume.setProgress(volume);
```

15.1.5　剪贴板管理

剪贴板管理器（ClipboardManager）提供到剪贴板服务的接口，用于设置或获取全局剪贴板中的文本，其定义于 android.text 包中。图 15-6 是获取剪贴板中的内容并输出到本框中的操作界面。

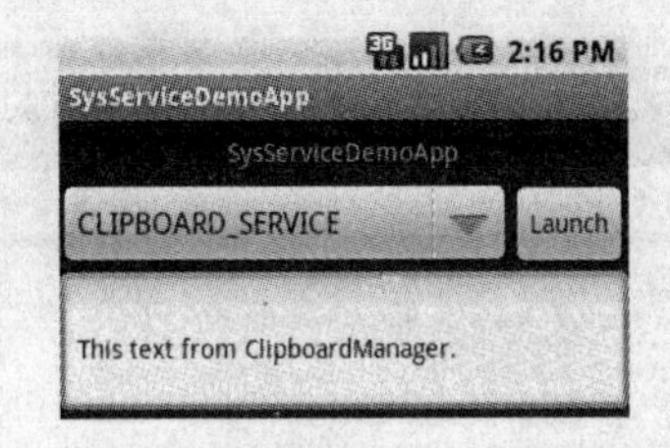

图 15-6 获取剪贴板中的文本

1. 剪贴板管理器

获取剪贴板管理器接口的代码如下所示。

```
ClipboardManager service = (ClipboardManager)
                (this.getSystemService(Context.CLIPBOARD_SERVICE) );
```

2. 设置剪贴板文本

通过剪贴板管理器的“setText”方法就可以方便地设置系统剪贴板的文本内容。其实例代码如下所示。

```
service.setText("This text from ClipboardManager.");
```

系统剪贴板中的文本内容可以在系统中共享，图 15-7 所示的画面就是将系统剪贴板中设置的文本粘贴到短信文本输入框的操作界面。

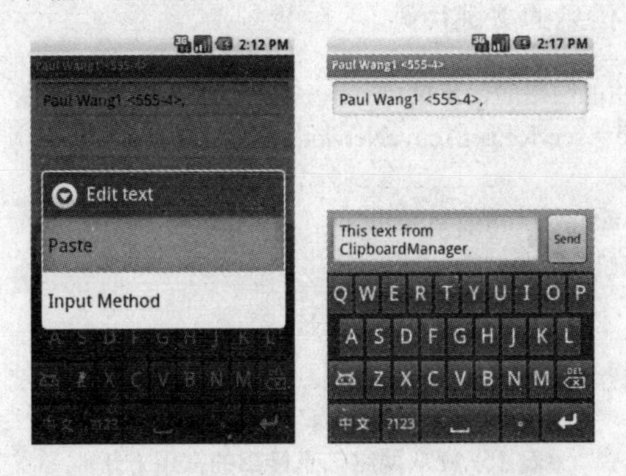

图 15-7 将系统剪贴板中的内容作为短信内容

3. 获取剪贴板文本

通过剪贴板管理器的“getText”方法就可以获取系统剪贴板的文本内容。其实例代码如下所示。

```
sb.append(service.getText() );
```

15.1.6 连接管理

连接管理器（ConnectivityManager）用于获取网络连接（包括 Wi-Fi、GPRS、UMTS 等）状态，当网络连接状态改变时也会通知应用程序，其定义于 android.net 包中。图 15-8 是通过连接管理器获取网络连接状态信息的界面。

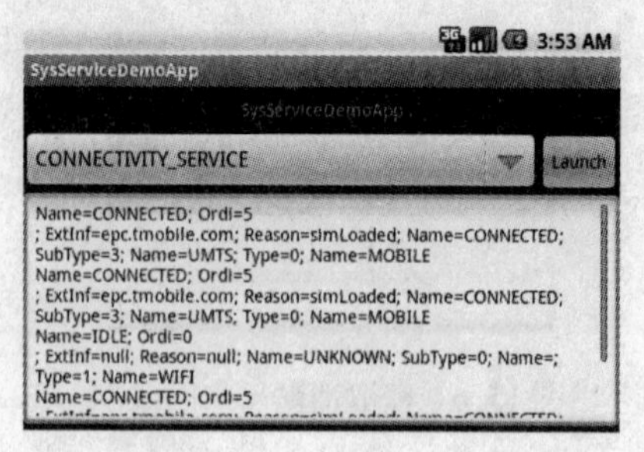

图 15-8　获取网络连接状态信息

1. 连接管理器

获取连接管理器接口的代码如下所示。

```
ConnectivityManager service = (ConnectivityManager)
                (this.getSystemService(Context.CONNECTIVITY_SERVICE) );
```

2. 获取网络连接状态

网络的连接状态包括正在使用的网络、所有网络和指定类型的网络。

（1）正在使用的网络

通过连接管理器的“getActiveNetworkInfo”方法可以获取当前正在使用的网络的信息接口（NetworkInfo），再通过该信息接口提供的方法就可以获得该网络的状态信息。以下是获取正在使用的网络的状态信息的关键代码。

```
//获取当前正在使用的网络的信息接口
NetworkInfo actInfo = service.getActiveNetworkInfo();
//获取该网络的状态
NetworkInfo.State state = actInfo.getState();
//获取该网络的详细状态
DetailedState dstate = actInfo.getDetailedState();
```

表 15-17 是网络信息接口的常用方法说明。

表 15-17　网络信息接口的常用方法

方法	说明
getDetailedState()	获取详细状态接口
getExtraInfo()	获取附加信息
getReason()	获取连接失败的原因
getState()	获取状态接口
getType()	获取网络类型（一般是移动或者 Wi-Fi）
getTypeName()	获取网络类型名称（一般取值“WIFI”或“MOBILE”）
isAvailable()	该网络是否可用
isConnected()	是否已经连接
isConnectedOrConnecting()	是否已经连接或正在连接
isFailover()	是否连接失败
isRoaming()	是否漫游

网络信息的详细状态接口（NetworkInfo.DetailedState）和状态接口（NetworkInfo.State）都是以一个枚举容器（Enumeration）的形式按照键名来提供对应的状态值。

（2）所有网络

通过连接管理器的“getAllNetworkInfo”方法可以获取所有网络信息接口。以下是获取所有网络状态信息的关键代码。

```
//获取所有网络的信息接口
NetworkInfo[] infos = service. getAllNetworkInfo ();
```

（3）获取指定类型的网络

通过连接管理器的“getNetworkInfo”方法可以获取指定类型的网络的信息接口。该方法仅有的 1 个参数是网络类型标识，Android 平台定义了 2 种网络类型。表 15-18 是网络类型的定义说明。

表 15-18　网络类型说明

类型标识	说明
TYPE_MOBILE	移动网络（GPRS、UMTS 等）
TYPE_WIFI	Wi-Fi 网络

以下是获取指定类型的网络的状态信息的关键代码。

```
//获取 Wi-Fi 网络信息
NetworkInfo wifi = service.getNetworkInfo(ConnectivityManager.TYPE_WIFI);
//获取移动网络信息
NetworkInfo mobile = service.getNetworkInfo(ConnectivityManager.TYPE_MOBILE);
```

3. 监听网络连接状态改变

当网络连接状态发生改变时，Android 系统会发出广播消息。在用户程序中，可以通过广播接受器组件来监听网络连接状态发生改变的事件。图 15-9 和图 15-10 分别是取消和开启手机的飞行模式之后收到网络状态改变提示的界面。

图 15-9　取消飞行模式

图 15-10　开启飞行模式

（1）网络状态侦听器

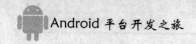

代码 15-6 是网络状态侦听器的定义代码。

代码 15-6　网络状态侦听器

文件名：NetMonitor.java

```
1    package foolstudio.demo.net;
2
3    import android.content.BroadcastReceiver;
4    import android.content.Context;
5    import android.content.Intent;
6    import android.os.Bundle;
7    import android.widget.Toast;
8
9    public class NetMonitor extends BroadcastReceiver {
10       @Override
11       public void onReceive(Context ctx, Intent intent) {
12           //获取意向对象的附加数据
13           Bundle data = intent.getExtras();
14           String reason = "未知原因";
15           if(data != null) {
16               //获取原因
17               reason = data.getString("reason");
18           }
19
20           Toast.makeText(ctx, "连接状态（"+reason+"）改变！",
21                           Toast.LENGTH_LONG).show();
22       }
23   };
```

代码 15-6 中，网络状态改变事件的处理在重载方法“onReceive”中执行。在第 17 行，通过“reason”数据项来获取网络状态发生改变的原因。

（2）网络状态侦听器的声明

该网络状态侦听器的声明在程序清单中完成，代码 15-7 是声明网络状态侦听器组件的关键代码。

代码 15-7 声明网络状态侦听器组件

文件名：AndroidManifest.xml

```
1    <application android:icon="@drawable/icon" android:label="@string/app_name">
2        <activity……>
3            ……
4        </activity>
5        <receiver android:name="NetMonitor" android:label="NetMonitor">
6            <intent-filter>
7                <action android:name="android.net.conn.CONNECTIVITY_CHANGE"/>
8            </intent-filter>
9        </receiver>
10   </application>
```

代码 15-7 中，通过标记“<receiver>”声明了一个广播接收器组件（第 5 行），也就是上述的网络状态侦听器，然后通过意向过滤器标记（“<intent-filter>”）来“告诉”安装程序该接收器组件只接收行为标识为“android.net.conn.CONNECTIVITY_CHANGE”（即连接管理器的常量属性：CONNECTIVITY_ACTION）的事件，所以在代码 15-6 中无需再对意向对象的行为标识进行判断了。

4．使用许可

如果要获取网络的状态，必须在程序清单中添加相应的使用许可，如下所示。

文件名：AndroidManifest.xml

```
<uses-permission android:name="android.permission.ACCESS_NETWORK_STATE"/>
```

15.1.7 输入法管理

输入法管理器（InputMethodManager）为整个输入法框架（Input Method Framework，IMF）体系提供了系统核心 API，其主要用于衔接应用程序与当前输入法的交互，定义于 android.view.inputmethod 包中。图 15-11 是通过输入法管理器获取系统输入法信息的界面。

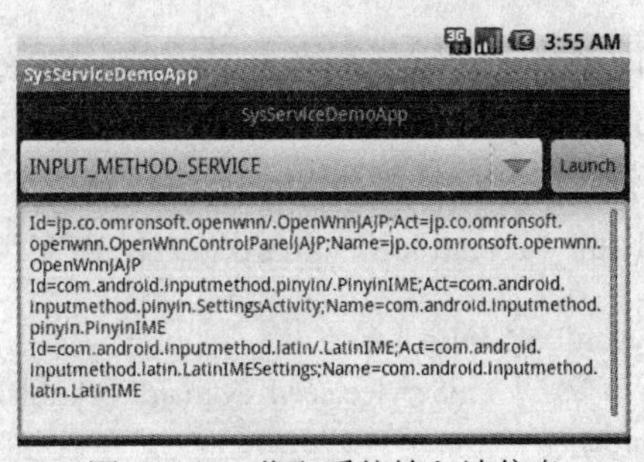

图 15-11 获取系统输入法信息

1．输入法管理器

获取输入法管理器接口的代码如下所示。

```
InputMethodManager service = (InputMethodManager)
                    (this.getSystemService(Context.INPUT_METHOD_SERVICE) );
```

2．获取输入法列表

通过输入法管理器的“getInputMethodList”方法可以获取系统中所有输入法列表，然后通过输入法信息接口（InputMethodInfo）的方法就可以获取列表中输入法的信息。

```
List<InputMethodInfo> list = service.getInputMethodList();
```

表 15-19 是输入法信息接口的常用方法说明。

表 15-19 输入法信息接口的常用方法

方法	说明
getId()	获取输入法 ID
getSettingsActivity()	获取为输入法提供设置界面的 Activity 组件名称
getServiceName()	获取实现该输入法的服务组件的名称

3．获取可用的输入法列表

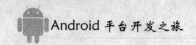

通过输入法管理器的“getEnabledInputMethodList”方法可以获取系统中可用的输入法列表，同样通过输入法信息接口的方法来获取列表中输入法的信息。

```
List<InputMethodInfo> list2 = service.getEnabledInputMethodList();
```

15.1.8 键盘守护

键盘守护管理器（KeyguardManager）提供了对键盘进行锁定或解锁的接口，其定义于 android.app 包中。

1．键盘守护管理器

获取键盘守护管理器接口的代码如下所示。

```
KeyguardManager service = (KeyguardManager)
                    (this.getSystemService(Context.KEYGUARD_SERVICE) );
```

2．锁定键盘

键盘的锁定与解锁不是由键盘守护管理器直接完成的，而是需要通过键盘守护管理器的守护锁（KeyguardLock）接口来实现。通过键盘守护管理器的“newKeyguardLock”方法就可以获得一个键盘守护锁实例。该方法只需要一个能够起到标识作用的字符串作为参数。

然后通过键盘守护锁接口的“reenableKeyguard”方法来实现键盘的锁定。

```
KeyguardManager.KeyguardLock mLocker =
                    mService.newKeyguardLock(this.getLocalClassName() );
mLocker.disableKeyguard();
```

3．键盘解锁

通过键盘守护锁接口的“disableKeyguard”方法就可以禁用键盘锁定。

```
mLocker.reenableKeyguard();
```

4．使用许可

如果要禁用键盘锁定，必须在程序清单中添加警用键盘锁定的使用许可，如下所示。

文件名：AndroidManifest.xml

```
<uses-permission android:name="android.permission.DISABLE_KEYGUARD"/>
```

15.1.9 通报管理

通报管理器（NotificationManager）用于通知用户有后台事件（例如：收到新短信、电话呼入、备忘提醒）发生，其定义于 android.app 包中。当有后台事件发生时，通报管理器会通过 3 种方式来通知用户。

（1）在状态栏会出现持久的图标，用户可以点击该图标查看通知详情。

（2）屏幕开启或者闪烁。

（3）通过背景灯闪烁、播放声音或震动的方式。

图 15-12 所示的就是通过状态栏的图标信息来提示用户有后台事件发生的实例界面。

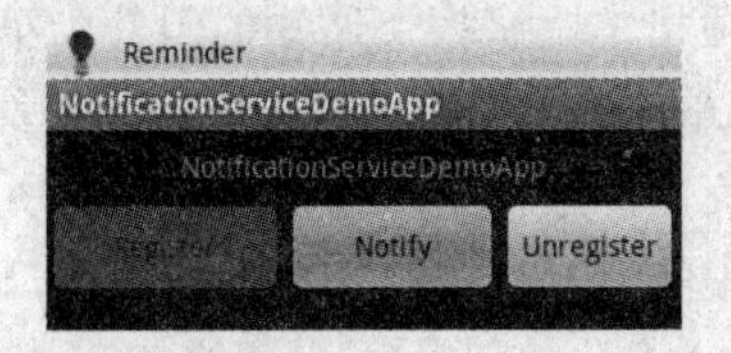

图 15-12　接收到后台事件

1. 通报管理器

获取通报管理器接口的代码如下所示。

```
NotificationManager service = (NotificationManager)
                    (this.getSystemService(Context.NOTIFICATION_SERVICE) );
```

2. 发送通知

通过通报管理器的"notify"方法就可以发送后台事件通知，该方法有 2 个参数：第 1 个参数是通知 ID；第 2 个参数是通知实体。

和警报管理器的使用类似，通知的发送也是一种预期行为，用户可以在通知发送的时限内取消发送，所以通知的发送也需要使用未决意向对象。代码 15-8 是发送通知的关键代码。

代码 15-8　发送系统通知

文件名：NotificationServiceDemoAct.java

```
1    public static final int NOTIFICATION_ID = 1;
2    //定义通知实体
3    Notification mNotification = new Notification(R.drawable.tip,
4                                          "Reminder",
5                                          System.currentTimeMillis() );
6    //指定呈现消息的组件
7    Intent notifyIntent = new Intent(this, RemindAct.class);
8    //呈现消息的组件与当前组件没有关系
9    notifyIntent.setFlags(Intent.FLAG_ACTIVITY_NEW_TASK);
10   //通过未决意向对象来设置通知相关的 Activity 组件
11   PendingIntent contentIntent = PendingIntent.getActivity(this, 0, notifyIntent, 0);
12   //设置通知的最新事件信息
13   mNotification.setLatestEventInfo(this.getApplicationContext(),
14                                 "New reminder",
15                                 "It's sleeping time!",
16                                 contentIntent);
17   //发送通知
18   mService.notify(NOTIFICATION_ID, mNotification);
```

代码 15-8 中，通知实体的定义使用了 3 个参数：第 1 个参数是图标资源 ID（第 3 行）；第 2 个参数是提示文字（第 4 行）；第 3 个参数是通知发送的时间点（第 5 行）。在图

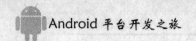

15-10 中，状态栏所显示的图标和提示文字就是通过前 2 个参数指定的。

除此之外，通知实体还必须指定“呈报”通知的组件，第 7 行中指定“RemindAct”组件来展现通知内容。该组件是 Activity 组件，与调用它的组件不存在关联，就像呈送报告的人与报告内容没有关系，他只负责把报告呈送给指定的人，所以被调用的 Activity 组件必须以新任务的方式执行（第 9 行中的 FLAG_ACTIVITY_NEW_TASK 标志）。

第 13 行的“setLatestEventInfo”方法用于设置通知实体的概要信息（第 14 行和第 15 行），同时将通知实体与意向对象绑定（第 16 行）。通知实体的概要信息会在点击状态栏图标后展开的界面中显示，如图 15-13 所示。

当用户进一步点击通知条目时，就会调用“呈报”组件来显示通知详情，如图 15-15 所示。

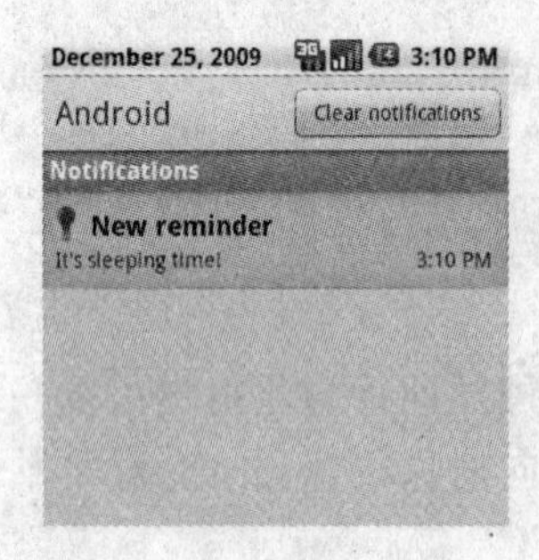

图 15-13　查看通知概要

图 15-14　查看通知详情

3．取消通知

通过通报管理器接口的“cancel”方法就可以取消通知。

```
mService.cancel(NOTIFICATION_ID);
```

15.1.10　布局填充

布局填充器（LayoutInflater）用于将布局 XML 文件实例化为其对应的视图对象，其定义于 android.view 包中。图 15-15 所示的内容是通过布局填充器动态创建视图并添加到 Activity 组件的内容视图中。

图 15-15　动态添加视图组件

提示：本书中“填充”一词的概念源于对“inflate”的翻译，作者将其理解为如下过程：解析 XML 定义的视图资源文件，继而根据其中所定义的视图结构，将这些空泛的组件标记实例化为“有血有肉”的视图组件对象。

1. 布局填充器

不能直接使用布局填充器实例来对布局资源进行填充，而是必须服务接口或者上下文环境来获取关联的布局填充器实例，其示例代码如下所示。

```
//获取系统的布局填充器
LayoutInflater service = (LayoutInflater)
                    (this.getSystemService(Context.LAYOUT_INFLATER_SERVICE) );
//获取 Activity 组件关联的布局填充器
LayoutInflater inflater = this.getLayoutInflater();
```

2. 填充布局

通过布局填充器的“inflate”（填充）方法就可以获取对应的组件对象实例，然而 Android 平台提供了多种填充的方式，常用的有：通过 XML 解析器和直接使用布局资源 ID 来进行填充。

（1）通过 XML 解析器

通过当前 Activity 组件的资源管理器接口（Resources）的“getXml”方法可以获取指定布局资源的解析器对象（Parser），在通过该解析器来填充布局资源，代码如下所示。

```
//获取布局资源的解析器
XmlResourceParser parser = this.getResources().getXml(R.layout.widgets);
//填充布局
View panel = inflater.inflate(parser, null);
```

（2）通过布局资源 ID

直接通过布局资源 ID 来填充对应的布局资源，代码如下所示。

```
View panel = inflater.inflate(R.layout.widgets, null);
```

3. 布局资源定义

代码 15-9 是图 15-15 中用于动态添加的视图组件的布局定义。

代码 15-9　布局资源定义

文件名：widgets.xml

```
1    <?xml version="1.0" encoding="utf-8"?>
2    <TableLayout xmlns:android="http://schemas.android.com/apk/res/android"
3        android:id="@+id/LAY_SUB_PANEL"
4        android:layout_width="wrap_content"
5        android:layout_height="wrap_content"
6        android:stretchColumns="0,1">
7        <TableRow>
8            <Button android:id="@+id/BTN_ACTION"
9                android:layout_width="wrap_content"
10               android:layout_height="wrap_content"
```

```
11                    android:text="Action" />
12                <Button android:id="@+id/BTN_HIDE"
13                    android:layout_width="wrap_content"
14                    android:layout_height="wrap_content"
15                    android:text="Hide" />
16            </TableRow>
17        </TableLayout>
```

15.1.11 位置服务管理

位置管理器（LocationManager）用于访问系统的位置服务，该服务允许应用程序获取设备所在的实时地理位置，其定义于 android.location 包中。图 15-16 所示的内容是通过位置服务管理器获取手机相关的位置信息。

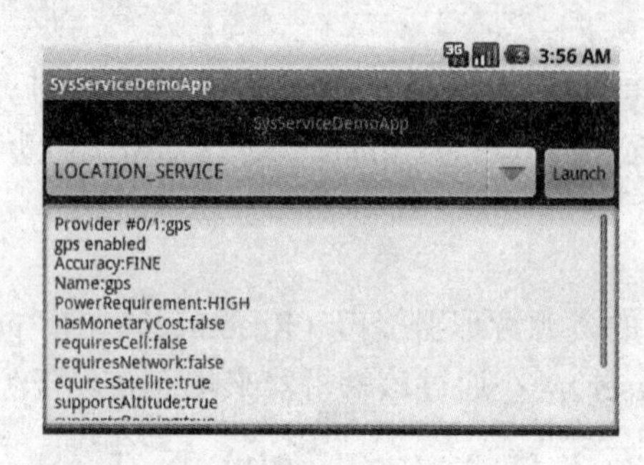

图 15-16 获取位置信息

1. 位置管理器

获取位置管理器接口的代码如下所示。

```
LocationManager service = (LocationManager)
                    (this.getSystemService(Context.LOCATION_SERVICE) );
```

2. 使用许可

为了获取高精度的位置信息，必须在程序清单中添加对应的使用许可，如下所示。

文件名：AndroidManifest.xml

```
<uses-permission android:name="android.permission.ACCESS_FINE_LOCATION"/>
```

3. 位置服务提供者

通过位置管理器接口的“getAllProviders”方法可以获取所有的位置服务提供者（LocationProvider）的名称信息；通过“isProviderEnabled”方法可以查询指定名称的服务提供者是否可用；通过“getProvider”方法可以获取指定名称的位置服务提供者接口。主要代码如下所示。

```
//获取所有位置服务提供者
List<String> providers = service.getAllProviders();
//判断服务提供者是否可用
if(service.isProviderEnabled(providers.get(0)) == true) {
```

```
            printText(providers.get(0) + " enabled ");
        }
    //获取位置服务提供者
        LocationProvider provider = service.getProvider(providers.get(0));
```

4．位置服务提供者信息

通过位置服务提供者的公共方法可以获取该提供者的信息，表 15-20 是位置服务提供者常用方法的说明。

表 15-20　位置服务提供者常用方法

方法	说明
getAccuracy()	获取标准水平精度，取值：ACCURACY_COARSE（粗精度）和 ACCURACY_FINE（高精度），定义于 Criteria 接口中。
getPowerRequirement()	获取标准电源需求，取值：POWER_HIGH（高）、POWER_MEDIUM（中）和 POWER_LOW（低），定义于 Criteria 接口中。
hasMonetaryCost()	是否存在金钱费用
requiresCell()	是否需要蜂窝式网络支持
requiresNetwork()	是否需要数据网络支持
requiresSatellite()	是否需要基于卫星的定位系统支持
supportsAltitude()	是否支持高程信息（海拔）
supportsBearing()	是否支持方位信息
supportsSpeed()	是否支持速度信息

5．位置信息

通过位置服务提供者名称可以构造位置信息接口（Location），然后通过位置信息接口的公共方法就可以获得位置信息，表 15-21 是位置信息接口的常用方法说明。

表 15-21　位置信息接口的常用方法

方法	说明
getLatitude()	获取纬度信息
getLongitude()	获取经度信息
getAltitude()	获取高程信息（海拔）

15.1.12　电源管理

电源管理器（PowerManager）用于控制手机的电源状态，其定义于 android.os 包中。电源管理器提供的 API 的使用将会直接作用于手机电池的寿命。

1．电源管理器

获取电源管理器接口的代码如下所示。

```
    PowerManager service = (PowerManager)
                            (this.getSystemService(Context.POWER_SERVICE) );
```

2．唤醒锁

唤醒锁（WakeLock）用于唤醒设备，通过电源管理器的“newWakeLock”方法可以获取一个唤醒锁接口，该方法可以设定唤醒等级，表 15-22 是对唤醒等级的说明。

表 15-22　唤醒等级的说明

等级标识	说明
PARTIAL_WAKE_LOCK	屏幕关闭，键盘关闭
SCREEN_DIM_WAKE_LOCK	屏幕变暗，键盘关闭
SCREEN_BRIGHT_WAKE_LOCK	屏幕点亮，键盘关闭
FULL_WAKE_LOCK	屏幕点亮，键盘点亮
ACQUIRE_CAUSES_WAKEUP	当通过唤醒锁唤醒设备时，强制屏幕或和键盘马上点亮（例如：作为重要信息的通知）
ON_AFTER_RELEASE	当唤醒锁释放时用户的 Activity 组件会被重置，这会造成屏幕持续显示较长的事件

通过唤醒锁的“acquire”方法按照指定的等级来唤醒设备，当不需要唤醒锁时可以通过“release”方法来释放。代码 15-10 是使用唤醒锁的示例代码。

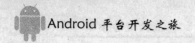

代码 15-10　唤醒锁使用示例

文件名：PowerServiceDemo.java

```
1  PowerManager.WakeLock locker =
2                  service.newWakeLock(PowerManager.ACQUIRE_CAUSES_WAKEUP |
3                                      PowerManager.SCREEN_DIM_WAKE_LOCK,
4                                      "PowerServiceDemo");
5  //唤醒设备
6  locker.acquire();
7  ……
8  //释放唤醒锁
9  locker.release();
```

3．设备休眠

通过电源管理器的“goToSleep”方法可以强制设备进入休眠状态。

4．使用许可

为了对设备电源进行访问以及获取唤醒锁，必须在程序清单中添加对应的使用许可，如下所示。

文件名：AndroidManifest.xml

```
<uses-permission android:name="android.permission.DEVICE_POWER"/>
<uses-permission android:name="android.permission.WAKE_LOCK"/>
```

15.1.13　搜索服务

搜索管理器（SearchManager）用于提供对系统搜索服务的访问，其定义于 android.app 包中。图 15-17 所示的内容是通过搜索管理器调用系统搜索框的实例界面。

1．搜索管理器

获取搜索管理器接口的代码如下所示。

```
SearchManager service = (SearchManager)
```

```
(this.getSystemService(Context.SEARCH_SERVICE) );
```

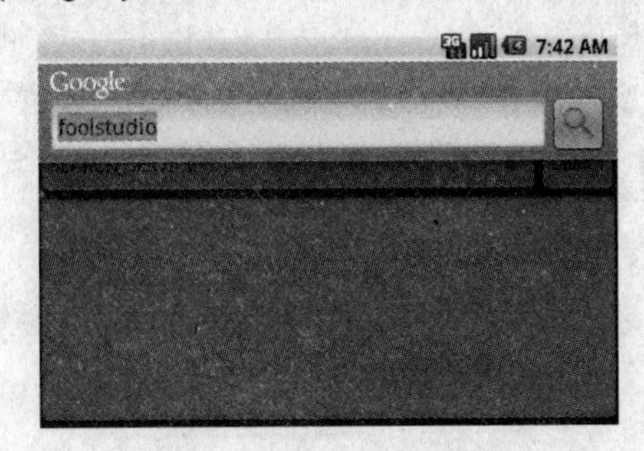

图 15-17 调用系统搜索框

2．调用系统搜索界面

通过搜索管理器的“startSearch”方法可以调用系统搜索界面，该方法有 5 个参数：第 1 个参数是要查询的关键字；第 2 个参数用于指定查询是否被预选；第 3 个参数是启动搜索的 Activity 组件名；第 4 个参数用于设置搜索上下文数据；第 5 个参数用于指明是否全局搜索。以下是调用系统搜索界面的实例代码。

```
service.startSearch("foolstudio", //搜索关键字
                    true, //作为预选
                    new ComponentName("foolstudio.demo.sys",
                                      "SysServiceDemoAct"),
                    null, //无上下文数据
                    true); //是全局搜索
```

15.1.14 传感器管理

传感器管理器（SensorManager）用于访问设备的传感器，其定义于 android.hardware 包中。图 15-18 所示的内容是通过传感器管理器获取传感器信息的实例界面。

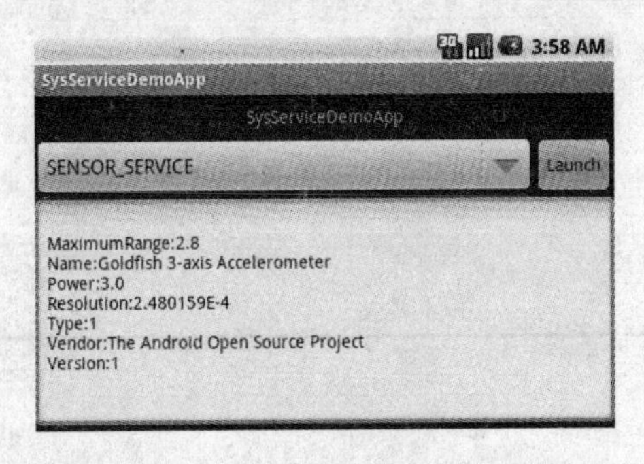

图 15-18 获取传感器信息

1．传感器管理器

获取传感器管理器接口的代码如下所示。

```
SensorManager service = (SensorManager)
        (this.getSystemService(Context.SENSOR_SERVICE) );
```

2. 获取传感器

通过传感器管理器的“getDefaultSensor”可以获取指定类型的系统默认传感器；通过“getSensorList”获取指定类型的所有传感器列表，其示例代码如下所示。

```
Sensor sensor = service.getDefaultSensor(Sensor.TYPE_ALL);
List<Sensor> sensors = service.getSensorList(Sensor.TYPE_ALL);
```

传感器类型定义于传感器类（Sensor）中，表 15-23 是对传感器类型的说明。

表 15-23　传感器类型说明

类型标识	说明
TYPE_ACCELEROMETER	加速计
TYPE_ALL	所有传感器类型
TYPE_GYROSCOPE	陀螺仪
TYPE_LIGHT	光传感器
TYPE_MAGNETIC_FIELD	磁场传感器
TYPE_ORIENTATION	方位传感器
TYPE_PRESSURE	压力传感器
TYPE_PROXIMITY	接近传感器
TYPE_TEMPERATURE	温度传感器

3. 传感器信息

通过传感器对象的公共方法就可以获得该传感器的相关信息，表 15-24 是传感器对象的常用方法说明。

表 15-24　传感器常用方法

类型标识	说明
getMaximumRange()	最大单元范围
getName()	传感器名称
getPower()	电源（毫安）
getResolution()	分辨度
getType()	类型
getVendor()	制造商
getVersion()	版本

15.1.15　电话管理

电话管理器（TelephonyManager）用于访问当前设备中的电话服务信息，其定义于 android.telephony 包中。

应用程序可以通过电话管理器提供的方法来探测电话服务和状态，也可以通过注册侦听器来获取电话状态改变的通知。

1. 电话管理器

获取电话管理器接口的代码如下所示。

```
TelephonyManager service = (TelephonyManager)
                    (this.getSystemService(Context.TELEPHONY_SERVICE) );
```

2．电话管理器的应用

电话管理器的应用请参见第 11 章。

15.1.16 振动器管理

振动器（Vibrator）用于操作设备中的振动器，其定义于 android.os 包中。

1．振动器

获取振动器接口的代码如下所示。

```
Vibrator service = (Vibrator)
                    (this.getSystemService(Context.VIBRATOR_SERVICE) );
```

2．设置振动

通过振动器的“vibrate”方法就可以设置振动持续的时间并启动振动。

3．取消振动

通过振动器的“cancel”方法取消震动，或者当用户的程序退出时，所有由用户启动的振动都将停止。

4．使用许可

为了能够使用振动器，必须在程序清单中添加使用振动器的使用许可，如下所示。

文件名：AndroidManifest.xml

```
<uses-permission android:name="android.permission.VIBRATE"/>
```

15.1.17 Wi-Fi 管理

Wi-Fi 管理器（WifiManager）提供了用于管理所有 Wi-Fi 连接的主要 API，其定义于 android.net.wifi 包中。图 15-19 所示的内容是通过 Wi-Fi 管理器获取 Wi-Fi 连接信息的实例界面。

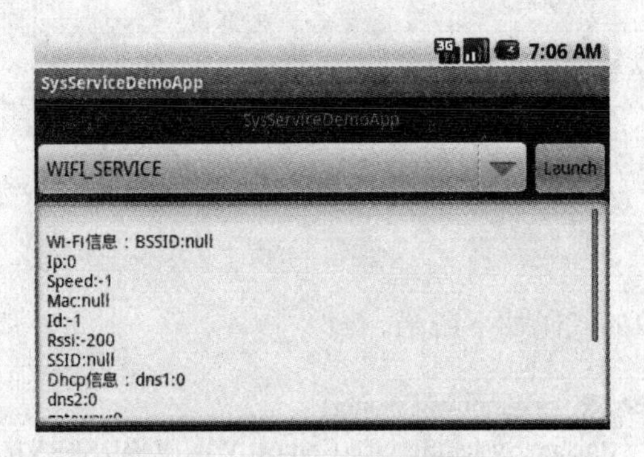

图 15-19 显示 Wi-Fi 连接信息

1．Wi-Fi 管理器

获取 Wi-Fi 管理器接口的代码如下所示。

```
WifiManager service = (WifiManager)
                (this.getSystemService(Context.WIFI_SERVICE) );
```

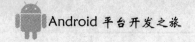

2. Wi-Fi 管理器的使用

Wi-Fi 管理器的使用请参考第 8 章。

15.1.18 墙纸管理

墙纸管理器（WallpaperManager）用于提供对系统墙纸的访问，其定义于 android.app 包中。

1. 墙纸管理器

获取墙纸管理器接口的代码如下所示。

```
//获取给定上下文相关的墙纸管理器
WallpaperManager man = WallpaperManager. getInstance(this);
```

2. 设置墙纸

通过墙纸管理器接口的"setBitmap"方法、"setResource"方法和"setStream"方法可以分别将位图对象实例、资源文件和字节流中所包含的图片设置为当前系统的墙纸。

15.1.19 窗口管理

窗口管理器接口（WindowManager）给应用程序提供了访问窗体的管理器的接口，其定义于 android.view 包中。图 15-20 所示的内容是通过窗体管理器获取当前应用程序的界面显示信息。

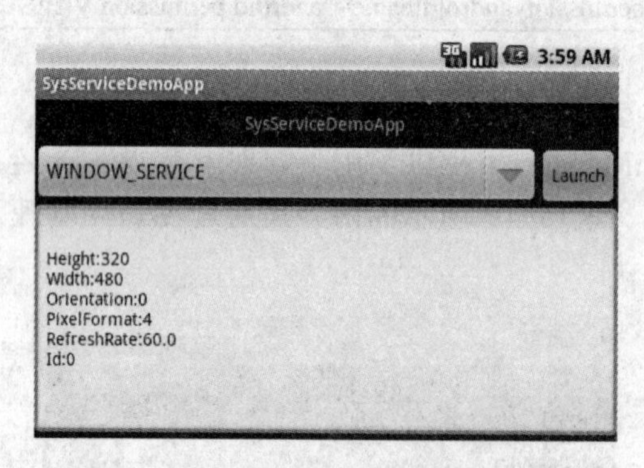

图 15-20 获取程序界面显示信息

1. 窗口管理器

获取窗口管理器接口的代码如下所示。

```
WindowManager service = (WindowManager)
                (this.getSystemService(Context.WINDOW_SERVICE) );
```

2. 显示信息接口

通过窗口管理器接口的"getDefaultDisplay"方法可以获得默认的显示对象，其主要代码如下所示。

```
Display display = service.getDefaultDisplay();
```

通过显示对象（Display）的公共方法可以获得显示信息，表 15-25 是显示对象的常用方法说明。

表 15-25　显示对象的常用方法

方法	说明
getHeight()	获取显示的高度（像素）
getWidth()	获取显示的宽度（像素）
getOrientation()	获取屏幕方向
getPixelFormat()	获取像素格式
getRefreshRate()	获取刷新率
getMetrics(DisplayMetrics)	获取当前显示的度量标准

15.2　Android 平台系统信息

虽然开发者可以通过系统服务所提供的接口来获取一些常用的系统信息，但是对于有些应用，这些信息的粒度可能还不够，开发者需要一些更为精细的“专题信息”。

值得庆幸的是，Android 平台对系统中的进程管理、文件系统、环境变量、系统时间、平台信息和电池管理等核心部分的访问进行了深层次的封装，从而让开发者能够获得更多核心的系统信息。

15.2.1　进程管理

图 15-21 所示的内容是当前应用程序进程和系统中正在运行的进程的详细信息。

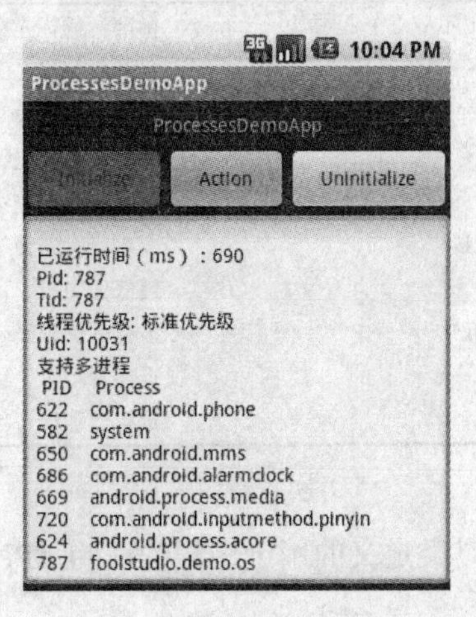

图 15-21　显示进程详细信息

1. 进程管理工具类

进程管理工具类 Process 提供了对操作系统进程的管理，其操作包括：获取当前程序的进程标识（PID）、线程标识（TID）和用户标识（UID）；还可以设置线程的优先级；甚至还可以杀死指定进程或向指定进程发送信号等。该工具类在 android.os 包中定义。

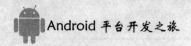

2．获取当前进程信息

表 15-26 中是进程管理工具类定义的获取当前进程信息的 API。

表 15-26　获取当前进程信息的方法

方法	说明
getElapsedCpuTime()	获取占用的 CPU 时间
myPid()	获取进程 ID
myTid()	获取任务 ID
myUid()	获取用户 ID
supportsProcesses	是否支持多进程

3．获取/设置线程优先级

表 15-27 中是进程管理工具类定义的获取/设置线程优先级的 API。

表 15-27　显示对象的常用方法

方法	说明
getThreadPriority(int tid)	获取指定 ID 的线程的优先级
setThreadPriority(int priority)	设置当前线程的优先级
setThreadPriority(int tid, int priority)	设置指定 ID 的线程的优先级

表 15-28 中是线程优先级的定义说明。

表 15-28　线程优先级定义说明

类型标识	说明
THREAD_PRIORITY_AUDIO	标准音频优先级
THREAD_PRIORITY_BACKGROUND	标准后台优先级
THREAD_PRIORITY_DEFAULT	标准优先级
THREAD_PRIORITY_ DISPLAY	标准显示优先级
THREAD_PRIORITY_ FOREGROUND	标准前台优先级
THREAD_PRIORITY_ LESS_FAVORABLE	少喜好优先级
THREAD_PRIORITY_LOWEST	最低优先级
THREAD_PRIORITY_ MORE_FAVORABLE	多喜好优先级
THREAD_PRIORITY_ URGENT_AUDIO	重要音频优先级
THREAD_PRIORITY_ DISPLAY	重要显示优先级

4.进程管理

表 15-29 中是进程管理工具类定义的用于进程管理的 API。

表 15-29　进程管理 API

方法	说明
killProcess(int pid)	杀死指定进程
sendSignal(int pid, int signal)	向指定进程发送信号

15.2.2 文件系统信息

图 15-22 是显示指定路径下的文件系统的有关信息的实例界面。

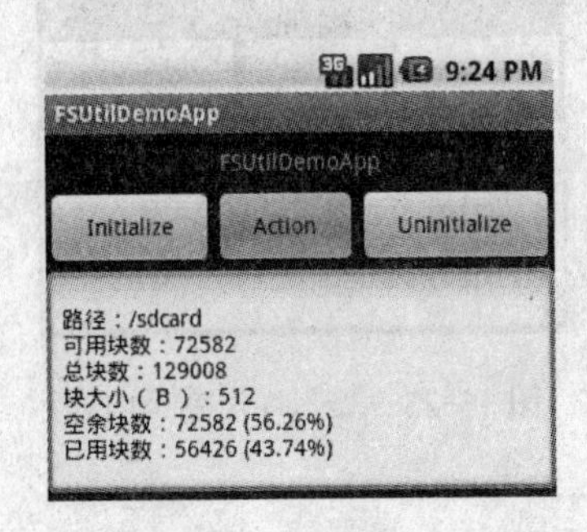

图 15-22　获取文件系统信息

1．文件系统工具类

文件系统工具类 StatFs 用于获取与文件系统的空间有关的所有信息，包括：文件系统中可用空间的块数、总块数、块大小和空余块数等信息。该工具类在 android.os 包中定义。

文件系统工具类需要参考指定路径下的文件系统的统计信息，构造该工具类的实例代码如下所示，该代码中构建了一个与 SD 卡文件夹相关的工具类实例。

```
final String DEST_PATH = "/sdcard";
StatFs fs = new StatFs(DEST_PATH);
```

2．获取文件系统信息

通过文件系统工具类实例的公共方法可以获得该文件系统的信息，表 15-30 中是文件系统工具类的常用方法说明。

表 15-30　文件系统工具类的常用方法

方法	说明
getAvailableBlocks()	获取文件系统中空余且能够被程序所用的文件块数量（不包括保留区）
getBlockCount()	获取该文件系统中的总文件块数
getFreeBlocks()	获取该文件系统中的空余块数（包括保留区）
getBlockSize()	该文件系统中的文件块大小（单位是字节）
restat(String path)	重新统计指定的文件系统

15.2.3 环境变量

图 15-23 是显示系统的环境变量的内容的实例界面。

1．环境变量工具类

环境变量工具类 Environment 用于访问系统环境变量，包括：数据文件夹、下载缓存文件夹、外部存储文件夹、外部存储状态和根目录等。该工具类在 android.os 包中定义。

2．获取系统文件夹

通过环境变量工具类的静态方法可以获取系统文件夹内容，表 15-31 中是环境变量工具类的常用方法说明。

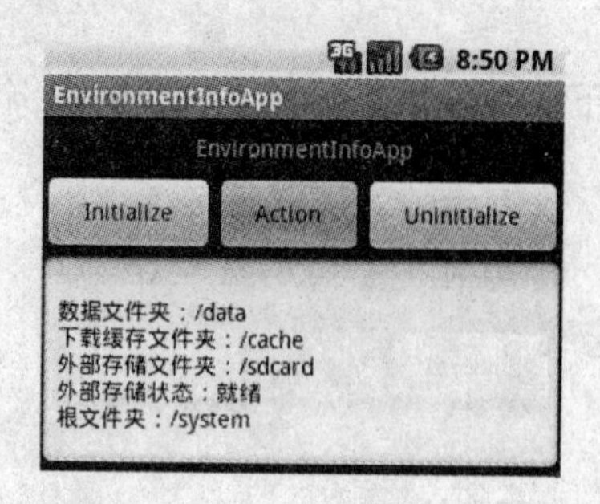

图 15-23　显示环境变量内容

表 15-31　环境变量工具类的常用方法

方法	说明
getDataDirectory()	获取当前系统中数据文件夹环境变量
getDownloadCacheDirectory()	获取当前系统中下载缓存文件夹环境变量
getExternalStorageDirectory()	获取当前系统中外部存储文件夹环境变量
getRootDirectory()	获取当前系统中根文件夹环境变量

3．获取 SD 卡文件夹的状态

通过环境变量工具类的“getExternalStorageState”方法就可以获取当前系统中外部存储器的状态，如图 15-23 中，外部存储文件夹是“/sdcard”，其状态为“就绪”。

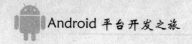

读者可以通过修改 Android 模拟器的映像文件名来改变外部存储文件夹的状态，如图 15-24 所示。

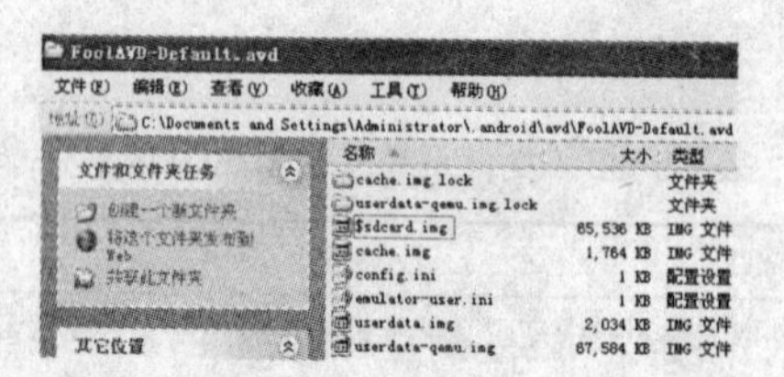

图 15-24　修改 sd 卡文件夹的映像文件

将 SD 卡文件夹的映射文件（“sdcard”）更名之后，Android 平台找不到 SD 卡文件夹，就会认为外部存储设备被移除了（如图 15-25 所示），并且发送 SD 卡被移除的通知（如图 15-26 所示）。

图 15-25　外部存储器被移除

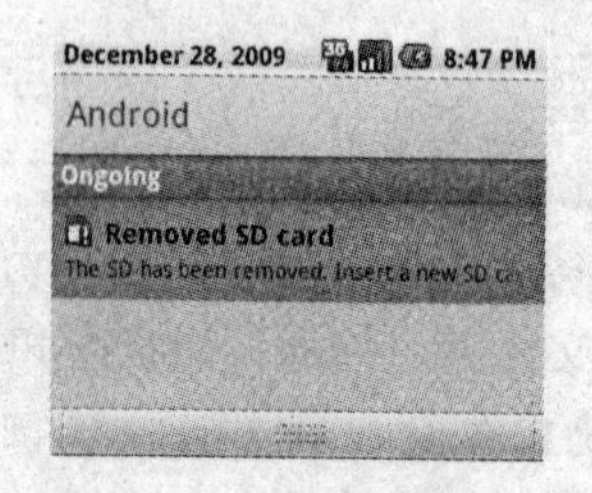

图 15-26　SD 卡被移除的通知

表15-32中是对环境变量工具类中定义的外部存储器状态类型的说明。

表15-32 外部存储器状态类型说明

类型标识	说明
MEDIA_BAD_REMOVAL	错误移除
MEDIA_CHECKING	正在检测
MEDIA_MOUNTED	就绪
MEDIA_MOUNTED_READ_ONLY	只读
MEDIA_NOFS	不支持的文件系统
MEDIA_REMOVED	已移除
MEDIA_SHARED	共享
MEDIA_UNMOUNTABLE	不能安装
MEDIA_UNMOUNTED	没有安装

15.2.4 系统时间管理

Android 提供了多种工具类对系统时间进行管理，其中有：计时器、计时器组件和倒计时定时器。

1. 系统计时器

图12-27中所示的内容是使用1个以1秒为间隔的计时器来循环打印当前的时间戳。

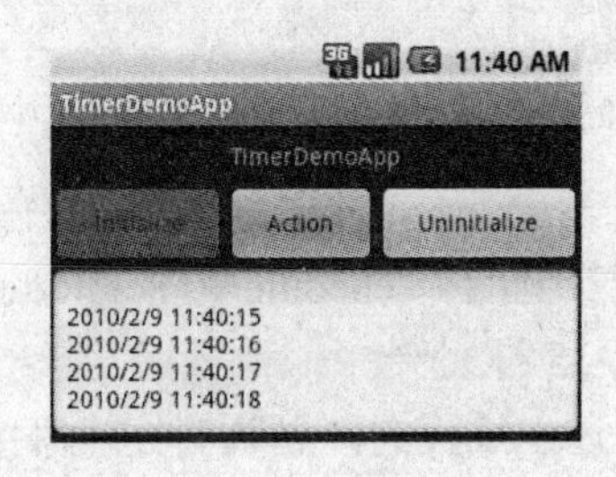

图15-27 系统计时器

（1）系统计时器类

系统计时器类 Timer 用于计划在后台处理中完成的任务，定义于 java.util 包中，该类与 J2SE 平台中的 Swing 库中的 Timer 的使用方法有一定差异。

（2）系统计时器的定义

系统计时器类所定义的周期性动作需要通过计时器任务类（TimerTask）来完成。计时器任务类实际上是一个单独线程（其继承于 Runnable 接口），那么要将计时器线程中的消息打印到可视组件中，就需要使用线程消息队列（请参见第3章中有关组件与线程交互的机制）。

代码15-11是定义计时器和计时器任务，并启动计时的实例代码。

代码15-11 初始化计时器

文件名：TimerDemoAct.java

```
1    static final int MSG_ID = 1;
```

```
2
3    Handler mMsgHandler = new Handler() {
4        @Override
5        public void handleMessage(Message msg) {
6            //对消息进行判断
7            if(msg.what == MSG_ID) {
8                printText(FoolSysUtil.getDateTimeString() );
9            }
10           super.handleMessage(msg);
11       }
12   };
13
14   private void doInit() {
15       //构造计时器实例
16       Timer mTimer = new Timer();
17       //构造计时器任务实例
18       TimerTask mTask = new TimerTask() {
19           @Override
20           public void run() {
21               mMsgHandler.sendEmptyMessage(MSG_ID);
22           }
23       };
24       //以固定的速率规划任务
25       mTimer.scheduleAtFixedRate(mTask, 0, 1000L);
26   }
```

代码 15-11 中，通过计时器实例的“scheduleAtFixedRate”方法以指定的延迟（0）及速率（1000ms）来启动计时器（第 25 行）。

在计时器任务定义体中，通过主线程的消息队列处理器接口将消息周期性地发送给主线程（第 21 行），而在主线程中，通过消息队列处理器的回调函数接收外部线程发来的消息并进行打印（第 8 行）。

（3）计时器的取消

通过计时器对象实例的“cancel”方法就可以取消已经启动的计时器，同时通过“purge”方法将栈中还没有执行完的任务都清空，其实例代码如下所示。

```
private void doUninit() {
    mTimer.cancel();
    mTimer.purge();
    mTimer = null;
}
```

2．计时器组件

图 15-28 所示的内容是使用计时器组件进行计时的输出界面，当持续事件达到设定值时将自动停止计时。

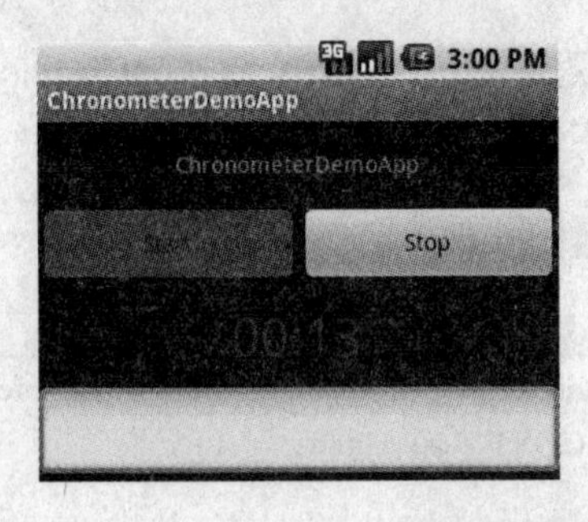

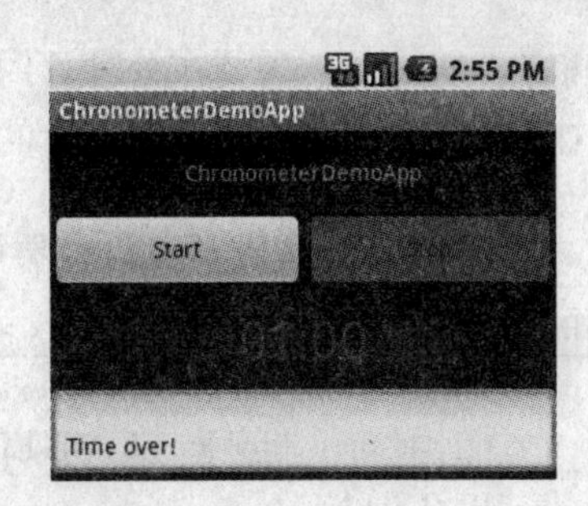

图 15-28　使用计时器组件计时界面

（1）计时器组件类

计时器组件类 Chronometer 是一个可以用于计时的小部件，其定义于 android.widget 包中。

（2）计时器组件类的定义

计时器组件可以使用 XML 进行定义，代码 15-12 是使用 XML 定义计时器组件的实例代码，其 XML 属性的详细说明可以参考 Android SDK 参考。

代码 15-12　计时器组件的定义

文件名：main.xml

```
1  <Chronometer android:id="@+id/chronometer"
2      android:layout_width="wrap_content"
3      android:layout_height="wrap_content"
4      android:layout_gravity="center_horizontal"
5      android:format="%s"
6      android:padding="8sp"
7      android:textColor="#FF0000"
8      android:textSize="32sp"/>
```

（3）计时器组件的使用

既然计时器组件使用 XML 进行定义，那么首要的事情就是通过布局填充器将其定义标记填充为对应的计时器组件对象实例。

```
Chronometer mChronometer = (Chronometer)findViewById(R.id.chronometer);
```

在启动计时之前，还必须给计时器组件对象设置时间基准，同时为了监听计时的滴答声，还需要给计时器组件设置滴答声侦听器。通过计时器组件对象的“start”方法开始计时，计时器组件的启动代码如下所示。

```
//设置计时基准
mChronometer.setBase(SystemClock.elapsedRealtime() );
//设置计时滴答声的侦听器
mChronometer.setOnChronometerTickListener(this);
//开始计时
mChronometer.start();
```

对于计时滴答声的侦听，需要在处理计时器滴答声的回调函数（onChronometerTick）中进行。代码 15-13 是侦听计时器组件滴答声的实例代码框架。

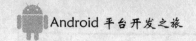

代码 15-13　侦听计时器组件的滴答声

文件名：ChronometerDemoAct.java

```
1   public class ChronometerDemoAct extends Activity implements OnChronometerTickListener {
2       private static final long LIMITED_COST = 60*1000L;
3       ……
4       @Override
5       public void onChronometerTick(Chronometer chronometer) {
6           if(SystemClock.elapsedRealtime()-chronometer.getBase() >= LIMITED_COST) {
7               mChronometer.stop();
8               printText("Time over!");
9           }
10      }
11  };
```

代码 15-13 中，在滴答事件回调函数中，将系统时钟的实时时间减去计时器组件的基准时间，即为计时的持续时间，如果持续时间超过设定值，则调用计时器组件对象的“stop”方法停止计时。

3. 倒计时器

图 15-29 所示的是倒计时定时器的输出界面。

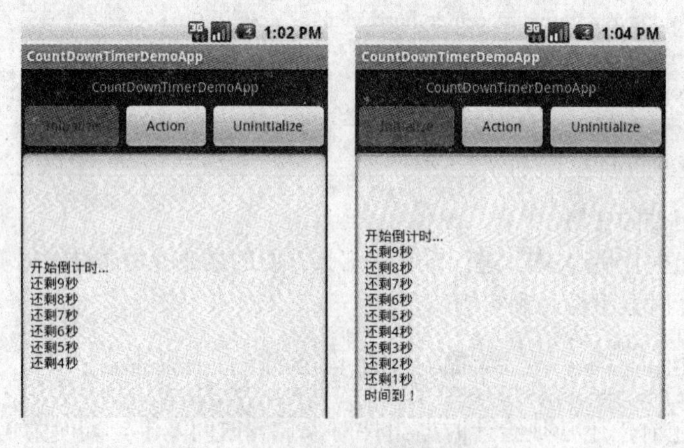

图 15-29　倒计时定时器输出界面

（1）倒计时器类

倒计时器 CountDownTimer 用于规划在将来事件内进行倒数计时，其定义于 android.os 包中。

（2）初始化倒计时器

构造倒计时器实例时需要指明倒计时时长以及间隔，为了处理倒计时完毕和滴答事件，还必须重载倒计时器类的相关方法。代码 15-15 是初始化倒计时器实例的代码。

代码 15-14　初始化倒计时器实例

文件名：ChronometerDemoAct.java

```
1   CountDownTimer mTimer = new CountDownTimer(10*1000L, 1*1000L) {
2           @Override
3           public void onFinish() {
4                   printText("时间到！");
5           }
6
7           @Override
8           public void onTick(long millisUntilFinished) {
9                   printText("还剩"+(millisUntilFinished/1000L)+"秒");
10          }
11  };
```

其中“onFinish”（第 3 行）和“onTick”（第 8 行）分别是倒计时器的计时完毕和滴答事件的回调函数。

（3）启动/停止倒计时

通过计时器对象实例的“start”方法和“cancel”方法可以分别启动和停止倒计时，相关的实例代码如下。

```
//开始倒计时

private void doAction() {
        mTimer.start();
        printText("开始倒计时...");
}
//取消计时
private void doUninit() {
        mTimer.cancel();
}
```

15.2.5　构建信息

图 15-30 中显示的内容是 Android 平台的构建信息。

图 15-30　平台信息显示界面

1．构建信息工具类

构建信息工具类 Build 用于提供当前平台的构建信息，包括：SDK 版本、发布版本、内部版本、时间戳等。该工具类在 android.os 包中定义。

2．获取平台构建信息

通过构建信息工具类的公共属性可以获取平添的构建信息，表 15-33 中是构建信息工具类的重要属性说明。

表 15-33　构建信息工具类的重要属性

属性标识	说明
Build.VERSION.SDK	SDK 版本
Build.VERSION.RELEASE	发布版本
Build.VERSION.INCREMENTAL	内部版本
Build.BOARD	包装
Build.BRAND	品牌
Build.DEVICE	设备
Build.DISPLAY	标签
Build.FINGERPRINT	指纹
Build.HOST	主机
Build.ID	标识
Build.MODEL	型号
Build.PRODUCT	产品
Build.TAGS	标记
Build.TIME	时间戳（UNIX 格式）
Build.TYPE	类型
Build.USER	用户

15.2.6　电池状态

图 15-31 是当前设备的电池状态信息的输出界面。

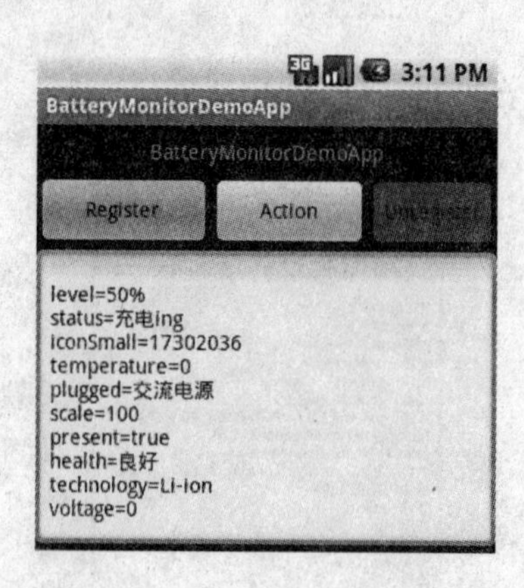

图 15-31　电池状态信息界面

1．电池管理器

电池管理器类（BatteryManager）中定义了电池的信息常量，包括：健康状况、电源类型和状态类型，其在 android.os 包中定义。

2．获取电池状态

虽然电池管理器定义了电池相关的信息常量，但是无法直接使用该管理器来获取电池的信息。但对于电池状态，作为系统的核心信息，当其状态发生改变时，系统就会发送广播消息。所以可以考虑使用广播接收器组件对电池状态信息进行侦听。

（1）电池消息接收器

代码 15-15 是电池消息接收器的定义代码。

代码 15-15　电池消息接收器

文件名：BatteryMonitorDemoAct.java

```
1   class BatteryReceiver extends BroadcastReceiver {
2       @Override
3       public void onReceive(Context context, Intent intent) {
4           Bundle bundle = intent.getExtras();
5           //数据信息条目
6           int level = bundle.getInt("level"); //电量
7           int status = bundle.getInt("status"); //状态
8           int iconSmall = bundle.getInt("icon-small"); //
9           int temperature = bundle.getInt("temperature"); //温度
10          int plugged = bundle.getInt("plugged"); //电源
11          int scale = bundle.getInt("scale"); //刻度
12          boolean present = bundle.getBoolean("present");
13          int health = bundle.getInt("health"); //健康
14          String technology = bundle.getString("technology"); //技术
15          int voltage = bundle.getInt("voltage"); //电压
16          ……
17      }
18  };
```

在代码 15-15 中，通过约定的条目名称（例如：level、status 等）可以获取对应的电池状态标志。

表 15-34 中是电池信息所包含的条目列表的说明。

表 15-34　电池信息条目列表说明

编号	属性名	类型	说明
1	status	整数	电池状态
2	icon-small	整数	图标资源 ID
3	temperature	整数	温度
4	level	字符串	电量百分比
5	plugged	整数	电池电源类型
6	scale	整数	刻度
7	present	逻辑	是否就绪
8	health	整数	电池健康状态
9	technology	字符串	工艺（锂电池）
10	voltage	整数	电压

表 15-35 中是对电池状态类型的说明。

表 15-35　电池状态类型说明

类型标识	说明
BATTERY_STATUS_CHARGING	充电中
BATTERY_STATUS_DISCHARGING	放电中
BATTERY_STATUS_FULL	充满
BATTERY_STATUS_NOT_CHARGING	没充电
BATTERY_STATUS_UNKNOWN	未知

表 15-36 中是对电池健康状态类型的说明。

表 15-36　电池健康状态类型说明

类型标识	说明
BATTERY_HEALTH_DEAD	需更换
BATTERY_HEALTH_GOOD	良好
BATTERY_HEALTH_OVER_VOLTAGE	电压过高
BATTERY_HEALTH_OVERHEAT	过热
BATTERY_HEALTH_UNKNOWN	未知状态
BATTERY_HEALTH_UNSPECIFIED_FAILURE	未定义失败

表 15-37 中是对电池电源类型的说明。

表 15-37　电池电源类型说明

类型标识	说明
BATTERY_PLUGGED_AC	交流电源
BATTERY_PLUGGED_USB	USB 电源

（2）电池消息接收器的注册

代码 15-16 是注册电池消息接收器的框架代码。

代码 15-16　电池消息接收器的框架代码

文件名：BatteryMonitorDemoAct.java

```
1   ……
2   public class BatteryMonitorDemoAct extends Activity implements OnClickListener {
3       ……
4       //电池消息接收器
5       private BatteryReceiver mReceiver = null;
6
7       @Override
8       public void onCreate(Bundle savedInstanceState) {
9           ……
10          mReceiver = new BatteryReceiver();
11      }
12
```

```
13          //注销状态侦听者
14          private void doUnregister() {
15                 this.unregisterReceiver(mReceiver);
16          }
17          //注册状态侦听者
18          private void doRegister() {
19                 this.registerReceiver(mReceiver,
20                                            new
21    IntentFilter(Intent.ACTION_BATTERY_CHANGED) );
22          }
23    };
```

3. 使用许可

为了获取电池的状态，必须在程序清单中添加获取电池状态的使用许可，其代码如下所示。

文件名：AndroidManifest.xml

```
<uses-permission android:name="android.permission.BATTERY_STATS"/>
```

15.2.7 系统设置

图 15-32 中所示的内容是系统的设置。

```
name=volume_music,value=11
name=volume_system,value=5
name=volume_alarm,value=6
name=mode_ringer,value=2
name=vibrate_on,value=4
name=mode_ringer_streams_affected,value=38
name=mute_streams_affected,value=46
name=dim_screen,value=1
name=stay_on_while_plugged_in,value=1
name=screen_off_timeout,value=60000
```

图 15-32 读取系统设置

代码 15-17 是获取系统设置的主要代码。

代码 15-17 获取系统设置

文件名：SystemSettingUtil.java

```
1     package foolstudio.demo.sys;
2
3     import android.content.ContentResolver;
4     import android.database.Cursor;
5     import android.provider.Settings;
6
7     public class SystemSettingUtil {
8            public static String getSystemSetting(ContentResolver contentResolver) {
9                   //所要获取的记录列
10                  final String[] columns = new String[] {
11                                Settings.System._ID, //行 ID
```

```
12                      Settings.System.NAME, //设置名
13                      Settings.System.VALUE //设置值
14              };
15          //打开系统设置数据表
16          Cursor cursor = contentResolver.query(Settings.System.CONTENT_URI, columns,
17                                          null, null, null);
18          //初始化记录游标
19          cursor.moveToFirst();
20          //字符串缓冲器
21          StringBuffer sb = new StringBuffer();
22          //遍历记录集，将记录信息添加到缓冲器
23          while(!cursor.isAfterLast() ) {
24              for(int i = 1; i < columns.length; ++i) {
25                  sb.append(columns[i]+'='+cursor.getString(i) );
26
27                  if(i < (columns.length-1) ) {
28                      sb.append(',');
29                  }
30              }
31              sb.append('\n');
32              //下一条记录
33              cursor.moveToNext();
34          }
35          //关闭游标
36          cursor.close();
37          return (sb.toString() );
38      }
39  };
```

代码 15-17 中，通过 Activity 组件关联的内容解决者接口来查询系统设置管理接口（Settings.System）提供的 URI，以此访问系统设置数据库，并获取包含系统设置的记录游标（第 16 行）。通过游标操作，可以读取所有的系统设置（有关游标的使用请参考第 12 章）。

15.2.8 安全设置

图 15-33 中所示的内容是系统安全的设置。

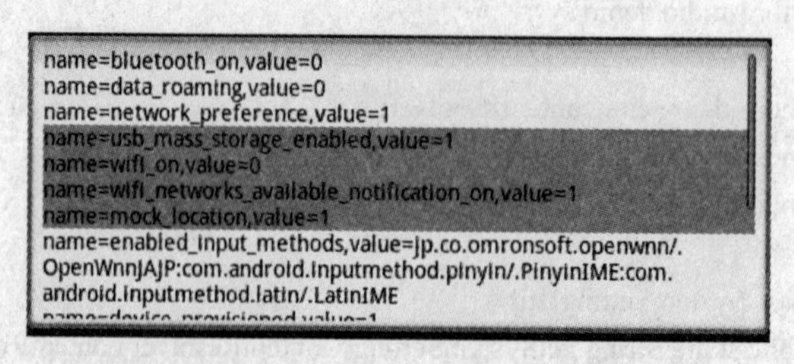

图 15-33　获取安全设置

代码 15-18 是获取系统安全的主要代码。

代码 15-18 获取系统安全设置

文件名：SecureSettingUtil.java

```
1   package foolstudio.demo.sys;
2
3   import android.content.ContentResolver;
4   import android.database.Cursor;
5   import android.provider.Settings;
6
7   public class SecureSettingUtil {
8       public static String getSecureSetting(ContentResolver contentResolver) {
9           //所要获取的记录列
10          final String[] columns = new String[] {
11                  Settings.System._ID, //行 ID
12                  Settings.System.NAME, //设置名
13                  Settings.System.VALUE //设置值
14          };
15          //打开安全设置数据表
16          Cursor cursor = contentResolver.query(Settings.Secure.CONTENT_URI, columns,
17                                              null, null, null);
18          //初始化记录游标
19          cursor.moveToFirst();
20          //字符串缓冲器
21          StringBuffer sb = new StringBuffer();
22          //遍历记录集，将记录信息添加到缓冲器
23          while(!cursor.isAfterLast() ) {
24              for(int i = 1; i < columns.length; ++i) {
25                  sb.append(columns[i]+'='+cursor.getString(i) );
26
27                  if(i < (columns.length-1) ) {
28                      sb.append(',');
29                  }
30              }
31              sb.append('\n');
32              //下一条记录
33              cursor.moveToNext();
34          }
35          //关闭游标
36          cursor.close();
37          return (sb.toString() );
38      }
39  };
```

代码 15-18 中，通过 Activity 组件关联的内容解决者接口来查询系统安全设置管理接口（Settings.Secure）提供的 URI，以此访问系统安全设置数据库，并获取包含系统安全设置的记录游标（第 16 行）。通过游标操作，可以读取所有的系统安全设置。

第 16 章　Android 资源及 SDK 工具

本章对 Android 平台所支持的资源类型及其定义、资源的使用模式、系统资源定义进行全面介绍。读者可以通过这些介绍来定义和使用程序所需的资源内容。此外本章还将对 Android SDK 附带的工具进行说明。

16.1　资源类型及定义

俗话说“巧妇难为无米之炊”，对于 Android 程序而言，这些不可缺少的“米”就是各种可以编译到应用程序中的资源。Android 平台支持多种不同类型的资源文件，常见的包括：XML、PNG 和 JPG 等文件，其中 XML 文件还可以通过约定标记定义各种不同的资源元素，例如：字符串、颜色、大小值、数组、颜色、布局等。

16.1.1　常量值资源

常量值是指那些在程序中可以作为常量值（字符串、大小、数组）使用的资源。Android 平台定义了 5 类常量值资源：颜色值、字符串和格式化文本、大小值、数组（又包括字符串数组和整数数组）、界面样式和主题。

1．颜色值

一个颜色值包含了 RGB 值和透明度信息（Alpha），可以用于指定文本、背景的颜色。颜色值总是以字符“#”开头，然后是透明度和 RGB 值的字符串。一般有以下几种形式：

- #RGB
- #ARGB
- #RRGGBB
- #AARRGGBB

颜色值使用 XML 标记进行定义，一般存储于 res/values/colors.xml 文件中（实际上该文件名可以为任意，习惯上为 colors.xml）。该文件必须有一个 XML 的头部描述，并且有一个<resources>元素为根节点，该根节点可以包含一个或多个<color>标记。

XML 的头部描述：

```
<? xml version="1.0" encoding="utf-8" ?>
```

颜色值资源的定义语法为：

```
<color name=颜色名>#颜色值</color>
```

图 16-1 描述的是一个颜色值资源文件的实例内容。

```
<?xml version="1.0" encoding="utf-8"?>
<resources>
    <color name="light_red">#f00</color>
    <color name="opaque_red">#8f00</color>
    <color name="light_green">#00FF00</color>
    <color name="opaque_green">#8000FF00</color>
</resources>
```

图 16-1　颜色值资源文件实例图

在代码中通过“R.drawable.颜色名”来对指定颜色值资源进行引用；在 XML 中使用“@drawable/颜色名”进行引用。代码 16-1 就是一段引用颜色值资源的 XML 代码。

代码 16-1　引用颜色值资源的 XML 代码

文件名：res/layout/linear_layout_view.xml

```
1   <?xml version="1.0" encoding="utf-8"?>
2   <LinearLayout xmlns:android="http://schemas.android.com/apk/res/android"
3       android:orientation="vertical"
4       android:layout_width="fill_parent"
5       android:layout_height="fill_parent" >
6       <TextView
7           android:layout_width="wrap_content"
8           android:layout_height="wrap_content"
9           android:textColor="@color/opaque_red"
10          android:textSize="16pt"
11          android:text="LinearLayout" />
12      <TextView
13          android:layout_width="wrap_content"
14          android:layout_height="wrap_content"
15          android:textColor="@color/light_red"
16          android:textSize="16pt"
17          android:text="LinearLayout" />
18      <Button
19          android:layout_width="wrap_content"
20          android:layout_height="wrap_content"
21          android:text="Button widget" />
22      <CheckBox
23          android:layout_width="wrap_content"
24          android:layout_height="wrap_content"
25          android:textColor="@color/opaque_green"
26          android:textSize="12pt"
27          android:text="CheckBox widget" />
28      <RadioButton
29          android:layout_width="wrap_content"
30          android:layout_height="wrap_content"
31          android:textColor="@color/light_green"
32          android:textSize="12pt"
33          android:text="RadioButton widget" />
34  </LinearLayout>
```

代码 16-1 定义了一套完整的用户界面，其中第 9 行、第 16 行、第 25 行和第 31 行分别引用了 colors.xml 文件中定义的颜色值。图 16-2 是该 XML 代码的界面显示效果图。

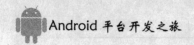

图 16-2　引用颜色值资源的界面效果图

2. 字符串和格式化文本

字符串和格式化文本资源主要包括一些固定的文本内容，例如：按钮标题、提示文字、关于信息等。不同的是，格式化文本还可以包含一些标准的 HTML 标记，例如：<b>（Bold，粗体）、<i>（Italic，斜体）等。字符串和格式化文本也使用 XML 进行定义，一般存储于 res/values/strings.xml 文件中（实际上该文件名也可以为任意，习惯上为 strings.xml）。该文件也必须有一个 XML 的头部描述，并且有一个<resources>元素为根节点，该根节点可以包含一个或多个<string>标记。

字符串资源的定义语法为：

```
<string name=字符串名>字符串值</string>
```

图 16-3 描述的是一个字符串资源文件的实例内容，其中“hello”和“app_name”为字符串资源，“title_hello”为格式化文本。

```
strings.xml
<?xml version="1.0" encoding="utf-8"?>
<resources>
    <string name="hello">Hello World, HelloAndroidAct!</string>
    <string name="app_name">HelloAndroidApp</string>
    <string name="title_hello">&lt;H1&gt;Hello, world!&lt;/H1&gt;</string>
</resources>
```

图 16-3　字符串资源文件实例图

在代码中通过“R.string.字符串名”来对指定字符串资源进行引用；在 XML 中使用“@string/字符串名”进行引用。代码 16-2 就是一段引用字符串资源的 XML 代码。

代码 16-2　引用字符串资源的 XML 代码

文件名：res/layout/main_style.xml

```
1    <?xml version="1.0" encoding="utf-8"?>
2    <LinearLayout xmlns:android="http://schemas.android.com/apk/res/android"
3        android:orientation="vertical"
4        android:layout_width="fill_parent"
5        android:layout_height="fill_parent">
6         <TextView
7             android:layout_width="fill_parent"
```

```
8               android:layout_height="wrap_content"
9               android:text="@string/hello"/>
10          <TextView
11              android:layout_width="fill_parent"
12              android:layout_height="wrap_content"
13              android:text="@string/title_hello"/>
14      </LinearLayout>
```

代码 16-2 定义了一套完整的用户界面，其中第 9 行和第 14 行分别引用了 strings.xml 文件中定义的字符串。图 16-4 是该 XML 代码的界面显示效果图。

图 16-4　引用字符串资源的界面效果图

提示： 熟悉 HTML 应用的读者应该非常了解 HTML 语句比普通的文本在功能上的强大，因此不难理解 Android 平台支持 HTML 语句就是为了方便用户将 HTML 标记内容“搬”到 Android 应用程序中。

之所以要将普通字符串和格式化文本区分开来，其原因很简单：HTML 标签与 XML 标签容易混淆。所以，为了将 HTML 文本放入到 XML 中，必须将 HTML 的标签进行转换。在图 16-3 的“title_hello”资源定义中，将字符“<”转换为“@lt;”，将字符“>”转换为“>”。

这个看似复杂的转换过程，由 ADT 提供了专门的资源编辑界面进行。当开发人员在 Eclipse 工具的“包浏览器”（Package Explorer）中选择字符串资源文件时，就会出现该文件的资源编辑界面，如图 16-5 所示。

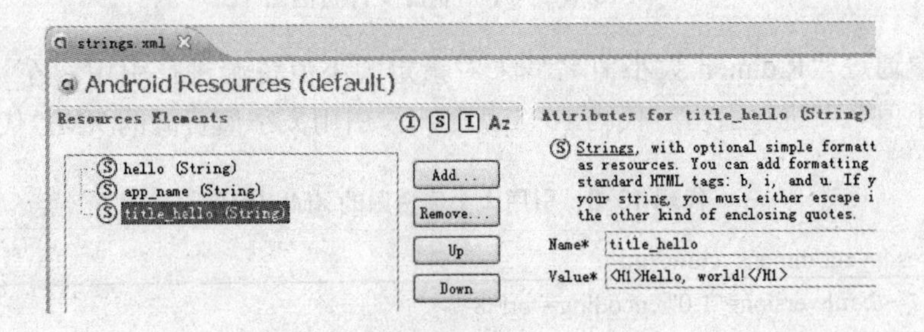

图 16-5　字符串资源编辑界面

在图 16-5 所示的界面中，开发人员只需直接输入 HTML 语句，ADT 就会自动生成图 16-3 所示的、经过转换之后的资源内容。

3．大小值

大小值一般用于指定各种各样的显示组件的大小（宽度和高度等）。Android 平台所定义的大小值支持以下 6 种单位。

（1）px（Pixel，像素），对应实际的屏幕像素（例如：HVGA 的屏幕大小为 320×480

像素）。

（2）in（Inch，英寸），基于实际屏幕的物理大小.

（3）mm（Millimeter，毫米），也是基于实际屏幕的物理大小。

（4）pt（Point，点），1/72 英寸，基于实际屏幕的物理大小。

（5）dp 或 dip（Density-independent Pixel，密度无关像素），抽象单位，基于屏幕的物理点阵密度。

（6）sp（Scale-independent Pixel，比例无关像素），与 dp 类似，不同的是，该单位可以根据用户的字体大小选择进行比例调节。

大小值使用 XML 进行定义，一般存储于 res/values/dimens.xml 文件中（实际上该文件名也可以为任意，习惯上为 dimens.xml）。该文件也必须有一个 XML 的头部描述，并且有一个<resources>元素为根节点，该根节点可以包含一个或多个<dimen>标记。

大小值资源的定义语法为：

```
<dimen name=大小值名>大小值</dimen>
```

图 16-6 描述的是一个大小值资源文件的实例内容。

```
dimens.xml
<?xml version="1.0" encoding="utf-8"?>
<resources>
    <dimen name="button_width_px">100px</dimen>
    <dimen name="button_width_in">1in</dimen>
    <dimen name="button_width_mm">50mm</dimen>
    <dimen name="button_width_pt">100pt</dimen>
    <dimen name="button_width_dp">100dp</dimen>
    <dimen name="button_width_dip">100dip</dimen>
    <dimen name="button_width_sp">100sp</dimen>
</resources>
```

图 16-6　大小值资源文件实例图

在代码中通过“R.dimen.大小值名”来对指定大小值资源进行引用；在 XML 中使用“@dimen/大小值名”进行引用。代码 16-3 就是一段引用大小值资源的 XML 代码。

代码 16-3　引用大小值资源的 XML 代码

文件名：res/layout/dimens_view.xml

```
1   <?xml version="1.0" encoding="utf-8"?>
2   <LinearLayout xmlns:android="http://schemas.android.com/apk/res/android"
3       android:orientation="vertical"
4       android:layout_width="fill_parent"
5       android:layout_height="fill_parent">
6        <Button
7            android:layout_width="@dimen/button_width_px"
8            android:layout_height="wrap_content"
9            android:text="100 pixel"/>
10       <Button
11           android:layout_width="@dimen/button_width_in"
```

```
12                android:layout_height="wrap_content"
13                android:text="1 inch"/>
14          <Button
16                android:layout_width="@dimen/button_width_mm"
16                android:layout_height="wrap_content"
17                android:text="50 mm"/>
18          <Button
19                android:layout_width="@dimen/button_width_pt"
20                android:layout_height="wrap_content"
21                android:text="100 Point"/>
22          <Button
23                android:layout_width="@dimen/button_width_dp"
24                android:layout_height="wrap_content"
25                android:text="100 dp"/>
26          <Button
27                android:layout_width="@dimen/button_width_sp"
28                android:layout_height="wrap_content"
29                android:text="100 sp"/>
30    </LinearLayout>
```

代码 16-3 定义了一套完整的用户界面，其中第 7 行、第 11 行、第 16 行、第 19 行、第 23 行和第 27 行分别引用了 dimens.xml 文件中定义的大小值。图 16-7 是该 XML 代码的界面显示效果图。

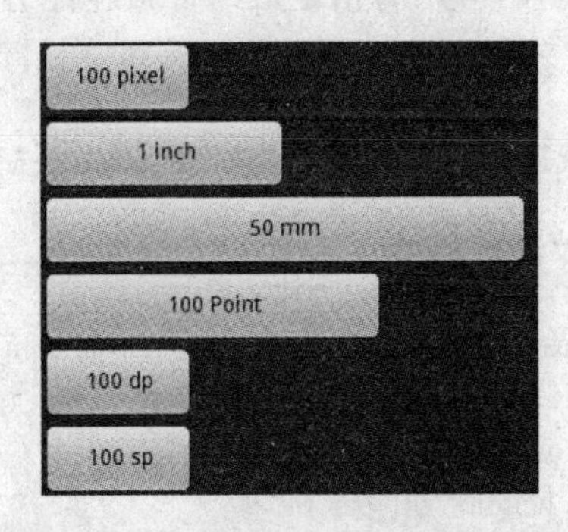

图 16-7　引用大小值资源的界面效果图

4．数组

除了可以定义单个的值，Android 平台还支持值集合——数组。数组在应用程序中一般用于提供列表内容、资源列表等。Android 平台支持字符串（String）和整形（Integer）两种数组的定义。

数组使用 XML 进行定义，一般存储于 res/values/arrays.xml 文件中（实际上该文件名也可以为任意，习惯上为 arrays.xml）。该文件也必须有一个 XML 的头部描述，并且有一个<resources>元素为根节点，该根节点可以包含一个或多个数组类型节点（当前支持两种："integer-array" 和 "string-array"），这些数组节点又包含一个或多个<item>标记。

数组资源的定义语法为：

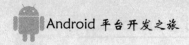

```
<数组类型 name=数组名 >
    <item>数组项#1</item>
    <item>数组项#2</item>
    <item>……</item>
    <item>数组项#n</item>
</数组类型>
```

图 16-8 描述的是一个数组资源文件的实例内容，其中定义了一个整数数组和一个字符串数组。

```
arrays.xml
<?xml version="1.0" encoding="utf-8"?>
<resources>
    <integer-array name="api_level">
        <item>2</item>
        <item>3</item>
        <item>3</item>
    </integer-array>
    <string-array name="skin">
        <item>HVGA-L</item>
        <item>HVGA-P</item>
        <item>QVGA-L</item>
        <item>QVGA-P</item>
    </string-array>
</resources>
```

图 16-8 数组资源文件实例图

在代码中通过“R.array.数组名”来对指定数组资源进行引用；在 XML 中使用“@array/数组名”进行引用。代码 16-4 就是一段引用数组资源的 XML 代码。

代码 16-4 引用数组资源的 XML 代码

文件名：res/layout/arrays_view.xml

```
1   <?xml version="1.0" encoding="utf-8"?>
2   <LinearLayout xmlns:android="http://schemas.android.com/apk/res/android"
3       android:orientation="vertical"
4       android:layout_width="fill_parent"
5       android:layout_height="fill_parent">
6       <Spinner
7           android:layout_width="fill_parent"
8           android:layout_height="wrap_content"
9           android:entries="@array/skin"/>
10      <Spinner android:id="@+id/spinner1"
11          android:layout_width="fill_parent"
12          android:layout_height="wrap_content"
13          android:entries="@array/skin"/>
14  </LinearLayout>
```

代码 16-2 定义了一套完整的用户界面，其中第 9 行、第 13 行引用了 dimens.xml 文件中定义的数组。图 16-9 是该 XML 代码的界面显示效果图。

图 16-9 引用大小值资源的界面效果图

5. 界面样式和主题

如果读者对界面样式和主题的概念还比较模糊，那么换成界面皮肤（Skin）的说法，相信大家就会很容易理解了。在 QQ、输入法工具、音乐盒……这些常用软件中，用户可以随心所欲地改变程序的皮肤界面，从而使程序的界面更加绚丽和具有个性。Android 平台也毫不例外地支持对应用程序界面的动态定义，这就是界面样式和主图。

读者可以把界面样式和主题视为界面组件的属性集，例如：对于文本组件，不再局限于像颜色值资源或大小值资源所表述的某一单个属性的颜色值或大小值，而是可以包括：字体颜色、背景色、前景色、高亮色、字体大小、字体样式等诸多的属性。

之所以要将样式和主题区分开，其主要因素是不同的作用域。界面样式一般作用于单个显示组件或某一个屏幕内的所有界面元素；而主题作用于整个应用程序，是全局性的。

界面样式和主题使用 XML 进行定义，一般存储于 res/values/styles.xml 文件中（实际上该文件名也可以为任意，习惯上为 styles.xml）。该文件也必须有一个 XML 的头部描述，并且有一个<resources>元素为根节点，该根节点可以包含一个或多个<style>节点，这些样式节点又包含一个或多个<item>标记。

界面样式和主题资源的定义语法为：

```
<style name=样式名 parent=父样式>
    <item name="样式子项名#1">样式子项值#1</item>
    <item name="样式子项名#2">样式子项值#2</item>
    <item name="……">……</item>
    <item name="样式子项名#n">样式子项值#n</item>
</style>
```

（1）界面样式

图 16-10 描述的是一个界面样式资源文件的实例内容，其中定义了一个父样式（字体样式为斜体、字体颜色为红色）和一个子样式资源（字体大小为 20dp）。

```
styles.xml
<?xml version="1.0" encoding="utf-8"?>
<resources>
    <style name="style_base">
        <item name="android:textStyle">italic</item>
        <item name="android:textColor">#FFFF0000</item>
    </style>
    <style name="style_class1" parent="@style/style_base">
        <item name="android:textSize">20dp</item>
    </style>
</resources>
```

图 16-10 界面样式资源文件实例图

在代码中通过“R.style.样式名”来对指定样式资源进行引用；在 XML 中使用“@style/样式名”进行引用。代码 16-5 就是一段引用界面样式资源的 XML 代码。

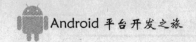

代码 16-5　引用界面样式资源的 XML 代码

文件名：res/layout/styles_view.xml

```
1   <?xml version="1.0" encoding="utf-8"?>
2   <LinearLayout xmlns:android="http://schemas.android.com/apk/res/android"
3       android:orientation="vertical"
4       android:layout_width="fill_parent"
5       android:layout_height="fill_parent">
6       <TextView
7           android:layout_width="fill_parent"
8           android:layout_height="wrap_content"
9           android:text="@string/hello"
10          style="@style/style_class1"/>
11  </LinearLayout>
```

代码 16-5 定义了一套完整的用户界面，其中第 10 行引用了 styles.xml 文件中定义的界面样式。图 16-11 是该 XML 代码的界面显示效果图。

图 16-11　引用界面样式资源的界面效果图

（2）界面主题

图 16-12 描述的是一个界面主题资源文件的实例内容，其中定义了 3 个主题：第 1 个主题继承了系统的对话框主题；第 2 个主题继承了系统的面板主题；第 3 个主题继承了系统的高亮、无标题栏主题。在继承系统主题的基础上，这 3 个主题又各自定义了背景色、文本颜色和文本大小等 3 个项目。

styles.xml

```
<?xml version="1.0" encoding="utf-8"?>
<resources>
    <style name="theme_dlg" parent="android:Theme.Dialog">
        <item name="android:background">#FF00FFFF</item>
        <item name="android:textColor">#FFFF0000</item>
        <item name="android:textSize">13pt</item>
    </style>
    <style name="theme_panel" parent="android:Theme.Panel">
        <item name="android:background">#FFFFFF00</item>
        <item name="android:textColor">#FF0000FF</item>
        <item name="android:textSize">14pt</item>
    </style>
    <style name="theme_LNTB" parent="android:Theme.Light.NoTitleBar">
        <item name="android:background">#FF00FF00</item>
        <item name="android:textColor">#FF000000</item>
        <item name="android:textSize">13pt</item>
    </style>
</resources>
```

图 16-12　界面主题资源文件实例图

在代码中通过“R.style.主题名”来对指定样式资源进行引用；在 XML 中使用“@style/主题名”进行引用。代码 16-6 就是一段引用界面样式资源的 XML 代码。

代码 16-6 引用界面主题资源的 XML 代码

文件名：AndroidManifest.xml

```
1   <?xml version="1.0" encoding="utf-8"?>
2   <manifest xmlns:android="http://schemas.android.com/apk/res/android"
3       package="foolstudio.demo.app"
4       android:versionCode="1"
5       android:versionName="1.0">
6       <application android:icon="@drawable/icon"
7           android:label="@string/app_name"
8           android:theme="@style/theme_LNTB">
9           <activity android:name=".ThemeDemoAct" android:label="@string/app_name">
10              <intent-filter>
11                  <action android:name="android.intent.action.MAIN" />
12                  <category android:name="android.intent.category.LAUNCHER" />
13              </intent-filter>
14          </activity>
16      </application>
16      <uses-sdk android:minSdkVersion="3" />
17  </manifest>
```

代码 16-6 实机上是 Android 工程的清单文件（Manifest），其中第 8 行引用了 styles.xml 文件中定义的界面主题。图 16-13、图 16-14 和图 16-15 分别是该工程的界面显示效果图。

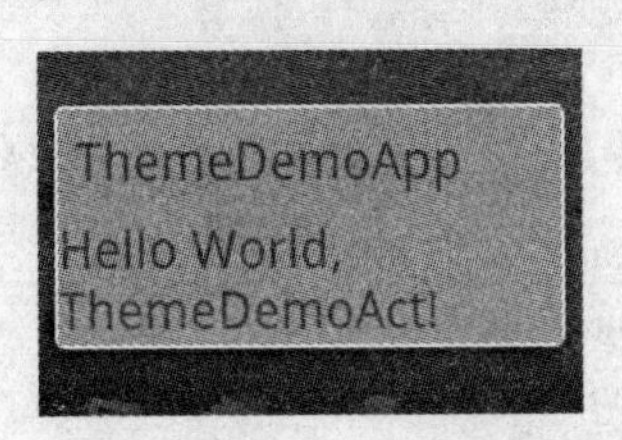

图 16-13 引用界面主题资源的界面效果图（继承对话框主题）

图 16-14 引用界面主题资源的界面效果图（继承面板主题）

图 16-15 引用界面主题资源的界面效果图（继承高亮、无标题栏主题）

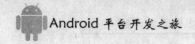

16.1.2　绘制用资源

顾名思义，绘制用资源就是在程序中用于绘制的资源，例如图片、颜色等。

1. 图片

Android 支持多种常见图片资源，首选 PNG，JPG 次之，最后是 GIF。图片资源文件一般存放于 res/drawable 文件夹中。如图 16-16 所示。

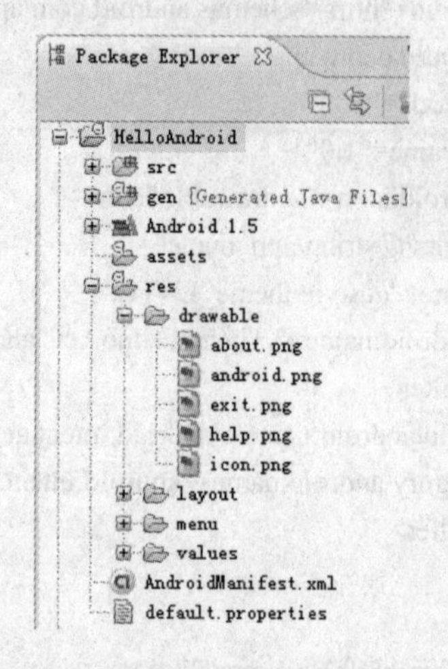

图 16-16　图片资源的存放结构实例图

在代码中通过“R. drawable.文件名”（文件名不包括分隔符“.”和扩展名）来对指定图片资源进行引用；在 XML 中使用“@drawable/文件名”进行引用。代码 16-7 就是一段引用图片资源的 XML 代码。

代码 16-7　引用图片资源的 XML 代码

文件名：res/layout/images_view.xml

```
1    <?xml version="1.0" encoding="utf-8"?>
2    <LinearLayout xmlns:android="http://schemas.android.com/apk/res/android"
3        ……>
4        <ImageView
5            android:layout_width="wrap_content"
6            android:layout_height="wrap_content"
7            android:layout_gravity="center"
8            android:paddingTop="10pt"
9            android:src="@drawable/android"/>
10   </LinearLayout>
```

代码 16-7 定义了一套完整的用户界面。图 16-17 是该 XML 代码的界面显示效果图。

2. 颜色

绘制用颜色资源与颜色值资源的区别应该主要体现在应用程序对它们的使用上。绘制用颜色资源也使用 XML 进行定义，存放于 res/values/colors.xml 文件中。与颜色值资源定义不同的是，在根节点<resources>下通过一个或者多个<drawable>标记定义绘制用颜色项目。

绘制用颜色资源的定义语法为：

<drawable name=颜色名>#颜色值</drawable>

图 16-18 描述的是一个绘制用颜色资源文件的实例内容。

图 16-17 引用图片资源的界面效果图

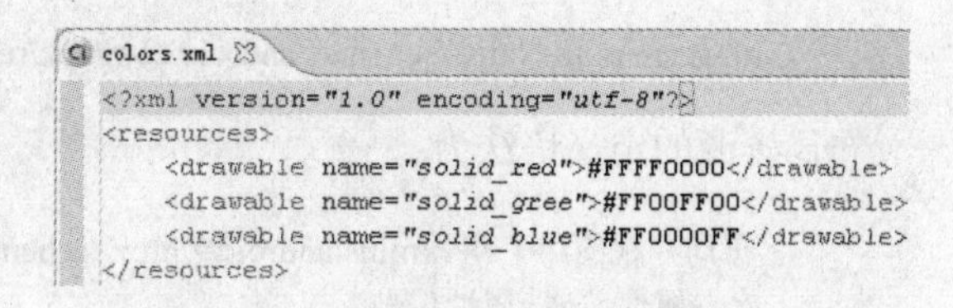

图 16-18　绘制用颜色资源文件实例图

在代码中通过“R.drawable.颜色名”来对指定绘制用颜色资源进行引用；在 XML 中使用“@drawable/颜色名”进行引用。代码 16-8 是用绘制用颜色资源设置背景色的代码。

代码 16-8　引用绘制用颜色资源的 XML 代码（背景）

文件名：HelloAndroidAct.java

```
1  mDrawableView = new DrawableView(this);
2  setContentView(mDrawableView);
3
4  Drawable bkgDrawer = getResources().getDrawable(R.drawable.solid_blue);
5  mDrawableView.setBackgroundDrawable(bkgDrawer);
```

代码 16-8 中第 4 行引用了 colors.xml 文件中定义的绘制用颜色资源。图 16-19 是该代码的界面显示效果图。

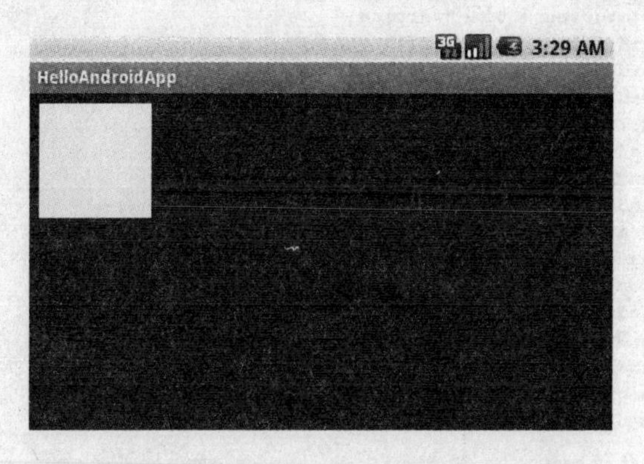

图 16-19　引用绘制用颜色资源的界面效果图

16.1.3　布局资源

布局资源的主要内容是应用程序的屏幕上可视组件的布局信息。实际上，代码 16-1 所示的就是一个完整的、布局资源文件。Android 平台使用 XML 来定义布局资源，这些 XML 文件存放于 res/layout 文件夹中，ADT 自动创建的布局资源文件是 res/layout/main.xml。

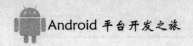

该文件必须有一个 XML 的头部描述，并且有且仅有一个根节点，该根节点必须有一个 Android 的命名空间声明，该根节点可以包含一个或多个视图组件，从而形成用户界面组件的层次结构。

Android 命名空间格式：

```
xmlns:android="http://schemas.android.com/apk/res/android"
```

布局资源的定义语法为：

```
<布局（视图组）组 xmlns:android="http://schemas.android.com/apk/res/android"
    属性名#1=属性值#1
    属性名#2=属性值#2
    ……
    属性名#n=属性值#n>
    <子视图#1  属性名#1=属性值#1 ……/>
    <子视图#2  属性名#1=属性值#1 ……>
        <子视图#2.1  属性名#1=属性值#1 ……/>
        <子视图#2.2  属性名#1=属性值#1 ……/>
        ……
    </子视图#2>
    ……
    </布局（视图组）组>
```

图 16-20 描述的是一个框架布局（Frame Layout）资源文件的实例内容。

```
frame_layout_view.xml
<?xml version="1.0" encoding="utf-8"?>
<FrameLayout xmlns:android="http://schemas.android.com/apk/res/android"
    android:orientation="vertical"
    android:layout_width="fill_parent"
    android:layout_height="fill_parent"
    android:background="#FFEEFFEE">
    <ImageView
        android:layout_height="fill_parent"
        android:layout_width="fill_parent"
        android:layout_gravity="center"
        android:src="@drawable/tree"
        android:scaleType="fitXY"/>
    <Button
        android:layout_width="wrap_content"
        android:layout_height="wrap_content"
        android:layout_gravity="center"
        android:text="Start"/>
</FrameLayout>
```

图 16-20　布局资源文件实例图

在代码中通过“R.layout.文件名”（文件名不包括分隔符“.”和扩展名）来对指定布局资源进行引用；在 XML 中通过“R.id.视图 ID”来引用。代码 16-9 就是一段引用布局资源的 XML 代码。

代码 16-9 引用布局资源的 XML 代码

文件名：res/layout/LayoutShowAct.java

```
1     package foolstudio.demo;
2
3     import android.app.Activity;
4     import android.os.Bundle;
5
6     public class LayoutShowAct extends Activity{
7         @Override
8         public void onCreate(Bundle savedInstanceState) {
9             super.onCreate(savedInstanceState);
10            setContentView(R.layout.frame_layout_view);
11        }
12    };
```

代码 16-9 中第 10 行引用了 frame_layout_view.xml 文件中定义的布局。图 16-21 是该 XML 代码的界面显示效果图。

图 16-21 引用布局资源的界面效果图

16.1.4 动画资源

动画资源可以算得上是 Android 平台的独特之处，动画资源可以定义单张图片或序列图片的动态效果，这些效果包括：旋转、淡入淡出、移动和伸缩。

动画资源也使用 XML 定义，每一个文件只能定义一个动画资源。这些文件一般存放于 res/anim 文件夹中。需要注意的是，动画资源文件对 XML 头部描述不作要求（虽然可有可无，但是还是建议读者加上），有且只有一个根节点，根节点可以是以下五种标记之一：

- <alpha>（透明度）
- <scale>（缩放比例）
- <translate>（移动）
- <rotate>（旋转）

- <interpolator>（校对机）

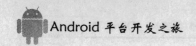

也可以通过<set>（集合）标记块将以上五种标记中的一个或多个项目组合起来，形成一个动画效果集合。为了控制同步，在集合中的子标记可以通过属性“startOffset”来指定各自出现的顺序。

动画资源的定义语法：

```
<set android:shareInterpolator=各子元素是否共享相同的校对机 >
    <alpha
        android:fromAlpha=透明度开始值，取值[0.0，1.0]，0.0 是透明
        android:toAlpha=透明度终止值>
    <scale
        android:fromXScale=X 轴方向大小比例开始值，取值 1.0 是为原大小值
        android:toXScale=X 轴方向大小比例终止值
        android:fromYScale=Y 轴方向大小比例开始值
        android:toYScale=Y 轴方向大小比例终止值
        android:pivotoX=缩放固定点的 X 坐标㊀
        android:pivotoY=缩放固定点的 Y 坐标>
    <translate
        android:fromXDelta=X 轴位置开始值㊀
        android:toXDelta=X 轴位置终止值
        android:fromYDelta=Y 轴位置开始值
        android:toYDelta=Y 轴位置终止值>
    <rotate
        android:fromDegrees=角度开始值
        android:toDegrees=角度终止值
        android:pivotoX=旋转固定点的 X 坐标㊀
        android:pivotoY=旋转固定点的 Y 坐标 >
    <interpolator>㊁
    <set>
<set>
```

对于<alpha>、<scale>、<translate>、<rotate>和<set>标记都支持的属性有：

（1）duration（时间段），动画效果持续的时间段，单位：毫秒。

（2）startOffset，该效果开始的时间偏移，单位：毫秒。

（3）fillBefore，是否在动作开始前开始。

（4）fillAfter，是否在动作结束后开始。

㊀ 对于缩放和旋转的固定点坐标以及移动的开始位置，可以使用以下 3 种格式：
- 取值“-100%”到“100%”，表示参考其自身大小的百分比
- 取值“-100%p”到“100%p”，表示参考其屏幕大小的百分比
- 直接的浮点数，表示是一个绝对值

㊁ 对于校对机标记，通常情况下标记名为校对机类的子类：
- CycleInterpolator，循环校对机
- EaseInInterpolator，淡入校对机
- EaseOutInterpolator，淡出校对机

（5）repeatCount，该动作重复次数。

（6）repeatMode，重复模式，是重新开始（restart）还是倒回（reverse）。

（7）zAdjustment，Z 轴（图层）的顺序，包括：正常（normal）、顶层（top）或底层（bottom）。interpolator，指定同步机。

图 16-22 和图 16-23 分别描述的是一个文本和一个图片动画资源文件的实例内容。

text_anim.xml

```
<?xml version="1.0" encoding="utf-8"?>
<set xmlns:android="http://schemas.android.com/apk/res/android">
    <translate android:fromXDelta="100%p"
        android:toXDelta="0"
        android:duration="3000" />
    <alpha android:fromAlpha="0.0"
        android:toAlpha="1.0"
        android:duration="3000" />
</set>
```

图 16-22　动画资源文件实例图（文本）

image_anim.xml

```
<?xml version="1.0" encoding="utf-8"?>
<set xmlns:android="http://schemas.android.com/apk/res/android">
    <rotate android:fromDegrees="-360"
        android:toXDelta="0"
        android:pivotX="50%"
        android:pivotY="50%"
        android:duration="3000" />
    <alpha android:fromAlpha="0.0"
        android:toAlpha="1.0"
        android:duration="3000" />
</set>
```

图 16-23　动画资源文件实例图（图片）

在代码中通过“R. anim.文件名”（文件名不包括分隔符“.”和扩展名）来对指定动画资源进行引用；在 XML 中使用“@anim/文件名”进行引用。代码 16-10 就是一段引用动画资源的 XML 代码。

代码 16-10　引用动画资源的 XML 代码

文件名：res/layout/HelloAndroidAct.java

```
1  @Override
2  public void onClick(View v) {
3          //加载文本动画定义资源
4          Animation a1 = AnimationUtils.loadAnimation(this, R.anim.text_anim);
5          mTextView.startAnimation(a1);
6          //加载图片动画定义资源
7          Animation a2 = AnimationUtils.loadAnimation(this, R.anim.image_anim);
8          mImageView.startAnimation(a2);
9  }
```

代码 16-10 中第 4 行和第 7 行分别引用了文件 text_anim.xml 和 image_anim.xml 中定义的动画资源。图 16-24 是该 XML 代码的界面显示效果图。

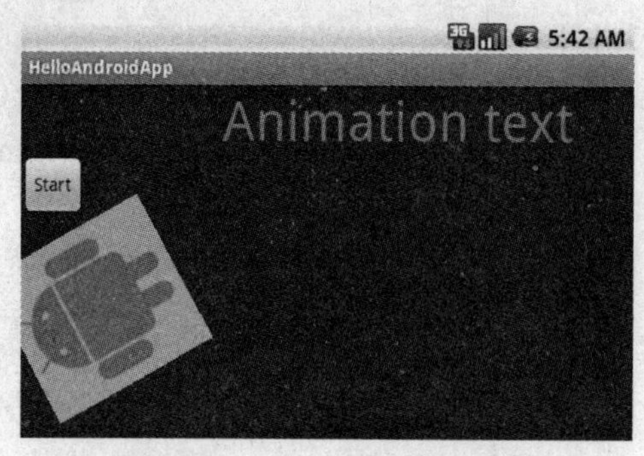

图 16-24　引用动画资源的界面效果图

16.1.5　菜单资源

Android 平台也有可选菜单、上下文菜单和子菜单之分，菜单的使用可以让应用程序更加符合用户的操作习惯，最重要的是可以有效地节约屏幕空间，这一点在手机平台中是相当重要的。

Android 平台的菜单资源可以使用 XML 定义，每一个文件只能定义一个菜单资源。这些文件一般存放于 res/menu 文件夹中。需要注意的是，菜单资源文件也对 XML 头部描述不作要求，有且只有一个根节点，该根节点必须有一个 Android 的命名空间声明。

菜单资源的定义语法为：

```
<menu xmlns:android="http://schemas.android.com/apk/res/android">
    <item //编者注：普通菜单项
        属性名#1=属性值#1
        属性名#2=属性值#2
        ……
        属性名#n=属性值#n />
    <group 属性名#1=属性值#1 ……> //编者注：菜单组
        <item   属性名#1=属性值#1 ……/>
        <item   属性名#1=属性值#1 ……/>
        ……
    </group>
    <item 属性名#1=属性值#1 ……>
        <menu> //编者注：子菜单
            <item   属性名#1=属性值#1……/>
            ……
        </menu>
    </item>
</menu>
```

图 16-25 描述的是一个菜单资源文件的实例内容。

在代码中通过“R.menu.文件名”（文件名不包括分隔符“.”和扩展名）来对指定菜单资源进行引用；菜单是一种特殊资源，不在 XML 中进行引用。代码 16-11 就是一段引用菜单资源的 XML 代码。

```
options_menu.xml
<menu xmlns:android="http://schemas.android.com/apk/res/android">
    <group>
        <item android:id="@+id/miHelp"
            android:title="Help"
            android:icon="@drawable/help">
        </item>
        <item android:id="@+id/miAbout"
            android:title="About"
            android:icon="@drawable/about">
        </item>
    </group>
    <item android:id="@+id/miExit"
        android:title="Exit"
        android:icon="@drawable/exit">
    </item>
</menu>
```

图 16-25 菜单资源文件实例图

代码 16-11 引用菜单资源的代码

文件名：HelloAndroidAct.java

```
1   //创建菜单项目(方式二)
2   public boolean onCreateOptionsMenu(Menu menu) {
3       MenuInflater inflater = getMenuInflater();
4       inflater.inflate(R.menu.options_menu, menu);
5       return (true);
6   }
7
8   //菜单项选取回调函数
9   public boolean onOptionsItemSelected(MenuItem item) {
10      switch(item.getItemId() ) {
11          case R.id.miHelp: { //帮助
12              doHelp();
13              break;
14          }
15          case R.id.miAbout: { //关于
16              doAbout();
17              break;
18          }
19          case R.id.miExit: { //退出系统
20              this.finish();
21              break;
22          }
23  }
24      return (false);
25  }
```

代码 16-11 中第 4 行引用了 options_menu.xml 文件中定义的布局。图 16-26 是该 XML 代码的界面显示效果图。

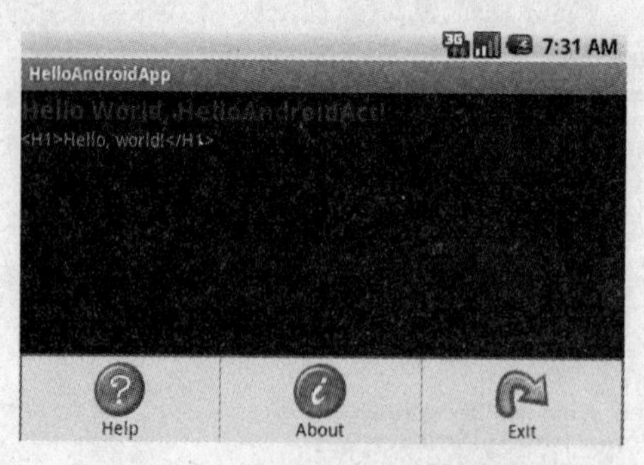

图 16-26　引用菜单资源的界面效果图

16.1.6　文件资源

在多数应用程序中，总少不了文件资源。例如：配置文件、声音文件以及其他千奇百怪的自定义数据文件。对于文件资源，虽然 Android 不再使用 XML 进行定义，但是平台还是提供了一些方法来方便用户对文件资源的使用。

Android 平台中常见的文件资源包括 XML 文件以及一些原始（Raw）文件。

1．XML 文件

和上述使用 XML 定义的资源文件不同，这里的 XML 文件不遵从 Android 规定的语法，是用户自定义的 XML 文件。如图 16-27 所示，该文件路径为 res/xml/db_setting.xml。

```
db_setting.xml
<Setting>
    <Url value="jdbc:oracle:thin:@localhost:1521/foolstudio"/>
    <User value="foolstudio"/>
    <Password value="master"/>
</Setting>
```

图 16-27　自定义 XML 资源文件实例

通过 Resources 类的“getXml”方法，开发人员可以方便地获得该 XML 文件的解析器（Parser），继而进行下一步的解析工作（XML 文件的解析请参考第 13 章）。代码 16-12 是读取 XML 文件资源的入口代码。

代码 16-12　读取 XML 文件资源的代码

文件名：FilesResDemoAct.java

```
1   private void doXml() {
2       //获取 XML 文件资源
3       XmlResourceParser parser = this.getResources().getXml(R.xml.db_setting);
4       try {
5           doParse(parser);
6       } catch (XmlPullParserException e) {
7           e.printStackTrace();
8       } catch (IOException e) {
9           e.printStackTrace();
10      }
11  }
```

代码 16-11 中第 3 行引用了 xml 文件夹中的 db_setting.xml 文件。图 16-28 是读取该 XML 文件的用户界面。

2. 原文件

这里原文件的范围可能要比 XML 文件更广泛，除了各种可以直接阅读的文本文件，还包括各种不可直接阅读的二进制文件；既可以是 ASCII 字符，也可以是中文。如图 16-29 所示，该文件路径为 res/raw/demo.txt，其内容是一首中文歌。

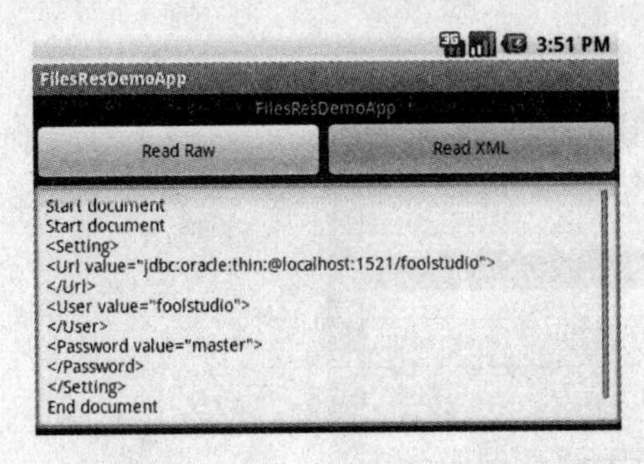

图 16-28 读取 XML 资源文件实例图

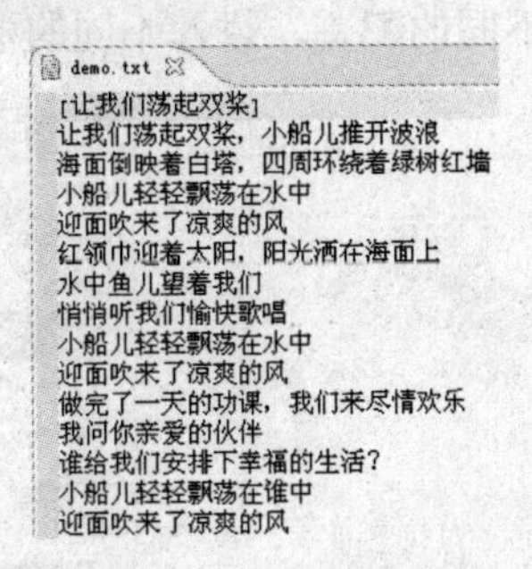

图 16-29 原始数据文件实例

通过 Resources 类的“openRawResource”方法，开发人员可以方便地获取该原文件的输入流（Input Stream），继而进行下一步的读取。代码 16-13 是读取原文件资源的关键代码。

代码 16-13 读取原文件资源的代码

文件名：FilesResDemoAct.java

```
1  private void doRaw() {
2      InputStream is = this.getResources().openRawResource(R.raw.demo);
3      try {
4          doRead(is);
5      } catch (IOException e) {
6          e.printStackTrace();
7      }
8  }
```

代码 16-13 中第 2 行引用了 raw 文件夹中的 demo.txt 文件，并获取该文件的输入流对象，在函数“doRead”中对该文件的字节进行读取。

图 16-30 是读取该原文件的用户界面。

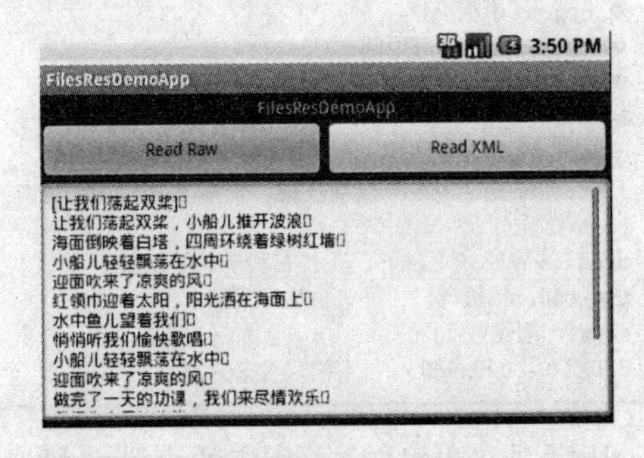

图 16-30 读取原始数据文件内容的界面实例

16.1.7 备选资源

相信读者对图 16-31 中的语言选择对话框应该并不陌生。实际上，无论在哪种平台上，高品化的软件产品都必须考虑多语言、场所（Locale）的问题。在移动平台上，这种情况表现得尤为突出，除了界面语言、场所设置外，当屏幕方向改变或者针对不同机型的键盘，程序都必须进行相应的响应。为了适应检测到的配置变化，这些应用程序要预先准备多套资源，对于不同的配置，载入不同的资源。

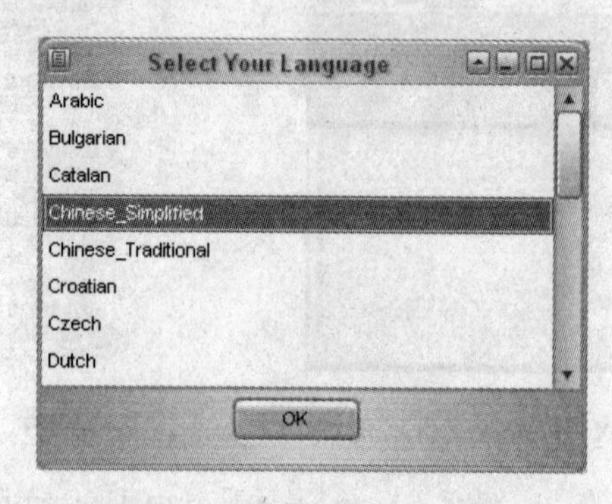

图 16-31　语言选择对话框

在 Android 平台，无论是对配置的改变还是对备选资源的载入，这些过程都由平台自动完成，无需在应用程序中先进行额外的处理。开发人员要做的，仅仅是按照 Android 平台的约定预先准备好若干套备选资源。

Android 平台所支持的、与备选资源相关的配置类型如表 16-1 所示。

表 16-1　Android 平台支持的备选资源配置类型列表

配置类型	取值说明
语言	小写的、ISO 639-1 中两位语言代码，例如：en、zh
区域	大写的、ISO 3166-1-alpha-2 中两位语言码，小写“r”作为前缀，例如：rUS、rCN
屏幕方向	● port（portrait，纵向的） ● land（landscape，横向的） ● square（四方的）
屏幕像素密度	92dpi、108dpi 等
触摸屏类型	● notouch（无触摸屏） ● stylus（触摸笔） ● finger（手指）
键盘是否可用	● keysexposed（可用的） ● keyshidden（隐藏的）
主文本输入法	nokeys，无键盘 qwerty，标准键盘 12key，12 键盘（0~9 数组按键，再系上“*”和“#”）
主导航方式（非触摸屏）	nonav，无导航 dpad，5 方向（上、下、左、右和确认）键盘 trackball，轨迹球 wheel，滚轮
屏幕大小	320x240，640x480 等。大的尺寸必须放在前面

当屏幕方向发生改变（从横向变为纵向），相应的桌面背景通常也会发生变化（横向背

景变为纵向背景）。这就是说，开发人员必须预先准备两张背景图片，如图 16-32 和图 16-33 所示。

图 16-32　横向屏幕界面

图 16-33　纵向屏幕背景

对于这两张背景图片的区分，Android 平台约定：这两个不同图片文件必须使用相同的文件名，在其所存放的标准文件夹名称的基础上，分别以配置类型的值作为后缀（以波折号“-”分隔）新增文件夹，并将图片放入到对应的配置类型为后缀的文件夹中。

图片资源的标准存放位置通常是 res/drawable 文件夹。按照约定，对于屏幕的横向和纵向这两种不同配置，在“drawable”的基础上，分别以“land”和“port”作为后缀新增两个文件夹。横向的图片放入 res/drawable-land 文件夹；纵向的放入 res/drawable-port 文件夹。如图 16-34 和图 16-35 所示。

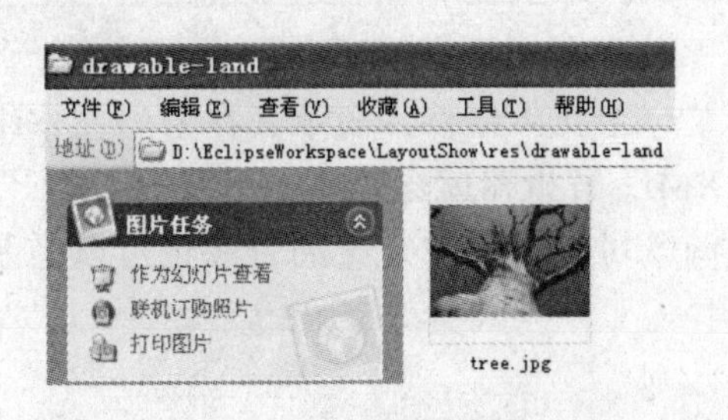

图 16-34　横向屏幕背景的存放路径

图 16-35　纵向屏幕背景的存放路径

不仅如此，Android 平台支持备选资源的多级后缀，即多个配置类型可以进行排列组合，以此来满足不同的配置变化。例如：res/drawable-zh-rCN-land-160dpi-480x320 文件夹存放的是支持中文语言、中国区域、横向屏幕、屏幕像素密度为 160dpi、屏幕大小为 480×320 像素的绘制用资源文件。

16.2　资源的使用模式

上述各种资源都是通过 XML 标记来进行定义，Android 平台内嵌了对资源文件进行解析的 XML 解析引擎（基于 Xml Pull API）。通过该引擎，Android 平台会“识别”资源定义中的 XML 标记，并根据其属性信息，生成对应的组件对象实例。

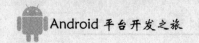

16.2.1 资源 ID

Android 平台生成组件对象实例的行为对于开发者而言是不可见的，要想获取定义组件所对应的组件对象实例，只能在 Android 平台中通过资源 ID 来获取资源对应的对象实例。其实例代码如下所示：

```
Button btnDiscard = (Button)findViewById(R.id.btnLoginDiscard);
```

资源 ID 是用于标识资源，用“android：id”属性来定义。代码 16-14 是一个按钮组件的定义代码。

代码 16-14　按钮组件定义

```
1    <Button android:id="@+id/btnLoginDiscard"
2         android:layout_width="wrap_content"
3        android:layout_height="wrap_content"
4        android:layout_below="@id/txtPassword"
5        android:layout_centerInParent="true"
6        android:text="Discard"/>
```

代码 16-14 中，第 1 行的字符“@”、“+”和“/”都是 Android 平台约定的分隔符，用于“告诉”XML 解析器，该属性值中，分隔字符“/”后是一个 ID 字符串，并且必须以此 ID 实例化一个组件对象实例（这样才能通过资源 ID 找到对应的组件对象实例）。

16.2.2 资源引用

（1）资源引用资源

在代码 16-14 中第 4 行，该按钮组件参考到了一个文本组件，表示其在密码文本组件下方。这里“@”字符后不再是加号（“+”），XML 解析器就会识别出分隔字符“/”后的 ID 字符串是参考其他资源。这里的其他资源既可以是用户定义的资源也可以是系统资源。

（2）代码引用资源

在 Java 代码中主要通过 ID 来引用资源。Activity 类和 View 类都定义了“findViewById”方法来依据资源 ID 获取对应的组件对象实例，代码中资源 ID 的形式为“R.id.<ID 字符串>”。其中 R 是一个由资源分析工具通过对资源文件的分析所映射的一个类定义，其中包含了所有资源的标识信息。

16.2.3 资源属性

资源属性是指用于描述资源特征的内容，例如代码 16-14 中，第 2 行到第 6 行都是该按钮组件的资源属性，这些属性用于设置该按钮的宽度、高度、位置和标题信息。

不同的资源其资源属性也会不同，第 17 章中对一些常用资源的属性进行了说明。

16.3 系统资源定义

系统资源是指由 Android 系统定义的一些资源，这些资源用于 Android 的应用程序，包括动画、数组、颜色值、大小值、绘制用资源、ID、整数值、布局、字符串以及界面样式和主题，表 16-2 是对 Android 系统资源类型及其定义的说明。

表 16-2 Android 系统资源类型定义说明

资源值类型	定义说明
动画	定义于 R.anim 类中
数组	定义于 R.array 类中
属性值	定义于 R.attr 类中
颜色值	定义于 R.color 类中
大小值	定义于 R.dimen 类中
绘制用	定义于 R.drawable 类中
ID	定义于 R.id 类中
整数	定义于 R.integer 类中
布局	定义于 R.layout 类中
字符串	定义于 R.string 类中
样式和主题	定义于 R.style 类中

16.4 Android SDK 工具使用

16.4.1 adb 工具

adb 是 Android 平台的调试桥接工具（Android Debug Bridge），读者可以通过命令“adb ？”来获取其使用帮助。以下是 adb 工具的常用方式。

（1）连接到模拟器（必须先启动模拟器）

```
adb shell
```

（2）上传本地文件到模拟器中（必须先启动模拟器）

```
adb push <本地路径> <远程文件路径>
```

（3）从模拟器下载文件到本地（必须先启动模拟器）

```
adb pull <远程文件路径> <本地路径>
```

（4）安装包文件（必须先启动模拟器）

```
adb install <本地包文件>
```

（5）移除包文件（必须先启动模拟器）

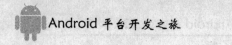

```
adb uninstall <包名>
```

16.4.2 sqlite3 工具

sqlite3 工具是用于操作 SQLite 数据库（第 3 版）的工具，读者可以通过命令“sqlite3 –help”来获取其使用帮助。以下是 sqlite3 工具的常用方式。

（1）打开或创建 SQLite 数据库

```
sqlite3 <数据库路径>
```

（3）查看版本信息

```
sqlite3 <version>
```

通过 sqlite3 工具创建 SQLite 数据库之后，可以通过 sqlite3 工具提供的命令方式使用 SQL 语句来创建数据表、记录操作等。

16.4.3 keytool 工具

keytool 工具用于生成、查看、导入导出密钥库。读者可以通过命令“keytool –help”来获取其使用帮助。以下是 keytool 工具的常用方式。

（1）创建密钥库文件

```
keytool –genkey –keystore <密钥库路径> -alias <密钥库别名> -keyalg <密钥算法>
```

（2）列举密钥库信息

```
keytool –list –keystore <密钥库路径>
```

第 17 章　Android 组件属性及使用许可

本章对 Android 平台中常用视图组件的属性以及应用程序的使用许可进行全面介绍。借助组件的属性参考，读者可以依照应用要求来选择性地设置该组件的属性内容。应用程序的使用许可是为了程序能够正常使用某些特定功能（例如启动蓝牙、访问互联网等）而需要在程序中声明的使用请求。

17.1　Android 常用视图组件属性

Android 平台定义了各种各样的组件，既包括可视组件（例如各种视图和小部件），也包括一些不可见的组件（例如意向、许可、应用程序清单）；与此同时，Android 平台还为这些组件定义了详细的属性。这样，无论是通过 XML 定义还是通过代码，都可以对这些属性进行设置/读取，简化了开发过程。

例如，图片视图组件（ImageView）的属性“android:src”可以用于设置该视图所显示的图片资源。在 XML 中可以直接设置该属性的值为某一绘制用资源；在 Java 代码中，可以由 ImageView 类实例调用“setImageResource”方法来动态指定图片资源。这两种方式各有优势，开发人员可以根据需要方便选用。

以下是对 Android 平台常用的一些组件及其属性的详细说明，完整的定义请参考 R.styleable 类（android 包中）的定义。

17.1.1　视图（View）

表 17-1 是视图类的 XML 属性定义及说明。

表 17-1　View 组件属性列表

属性	说明
android:background	指定绘制用的背景。 可以参考其他绘制用资源或者主题，也可以是一个颜色值。
android:clickable	是否响应点击事件，取值为 true 或 false
android:drawingCacheQuality	设置绘制缓冲质量，取值为下列之一： auto　自动 low　低质量 high　高质量
android:duplicateParentState	是否从父组件复制状态，取值为 true 或 false
android:fadingEdge	设置淡入淡出边缘，取值为下列单项或多项： none　没有边淡缘入淡出 horizontal　只淡入淡出水平的边缘 vertical　只淡入淡出垂直边缘

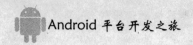

（续）

属性	说明
android:fadingEdgeLength	设置淡入淡出边缘的长度，可以接受大小值的单位是： px、dp、sp、in、mm，也可以参考大小值资源
android:fitsSystemWindows	是否适合系统窗体，取值为 true 或 false 该属性只对不是子组件的组件有效
android:focusable	是否可以获取焦点，取值为 true 或 false
android:focusableInTouchMode	是否可以在触摸模式下获取焦点，取值为 true 或 false
android:hapticFeedbackEnabled	是否允许触摸反馈效果，取值为 true 或 false
android:id	提供该组件的标识名，可以借助 Activity 或 View 实例的 findViewById 方法通过 id 获取对应的组件实例对象。 其属性值的形式为：android:id="@+id/<id>"
android:isScrollContainer	设置该组件是否设置为滚动条容器，取值为 true 或 false
android:keepScreenOn	控制该组件在现实的时候保持在屏幕显示，取值为 true 或 false
android:longClickable	是否响应长时间点击事件，取值为 true 或 false
android:minHeight	组件的最小高度，取值同 android:fadingEdgeLength
android:minWidth	组件的最小宽度，取值同 android:fadingEdgeLength
android:nextFocusDown	设置下一个向下获取焦点的组件，取值为组件 id
android:nextFocusLeft	设置下一个向左获取焦点的组件，取值为组件 id
android:nextFocusRight	设置下一个向右获取焦点的组件，取值为组件 id
android:nextFocusUp	设置下一个向上获取焦点的组件，取值为组件 id
android:padding	设置上、下、左、右 4 个边缘的填充距离，必须是一个大小值，取值同 android:fadingEdgeLength
android:paddingBottom	设置下端边缘的填充距离，取值同 android:padding
android:paddingLeft	设置左端边缘的填充距离，取值同 android:padding
android:paddingRight	设置右端边缘的填充距离，取值同 android:padding
android:paddingTop	设置上端边缘的填充距离，取值同 android:padding
android:saveEnabled	是否允许保存状态，取值为 true 或 false
android:scrollX	设置垂直滚动条的位移量，必须是一个大小值，取值同 android:padding
android:scrollY	设置水平滚动条的位移量，取值同 android:scrollX
android:scrollbarAlwaysDrawHorizontalTrack	是否总是绘制水平滚动条滑块，取值为 true 或 false
android:scrollbarAlwaysDrawVerticalTrack	是否总是绘制垂直滚动条滑块，取值为 true 或 false
android:scrollbarSize	设置垂直滚动条的宽度和水平滚动条的长度，必须是一个大小值，取值同 android:padding
android:scrollbarStyle	设置滚动条的样式，取值为下列之一： insideOverlay 在填充区域内，并且为覆盖形式 insideInset 在填充区域内，为插进形式（凹进） outsideOverlay 在绑定组件边缘，为覆盖形式 outsideInset 在绑定组件边缘，为插进形式
android:scrollbarThumbHorizontal	设置水平滚动条按钮的绘制资源，必须引用可绘制资源
android:scrollbarThumbVertical	设置垂直滚动条按钮的绘制资源，必须引用可绘制资源
android:scrollbarTrackHorizontal	设置水平滚动条轨道的绘制资源，必须引用可绘制资源
android:scrollbarTrackVertical	设置垂直滚动条轨道的绘制资源，必须引用可绘制资源
android:scrollbars	设置滚动条显示，可以为以下一个或多个值： none 不显示滚动条 horizontal 只显示水平滚动条 vertical 只显示垂直滚动条
android:soundEffectsEnabled	是否允许音效，取值为 true 或 false

（续）

属性	说明
android:tag	设置标记内容，可以通过 View 类实例的 getTag 方法来获取该组件的标记内容，或者使用 findViewByTag 通过标记来查找相应的子组件
android:visibility	设置初始化可见状态，取值为以下之一： visible 可见（默认值） invisible 不可见（其所占空间将留出） gone 完全不可见（其所占空间都不会留出）

17.1.2 线性布局（LinearLayout）

表 17-2 是线性布局类的 XML 属性定义及说明。

表 17-2 LinearLayout 组件属性列表

属性	说明
android:baselineAligned	基线对齐
android:baselineAlignedChildIndex	以指定子组件作为基线对齐
android:gravity	指定该物体放入其容器的重心位置，取值为下列之一： ● top，上方，物体大小不变 ● bottom，下方，物体大小不变 ● left，左方，物体大小不变 ● right，右方，物体大小不变 ● center_vertical，垂直方向的中间，物体大小不变 ● fill_vertical，填满垂直方向，自动进行大小调整 ● center_horizontal，水平方向的中间，大小不变 ● fill_horizontal，填满水平方向，自动进行大小调整 ● center，居中（既是水平也是垂直方向的中间） ● fill，填满整个容器 ● clip_vertical ● clip_horizontal
android:orientation	布局方向，取值为下列之一： ● horizontal，水平的 ● vertical，垂直的（默认值）
android:weightSum	组件的比重和

17.1.3 线性布局参数（LinearLayout_Layout）

表 17-3 是线性布局参数类的 XML 属性定义及说明，这些属性用于定义线性布局所包含的子组件。

表 17-3 LinearLayout 的布局属性列表

属性	说明
android:layout_gravity	当前子组件的心位置
android:layout_height	当前子组件的高度
android:layout_weight	当前子组件的空间比重，取值为浮点值
android:layout_width	当前子组件的宽度

17.1.4 相对布局（RelativeLayout）

表 17-4 是线性布局类的 XML 属性定义及说明。

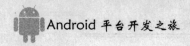

表 17-4 RelativeLayout 组件属性列表

属性	说明
android:gravity	设置添加组件的重心
android:ignoreGravity	忽略布局重心的影响

17.1.5 相对布局参数（RelativeLayout_Layout）

表 17-5 是相对布局参数类的 XML 属性定义及说明，这些属性用于定义相对布局所包含的子组件。

表 17-5 RelativeLayout 的布局属性列表

属性	说明
android:layout_above	将当前组件的下边缘放置于参照组件之上，该属性值为参照组件的 ID
android:layout_alignBaseline	当前组件与参照组件的基线对齐，，该属性值为参照组件的 ID
android:layout_alignBottom	当前组件与参照组件的下边界对齐，该属性值为参照组件的 ID
android:layout_alignLeft	当前组件与参照组件的左边界对齐，该属性值为参照组件的 ID
android:layout_alignParentBottom	当前组件与父组件的下边界对齐，取值为 true 或 false
android:layout_alignParentLeft	当前组件与父组件的左边界对齐，取值为 true 或 false
android:layout_alignParentRight	当前组件与父组件的右边界对齐，取值为 true 或 false
android:layout_alignParentTop	当前组件与父组件的上边界对齐，取值为 true 或 false
android:layout_alignRight	当前组件与参照组件的右边界对齐，该属性值为参照组件的 ID
android:layout_alignTop	当前组件与参照组件的上边界对齐，该属性值为参照组件的 ID
android:layout_alignWithParentIfMissing	取值为 true 或 false
android:layout_below	将当前组件的上边缘放置于参照组件之下，该属性值为参照组件的 ID
android:layout_centerHorizontal	当前组件放置到父组件的水平居中的位置
android:layout_centerInParent	当前组件放置到父组件的中心位置
android:layout_centerVertical	当前组件放置到父组件的垂直居中的位置
android:layout_toLeftOf	将当前组件的右边缘放置于参照组件之左，该属性值为参照组件的 ID
android:layout_toRightOf	将当前组件的左边缘放置于参照组件之右，该属性值为参照组件的 ID

17.1.6 绝对布局参数（AbsoluteLayout_Layout）

表 17-6 是绝对布局参数类的 XML 属性定义及说明，这些属性用于定义绝对布局所包含的子组件。

表 17-6 AbsoluteLayout 的布局属性列表

属性	说明
android:layout_x	当前组件的 x 坐标位置（从左到右方向）
android:layout_y	当前组件的 y 坐标位置（从上到下方向）

17.1.7 框布局（FrameLayout）

表 17-7 是框布局类的 XML 属性定义及说明。

表 17-7 FrameLayout 的布局属性列表

属性	说明
android:foreground	前置图片
android:foregroundGravity	前置图片重心
android:measureAllChildren	在切换显示时是否测量所有子组件的大小
android:layout_gravity	添加组件的重心

17.1.8 框布局参数（FrameLayout_Layout）

表 17-8 是框布局参数类的 XML 属性定义及说明，这些属性用于定义框布局所包含的子组件。

表 17-8 FrameLayout 的布局属性列表

属性	说明
android:layout_gravity	当前子组件所添加的重心位置

17.1.9 表格布局（TableLayout）

表 17-9 是表格布局类的 XML 属性定义及说明。

表 17-9 TableLayout 的布局属性列表

属性	说明
android:collapseColumns	设置允许折叠的列编号，列编号基于 0，属性值可以是单个或多个列编号，编号与编号直接用逗号“，”分隔
android:shrinkColumns	设置允许收缩的列编号，列编号基于 0，属性值可以是单个或多个列编号，编号与编号直接用逗号“，”分隔
android:stretchColumns	设置允许伸展的列编号，列编号基于 0，属性值可以是单个或多个列编号，编号与编号直接用逗号“，”分隔

17.1.10 表格行的单元（TableRow_Cell）

表 17-10 是表格布局中每一行的单元的 XML 属性定义及说明。

表 17-10 TableRow_Cell 的布局属性列表

属性	说明
android:layout_column	设置该单元格的列编号（基于 0）
android:layout_span	指明该单元格可以跨越的列数

17.1.11 抽象列表视图组件（AbsListView）

表 17-11 是抽象类表视图类的 XML 属性定义及说明。

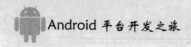

表 17-11　AbsListView 组件属性列表

属性	说明
android:cacheColorHint	设置缓冲颜色
android:drawSelectorOnTop	是否将选择器绘制在备选条目上方，取值为 true 或 false
android:fastScrollEnabled	允许快速滚动
android:listSelector	指示选择器的内容
android:scrollingCache	滚动时是否使用绘制缓冲，取值为 true 或 false
android:smoothScrollbar	平滑滚动条
android:stackFromBottom	从下方堆叠条目
android:textFilterEnabled	是否允许过滤
android:transcriptMode	设置抄本模式

17.1.12　列表视图组件（ListView）

表 17-12 是类表视图组件的 XML 属性定义及说明。

表 17-12　ListView 组件属性列表

属性	说明
android:choiceMode	选择模式
android:divider	分割线颜色或组件的参考
android:dividerHeight	分割线高度
android:entries	指定绑定到当前列表视图的一个数组资源
android:footerDividersEnabled	是否允许页脚分割线
android:headerDividersEnabled	是否允许页眉分割线

17.1.3　格子视图组件（GridView）

表 17-13 是格子视图组件的 XML 属性定义及说明。

表 17-13　GridView 组件属性列表

属性	说明
android:columnWidth	指定列宽
android:gravity	添加组件的重心位置
android:horizontalSpacing	水平空间
android:numColumns	指定列数
android:stretchMode	伸展模式
android:verticalSpacing	垂直空间

17.1.14　画廊视图组件（Gallery）

表 17-14 是画廊视图组件的 XML 属性定义及说明。

表 17-14　Gallery 组件属性列表

属性	说明
android:animationDuration	动画持续时间
android:gravity	添加组件的重心位置
android:spacing	间隔空间
android:unselectedAlpha	非选择条目的透明度

17.1.15 文本组件（TextView）

表 17-15 是文本视图的 XML 属性定义及说明。

表 17-15 TextView 组件属性列表

属性	说明
android:autoLink	是否自动链接（内容是网址或电子邮件地址时）
android:autoText	自动更新拼音错误
android:bufferType	设置缓冲区类型
android:capitalize	自动大写
android:cursorVisible	光标是否可见，取值 true 或 false
android:digits	所接受的数字字符
android:drawableBottom	在文本下方绘制
android:drawableLeft	在文本左方绘制
android:drawablePadding	绘制填充区
android:drawableRight	在文本右方绘制
android:drawableTop	在文本上方绘制
android:editable	是否可编辑，取值 true 或 false
android:editorExtras	
android:ellipsize	当内容过长时会自动打断单词内容
android:ems	
android:enabled	是否可用，取值 true 或 false
android:freezesText	是否冻结文本
android:gravity	指明文本的中心位置
android:height	高度值
android:hint	提示内容
android:imeActionId	
android:imeActionLabel	
android:imeOptions	输入法选项
android:includeFontPadding	
android:inputMethod	指定输入法
android:inputType	输入类型，取值为下列之一： none text，普通文本 textCapCharacters，大写字符 textCapWords，单词首字母大写 textCapSentences，句子首字母大写 textAutoCorrect，自动更正 textAutoComplete，自动完成 textMultiLine，多行内容 textImeMultiLine textUri，Uri textEmailAddress，电子邮件地址 textEmailSubject，电子邮件主题 textShortMessage，短消息 textLongMessage，长消息 textPersonName，个人姓名 textPostalAddress，邮政地址 textPassword，密码 textVisiblePassword，可见的密码 textWebEditText，网页格式 textFilter，过滤字符串 textPhonetic，语言发音 number，数字 numberSigned，有符号数字 numberDecimal，十进制数字 phone，电话号码 datetime，日期时间 date，日期 time，时间

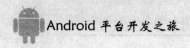

（续）

android:lineSpacingExtra	
android:lineSpacingMultiplier	
android:lines	设置文本行数
android:linksClickable	
android:marqueeRepeatLimit	来回移动的动画次数
android:maxEms	
android:maxHeight	物体的最大高度
android:maxLength	最大文本长度
android:maxLines	最大行数
android:maxWidth	物体的最大宽度
android:minEms	
android:minHeight	物体的最小高度
android:minLines	最小文本行数
android:minWidth	物体的最小宽度
android:numeric	是否使用数字输入方式
android:password	是否使用密码输入方式
android:phoneNumber	是否使用电话号码输入方式
android:privateImeOptions	
android:scrollHorizontally	
android:selectAllOnFocus	
android:shadowColor	文本阴影颜色
android:shadowDx	阴影的水平偏移
android:shadowDy	阴影的垂直偏移
android:shadowRadius	阴影的半径
android:singleLine	是否单行（不自动换行）
android:text	显示的文本内容
android:textApperance	基本字体颜色、字样、大小和样式
android:textColor	文本颜色
android:textColorHighlight	文本高亮颜色
android:textColorHint	文本提示颜色
android:textColorLink	文本链接颜色
android:textScaleX	水平缩放因数
android:textSize	文本大小
android:textStyle	文本样式，取值为下列之一： bold，粗体 italic，斜体 bolditalic，粗斜体
android:typeface	字样
android:width	物体的宽度

17.1.16 自动完成文本框（AutoCompleteTextView）

表 17-16 是自动完成文本框的 XML 属性定义及说明。

表 17-16 AutoCompleteTextView 组件属性列表

属性	说明
android:completionHint	显示提示
android:completionHintView	提示视图
android:completionThreshold	设置开始提示的字符数
android:dropDownAnchor	下拉框链接视图
android:dropDownSelector	下拉框选择器
android:dropDownWidth	下拉框宽度

17.1.17 图片视图（ImageView）

表 17-17 是图片视图组件的 XML 属性定义及说明。

表 17-17 ImageView 组件属性列表

属性	说明
android:adjustViewBounds	是否调整视图范围
android:baselineAlignBottom	是否按照下端基线对齐
android:cropToPadding	是否按照填充进行裁剪
android:maxHeight	设置最大高度
android:maxWidth	设置最大宽度
android:scaleType	缩放类型，取值为下列之一： matrix ，图片真实大小 fitXY，适合图片大小 fitStart fitCenter fitEnd center，居中显示 centerCrop centerInside
android:src	设置绘制用内容
android:tint	设置染色颜色值

17.2 应用程序使用许可（Uses-permissions）

应用程序的使用许可机制是出于安全的考虑，Android 平台为每一个程序进程设置了一个安全沙盒，但是当基本沙盒无法满足某些程序的特殊需求时（例如：访问互联网、使用蓝牙功能），就必须通过使用许可的请求机制来预先告诉系统该应用程序的需求。

17.2.1 使用许可的声明

使用许可的声明被要求必须为静态的，其目的为了安装程序预先知道其所请求的权利范围。应用程序的使用许可通常在清单文件中声明，其形式如下所示。

文件名：AndroidManifest.xml

```
<uses-permission android:name="<使用许可标识>"/>
```

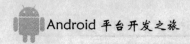

17.2.2 Android 平台使用许可列表

表 17-18 是对 Android 平台定义的使用许可的说明。

表 17-18 Android 平台许可列表

许可标识	说明
ACCESS_CHECKIN_PROPERTIES	允许读/写
ACCESS_COARSE_LOCATION	允许程序访问粗略的定位（例如：Cell-ID、Wi-Fi）
ACCESS_FINE_LOCATION	允许程序访问精确的定位（例如：GPS）
ACCESS_LOCATION_EXTRA_COMMANDS	存取定位附加命令
ACCESS_MOCK_LOCATION	允许应用程序创建仿制的位置提供者用于测试
ACCESS_NETWORK_STATE	允许程序访问网络信息
ACCESS_SURFACE_FLINGER	允许程序使用 SurfaceFlinger 的底层特性
ACCESS_WIFI_STATE	允许程序访问 Wi-Fi 网络的信息
ADD_SYSTEM_SERVICE	允许程序发布系统级的服务
ACCOUNT_MANAGER	允许调入账号认证者
AUTHENTICATE_ACCOUNTS	作为账号管理器的一个账号认证者
BATTERY_STATS	允许程序收集电池统计信息
BIND_APPWIDGET	允许程序告诉 AppWidget 服务哪个程序可以访问其数据
BIND_DEVICE_ADMIN	允许系统与设备管理接收器进行交互
BIND_INPUT_METHOD	必须是输入法服务，允许系统能够绑定到它们
BIND_WALLPAPER	允许系统能够绑定到墙纸服务
BLUETOOTH	允许程序成对蓝牙设备的连接
BLUETOOTH_ADMIN	允许程序探索和匹配蓝牙设备
BRICK	允许使设备无效
BROADCAST_PACKAGE_REMOVED	允许程序在其包被移动时广播一条消息
BROADCAST_SMS	允许程序广播短信收到通知
BROADCAST_STICKY	允许程序广播粘性的意图
BROADCAST_WAP_PUSH	允许程序广播 WAP 的推送接受消息
CALL_PHONE	允许程序初始化一次呼叫
CALL_PRIVILEGED	允许程序呼叫任何号码（包括应急号码）
CAMERA	可以存取照相机设备
CHANGE_COMPONENT_ENABLED_STATE	允许改变组件允许状态
CHANGE_CONFIGURATION	允许改变配置
CHANGE_NETWORK_STATE	允许该改变网络状态
CHANGE_WIFI_MULTICAST_STATE	允许改变 Wi-Fi 的广播状态
CHANGE_WIFI_STATE	允许改变 Wi-Fi 设置状态
CLEAR_APP_CACHE	允许清空应用程序缓存
CLEAR_APP_USER_DATA	允许清空应用程序用户数据
CONTROL_LOCATION_UPDATES	允许控制位置信息更新
DELETE_CACHE_FILES	允许删除缓存文件
DELETE_PACKAGES	允许删除包

（续）

许可标识	说明
DEVICE_POWER	允许访问设备电源信息
DIAGNOSTIC	允许诊断
DISABLE_KEYGUARD	取消键盘锁定
DUMP	允许导出调试信息
EXPAND_STATUS_BAR	允许扩展状态栏
FACTORY_TEST	工厂测试
FLASHLIGHT	闪光灯
FORCE_BACK	不详
FOTA_UPDATE	不详
GET_ACCOUNTS	允许获取账号
GET_PACKAGE_SIZE	允许获取包大小
GET_TASKS	允许获取任务信息
GLOBAL_SEARCH	全局搜索
HARDWARE_TEST	硬件测试
INJECT_EVENTS	注入事件
INSTALL_LOCATION_PROVIDER	安装位置提供器到位置管理器中
INSTALL_PACKAGES	安装包
INTERNAL_SYSTEM_WINDOW	允许访问内部系统窗体
INTERNET	允许访问互联网
KILL_BACKGROUND_PROCESSES	调用“killBackgroundProcesses”方法杀死后台进程
MANAGE_ACCOUNTS	管理账号管理器中的账号列表
MANAGE_APP_TOKENS	不详
MASTER_CLEAR	不详
MODIFY_AUDIO_SETTINGS	允许修改音频设置
MODIFY_PHONE_STATE	允许修改电话状态
MOUNT_FORMAT_FILESYSTEMS	安装格式化文件系统
MOUNT_UNMOUNT_FILESYSTEMS	安装非格式化文件系统
PERSISTENT_ACTIVITY	持久化 Activity
PROCESS_OUTGOING_CALLS	不详
READ_CALENDAR	读取日历
READ_CONTACTS	读取联系信息
READ_FRAME_BUFFER	读取帧缓冲
READ_HISTORY_BOOKMARKS	读取用户浏览历史和书签
READ_INPUT_STATE	读取输入状态
READ_LOGS	读取日志
READ_OWNER_DATA	读取自有数据
READ_PHONE_STATE	读取电话状态
READ_SMS	读取短信
READ_SYNC_SETTINGS	读取同步设置
READ_SYNC_STATS	读取同步状态
REBOOT	重启
RECEIVE_BOOT_COMPLETED	重启完成
RECEIVE_MMS	接收彩信
RECEIVE_SMS	接收短信

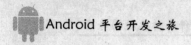

（续）

许可标识	说明
RECEIVE_WAP_PUSH	接收 WAP 推送
RECORD_AUDIO	录音
REORDER_TASKS	记录任务
RESTART_PACKAGES	重新启动包
SEND_SMS	发送短信
SET_ACTIVITY_WATCHER	监视 Activity
SET_ALWAYS_FINISH	不详
SET_ANIMATION_SCALE	设置动画缩放
SET_DEBUG_APP	设置调试应用程序
SET_ORIENTATION	设置方位
SET_PREFERRED_APPLICATIONS	设置应用程序首选项
SET_PROCESS_FOREGROUND	设置为前台进程
SET_PROCESS_LIMIT	设置进程限制
SET_TIME	设置系统时间
SET_TIME_ZONE	设置时区
SET_WALLPAPER	设置墙纸
SET_WALLPAPER_HINTS	设置墙纸提示
SIGNAL_PERSISTENT_PROCESSES	不详
STATUS_BAR	状态栏
SUBSCRIBED_FEEDS_READ	不详
SUBSCRIBED_FEEDS_WRITE	不详
SYSTEM_ALERT_WINDOW	系统警告窗体
UPDATE_DEVICE_STATS	更新设备状态
USE_CREDENTIALS	从账号管理器那里请求认证令牌
VIBRATE	振动器
WAKE_LOCK	唤醒锁定
WRITE_APN_SETTINGS	写 APN（Access Point Name，接入点名称）设置
WRITE_CALENDAR	写日历
WRITE_CONTACTS	写联系方式
WRITE_EXTERNAL_STORAGE	写外部存储器（SD 卡）
WRITE_GSERVICES	修改 Google 服务映射
WRITE_HISTORY_BOOKMARKS	添加用户的浏览历史和书签
WRITE_OWNER_DATA	写自主数据
WRITE_SECURE_SETTINGS	写安全设置
WRITE_SETTINGS	写设置
WRITE_SMS	写短信
WRITE_SYNC_SETTINGS	写同步设置

附录　随书源代码说明

随书源代码的压缩文件可以从 http://www.cmpbook.com/下载。压缩文件中的内容按照章划分父目录，各子目录以工程为单位存放。图 A-1 是源代码压缩文件解压后，第 9 章的代码存放路径结构，该章代码涉及 8 个工程。

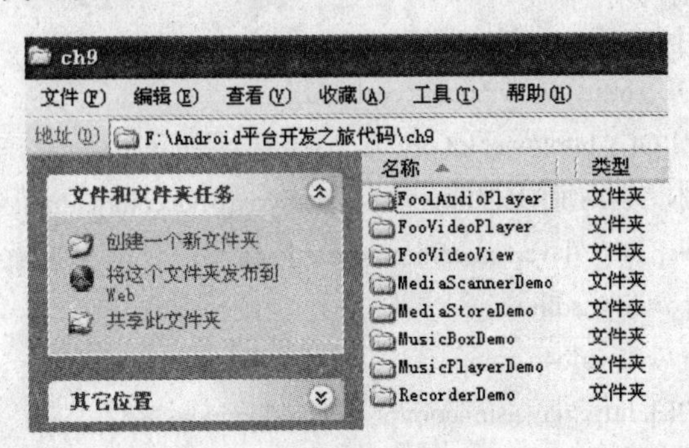

图 A-1　第 9 章随书源代码存放路径

本书中的源代码需要在 Eclipse（3.4 版本及以上）＋ADT 的集成开发环境（IDE）中通过载入工程文件来运行。详细指导可以参考第 2 章。

参考文献

[1] Android 开发者网站[OL]. http://developer.android.com/.

[2] Android 开发资源网址[OL]. http://code.google.com/android/.

[3] Java 开发网[OL]. http://java.sun.com/.

[4] OpenGL ES 官方网[OL]. http://www.khronos.org/opengles/.

[5] Bouncy Castle 官方网[OL]. http://www.bouncycastle.org/.

[6] WebKit 开源项目官方网[OL]. http://webkit.org/.

[7] SONiVOX JET 引擎技术专题网址[OL]. http://www.sonivoxrocks.com/jet.html.

[8] JTAPI 技术专题网址[OL]. http://java.sun.com/products/jtapi/.

[9] SQLite 官方网[OL]. http://www.sqlite.org/.

[10] Db4o 官方网[OL]. http://www.db4o.com/.

[11] JDBC 技术专题网址[OL]. http://java.sun.com/products/jdbc/index.jsp.

[12] Derby 数据库项目网址[OL]. http://db.apache.org/derby/.

[13] SAX 项目官方网[OL]. http://sax.sourceforge.net/.

[14] XML Pull API 官方网站[OL]. http://www.xmlpull.org/

[15] Google 地图网站[OL]. http://ditu.google.cn/（中文）和 http://maps.google.com/（英文）.

[16] FreeType 项目官方网[OL]. http://www.freetype.org/.

[17] Ubuntu 门户网站[OL]. http://www.ubuntu.com/.